全国高等职业教育规划教材

S7-200PLC原理及应用

主编　田淑珍
参编　孙建东　王延忠　蒋兴加
主审　李　丽

机械工业出版社

本书作为高等职业教育的PLC应用技术的教材,充分体现了高等职业教育培养技能型人才的教学特色。

全书共9章,第1~3章介绍PLC的基本知识、结构和编程软件的使用及实训;第4~6章介绍PLC的指令及应用,常用指令后都配有例题、实训;第7章通过综合实例和实训,介绍PLC应用系统的设计;第8章介绍S7-200PLC的通信与网络;第9章介绍PLC对变频器的控制及实训。本书每章后都有习题。

本书可作为高职高专自动化、机电一体化等专业的PLC教材,也可供S7-200系列PLC用户参考,还可作为相关专业技术人员的培训用书和自学用书。

图书在版编目(CIP)数据

S7-200PLC原理及应用/田淑珍主编.—北京:机械工业出版社,2009.4(2017.7重印)
(全国高等职业教育规划教材)
ISBN 978-7-111-26676-1

Ⅰ.S… Ⅱ.田… Ⅲ.可编程序控制器-高等学校:技术学校-教材
Ⅳ.TM571.6

中国版本图书馆CIP数据核字(2009)第043946号

机械工业出版社(北京市百万庄大街22号 邮政编码100037)

责任编辑:吴鸣飞
责任印制:常天培
唐山三艺印务有限公司印刷

2017年7月第1版·第7次印刷
184mm×260mm·17.5印张·434千字
17801-19600册
标准书号:ISBN 978-7-111-26676-1
定价:42.00元

凡购本书,如有缺页、倒页、脱页,由本社发行部调换

电话服务
服务咨询热线:010-88379833
读者购书热线:010-88379649

网络服务
机工官网:www.cmpbook.com
机工官博:weibo.com/cmp1952
教育服务网:www.cmpedu.com
金书网:www.golden-book.com

前　言

PLC 应用技术是从事自动控制及机电一体化工作的技术人员不可缺少的重要技能。几乎所有高职院校都已将 PLC 应用技术作为一门重要的、实用性很强的专业课程。西门子公司的 PLC 在我国的 PLC 市场中占有一定的份额，特别是 S7-200 系列的 CPU21X 和 CPU22X 系列有着广泛的应用，因其具有结构紧凑、功能强、易于扩展、性价比高等方面的优势，被许多高职院校作为教学用机。

本书是一本“讲、练、用”结合的教材，在理论够用的条件下，突出实训教学环节，力图做到便于教学、突出职业教育的特点。本书强化了 PID、高速计数器、高速脉冲输出、通信指令及其指令向导的应用及实训，并结合职业院校的学生考高级电工证及参加全国“自动线装配与调试”技能大赛的需要，增加了 PLC 的位置控制、PLC 对变频器的控制等相关内容。

本书重点介绍了 S7-200 系列 PLC 的组成、原理、指令和应用，详细介绍了 PLC 的编程方法，并列举了大量应用实例。常用指令后都配有例题、实训，并通过综合实例和实训，介绍 PLC 应用系统的设计。全书体现了讲练结合、工学结合，突出实用技能。

本教材既可供少学时（如 40 ~ 50 学时）教学使用，也可供多学时（如 70 ~ 80 学时）教学使用。少学时教学可以将 1 ~ 5 章作为重点详细介绍，有条件的话可多安排一些实训，而 6、8、9 章则可作简单介绍，第 7 章则可有选择地重点讲解并安排实训。第 3 章关于 STEP-7 编程软件的内容，可以根据教学和实训的需要合理安排，最好是“现用现讲，用多少讲多少”，特别是要和实训内容结合在一起讲，通过上机练习，教学效果会更好。

本书由田淑珍主编并编写第 4、6、7、9 章，孙建东编写第 1、8 章，王延忠编写第 3、5 章和附录并作了图文处理工作，蒋兴加编写第 2 章。全书由田淑珍整理定稿，李丽主审。

由于编者水平有限，书中错漏在所难免，恳请广大读者批评指正。

编　者

目　录

第1章　PLC概述

本章要点

- PLC的产生、特点、分类与发展
- PLC的定义
- PLC的基本组成及各部分的作用
- PLC的工作原理
- PLC的技术指标

1.1　PLC的产生

PLC在工业中的应用非常广泛,已成为自动化技术的重要组成部分。1969年,美国数字设备公司(DEC)研制出了世界上第一台PLC,当时叫可编程逻辑控制器(Programmable Logic Controller),目的是用来取代继电器,以执行逻辑判断、计时、计数等顺序控制功能。

随着半导体技术,尤其是微处理器和微型计算机技术的发展,到70年代中期以后,特别是进入80年代以来,PLC已广泛地使用16位甚至32位微处理器作为中央处理器,输入输出模块和外围电路也都采用了中、大规模甚至超大规模的集成电路,使PLC在概念、设计、性能价格比以及应用方面都有了新的突破。这时的PLC已不仅仅是逻辑判断功能,还同时具有数据处理、PID调节和数据通信功能,所以称为可编程序控制器(Programmable Controller)更为合适,简称为PC,但为了与个人计算机(Personal Computer)的简称PC相区别,一般仍将它简称为PLC。

1.2　PLC的定义

国际电工委员会(IEC)在1987年2月颁发的可编程控制器标准草案第三稿中对可编程控制器作了如下的定义:“可编程控制器是一种数字运算操作的电子系统,专为在工业环境下应用而设计。它采用了可编程序的存储器,用来在其内部存储和执行逻辑运算、顺序控制、定时、计数和算术运算等操作命令,并通过数字式和模拟式的输入和输出,控制各种类型的机械或生产过程。可编程控制器及其外围设备,都按易于与工业系统联成一个整体、易于扩充其功能的原则设计。”

该定义强调了可编程控制器是“数字运算操作的电子系统”,是一种计算机。它是“专为在工业环境下应用而设计”的工业计算机,是一种用程序来改变控制功能的工业控制计算机,除了能完成各种各样的控制功能外,还有与其他计算机通信联网的功能。

这种工业计算机采用“面向用户的指令”,因此编程方便。它能完成逻辑运算、顺序控制、定时计数和算术操作，它还具有“数字量和模拟量输入输出控制”的能力，并且非常容易与“工业控制系统联成一体”，易于“扩充”。

该定义还强调了可编程控制器可直接应用于工业环境，它须具有很强的抗干扰能力、广泛的适应能力和应用范围。这也是区别于一般微机控制系统的一个重要特征。

PLC 引入了微处理机及半导体存储器等新一代电子器件，并用规定的指令进行编程，能灵活地修改，即用软件方式来实现“可编程”的目的。

PLC 是应用面非常广、功能强大、使用方便的通用工业控制装置，已经成为当代工业自动化的主要支柱之一。

1.3 PLC 的基本组成

1.3.1 控制组件

PLC 主要由 CPU、存储器、基本 I/O 接口电路、外设接口、编程装置和电源等组成。

PLC 的结构多种多样，但其组成的一般原理基本相同，都是以微处理器为核心的结构，如图 1-1 所示。编程装置将用户程序送入 PLC，在 PLC 运行状态下，输入单元接收到外部元件发出的输入信号，PLC 执行程序，并根据程序运行后的结果，由输出单元驱动外部设备。

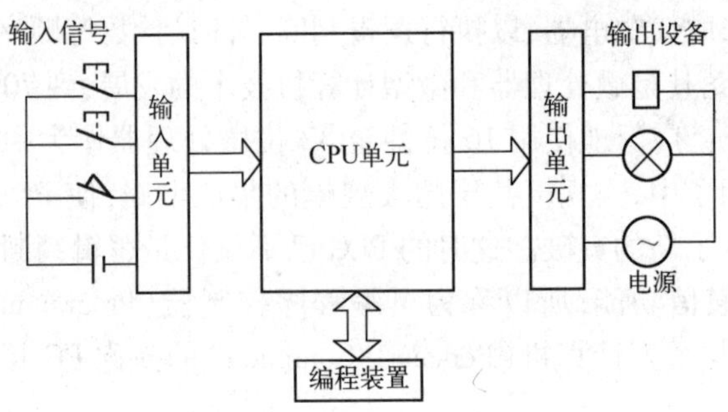

图 1-1　PLC 系统结构

1. CPU 单元

CPU 是 PLC 的控制中枢。CPU 一般由控制电路、运算器和寄存器组成。这些电路通常都被封装在一个集成的芯片上。CPU 通过地址总线、数据总线、控制总线与存储单元、输入输出接口电路连接。CPU 在系统监控程序的控制下工作，通过扫描方式，将外部输入信号的状态写入输入映象寄存区域，PLC 进入运行状态后，从存储器逐条读取用户指令，按指令规定的任务进行数据的传送、逻辑运算、算术运算等，然后将结果送到输出映像寄存区域。简单地说，CPU 的功能就是读输入、执行程序、写输出。

CPU 常用的微处理器有通用型微处理器、单片机和位片式计算机等。通用型微处理器常见的如 Intel 公司的 8086、80186 和 Pentium 系列芯片，单片机型的微处理器如 Intel 公司的 MCS-96 系列单片机，位片式微处理器如 AMD 2900 系列的微处理器。小型 PLC 的 CPU 多采用单片机或专用 CPU，中型 PLC 的 CPU 大多采用 16 位微处理器或单片机，大型 PLC 的 CPU 多用高速位片式处理器，具有高速处理能力。

2. 存储器

PLC 的存储器由只读存储器 ROM、随机存储器 RAM 和可电擦写的存储器 EEPROM 三大部分构成，主要用于存放系统程序、用户程序及工作数据。

只读存储器 ROM 用以存放系统程序，PLC 在生产过程中将系统程序固化在 ROM 中，用户是不可改变的。用户程序和中间运算数据存放在随机存储器 RAM 中，RAM 存储器是一种高密度、低功耗、价格便宜的半导体存储器，可用锂电池作备用电源。它存储的内容是易失的，掉电后内容丢失；当系统掉电时，用户程序可以保存在只读存储器 EEPROM 或由高能电池支持的 RAM 中。EEPROM 兼有 ROM 的非易失性和 RAM 的随机存取优点，用来存放需要长期保存的重要数据。

3. I/O 单元及 I/O 扩展接口

（1）I/O 单元（输入/输出接口电路）。PLC 内部输入电路的作用是将 PLC 外部电路（如行程开关、按钮、传感器等）提供的符合 PLC 输入电路要求的电压信号，通过光耦合电路送至 PLC 内部电路。输入电路通常以光电隔离和阻容滤波的方式提高抗干扰能力，输入响应时间一般在 0.1～15 ms 之间。根据输入信号形式的不同，可分为模拟量 I/O 单元、数字量 I/O 单元两大类。根据输入单元形式的不同，可分为基本 I/O 单元、扩展 I/O 单元两大类。PLC 内部输出电路的作用是将输出映像寄存器的结果通过输出接口电路驱动外部的负载（如接触器线圈、电磁阀、指示灯等）。

（2）I/O 扩展接口。PLC 利用 I/O 扩展接口使 I/O 扩展单元与 PLC 的基本单元实现连接，当基本 I/O 单元的输入或输出点数不够使用时，可以用 I/O 扩展单元来扩充开关量 I/O 点数和增加模拟量的 I/O 端子。

4. 外设接口

外设接口电路用于连接编程器或其他图形编程器、文本显示器、触摸屏、变频器等，并能通过外设接口组成 PLC 的控制网络。PLC 通过 PC/PPI 电缆或使用 MPI 卡通过 RS-485 接口与计算机连接，可以实现编程、监控、连网等功能。

5. 电源

电源单元的作用是把外部电源（220 V 的交流电源）转换成内部工作电源。外部连接的电源，通过 PLC 内部配有的一个专用开关式稳压电源，将交流/直流供电电源转化为 PLC 内部电路需要的工作电源（直流 5 V、±12 V、24 V），并为外部输入元件（如接近开关）提供 24 V 直流电源（仅供输入端点使用），而驱动 PLC 负载的电源由用户提供。

1.3.2 输入输出接口电路

输入输出接口电路实际上是 PLC 与被控对象间传递输入输出信号的接口部件。输入输出接口电路要有良好的电隔离和滤波作用。

1. 输入接口电路

由于生产过程中使用的各种开关、按钮、传感器等输入器件直接接到 PLC 输入接口电路上，为防止由于触点抖动或干扰脉冲引起错误的输入信号，输入接口电路必须有很强的抗干扰能力。PLC 的输入接口电路如图 1-2 所示。提高输入接口电路抗干扰能力的方法主要有：

（1）利用光耦合器提高抗干扰能力。光耦合器的工作原理是：发光二极管有驱动电流流过时，导通发光，光敏三极管接收到光线，由截止变为导通，将输入信号送入 PLC 内部。光耦合器中的发光二极管是电流驱动元件,要有足够的能量才能驱动。而干扰信号虽然有的电压值很高,但能量较小,不能使发光二极管导通发光,所以不能进入 PLC 内,实现了电隔离。

(2) 利用滤波电路提高抗干扰能力。最常用的滤波电路是电阻电容滤波电路,如图 1-2 中的 R1、C 。

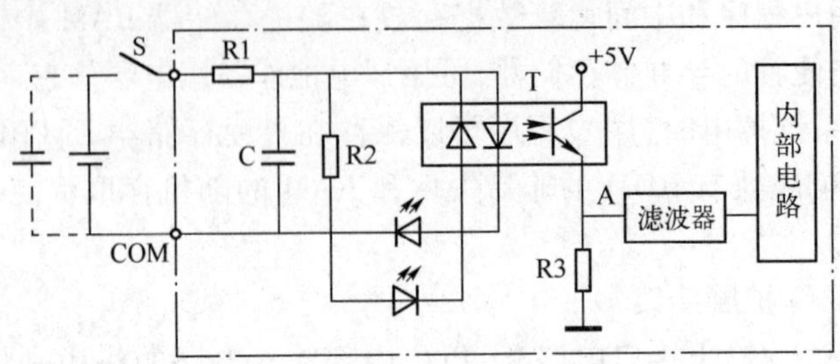

图 1-2 PLC 输入接口电路

图 1-2 中,S 为输入开关,当 S 闭合时, LED 点亮,显示输入开关 S 处于接通状态。光耦合器导通,将高电平经滤波器送到 PLC 内部电路中。当 CPU 在循环的输入阶段锁入该信号时,将该输入点对应的映像寄存器状态置 1;当 S 断开时,则对应的映像寄存器状态置 0。

根据常用输入电路电压类型及电路形式不同,可以分为干接点式、直流输入式和交流输入式。输入电路的电源可由外部提供,有的也可由 PLC 内部提供。

2. 输出接口电路

根据驱动负载元件的不同可将输出接口电路分为 3 种:

(1) 小型继电器输出形式,如图 1-3 所示。这种输出形式既可驱动交流负载,又可驱动直流负载。驱动负载的能力在 2 A 左右。它的优点是适用电压范围比较宽,导通压降小,承受瞬时过电压和过电流的能力强。缺点是动作速度较慢,动作次数(寿命)有一定的限制。建议在输出量变化不频繁时优先选用,不能用于高速脉冲的输出。

图 1-3 所示电路的工作原理是:当内部电路的状态为 1 时,使继电器 KM 的线圈通电,产生电磁吸力,触点闭合,则负载得电,同时点亮 LED,表示该路输出点有输出。当内部电路的状态为 0 时,使继电器 KM 的线圈无电流,触点断开,则负载断电,同时 LED 熄灭,表示该路输出点无输出。

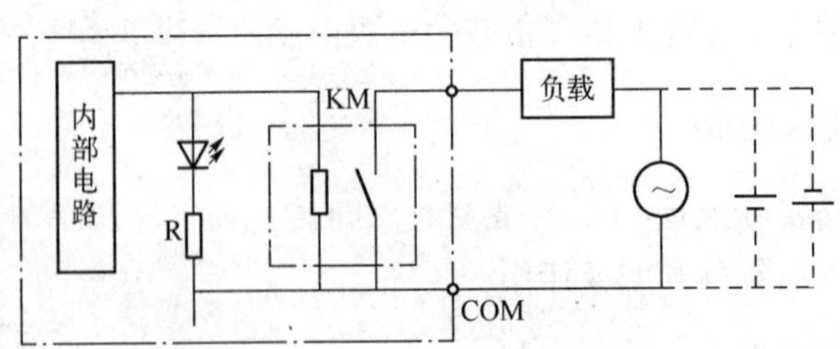

图 1-3 小型继电器输出形式电路

(2) 大功率晶体管或场效应管输出形式,如图 1-4 所示。这种输出形式只可驱动直流负载。驱动负载的能力:每一个输出点为零点几安[培]。它的优点是可靠性强,执行速度快,寿命长。缺点是过载能力差。适合在直流供电、输出量变化快的场合选用。

图 1-4 所示电路的工作原理是:当内部电路的状态为 1 时,光耦合器 T1 导通,使大功率晶体管 VT 饱和导通,则负载得电,同时点亮 LED,表示该路输出点有输出。当内部电路的状态为 0 时,光耦合器 T1 断开,大功率晶体管 VT 截止,则负载失电,LED 熄灭,表示该路输出点无输出。VD 为保护二极管,可防止负载电压极性接反或高电压、交流电压损坏晶体管。FU 的作用是防止负载短路时损坏 PLC。当负载为电感性负载时,VT 关断时会产生较高的反电动势,所以必须给负载并联续流二极管,为其提供放电回路,避免 VT 承受过电压。

(3) 双向晶闸管输出形式,如图 1-5 所示。这种输出形式适合驱动交流负载。由于双向晶闸管和大功率晶体管同属于半导体材料元件,所以优缺点与大功率晶体管或场效应管输出形式的相似,适合在交流供电、输出量变化快的场合选用。

图 1-5 所示电路的工作原理是:当内部电路的状态为 1 时,发光二极管导通发光,相当于给双向晶闸管无触发信号,无论外接电源极性如何,双向晶闸管 T 均导通,负载得电,同时输出指示灯 LED 点亮,表示该输出点接通;当对应 T 的内部继电器的状态为 0 时,双向晶闸管无触发信号,双向晶闸管关断,此时 LED 不亮,负载失电。这种输出接口电路驱动负载的能力为 1A 左右。

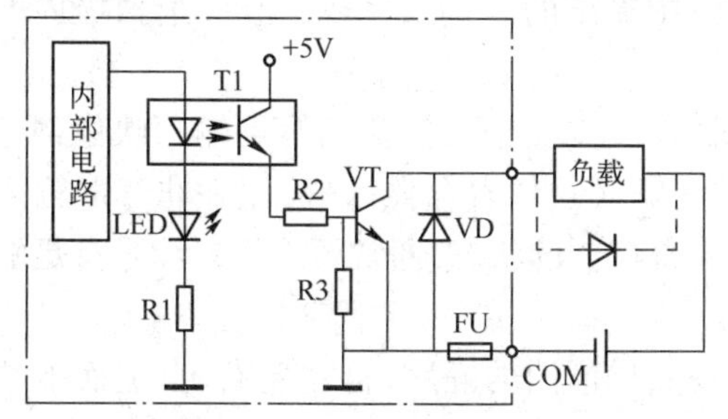

图 1-4　大功率晶体管输出形式电路

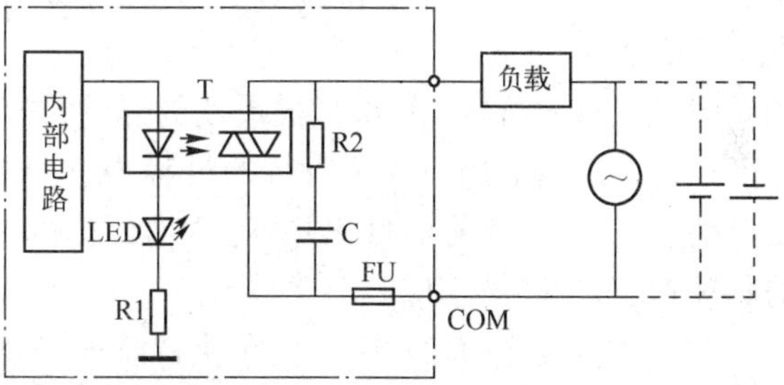

图 1-5　双向晶闸管输出形式电路

3. I/O 电路的常见问题

(1) 用晶体管等有源元件作为无触点开关的输出设备,与 PLC 输入单元连接时,由于晶体管自身有漏电流存在,或者电路不能保证晶体管可靠截止而处于放大状态,使得即使在截止时,仍会有一个小的漏电流流过,当该电流值大于 1.3 mA 时,就可能引起 PLC 输入电路发生误动作。可在 PLC 输入端并联一个旁路电阻来分流,使流入 PLC 的电流小于 1.3 mA。

(2) 应在输出回路串联熔丝,避免负载电流过大,损坏输出元件或电路板。

(3) 由于晶体管、双向晶闸管型输出端子漏电流和残余电压的存在,当驱动不同类型的负载时,需要考虑电平匹配和误动作等问题。

(4) 感性负载断电时会产生很高的反电动势,对输出单元电路产生冲击,因此,对于大电感或频繁关断的感性负载应使用外部抑制电路,一般采用阻容吸收电路或二极管吸收电路。

1.3.3　编程器

编程器是 PLC 的重要外围设备。利用编程器可将用户程序送入 PLC 的存储器,还可以用编程器检查程序,修改程序,监视 PLC 的工作状态。

常见的 PLC 编程装置有手持式编程器和计算机。在 PLC 发展的初期,使用专用编程器来编程。小型 PLC 使用价格较便宜、携带方便的手持式编程器,大中型 PLC 则使用以小 CRT 作为显示器的便携式编程器。专用编程器只能对某一厂家的某些产品编程,使用范围有限。手持式编程器不能直接输入和编辑梯形图,只能输入和编辑指令,但它具有体积小、便于携带、可用于现场调试、价格便宜等优点。

计算机的普及使得越来越多的用户使用基于个人计算机的编程软件。目前有的 PLC 厂商或经销商向用户提供编程软件,在个人计算机上添加适当的硬件接口和软件包,即可用个人计算机对 PLC 编程。利用微机作为编程器,可以直接编制并显示梯形图,程序可以存盘、打印、调试,对于查找故障非常有利。

1.4 PLC 的工作原理及主要技术指标

1.4.1 PLC 的工作原理

结合 PLC 的组成和结构分析 PLC 的工作原理更容易理解。PLC 是采用周期循环扫描的工作方式,CPU 连续执行用户程序和任务的循环序列称为扫描。CPU 对用户程序的执行过程是通过 CPU 的循环扫描,并用周期性地集中采样、集中输出的方式来完成的。一个扫描周期主要可分为:

(1) 读输入阶段。每次扫描周期的开始,先读取输入点的当前值,然后写到输入映像寄存器区域。在之后的用户程序执行的过程中,CPU 访问输入映像寄存器区域,而并非读取输入端口的状态,输入信号的变化并不会影响到输入映像寄存器的状态,通常要求输入信号有足够的脉冲宽度,才能被响应。

(2) 执行程序阶段。用户程序执行阶段,PLC 按照梯形图的顺序,自左向右、自上而下地逐行扫描。在这一阶段,CPU 从用户程序的第一条指令开始执行直到最后一条指令结束,程序运行结果放入输出映像寄存器区域。在此阶段,允许对数字量 I/O 指令和不设置数字滤波的模拟量 I/O 指令进行处理,在扫描周期的各个部分,均可对中断事件进行响应。

(3) 处理通信请求阶段。即扫描周期的信息处理阶段,CPU 处理从通信端口接收到的信息。

(4) 执行 CPU 自诊断测试阶段。在此阶段,CPU 检查其硬件、用户程序存储器和所有 I/O 模块的状态。

(5) 写输出阶段。每个扫描周期的结尾,CPU 把存在输出映像寄存器中的数据输出给数字量输出端点(写入输出锁存器中),更新输出状态。然后 PLC 进入下一个循环周期,重新执行输入采样阶段,周而复始。

如果程序中使用了中断,则中断事件出现,立即执行中断程序,中断程序可以在扫描周期的任意点被执行。

如果程序中使用了立即 I/O 指令,则可以直接存取 I/O 点。用立即 I/O 指令读输入点值时,相应的输入映像寄存器的值未被修改,用立即 I/O 指令写输出点值时,相应的输出映像寄存器的值被修改。

1.4.2 PLC 的主要技术指标

PLC 的种类很多,用户可以根据控制系统的具体要求选择不同技术性能指标的 PLC。PLC 的技术性能指标主要有以下几个方面:

1. 输入/输出点数

PLC 的 I/O 点数是指外部输入、输出端子数量的总和。它是描述 PLC 大小的一个重要的参数。

2. 存储容量

PLC 的存储器由系统程序存储器、用户程序存储器和数据存储器三部分组成。PLC 存储容量通常指用户程序存储器和数据存储器容量之和，表征系统提供给用户的可用资源，是系统性能的一项重要技术指标。

3. 扫描速度

PLC 采用循环扫描方式工作，完成一次扫描所需的时间叫做扫描周期。影响扫描速度的主要因素有用户程序的长度和 PLC 产品的类型。PLC 中 CPU 的类型、机器字长等直接影响 PLC 的运算精度和运行速度。

4. 指令系统

指令系统是指 PLC 所有指令的总和。PLC 的编程指令越多，软件功能就越强，但掌握应用也相对较复杂。用户应根据实际控制要求选择合适指令功能的 PLC。

5. 通信功能

通信包括 PLC 之间的通信和 PLC 与其他设备之间的通信。通信主要涉及通信模块、通信接口、通信协议和通信指令等内容。PLC 的组网和通信能力已成为衡量 PLC 产品水平的重要指标之一。

厂家的产品手册上还提供 PLC 的负载能力、外形尺寸、重量、保护等级、安装和使用环境（如温度、湿度）等性能指标，供用户参考。

1.5 PLC 的分类、特点、应用及发展

1.5.1 PLC 的分类

1. 按 I/O 点数和功能分类

PLC 用于对外部设备的控制，外部信号的输入、PLC 的运算结果的输出都要通过 PLC 的输入输出端子来进行接线。输入、输出端子的数目之和被称作 PLC 的输入、输出点数，简称 I/O点数。

由 I/O 点数的多少可将 PLC 分成小型、中型和大型。

小型 PLC 的 I/O 点数小于 256 点，以开关量控制为主，具有体积小、价格低的优点。可用于开关量的控制、定时/计数的控制、顺序控制及少量模拟量的控制场合，代替继电器 - 接触器控制在单机或小规模生产过程中使用。

中型 PLC 的 I/O 点数在 256 ~ 1024 之间，功能比较丰富，兼有开关量和模拟量的控制能力，适用于较复杂系统的逻辑控制和闭环过程的控制。

大型 PLC 的 I/O 点数在 1024 点以上，用于大规模过程控制、集散式控制和工厂自动化网络。

2. 按结构形式分类

PLC 可分为整体式结构和模块式结构两大类。

整体式 PLC 是将 CPU、存储器、I/O 部件等组成部分集中于一体,安装在印制电路板上,并连同电源一起装在一个机壳内,形成一个整体,通常称为主机或基本单元。整体式结构的 PLC 具有结构紧凑、体积小、重量轻、价格低的优点。一般小型或超小型 PLC 多采用这种结构。

模块式 PLC 是把各个组成部分做成独立的模块,如 CPU 模块、输入模块、输出模块、电源模块等。各模块做成插件式,组装在一个具有标准尺寸并带有若干插槽的机架内。模块式结构的 PLC 配置灵活,装配和维修方便,易于扩展。一般大中型的 PLC 都采用这种结构。

1.5.2 PLC 的特点

(1) 编程简单,使用方便。梯形图是使用得最多的 PLC 编程语言,其符号与继电器电路原理图相似。有继电器电路基础的电气技术人员只要很短的时间就可以熟悉梯形图语言,并用来编制用户程序。梯形图语言形象直观,易学易懂。

(2) 控制灵活,程序可变,具有很好的柔性。PLC 产品采用模块化形式,配备有品种齐全的各种硬件装置供用户选用,用户可灵活方便地进行系统配置,组成不同功能、不同规模的系统。PLC 用软件功能取代了继电器控制系统中大量的中间继电器、时间继电器、计数器等器件,硬件配置确定后,可以通过修改用户程序,不用改变硬件,方便快速地适应工艺条件的变化,具有很好的柔性。

(3) 功能强,扩充方便,性能价格比高。PLC 内有成百上千个可供用户使用的编程元件,有很强的逻辑判断、数据处理、PID 调节和数据通信功能,可以实现非常复杂的控制功能。如果元件不够,只要加上需要的扩展单元即可,扩充非常方便。与相同功能的继电器系统相比,具有很高的性能价格比。

(4) 控制系统设计及施工的工作量少,维修方便。PLC 的配线与其他控制系统的配线相比少得多,可以省下大量的配线,减少大量的安装接线时间,开关柜体积缩小,节省大量的费用。PLC 有较强的带负载能力,可以直接驱动一般的电磁阀和交流接触器。一般可用接线端子连接外部接线。PLC 的故障率很低,且有完善的自诊断和显示功能,便于迅速地排除故障。

(5) 可靠性高,抗干扰能力强。PLC 是为现场工作设计的,采取了一系列硬件和软件抗干扰措施,硬件措施如屏蔽、滤波、电源调整与保护、隔离、后备电池等。例如,西门子 S7-200 系列 PLC 内部的 EEPROM 中,储存用户源程序和预设值在一个较长时间段(190 小时),所有中间数据可以通过一个超级电容器保持,如果选配电池模块,可以确保停电后中间数据能保存 200 天。软件措施如故障检测、信息保护和恢复、警戒时钟,加强对程序的检测和校验。从而提高了系统抗干扰能力,平均无故障时间达到数万小时以上,可以直接用于有强烈干扰的工业生产现场。PLC 已被公认为是最可靠的工业控制设备之一。

(6) 体积小、重量轻、能耗低,是“机电一体化”的理想设备。

1.5.3 PLC 的应用

目前,PLC 已经广泛地应用在各个工业部门。随着其性能价格比的不断提高,应用范围还在不断扩大,主要有以下几个方面:

1. 逻辑控制

PLC 具有“与”、“或”、“非”等逻辑运算的能力,可以实现逻辑运算,用触点和电路的串、并联,代替继电器进行组合逻辑控制、定时控制与顺序逻辑控制。数字量逻辑控制可以用于单台设备，也可以用于自动生产线，包括微电子、家电行业也有广泛的应用。

2. 运动控制

PLC 使用专用的运动控制模块，或灵活运用指令，使运动控制与顺序控制功能有机地结合在一起。随着变频器、电动机起动器的普遍使用，PLC 可以与变频器结合，运动控制功能更为强大，并广泛地用于各种机械，如金属切削机床、装配机械、机器人、电梯等场合。

3. 过程控制

PLC 可以接收温度、压力、流量等连续变化的模拟量，通过模拟量 I/O 模块，实现模拟量和数字量之间的 A/D 转换和 D/A 转换，并对被控模拟量实行闭环 PID（比例 - 积分 - 微分）控制。现代的大中型 PLC 一般都有 PID 闭环控制功能，此功能已经广泛地应用于工业生产、加热炉、锅炉等设备，以及轻工、化工、机械、冶金、电力、建材等行业。

4. 数据处理

PLC 具有数学运算、数据传送、转换、排序和查表、位操作等功能，可以完成数据的采集、分析和处理。这些数据可以是运算的中间参考值，也可以通过通信功能传送到别的智能装置，或者将它们保存、打印。数据处理一般用于大型控制系统，如无人柔性制造系统，也可以用于过程控制系统，如造纸、冶金、食品工业中的一些大型控制系统。

5. 构建网络控制

PLC 的通信包括主机与远程 I/O 之间的通信、多台 PLC 之间的通信、PLC 和其他智能控制设备（如计算机、变频器）之间的通信。PLC 与其他智能控制设备一起，可以组成“集中管理、分散控制”的分布式控制系统。

当然，并非所有的 PLC 都具有上述功能，用户应根据系统的需要选择 PLC，这样既能完成控制任务，又可节省资金。

1.5.4 PLC 的发展

1. 向高集成、高性能、高速度和大容量发展

大型可编程序控制器大多采用多 CPU 结构，不断地向高性能、高速度和大容量方向发展。

在模拟量控制方面，除了专门用于模拟量闭环控制的 PID 指令和智能 PID 模块，某些 PLC 还具有模糊控制、自适应、参数自整定功能，使调试时间减少，控制精度提高。

2. 向普及化方向发展

由于微型 PLC 的价格便宜、体积小、重量轻、能耗低，很适合于单机自动化，它的外部接线简单，容易实现或组成控制系统，在很多控制领域中得到广泛应用。

3. 向模块化、智能化发展

PLC 采用模块化的结构，方便了使用和维护。智能 I/O 模块主要有模拟量 I/O、高速计数输入、中断输入、机械运动控制、热电偶输入、热电阻输入、条形码阅读器、多路 BCD 码输入/输出、模糊控制器、PID 回路控制、通信等模块。智能 I/O 模块本身就是一个小的微型计算机系统，有很强的信息处理能力和控制功能，有的模块甚至可以自成系统，单独工作。它们可以完成 PLC 的主 CPU 难以兼顾的功能，简化了某些控制领域的系统设计和编程，提高了 PLC 的适应性和可靠性。

4. 向软件化发展

编程软件可以对 PLC 控制系统的硬件组态，即设置硬件的结构和参数，例如设置各框架

各个插槽上模块的型号、模块的参数、各串行通信接口的参数等。在屏幕上可以直接生成和编辑梯形图、指令表、功能块图和顺序功能图程序，并可以实现不同编程语言的相互转换。PLC编程软件有调试和监控功能，可以在梯形图中显示触点的通断和线圈的通电情况，查找复杂电路的故障非常方便。历史数据可以存盘或打印，通过网络或 Modem 卡，还可以实现远程编程和传送。

个人计算机(PC)的价格便宜，有很强的数学运算、数据处理、通信和人机交互的功能。目前已有多家厂商推出了在 PC 上运行的可实现 PLC 功能的软件包，如亚控公司的 KingPLC。“软 PLC”在很多方面比传统的“硬 PLC”有优势，有的场合“软 PLC”可能是理想的选择。

5. 向通信网络化发展

很多工业控制产品都加设了智能控制和通信功能，如变频器、软启动器等，可以和 PLC 通信联网，实现更强大的控制功能。通过双绞线、同轴电缆或光纤联网，信息可以传送到几十公里远的地方，通过 Modem 和互联网可以与世界上其他地方的计算机装置通信。

相当多的大中型控制系统都采用上位计算机加 PLC 的方案，通过串行通信接口或网络通信模块，实现上位计算机与 PLC 交换数据信息。组态软件引发的上位计算机编程革命，很容易实现两者的通信，降低了系统集成的难度，节约了大量的设计时间，提高了系统的可靠性。国际上比较著名的组态软件有 Intouch、Fix 等，国内也涌现出了组态王、力控等一批组态软件。有的 PLC 厂商也推出了自己的组态软件，如西门子公司的 WINCC。

1.6 习题

1. 简述 PLC 的定义。
2. PLC 的基本组成有哪些?
3. 输入接口电路有哪几种形式? 输出接口电路有哪几种形式? 各有何特点?
4. PLC 的工作原理是什么? 工作过程分哪几个阶段?
5. PLC 有哪些主要特点?
6. PLC 可以用在哪些领域?

第 2 章　西门子 S7-200 系列 PLC 介绍

本章要点

- 西门子 S7-200 CPU224 PLC 的结构、性能指标
- 西门子 S7-200 CPU224 PLC 的工作方式
- 扩展模块介绍
- S7-200 系列 PLC 的编址、寻址方式
- PLC 元件功能及地址分配

2.1　S7-200 系列 PLC 概述

西门子 S7 系列 PLC 分为 S7-400、S7-300 和 S7-200 三个系列,分别为 S7 系列的大、中、小型 PLC 系统。S7-200 系列 PLC 有 CPU21X 系列和 CPU22X 系列,其中 CPU22X 型 PLC 提供了 4 个不同的基本型号,常见的有 CPU221,CPU222,CPU224 和 CPU226 4 种基本型号。

小型 PLC 中,CPU221 的价格低廉,能满足多种集成功能的需要。CPU 222 是 S7-200 家族中低成本的单元,通过可连接的扩展模块即可处理模拟量。CPU 224 具有更多的输入输出点及更大的存储器。CPU 226 和 226XM 是功能最强的单元,可完全满足一些中小型复杂控制系统的要求。4 种型号的 PLC 具有下列特点:

(1) 集成的 24 V 电源。可直接连接到传感器和变送器执行器,CPU 221 和 CPU222 具有 180 mA 输出。CPU224 输出 280 mA,CPU 226、CPU 226XM 输出 400 mA,可用作负载电源。

(2) 高速脉冲输出。具有 2 路高速脉冲输出端,输出脉冲频率可达 20 kHz,用于控制步进电动机或伺服电动机,实现定位任务。

(3) 通信口。CPU 221、CPU222 和 CPU224 具有 1 个 RS-485 通信口。CPU 226、CPU 226XM 具有 2 个 RS-485 通信口。支持 PPI、MPI 通信协议,有自由口通信能力。

(4) 模拟电位器。CPU221/222 有 1 个模拟电位器,CPU224/226/226XM 有 2 个模拟电位器。模拟电位器用来改变特殊寄存器(SMB28,SMB29)中的数值,以改变程序运行时的参数。如定时器、计数器的预置值,过程量的控制参数。

(5) 中断输入允许以极快的速度对过程信号的上升沿作出响应。

(6) EEPROM 存储器模块(选件)。可作为修改与复制程序的快速工具,无需编程器,并可进行辅助软件归档工作。

(7) 电池模块。用户数据(如标志位状态、数据块、定时器、计数器)可通过内部的超级电容存储大约 5 天。选用电池模块能延长存储时间到 200 天(10 年寿命)。电池模块插在存储器模块的卡槽中。

(8) 不同的设备类型。CPU 221 ~ 226 各有 2 种类型 CPU,具有不同的电源电压和控制

电压。

(9) 数字量输入/输出点。CPU 221 具有 6 个输入点和 4 个输出点;CPU 222 具有 8 个输入点和 6 个输出点;CPU 224 具有 14 个输入点和 10 个输出点;CPU226/226XM 具有 24 个输入点和 16 个输出点。CPU22X 主机的输入点为 24V 直流双向光耦合输入电路,输出有继电器和直流(MOS 型)两种类型。

(10) 高速计数器。CPU 221/222 有 4 个 30 kHz 高速计数器,CPU224/226/226XM 有 6 个 30 kHz 的高速计数器,用于捕捉比 CPU 扫描频率更快的脉冲信号。

各型号 PLC 的功能见表 2-1。

表 2-1　CPU22X 模块的主要技术指标

型　　号	CPU221	CPU222	CPU224	CPU226	CPU226MX
用户数据存储器类型	EEPROM	EEPROM	EEPROM	EEPROM	EEPROM
程序空间(永久保存)	2048 字	2048 字	4096	4096 字	8192 字
用户数据存储器	1024 字	1024 字	2560 字	2560 字	5120 字
数据后备(超级电容)典型值/H	50	50	190	190	190
主机 I/O 点数	6/4	8/6	14/10	24/16	24/16
可扩展模块	无	2	7	7	7
24 V 传感器电源最大电流/电流限制(mA)	180/600	180/600	280/600	400/约 1500	400/约 1500
最大模拟量输入/输出	无	16/16	28/7 或 14	32/32	32/32
240 V AC 电源 CPU 输入电流/最大负载电流(mA)	25/180	25/180	35/220	40/160	40/160
24 V DC 电源 CPU 输入电流/最大负载(mA)	70/600	70/600	120/900	150/1050	150/1050
为扩展模块提供的 DC 5 V 电源的输出电流	—	最大 340 mA	最大 660 mA	最大 1000 mA	最大 1000 mA
内置高速计数器	4(30 kHz)	4(30 kHz)	6(30 kHz)	6(30 kHz)	6(30 kHz)
高速脉冲输出	2(20 kHz)	2(20 kHz)	2(20 kHz)	2(20 kHz)	2(20 kHz)
模拟量调节电位器	1 个	1 个	2 个	2 个	2 个
实时时钟	有(时钟卡)	有(时钟卡)	有(内置)	有(内置)	有(内置)
RS-485 通信口	1	1	1	1	1
各组输入点数	4,2	4,4	8,6	13,11	13,11
各组输出点数	4(DC 电源) 1,3(AC 电源)	6(DC 电源) 3,3(AC 电源)	5,5(DC 电源) 4,3,3(AC 电源)	8,8(DC 电源) 4,5,7(AC 电源)	8,8(DC 电源) 4,5,7(AC 电源)

2.2　S7-200 系列 CPU224 型 PLC 的结构

2.2.1　CPU224 型 PLC 的外形及端子介绍

1. CPU224 型 PLC 的外形

CPU224 型 PLC 的外形如图 2-1 所示,其输入、输出、CPU、电源模块均装设在一个基本单元的机壳内，是典型的整体式结构。当系统需要扩展时，选用需要的扩展模块与基本单元连接。

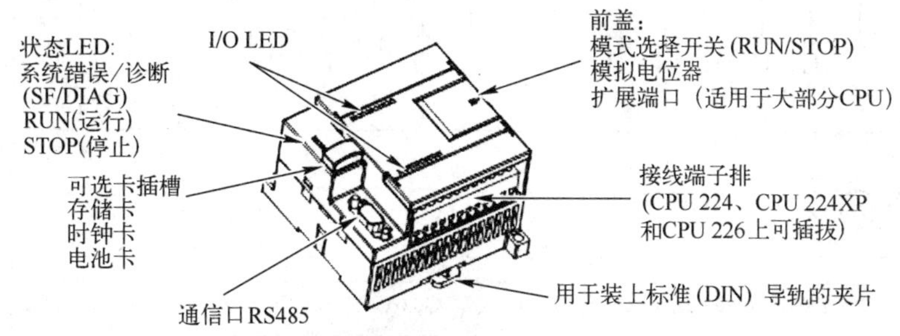

图 2-1　S7-200 PLC 的外形

底部端子盖下是输入量的接线端子和为传感器提供的 24 V 直流电源端子。

顶部端子盖下是输出端子和外部给 PLC 的供电电源接线端子。

基本单元前盖下有工作模式选择开关、电位器和扩展 I/O 连接器，通过扁平电缆可以连接扩展 I/O 模块。西门子整体式 PLC 配有许多扩展模块，如数字量的 I/O 扩展模块、模拟量的 I/O 扩展模块、热电偶模块、通信模块等，用户可以根据需要选用，让 PLC 的功能更强大。

2. CPU224 型 PLC 端子介绍

（1）基本输入端子。CPU224 的主机共有 14 个输入点（I0.0 ~ I0.7、I1.0 ~ I1.5）和 10 个输出点（Q0.0 ~ Q0.7，Q1.0 ~ Q1.1），在编写端子代码时采用八进制，没有 0.8 和 0.9。CPU224 的输入电路参见图 2-2，它采用了双向光耦合器，24V 直流极性可任意选择，系统设置 1M 为输入端子（I0.0 ~ I0.7）的公共端，2M 为输入端子（I1.0 ~ I1.5）的公共端。

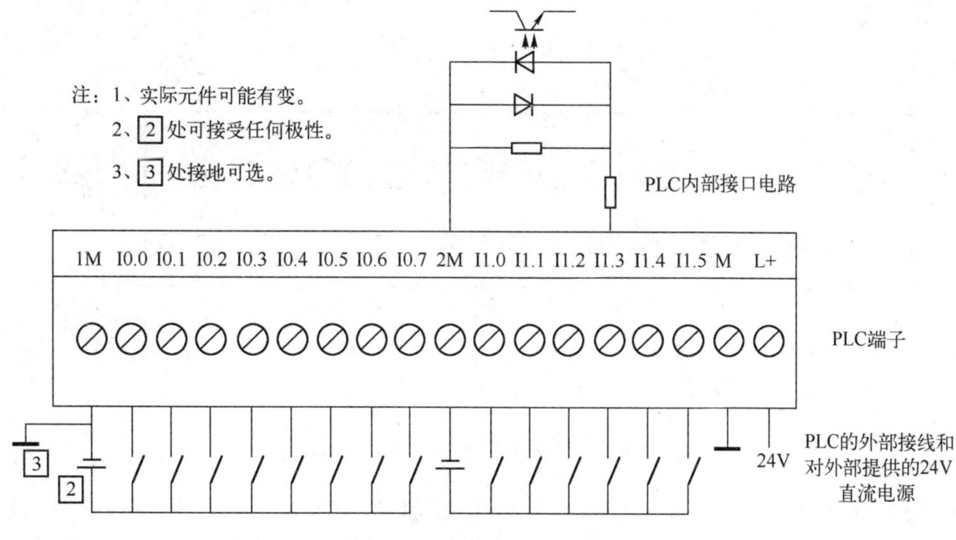

图 2-2　PLC 输入端子

（2）基本输出端子。CPU224 的 10 个输出端参见图 2-3，Q0.0 ~ Q0.4 共用 1M 和 1L 公共端，Q0.5 ~ Q1.1 共用 2M 和 2L 公共端，在公共端上需要用户连接适当的电源，为 PLC 的负载服务。

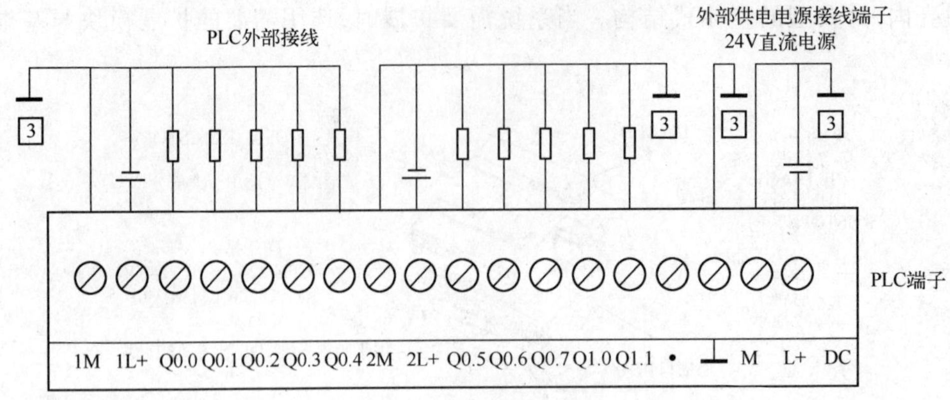

图 2-3 PLC 晶体管输出端子

CPU224 的输出电路有晶体管输出电路和继电器输出电路两种供用户选用。在晶体管输出电路中(型号为 6ES7 214-1AD21-0XB0),PLC 由 24 V 直流供电,负载采用了 MOSFET 功率驱动器件,所以只能用直流为负载供电。输出端将数字量输出分为两组,每组有一个公共端,共有 1 L、2 L 两个公共端,可接入不同电压等级的负载电源。在继电器输出电路中(型号为 6ES7 212-1BB21-0XB0),PLC 由 220V 交流电源供电,负载采用了继电器驱动,所以既可以选用直流为负载供电,也可以采用交流为负载供电。在继电器输出电路中,数字量输出分为三组,每组的公共端为本组的电源供给端,Q0.0 ~ Q0.3 共用 1L,Q0.4 ~ Q0.6 共用 2L,Q0.7 ~ Q1.1 共用 3L,各组之间可接入不同电压等级、不同电压性质的负载电源,如图 2-4 所示。

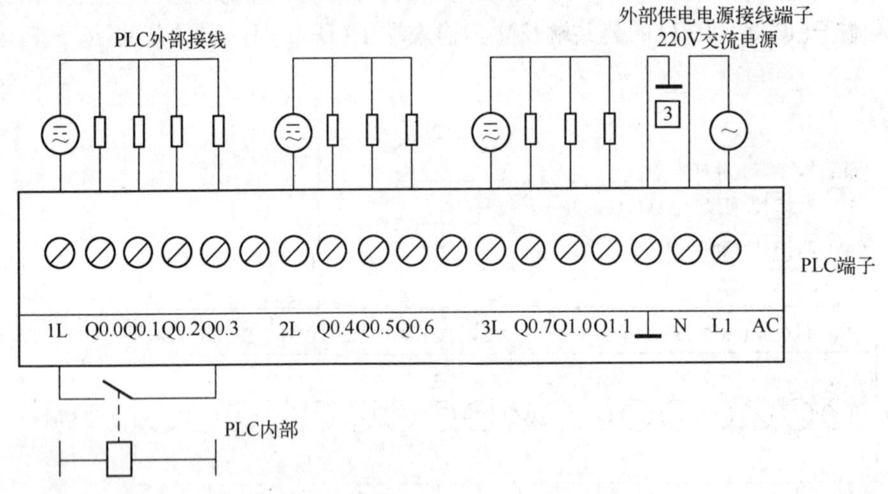

图 2-4 继电器输出形式 PLC 输出端子

(3) 高速反应性。CPU224 PLC 有 6 个高速计数脉冲输入端(I0.0 ~ I0.5),最快的响应速度为 30 kHz,用于捕捉比 CPU 扫描周期更短的脉冲信号。

CPU224 PLC 有 2 个高速脉冲输出端(Q0.0,Q0.1),输出频率可达 20kHz,用于 PTO(高速脉冲束)和 PWM(宽度可变脉冲输出)高速脉冲输出。

(4) 模拟电位器。模拟电位器用来改变特殊寄存器(SMB28,SMB29)中的数值,以改变程序运行时的参数,如定时器、计数器的预置值,过程量的控制参数。

(5) 可选卡插槽。该卡位可以选择安装扩展卡。扩展卡有 EEPROM 存储卡、电池和时钟卡等模块。存储卡用于用户程序的复制。在 PLC 通电后插此卡,通过操作可将 PLC 中的程序装载到存储卡。当卡已经插在基本单元上,PLC 通电后不需任何操作,卡上的用户程序数据会自动复制在 PLC 中。利用这一功能,可对无数台实现同样控制功能的 CPU22X 系列进行程序写入。

注意:每次通电就写入一次,所以在 PLC 运行时,不要插入此卡。

电池模块用于长时间保存数据,使用 CPU224 内部存储电容数据存储时间达 190 小时,而使用电池模块数据存储时间可达 200 天。

2.2.2 CPU224 型 PLC 的结构及性能指标

CPU224 型 PLC 主要由 CPU、存储器、基本 I/O 接口电路、外设接口、编程装置、电源等组成(见图 2-5)。

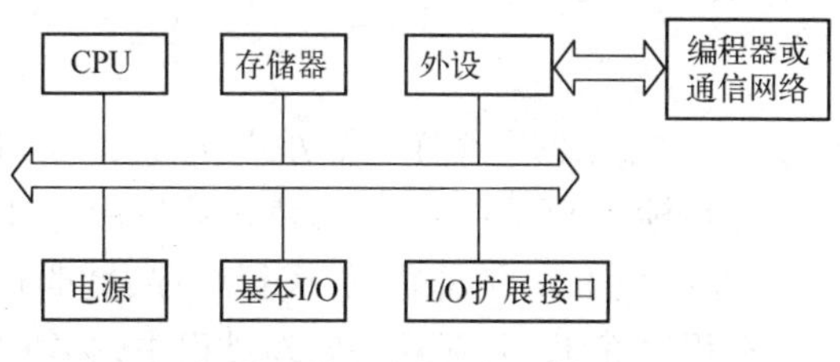

图 2-5 PLC 的结构

CPU224 型 PLC 有两种,一种是 CPU 224 AC/DC/继电器,交流输入电源,提供 24V 直流给外部元件(如传感器等),继电器方式输出,14 点输入,10 点输出;一种是 CPU 224 DC/DC/DC,直流 24V 输入电源,提供 24V 直流给外部元件(如传感器等),半导体元件直流方式输出,14 点输入,10 点输出。用户可根据需要选用。它们的主要技术参数参见表 2-1 ~ 表 2-4。

表 2-2 电源的技术指标

特 性	24 V 电源	AC 电源
电压允许范围	20.4 ~ 28.8 V	85 ~ 264 V,47 ~ 63 Hz
冲击电流	10 A,28.8 V	20A,254V
内部熔断器(用户不能更换)	3 A,250 V 慢速熔断	2 A,250 V 慢速熔断

表 2-3 数字量输入技术指标

项 目	指 标
输入类型	漏型/源型
输入电压额定值	DC 24 V
“1”信号	15 ~ 35 V,最大 4 mA
“0”信号	0 ~ 5 V
光电隔离	AC 500 V,1 min
非屏蔽电缆长度	300 m
屏蔽电缆长度	500 m

表 2-4 数字量输出技术指标

特　性	24 V DC 输出	继电器型输出
电压允许范围	20.4 ~ 28.8 V	—
逻辑 1 信号最大电流	0.75 A(电阻负载)	2 A(电阻负载)
逻辑 0 信号最大电流	10 μA	0
灯负载	5 W	DC 30 W/AC 200 W
非屏蔽电缆长度	150 m	150 m
屏蔽电缆长度	500 m	500 m
触点机械寿命	—	10 000 000 次
额定负载时触点寿命	—	100 000 次

2.2.3 PLC 的 CPU 的工作方式

1. CPU 的工作方式

CPU 前面板上用两个发光二极管显示当前工作方式,绿色指示灯亮,表示为运行状态,红色指示灯亮,表示为停止状态,在标有 SF 指示灯亮时表示系统故障,PLC 停止工作。

(1) STOP(停止)。CPU 在停止工作方式时,不执行程序,此时可以通过编程装置向 PLC 装载程序或进行系统设置。在程序编辑、上下载等处理过程中,必须把 CPU 置于 STOP 方式。

(2) RUN(运行)。CPU 在 RUN 工作方式下,PLC 按照自己的工作方式运行用户程序。

2. 改变工作方式的方法

(1) 用工作方式开关改变工作方式。工作方式开关有 3 个档位: STOP、TERM (Terminal)、RUN。

① 把方式开关切到 STOP 位,可以停止程序的执行。

② 把方式开关切到 RUN 位,可以启动程序的执行。

③ 把方式开关切到 TERM(暂态)或 RUN 位,允许 STEP7-Micro/WIN32 软件设置 CPU 工作状态。

如果工作方式开关设为 STOP 或 TERM,电源上电时,CPU 自动进入 STOP 工作状态。

如果工作方式开关设为 RUN,电源上电时,CPU 自动进入 RUN 工作状态。

(2) 用编程软件改变工作方式。把方式开关切换到 TERM(暂态),可以使用 STEP 7-Micro/WIN32 编程软件设置工作方式。

(3) 在程序中用指令改变工作方式。在程序中插入一个 STOP 指令,CPU 可由 RUN 方式进入 STOP 工作方式。

2.3 扩展功能模块

2.3.1 扩展单元及电源模块

1. 扩展单元

扩展单元没有 CPU,作为基本单元输入/输出点数的扩充,只能与基本单元连接使用。不能单独使用。S7-200 的扩展单元包括数字量扩展单元，模拟量扩展单元，热电偶、热电阻扩展模块，PROFIBUS-DP 通信模块。

用户选用具有不同功能的扩展模块，可以满足不同的控制需要，节约投资费用。连接时 CPU 模块放在最左侧，扩展模块用扁平电缆与左侧的模块相连，如图 2-6 所示。CPU222 最多连接 2 个扩展模块，CPU224/CPU226 最多连接 7 个扩展模块。

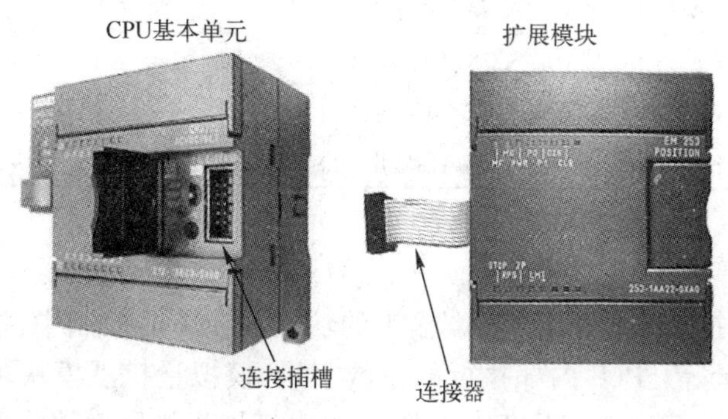

图 2-6　CPU 基本单元和扩展模块的连接

2. 电源模块

外部提供给 PLC 的电源，有 DC 24 V、AC 220 V 两种，根据型号不同有所变化。S7-200 的 CPU 单元有一个内部电源模块，S7-200 小型 PLC 的电源模块与 CPU 封装在一起，通过连接总线为 CPU 模块、扩展模块提供 5 V 的直流电源，如果容量许可，还可提供给外部 24 V 直流的电源，供本机输入点和扩展模块继电器线圈使用。应根据下面的原则来确定 I/O 电源的配置。

（1）有扩展模块连接时，如果扩展模块对 DC 5 V 电源的需求超过 CPU 的 5 V 电源模块的容量，则必须减少扩展模块的数量。

（2）当 +24 V 直流电源的容量不满足要求时，可以增加一个外部 24 V 直流电源给扩展模块供电。此时外部电源不能与 S7-200 的传感器电源并联使用，但两个电源的公共端（M）应连接在一起。

I/O 电源的具体参数可以参见表 2-1 ~ 表 2-4。

2.3.2　常用扩展模块介绍

1. 数字量扩展模块

当需要除本机集成的数字量输入/输出点以外更多的数字量输入/输出时，可选用数字量扩展模块。用户选择具有不同 I/O 点数的数字量扩展模块，可以满足应用的实际要求，同时节约不必要的投资费用，可选择 8、16 和 32 点输入/输出模块。

S7-200PLC 系列目前总共可以提供 3 大类共 9 种数字量输入/输出扩展模块，见表 2-5。

表 2-5　数字量扩展模块

类　型	型　号	各组输入点数	各组输出点数
输入扩展模块 EM221	EM221 DC 24 V 输入	4,4	—
	EM221 AC 230 V 输入	8 点相互独立	—

（续）

类　型	型　号	各组输入点数	各组输出点数
输出扩展模块 EM222	EM222 DC 24 V 输出	—	4,4
	EM222 继电器输出	—	4,4
	EM222 AC 230 V 双向晶闸管输出	—	8 点相互独立
输入/输出扩展模块 EM223	EM223 DC 24 V 输入/继电器输出	4	4
	EM223 DC 24 V 输入/DC 24 V 输出	4,4	4,4
	EM223 DC 24 V 输入/DC 24 V 输出	8,8	4,4,8
	EM223 DC 24 V 输入/继电器输出	8,8	4,4,4,4

2. 模拟量扩展模块

模拟量扩展模块提供了模拟量输入/输出的功能。在工业控制中，被控对象常常是模拟量，如温度、压力、流量等。PLC 内部执行的是数字量，模拟量扩展模块可以将 PLC 外部的模拟量转换为数字量送入 PLC 内，经 PLC 处理后，再由模拟量扩展模块将 PLC 输出的数字量转换为模拟量送给控制对象。模拟量扩展模块的优点如下：

(1) 最佳适应性。可适用于复杂的控制场合，直接与传感器和执行器相连，例如 EM235 模块可直接与 PT100 热电阻相连。

(2) 灵活性。当实际应用变化时，PLC 可以相应地进行扩展，并可非常容易地调整用户程序。

模拟量扩展模块的数据见表 2-6。EM235 模块的面板及接线如图 2-7 所示。

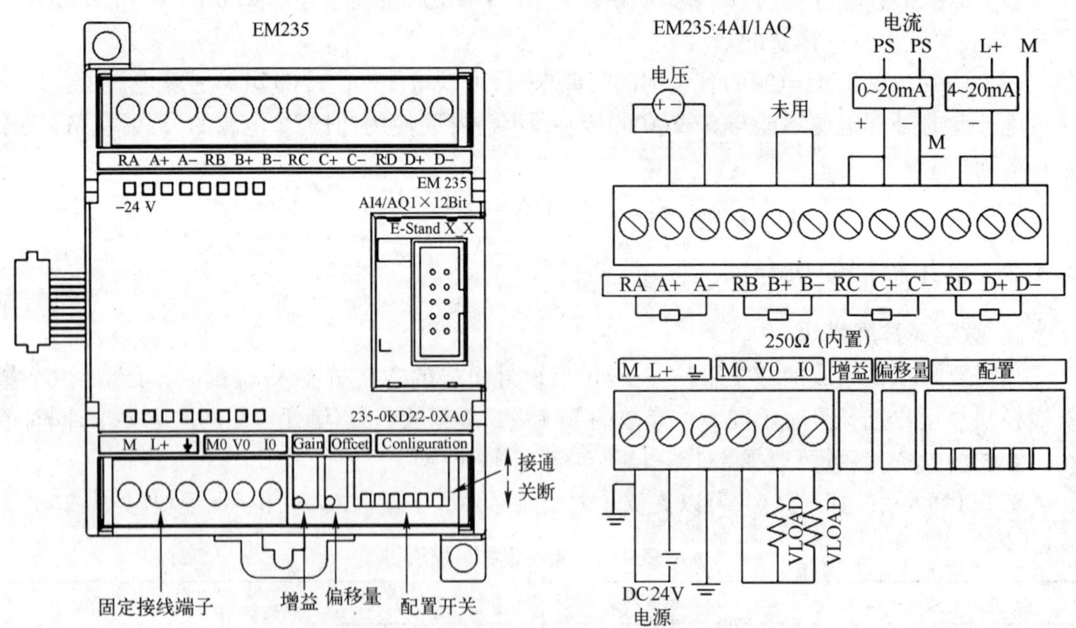

图 2-7　EM235 模块的面板及接线图

表 2-6　模拟量扩展模块

模块	EM231	EM232	EM235
点数	4 路模拟量输入	2 路模拟量输出	4 路输入,1 路输出

3. 热电偶、热电阻扩展模块

EM231 热电偶、热电阻扩展模块是为 S7-200 CPU222、CPU224 和 CPU226/226XM 设计的模拟量扩展模块。EM231 热电偶模块具有特殊的冷端补偿电路,该电路测量模块连接器上的温度,并适当改变测量值,以补偿参考温度与模块温度之间的温度差。如果在 EM231 热电偶模块安装区域的环境温度迅速变化,则会产生额外的误差。要想达到最大的精度和重复性,热电阻和热电偶模块应安装在稳定的环境温度中。

EM231 热电偶模块用于 7 种热电偶类型:J 、K、 E、N、 S、 T 和 R 型。用户必须用 DIP 开关来选择热电偶的类型,连到同模块上的热电偶必须是相同类型。其外形如图 2-8 所示。

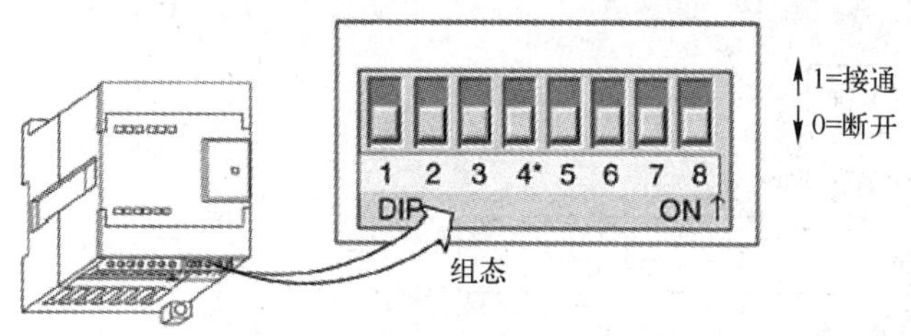

图 2-8　热电偶、热电阻扩展模块

4. PROFIBUS-DP 通信模块

通过 EM 277 PROFIBUS-DP 扩展从站模块,可将 S7-200CPU 作为 DP 从站连接到 ROFIBUS-DP 网络,如图 2-9 所示。EM 277 经过串行 I/O 总线连接到 S7-200 CPU,PROFIBUS 网络经过其 DP 通信端口,连接到 EM 277 PROFIBUS-DP 模块。EM 277 PROFIBUS-DP 模块的 DP 端口可连接到网络上的一个 DP 主站上,但仍能作为一个 MPI 从站,与同一网络上如 SIMATIC 编程器或 S7-300/S7-400 CPU 等其他主站进行通信。

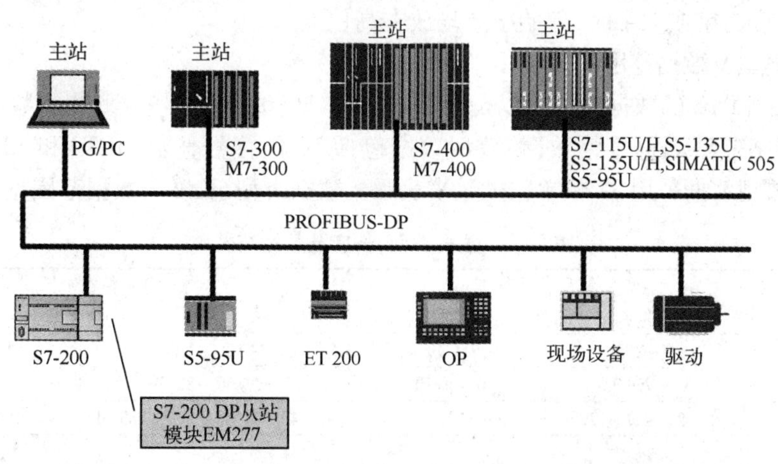

图 2-9　通过 EM 277 PROFIBUS-DP 扩展从站模块将 S7-200CPU 连接到 ROFIBUS-DP 网络

2.4 S7-200 系列 PLC 内部元器件

2.4.1 数据存储类型

1. 数据的长度

在计算机中使用的都是二进制数，其最基本的存储单位是位（bit），8 位二进制数组成 1 个字节（Byte），其中的第 0 位为最低位（LSB），第 7 位为最高位（MSB），如图 2-10 所示。2 个字节（16 位）组成 1 个字（Word），2 个字（32 位）组成 1 个双字（Double Word），如图 2-10 所示。把位、字节、字和双字占用的连续位数称为长度。

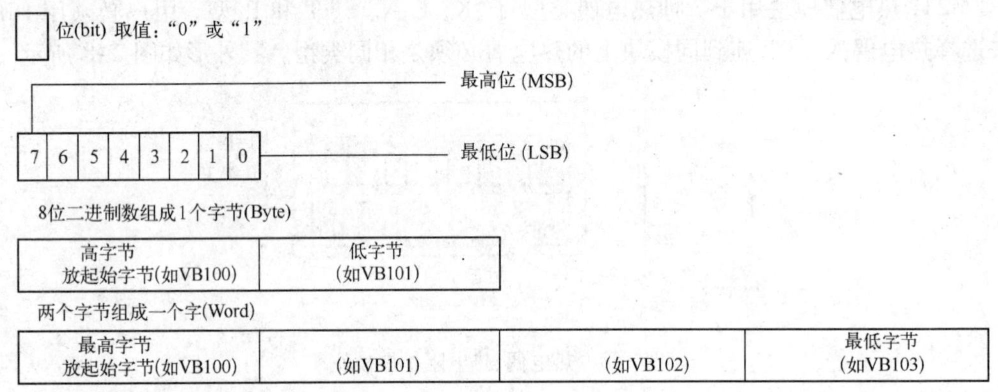

图 2-10 位、字节、字和双字

二进制数的"位"只有 0 和 1 两种取值，开关量（或数字量）也只有两种不同的状态，如触点的断开和接通，线圈的失电和得电等。在 S7-200 梯形图中，可用"位"描述它们。如果该位为 1，则表示对应的线圈为得电状态，触点为转换状态（常开触点闭合、常闭触点断开）；如果该位为 0，则表示对应线圈、触点的状态与上述状态相反。

在数据长度为字或双字时，起始字节均放在高位上。

2. 数据类型及数据范围

S7-200 系列 PLC 的数据类型可以是字符串、布尔型（0 或 1）、整数型和实数型（浮点数）。布尔型数据指字节型无符号整数；整数型数据包括 16 位符号整数（INT）和 32 位符号整数（DINT）。实数型数据采用 32 位单精度数来表示。数据类型、长度及数据范围见表 2-7。

表 2-7 数据类型、长度及数据范围

数据的长度、类型	无符号整数范围		符号整数范围	
	十进制	十六进制	十进制	十六进制
字节/B(8 位)	0 ~ 255	0 ~ FF	-128 ~ 127	80 ~ 7F
字/W(16 位)	0 ~ 65 535	0 ~ FFFF	-32 768 ~ 32 767	8000 ~ 7FFF
双字/D(32 位)	0 ~ 4 294 967 295	0 ~ FFFFFFFF	-2 147 483 648 ~ 2 147 483 647	80000000 ~ 7FFFFFFF
位(BOOL)	0、1			
实数	$-10^{38} \sim 10^{38}$			
字符串	每个字符串以字节形式存储，最大长度为 255 个字节，第一个字节中定义该字符串的长度			

3. 常数

S7-200 的许多指令中常会使用常数。常数的数据长度可以是字节、字和双字。CPU 以二进制的形式存储常数，书写常数可以用二进制、十进制、十六进制、ASCII 码或实数等多种形式。书写格式如下：

十进制常数:1234 ；十六进制常数:16#3AC6 ；二进制常数:2#1010 0001 1110 0000 ASCII 码:“Show”；实数(浮点数)：+1. 175495E-38(正数)，－1. 175495E-38(负数)

2.4.2 编址方式

PLC 的编址就是对 PLC 内部的元件进行编码，以便程序执行时可以唯一地识别每个元件。PLC 内部在数据存储区为每一种元件分配一个存储区域，并用字母作为区域标志符，同时表示元件的类型。例如：数字量输入写入输入映象寄存器(区标志符为 I)，数字量输出写入输出映象寄存器(区标志符为 Q)，模拟量输入写入模拟量输入映象寄存器(区标志符为 AI)，模拟量输出写入模拟量输出映象寄存器(区标志符为 AQ)。除了输入输出外，PLC 还有其他元件，V 表示变量存储器；M 表示内部标志位存储器；SM 表示特殊标志位存储器；L 表示局部变量存储器；T 表示定时器；C 表示计数器；HC 表示高速计数器；S 表示顺序控制存储器；AC 表示累加器，如图 2-11 所示。

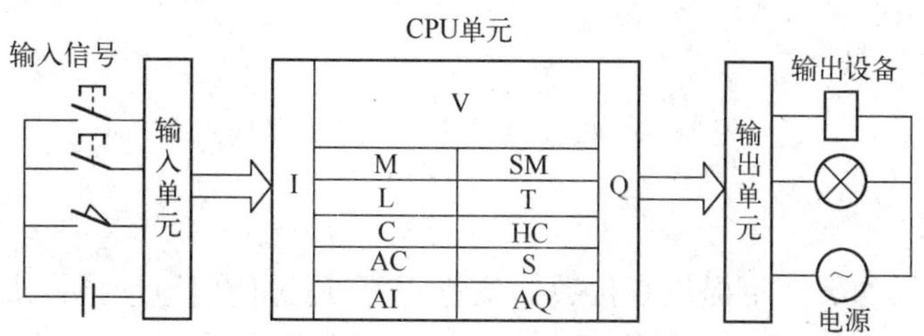

图 2-11 PLC 的内部元器件

掌握各元件的功能和使用方法是编程的基础。下面介绍元件的编址方式。

存储器的单位可以是位(bit)、字节(Byte)、字(Word)、双字(Double Word)，那么编址方式也可以分为位、字节、字、双字编址。

1. 位编址

位编址的指定方式为：(区域标志符)字节号·位号，如 I0. 0；Q0. 0；I1. 2。

2. 字节编址

字节编址的指定方式为：(区域标志符)B(字节号)，如 IB0 表示由 I0. 0 ~ I0. 7 这 8 位组成的字节。

3. 字编址

字编址的指定方式为：(区域标志符)W(起始字节号)，且最高有效字节为起始字节。例如 VW0 表示由 VB0 和 VB1 这 2 字节组成的字。

4. 双字编址

双字编址的指定方式为：(区域标志符)D(起始字节号)，且最高有效字节为起始字节。例如 VD0 表示由 VB0 ~ VB3 这 4 字节组成的双字。

2.4.3 寻址方式

1. 直接寻址

直接寻址是在指令中直接使用存储器或寄存器的元件名称(区域标志)和地址编号,直接到指定的区域读取或写入数据。有按位、字节、字、双字的寻址方式,如图 2-12 所示。

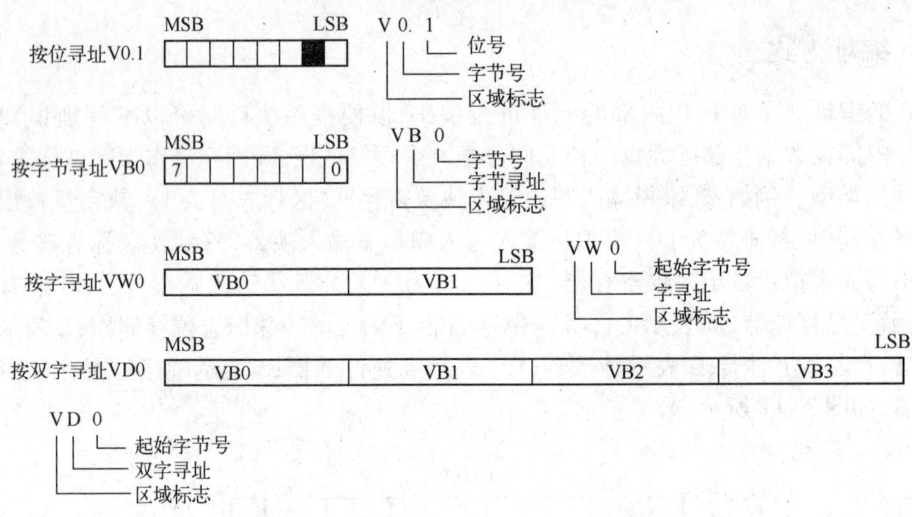

图 2-12　按位、字节、字、双字的寻址方式

2. 间接寻址

间接寻址时,操作数并不提供直接数据位置,而是通过使用地址指针来存取存储器中的数据。在 S7-200 中,允许使用指针对 I、Q、M、V、S、T、C(仅当前值)存储区进行间接寻址。

(1) 使用间接寻址前,要先创建一个指向该位置的指针。指针为双字(32 位),存放的是另一个存储器的地址,只能用 V、L 或累加器 AC 作指针。生成指针时,要使用双字传送指令(MOVD),将数据所在单元的内存地址送入指针,双字传送指令的输入操作数开始处加 & 符号,表示某存储器的地址,而不是存储器内部的值。指令输出操作数是指针地址。例如 MOVD &VB200,AC1 指令就是将 VB200 的地址送入累加器 AC1 中。

(2) 指针建立好后,利用指针存取数据。在使用地址指针存取数据的指令中,操作数前加"*"号表示该操作数为地址指针。例如 MOVW *AC1 AC0 //MOVW 表示字传送指令,指令将 AC1 中的内容为起始地址的一个字长的数据(即 VB200,VB201 内部数据)送入 AC0 内,如图 2-13 所示。

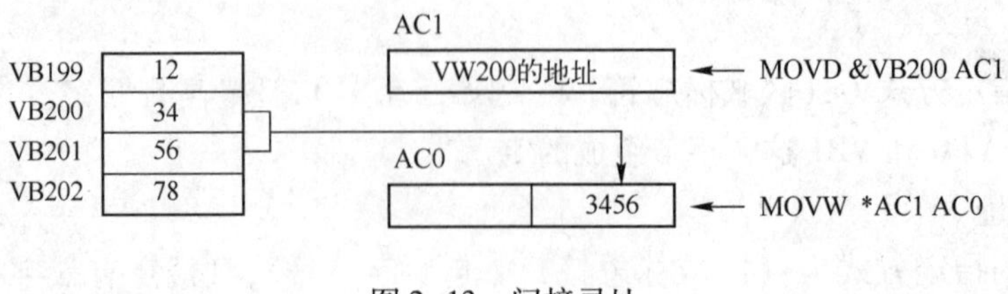

图 2-13　间接寻址

2.4.4 元件功能及地址分配

1. 输入映像寄存器(输入继电器)

(1) 输入映像寄存器的工作原理。在每次扫描周期的开始,CPU 对 PLC 的实际输入端进行采样,并将采样值写入输入映象寄存器中。可以形象地将输入映像寄存器比作输入继电器,每一个"输入继电器"线圈都与相应的 PLC 输入端相连(如"输入继电器" I0.0 的线圈与 PLC 的输入端子 0.0 相连),当外部开关信号闭合,则"输入继电器的线圈"得电,将"1"写入对应的输入映像寄存器的位,在程序中其对应的常开触点闭合,常闭触点断开。由于存储单元可以无限次地读取,所以有无数对常开、常闭触点供编程时使用。

编程时应注意,"输入继电器"的线圈只能由外部信号来驱动,即输入映像寄存器的值只能由外部的输入信号来改写,不能在程序内部用指令来驱动,因此,在用户编制的梯形图中只应出现"输入继电器"的触点,而不应出现"输入继电器"的线圈。

(2) 输入映像寄存器的地址分配。S7-200 输入映像寄存器区域有 IB0 ~ IB15 共 16 个字节的存储单元。系统对输入映像寄存器是以字节(8 位)为单位进行地址分配的。输入映像寄存器可以按位进行操作,每一位对应一个数字量的输入点。如 CPU224 的基本单元输入为 14 点,需占用 2 × 8 = 16 位,即占用 IB0 和 IB1 两个字节。而 I1.6、I1.7 因没有实际输入而未使用,用户程序中不可使用。但如果整个字节未使用如 IB3 ~ IB15,则可作为内部标志位(M)使用。

输入继电器可采用位、字节、字或双字来存取。输入继电器位存取的地址编号范围为 I0.0 ~ I15.7。

2. 输出映像寄存器(输出继电器)

(1) 输出映像寄存器的工作原理。在每次扫描周期的结尾,CPU 用输出映象寄存器中的数值驱动 PLC 输出点上的负载。可以将输出映像寄存器形象地比作输出继电器,每一个"输出继电器"线圈都与相应的 PLC 输出端相连,并有无数对常开和常闭触点供编程时使用。除此之外,还有一对常开触点与相应的 PLC 输出端相连(如输出继电器 Q0.0 有一对常开触点与 PLC 输出端子 0.0 相连)用于驱动负载。输出继电器线圈的通断状态只能在程序内部用指令驱动。

(2) 输出映像寄存器的地址分配。S7-200 输出映像寄存器区域有 QB0 ~ QB15 共 16 个字节的存储单元。系统对输出映像寄存器也是以字节(8 位)为单位进行地址分配的。输出映像寄存器可以按位进行操作,每一位对应一个数字量的输出点。如 CPU224 的基本单元输出为 10 点,需占用 2 × 8 = 16 位,即占用 QB0 和 QB1 两个字节。但未使用的位和字节均可在用户程序中作为内部标志位使用。

输出继电器可采用位、字节、字或双字来存取。输出继电器位存取的地址编号范围为 Q0.0 ~ Q15.7。

以上介绍的输入映像寄存器、输出映像寄存器和输入、输出设备是有联系的,因而是 PLC 与外部联系的窗口。下面要介绍的存储器则是与外部设备没有联系的,它们既不能用来接收输入信号,也不能用来驱动外部负载,只是在编程时使用。

3. 变量存储器 V

变量存储器主要用于存储变量,可以存放数据运算的中间运算结果或设置参数,在进行数据处理时，变量存储器会被经常使用。变量存储器可以是位寻址，也可按字节、字、双字为单位寻址，其位存取的编号范围根据 CPU 的型号有所不同，CPU221/222 为 V0.0 ~ V2047.7 共 2KB 存储容量，CPU224/226 为 V0.0 ~ V5119.7 共 5KB 存储容量。

4. 内部标志位存储器（中间继电器）M

内部标志位存储器用来保存中间操作状态和控制信息，其作用相当于继电器控制中的中间继电器。内部标志位存储器在 PLC 中没有输入/输出端与之对应，其线圈的通断状态只能在程序内部用指令驱动，其触点不能直接驱动外部负载，只能在程序内部驱动输出继电器的线圈，再用输出继电器的触点去驱动外部负载。

内部标志位存储器可采用位、字节、字或双字来存取。其位存取的地址编号范围为 M0.0 ~ M31.7 共 32 个字节。

5. 特殊标志位存储器 SM

PLC 中还有若干特殊标志位存储器，特殊标志位存储器位提供大量的状态和控制功能，用来在 CPU 和用户程序之间交换信息，特殊标志位存储器能以位、字节、字或双字来存取，CPU224 的 SM 的位地址编号范围为 SM0.0 ~ SM179.7 共 180 个字节，其中 SM0.0 ~ SM29.7 的 30 个字节为只读型区域。

常用的特殊存储器的用途如下：

SM0.0：运行监视。SM0.0 始终为“1”状态。当 PLC 运行时，可以利用其触点驱动输出继电器，在外部显示程序是否处于运行状态。

SM0.1：初始化脉冲。每当 PLC 的程序开始运行时，SM0.1 线圈接通一个扫描周期，因此 SM0.1 的触点常用于调用初使化程序等。

SM0.3：开机进入 RUN 时，接通一个扫描周期，可用在启动操作之前，给设备提前预热。

SM0.4、SM0.5：占空比为 50% 的时钟脉冲。当 PLC 处于运行状态时，SM0.4 产生周期为 1min 的时钟脉冲，SM0.5 产生周期为 1s 的时钟脉冲。若将时钟脉冲信号送入计数器作为计数信号，可起到定时器的作用。

SM0.6：扫描时钟，1 个扫描周期闭合，另一个为 OFF，循环交替。

SM0.7：工作方式开关位置指示，开关放置在 RUN 位置时为 1。

SM1.0：零标志位，运算结果 =0 时，该位置 1。

SM1.1：溢出标志位，结果溢出或非法值时，该位置 1。

SM1.2：负数标志位，运算结果为负数时，该位置 1。

SM1.3：被 0 除标志位。

其他特殊存储器的用途可查阅相关手册。

6. 局部变量存储器 L

局部变量存储器 L 用来存放局部变量。局部变量存储器 L 和变量存储器 V 十分相似，主要区别在于全局变量是全局有效，即同一个变量可以被任何程序（主程序、子程序和中断程序）访问。而局部变量只是局部有效，即变量只和特定的程序相关联。L 也可以作为地址指针。

S7-200 有 64 个字节的局部变量存储器，其中 60 个字节可以作为暂时存储器，或给子程序传递参数。后 4 个字节作为系统的保留字节。PLC 在运行时，根据需要动态地分配局部变量存储器，在执行主程序时，64 个字节的局部变量存储器分配给主程序，当调用子程序或出现中断时，局部变量存储器分配给子程序或中断程序。

局部存储器可以按位、字节、字、双字直接寻址，其位存取的地址编号范围为 L0.0 ~ L63.7。

7. 定时器 T

PLC 所提供的定时器的作用相当于继电器控制系统中的时间继电器。每个定时器可提供无数对常开和常闭触点供编程使用。其设定时间由程序设置。

每个定时器有一个 16 位的当前值寄存器，用于存储定时器累计的时基增量值（1 ~ 32767），另有一个状态位表示定时器的状态。若当前值寄存器累计的时基增量值大于等于设定值时，定时器的状态位被置“1”，该定时器的常开触点闭合。

定时器的定时精度分别为 1ms 、10ms 和 100ms 三种，CPU222、CPU224 及 CPU226 的定时器地址编号范围为 T0 ~ T255，它们分辨率、定时范围并不相同，用户应根据所用 CPU 型号及时基，正确选用定时器的编号。

8. 计数器 C

计数器用于累计计数输入端接收到的由断开到接通的脉冲个数。计数器可提供无数对常开和常闭触点供编程使用，其设定值由程序赋予。

计数器的结构与定时器基本相同，每个计数器有一个 16 位的当前值寄存器用于存储计数器累计的脉冲数，另有一个状态位表示计数器的状态，若当前值寄存器累计的脉冲数大于等于设定值时，计数器的状态位被置“1”，该计数器的常开触点闭合。计数器的地址编号范围为 C0 ~ C255。

9. 高速计数器 HC

一般计数器的计数频率受扫描周期的影响，不能太高。而高速计数器可用来累计比 CPU 的扫描速度更快的事件。高速计数器的当前值是一个双字长（32 位）的整数，且为只读值。

高速计数器的地址编号范围根据 CPU 的型号有所不同，CPU221/222 各有 4 个高速计数器，CPU224/226 各有 6 个高速计数器，编号为 HC0 ~ HC5。

10. 累加器 AC

累加器是用来暂存数据的寄存器，它可以用来存放运算数据、中间数据和结果。CPU 提供了 4 个 32 位的累加器，其地址编号为 AC0 ~ AC3。累加器的可用长度为 32 位，可采用字节、字、双字的存取方式，按字节、字只能存取累加器的低 8 位或低 16 位，双字可以存取累加器全部的 32 位。

11. 顺序控制继电器 S（状态元件）

顺序控制继电器是使用步进顺序控制指令编程时的重要状态元件，通常与步进指令一起使用以实现顺序功能流程图的编程。

顺序控制继电器的地址编号范围为 S0.0 ~ S31.7。

12. 模拟量输入/输出映像寄存器（AI/AQ）

S7-200 的模拟量输入电路是将外部输入的模拟量信号转换成 1 个字长的数字量存入模拟量输入映像寄存器区域，区域标志符为 AI。

模拟量输出电路是将模拟量输出映像寄存器区域的 1 个字长（16 位）数值转换为模拟电流或电压输出，区域标志符为 AQ。

在 PLC 内的数字量字长为16 位,即2 个字节,故其地址均以偶数表示,如 AIW0、AIW2…;AQW0、AQW2…。

对模拟量输入/输出是以 2 个字(W)为单位分配地址,每路模拟量输入/输出占用 1 个字(2 个字节)。如有 3 路模拟量输入,需分配 4 个字(AIW0、AIW2、AIW4、AIW6),其中没有被使用的字 AIW6,不可被占用或分配给后续模块。如果有 1 路模拟量输出,需分配 2 个字(AQW0、AQW2),其中没有被使用的字 AQW2,不可被占用或分配给后续模块。

模拟量输入/输出的地址编号范围根据 CPU 的型号的不同有所不同,CPU222 为 AIW0 ~ AIW30/AQW0 ~ AQW30;CPU224/226 为 AIW0 ~ AIW62/AQW0 ~ AQW62。

2.5 习题

1. S7-200 系列 PLC 有哪些编址方式?
2. S7-200 系列 CPU224 PLC 有哪些寻址方式?
3. S7-200 系列 PLC 的结构是什么?
4. CPU224 PLC 有哪几种工作方式? 改变工作方式的方法有几种?
5. CPU224 PLC 有哪些元件,它们的作用是什么?
6. CPU224 PLC 的累加器有几个? 其长度是多少?
7. S7-200 系列 PLC 的数据类型有几种? 各类型数据的数据长度是多少?
8. SM0.0、SM0.1、SM0.4、SM0.5 各有何作用?
9. 常见的扩展模块有几类? 扩展模块的具体作用是什么?
10. PLC 外部供电电源有几种?

第 3 章　STEP 7 编程软件介绍

本章要点

- 编程软件的安装及窗口组件
- STEP 7 编程软件的主要编程功能
- 程序的调试与监控
- 项目管理

3.1　STEP 7 概述

S7-200 PLC 使用 STEP 7-Micro/WIN32 编程软件进行编程。STEP 7-Micro/WIN32 编程软件是基于 Windows 的应用软件，功能强大，主要用于开发程序，也可用于适时监控用户程序的执行状态。加上汉化后的程序，可在全汉化的界面下进行操作。

3.1.1　STEP 7-Mirco/WIN 的安装

1. 安装条件

操作系统：Windows95 以上的操作系统。

计算机配置：IBM486 以上兼容机，内存 8MB 以上，VGA 显示器，至少 50MB 以上硬盘空间。

通信电缆：用一条 PC/PPI 电缆实现 PLC 与计算机的通信。

2. 编程软件的组成

STEP 7-Micro/WIN32 编程软件包括 Microwin3.1；Microwin3.1 的升级版本软件 Microwin3.1 SP1；Toolbox（包括 Uss 协议指令：变频通信用，TP070：触摸屏的组态软件 Tp Designer V1.0 设计师）工具箱；以及 Microwin 3.11 Chinese（Microwin3.11 SP1 和 Tp Designer 的专用汉化工具）等编程软件。

3. 编程软件的安装

按 Microwin3.1→Microwin3.1 SP1→Toolbox→Microwin 3.11 Chinese 的顺序进行安装。

首先安装英文版本的编程软件。双击编程软件中的安装程序 SETUP.EXE，根据安装提示完成安装。接着，用 Microwin 3.11 Chinese 软件将编程软件的界面和帮助文件汉化。步骤如下：①在光盘目录下，找到“mwin_service_pack_from V3.1 to3.11”软件包，按照安装向导进行操作，把原来的英文版本的编程软件转换为 3.11 版本。②打开“Chinese3.11”目录；双击 setup，按安装向导操作，完成汉化补丁的安装。③完成安装。

4. 建立 S7-200 CPU 的通信

可以采用 PC/PPI 电缆建立 PC 与 PLC 之间的通信。这是典型的单主机与 PC 的连接，不需要其他的硬件设备，如图 3-1 所示。PC/PPI 电缆的两端分别为 RS-232 和 RS-485 接口，

RS-232 端连接到个人计算机 RS-232 通信口 COM1 或 COM2 接口上，RS- 485 端接到 S7-200 CPU 通信口上。PC/PPI 电缆中间有通信模块，模块外部设有波特率设置开关，有 5 种支持 PPI 协议的波特率可以选择，分别为：1.2 kbit/s，2.4 kbit/s，9.6 kbit/s，19.2 kbit/s，38.4 kbit/s。系统的默认值为 9.6 kbit/s。PC/PPI 电缆波特率设置开关（DIP 开关）的位置应与软件系统设置的通信波特率相一致。DIP 开关如图 3-2 所示，DIP 开关上有 5 个扳键，1、2、3 号键用于设置波特率，4 号和 5 号键用于设置通信方式。通信速率的默认值为 9.6 kbit/s，1、2、3 号键设置为 010，未使用调制解调器时，4、5 号键均应设置为 0。

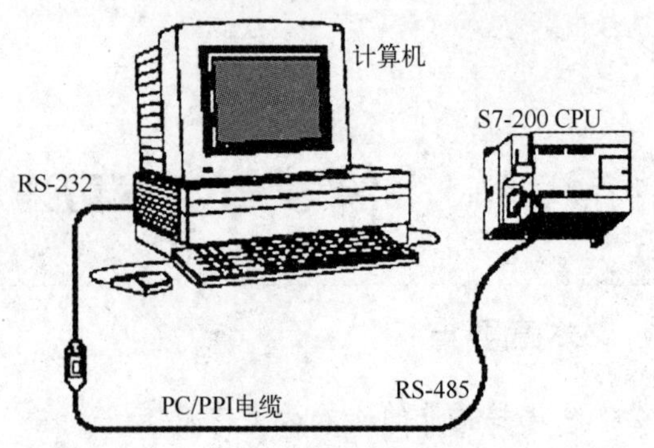

图 3-1　PLC 与计算机的连接

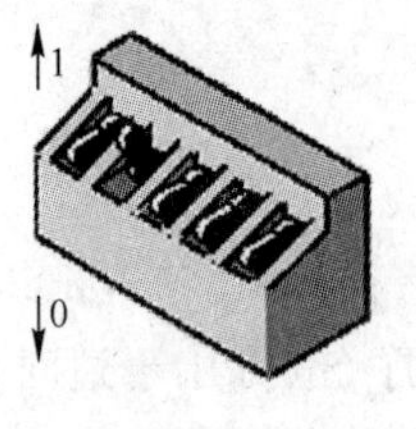

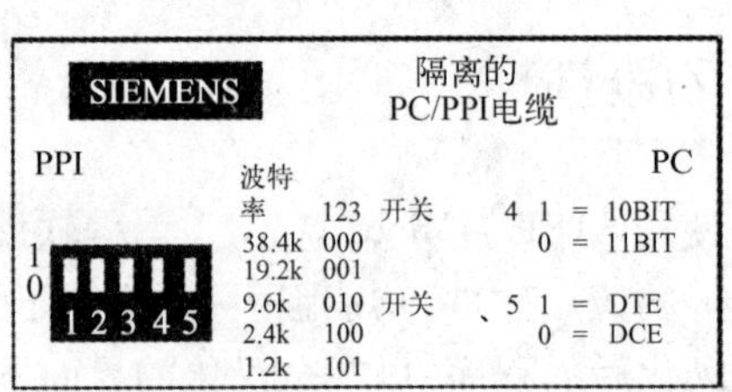

图 3-2　DIP 开关的设置

5. 通信参数的设置

硬件设置好后，按下面的步骤设置通信参数。

（1）在 STEP 7-Micro/WIN32 运行时单击通信图标，或从“视图（View）”菜单中选择“通信（Communications）”，会出现一个通信对话框。

（2）在对话框中双击 PC/PPI 电缆图标，将出现 PC/PG 接口的对话框。

（3）单击“属性（Properties）”按钮，将出现接口属性对话框，检查各参数的属性是否正确，初学者可以使用默认的通信参数，在 PC/PPI 性能设置的窗口中按“默认（Default）”按钮，可获得默认的参数。默认站地址为 2，波特率为 9.6 kbit/s。

6. 建立在线连接

在前几步顺利完成后，可以建立与 S7-200 CPU 的在线联系，步骤如下：

（1）在 STEP 7-Micro/WIN32 运行时单击通信图标，或从“视图（View）”菜单中选择“通信（Communications）”，出现一个通信建立结果对话框，显示是否连接了 CPU 主机。

（2）双击对话框中的刷新图标，STEP 7-Micro/WIN32 编程软件将检查所连接的所有 S 7-200CPU站。在对话框中显示已建立起连接的每个站的 CPU 图标、CPU 型号和站地址。

（3）双击要进行通信的站，在通信建立对话框中，可以显示所选的通信参数。

7. 修改 PLC 的通信参数

计算机与 PLC 建立起在线连接后，即可利用软件检查、设置和修改 PLC 的通信参数。步骤如下：

（1）单击浏览条中的系统块图标，或从“视图（View）”菜单中选择“系统块（System

Block)”选项,将出现系统块对话框。

(2) 单击“通信口”选项卡,检查各参数,确认无误后单击确定。若需修改某些参数,可以先进行有关的修改,再单击“确认”按钮。

(3) 单击工具条的下载按钮,将修改后的参数下载到 PLC,设置的参数才会起作用。

8. PLC 的信息的读取

选择菜单命令“PLC”,找“信息”,将显示出 PLC 的 RUN/STOP 状态、扫描速率、CPU 型号错误的情况和各模块的信息。

3.1.2 STEP 7-Mirco/WIN 窗口组件

STEP 7-Micro/WIN32 的主界面如图 3-3 所示。

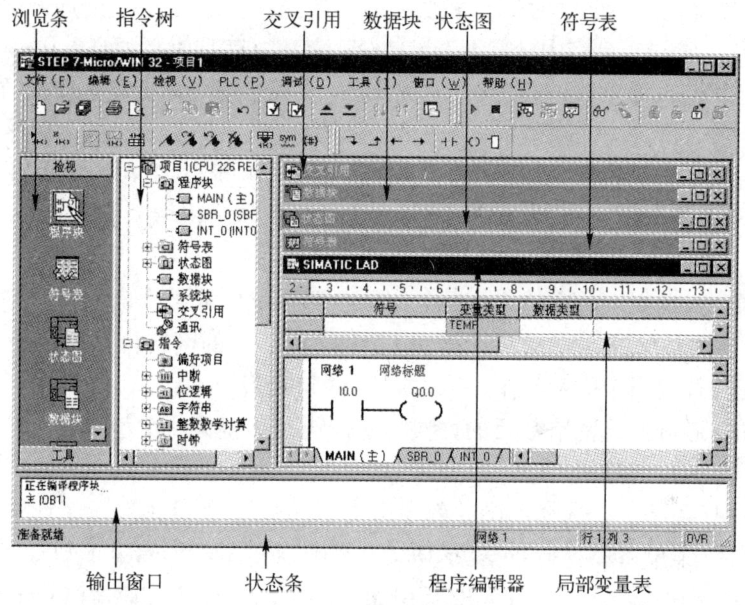

图 3-3 STEP 7-Micro/WIN32 编程软件的主界面

主界面一般可以分为以下几个部分:菜单条、工具条、浏览条、指令树、用户窗口、输出窗口和状态条。除菜单条外,用户可以根据需要通过“检视”菜单和“窗口”菜单决定其他窗口的取舍和样式的设置。

1. 主菜单

主菜单包括文件、编辑、检视、PLC、调试、工具、窗口、帮助 8 个主菜单项。各主菜单项的功能如下:

(1) 文件(File)。文件的操作有:新建(New)、打开(Open)、关闭(Close)、保存(Save)、另存(Save As)、导入(Import)、导出(Export)、上载(Upload)、下载(Download)、页面设置(Page Setup)、打印(Print)、预览、最近使用文件、退出。

导入:若从 STEP 7-Micro/WIN 32 编辑器之外导入程序,可使用“导入”命令导入 ASCII 文本文件。

导出:使用“导出”命令创建程序的 ASCII 文本文件,并导出至 STEP 7-Micro/WIN32 外部的编辑器。

上载:在运行 STEP 7-Micro/WIN32 的个人计算机和 PLC 之间建立通信后,从 PLC 将程序上载至运行 STEP 7-Micro/WIN 32 的个人计算机。

下载:在运行 STEP 7-Micro/WIN32 的个人计算机和 PLC 之间建立通信后,将程序下载至该 PLC。下载之前, PLC 应位于“停止”模式。

(2) 编辑(Edit)。“编辑”菜单提供程序的编辑工具:撤消(Undo)、剪切(Cut)、复制(Copy)、粘贴(Paste)、全选(Select All)、插入(Insert)、删除(Delete)、查找(Find)、替换(Replace)、转至(Go To)等项目。

剪切/复制/粘贴:可以在 STEP 7-Micro/WIN 32 项目中剪切下列条目:文本或数据栏,指令,单个网络,多个相邻的网络,POU 中的所有网络,状态图行、列或整个状态图,符号表行、列或整个符号表,数据块。不能同时选择多个不相邻的网络。不能从一个局部变量表成块剪切数据并粘贴至另一局部变量表中,因为每个表的只读 L 内存赋值必须唯一。

插入:在 LAD 编辑器中,可在光标上方插入行(在程序或局部变量表中),在光标下方插入行(在局部变量表中),在光标左侧插入列(在程序中),插入垂直接头(在程序中),在光标上方插入网络,并为所有网络重新编号,在程序中插入新的中断程序,在程序中插入新的子程序。

查找/替换/转至:可以在程序编辑器窗口、局部变量表,符号表、状态图、交叉引用标签和数据块中使用“查找”、“替换”和“转至”。

“查找”功能:查找指定的字符串,例如操作数、网络标题或指令助记符。“查找”不搜索网络注释,只能搜索网络标题。“查找”不搜索 LAD 和 FBD 中的网络符号信息表。

“替换”功能:替换指定的字符串。“替换”对语句表指令不起作用。

“转至”功能:通过指定网络数目的方式将光标快速移至另一个位置。

(3) 检视(View)。

- 通过“检视”菜单可以选择不同的程序编辑器:LAD,STL,FBD。
- 通过“检视”菜单可以进行数据块(Data Block)、符号表(Symbol Table)、状态图表(Chart Status)、系统块(System Block)、交叉引用(Cross Reference)、通信(Communications)参数的设置。
- 通过“检视”菜单可以选择注解、网络注解(POU Comments)显示与否等。
- 通过“检视”菜单的工具栏区可以选择浏览栏(Navigation Bar)、指令树(Instruction Tree)及输出视窗(Output Window)的显示与否。
- 通过“检视”菜单可以对程序块的属性进行设置。

(4) PLC。“PLC”菜单用于与 PLC 联机时的操作。例如用软件改变 PLC 的运行方式(运行、停止),对用户程序进行编译,清除 PLC 程序、电源起动重置、查看 PLC 的信息、时钟、存储卡的操作、程序比较、PLC 类型选择等操作。其中对用户程序进行编译可以离线进行。

联机方式(在线方式):有编程软件的计算机与 PLC 连接,两者之间可以直接通信。

离线方式:有编程软件的计算机与 PLC 断开连接。此时可进行编程、编译。

联机方式和离线方式的主要区别是:联机方式可直接针对连接 PLC 进行操作,如上装、下载用户程序等。离线方式不直接与 PLC 联系,所有的程序和参数都暂时存放在磁盘上,等联机后再下载到 PLC 中。

PLC 有两种操作模式:STOP(停止)和 RUN(运行)模式。在 STOP(停止)模式中可以建立/编辑程序,在 RUN(运行)模式中可以建立、编辑、监控程序操作和数据,进行动态调试。

若使用 STEP 7-Micro/WIN 32 软件控制 RUN/STOP(运行/停止)模式,在 STEP 7-Micro/WIN 32 和 PLC 之间必须建立通信。另外,PLC 硬件模式开关必须设为 TERM(终端)或 RUN(运行)。

编译(Compile):用来检查用户程序的语法错误。用户程序编辑完成后,通过编译在显示器下方的输出窗口显示编译结果,明确指出错误的网络段,可以根据错误提示对程序进行修改,然后再编译,直至无错误。

全部编译(Compile All):编译全部项目元件(程序块、数据块和系统块)。

信息(Information):可以查看 PLC 信息,例如 PLC 型号和版本号码、操作模式、扫描速率、I/O 模块配置以及 CPU 和 I/O 模块错误等。

电源起动重置(Power-Up Reset):从 PLC 清除严重错误并返回 RUN(运行)模式。如果操作 PLC 存在严重错误, SF(系统错误)指示灯亮,程序停止执行。必须将 PLC 模式重设为 STOP(停止),然后再设置为 RUN(运行),才能清除错误,或使用“PLC”→“电源起动重置”。

(5) 调试(Debug)。“调试”菜单用于联机时的动态调试,有单次扫描(First Scan)、多次扫描(Multiple Scans)、程序状态(Program Status)、触发暂停(Triggred pause)、用程序状态模拟运行条件(读取、强制、取消强制和全部取消强制)等功能。

调试时可以指定 PLC 对程序执行有限次数扫描(从 1 次扫描到 65,535 次扫描)。通过选择 PLC 运行的扫描次数,可以在程序改变过程变量时对其进行监控。第一次扫描时,SM0.1 数值为 1(打开)。

单次扫描:PLC 从 STOP 方式进入 RUN 方式,执行一次扫描后,回到 STOP 方式,可以观察到首次扫描后的状态。

PLC 必须位于 STOP(停止)模式,通过菜单“调试”→“单次扫描”操作。

多次扫描:调试时可以指定 PLC 对程序执行有限次数扫描(从 1 次扫描到 65,535 次扫描)。通过选择 PLC 运行的扫描次数,可以在程序过程变量改变时对其进行监控。

PLC 必须位于 STOP(停止)模式时,通过菜单“调试”→“多次扫描”设置扫描次数。

(6) 工具

- “工具”菜单提供复杂指令向导(PID、HSC、NETR/NETW 指令),简化复杂指令的编程工作。
- “工具”菜单提供文本显示器 TD200 设置向导。
- “工具”菜单的定制子菜单可以更改 STEP 7-Micro/WIN 32 工具条的外观或内容,以及在“工具”菜单中增加常用工具。
- “工具”菜单的选项子菜单可以设置 3 种编辑器的风格,如字体、指令盒的大小等样式。

(7) 窗口。“窗口”菜单可以设置窗口的排放形式,如层叠、水平、垂直。

(8) 帮助。“帮助”菜单可以提供 S7-200 的指令系统及编程软件的所有信息,并提供在线帮助、网上查询、访问等功能。

2. 工具条

(1) 标准工具条,如图 3-4 所示。

图 3-4 标准工具条

各快捷按钮从左到右分别为:新建项目、打开现有项目、保存当前项目、打印、打印预览、剪切选项并复制至剪贴板、将选项复制至剪贴板、在光标位置粘贴剪贴板内容、撤消最后一个条目、编译程序块或数据块(任意一个现用窗口)、全部编译(程序块、数据块和系统块)、将项目从 PLC 上载至 STEP 7-Micro/WIN 32、从 STEP 7-Micro/WIN 32 下载至 PLC、符号表名称列按照 A-Z 从小至大排序、符号表名称列按照 Z-A 从大至小排序、选项(配置程序编辑器窗口)。

(2) 调试工具条,如图 3-5 所示。

各快捷按钮从左到右分别为:将 PLC 设为运行模式、将 PLC 设为停止模式 、在程序状态打开/关闭之间切换 、在触发暂停打开/停止之间切换(只用于语句表)、在图状态打开/关闭之间切换 、状态图表单次读取、状态图表全部写入 、强制 PLC 数据 、取消强制 PLC 数据 、状态图表全部取消强制 、状态图表全部读取强制数值。

(3) 公用工具条,如图 3-6 所示。公用工具条各快捷按钮从左到右分别为:

图 3-5　调试工具条　　　图 3-6　公用工具条

插入网络:单击该按钮,在 LAD 或 FBD 程序中插入一个空网络。

删除网络:单击该按钮,删除 LAD 或 FBD 程序中的整个网络。

POU 注解:单击该按钮,在 POU 注解打开(可视)或关闭(隐藏)之间切换。每个 POU 注解可允许使用的最大字符数为4096。可视时,始终位于 POU 顶端,在第一个网络之前显示,如图 3-7 所示。

网络注解:单击该按钮,在光标所在的网络标号下方出现的灰色方框中,输入网络注解。再单击该按钮,网络注解关闭,如图 3-8 所示。

图 3-7　POU 注解　　　图 3-8　网络注解

检视/隐藏每个网络的符号信息表:单击该按钮,用所有的新、旧和修改符号名更新项目,而且在符号信息表打开和关闭之间切换,如图 3-9 所示。

切换书签:设置或移除书签。单击该按钮,在当前光标指定的程序网络设置或移除书签。在程序中设置书签,书签便于在较长程序中指定的网络之间来回移动,如图 3-10 所示。

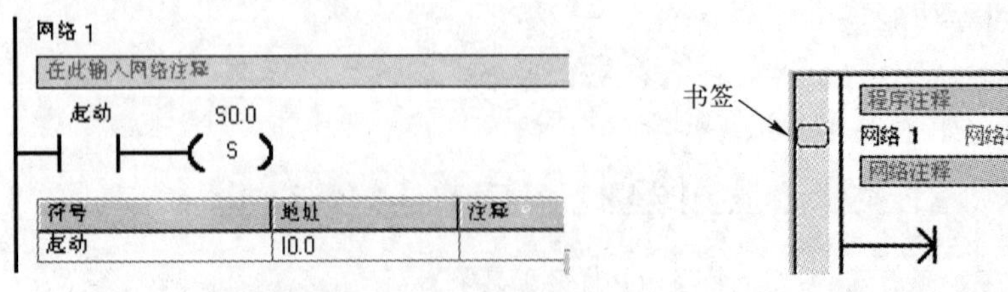

图 3-9　网络的符号信息表　　　图 3-10　网络设置书签

下一个书签。将程序滚动至下一个书签。单击该按钮，向下移至程序的下一个带书签的网络。

前一个书签。将程序滚动至前一个书签。单击该按钮，向上移至程序的前一个带书签的网络。

清除全部书签：单击该按钮，移除程序中的所有当前书签。

在项目中应用所有的符号：单击该按钮，用所有新、旧和修改的符号名更新项目，并在符号信息表打开和关闭之间切换。

建立表格未定义符号：单击该按钮，从程序编辑器将不带指定地址的符号名传输至指定地址的新符号表标记。

常量说明符：在 SIMATIC 类型说明符打开/关闭之间切换。单击“常量描述符”按钮，使常量描述符可视或隐藏。对许多指令参数可直接输入常量。仅被指定为 100 的常量具有不确定的大小，因为常量 100 可以表示为字节、字或双字大小。当输入常量参数时，程序编辑器根据每条指令的要求指定或更改常量描述符。

(4) LAD 指令工具条，如图 3-11 所示。从左到右分别为：插入向下直线，插入向上直线，插入左行，插入右行，插入接点，插入线圈，插入指令盒。

图 3-11　LAD 指令工具条

3. 浏览条(Navigation Bar)

浏览条为编程提供按钮控制，可以实现窗口的快速切换，即对编程工具执行直接按钮存取，包括程序块(Program Block)、符号表(Symbol Table)、状态图表(Status Chart)、数据块(Data Block)、系统块(System Block)、交叉引用(Cross Reference)和通信(Communication)。单击上述任意按钮，则主窗口切换成此按钮对应的窗口。

- 执行菜单命令“检视”→“帧”→“浏览条”，浏览条可在打开(可见)和关闭(隐藏)之间切换。
- 执行菜单命令“工具”→“选项”，选择“浏览条”标签，可在浏览条中编辑字体。

浏览条中的所有操作都可用“指令树(Instuction Tree)”视窗完成，或通过“检视(View)”→“元件”菜单来完成。

4. 指令树(Instuction Tree)

指令树以树型结构提供编程时用到的所有快捷操作命令和 PLC 指令。可分为项目分支和指令分支。

项目分支用于组织程序项目：

- 用鼠标右键单击“程序块”文件夹，插入新子程序和中断程序。
- 打开“程序块”文件夹，并用鼠标右键单击 POU 图标，可以打开 POU、编辑 POU 属性、用密码保护 POU 或为子程序和中断程序重新命名。
- 用鼠标右键单击“状态图”或“符号表”文件夹，插入新图或表。
- 打开“状态图”或“符号表”文件夹，在指令树中用鼠标右键单击图或表图标，或双击适当的 POU 标记，执行打开、重新命名或删除操作。

指令分支用于输入程序，打开指令文件夹并选择指令：

- 拖放或双击指令，可在程序中插入指令。
- 用鼠标右键单击指令，并从弹出菜单中选择“帮助”，获得有关该指令的信息。

- 可将常用指令拖放至“偏好项目”文件夹。
- 若项目指定了 PLC 类型，指令树中红色标记×表示对该 PLC 无效的指令。

5. 用户窗口

可同时或分别打开图 3-3 中的 6 个用户窗口，分别为交叉引用、数据块、状态图表、符号表、程序编辑器、局部变量表。

(1) 交叉引用(Cross Reference)。在程序编译成功后，可用下面的方法之一打开“交叉引用”窗口：

- 执行菜单“检视”→ “交叉引用”(Cross Reference)。
- 单击浏览条中的“交叉引用”按钮。

如图 3-12 所示，“交叉引用”表列出在程序中使用的各操作数所在的 POU、网络或行位置，以及每次使用各操作数的语句表指令。通过交叉引用表还可以查看哪些内存区域已经被使用，作为位还是作为字节使用。在运行方式下编辑程序时，可以查看程序当前正在使用的跳变信号的地址。交叉引用表不下载到 PLC，在程序编译成功后，才能打开交叉引用表。在交叉引用表中双击某操作数，可以显示出包含该操作数的那一部分程序。

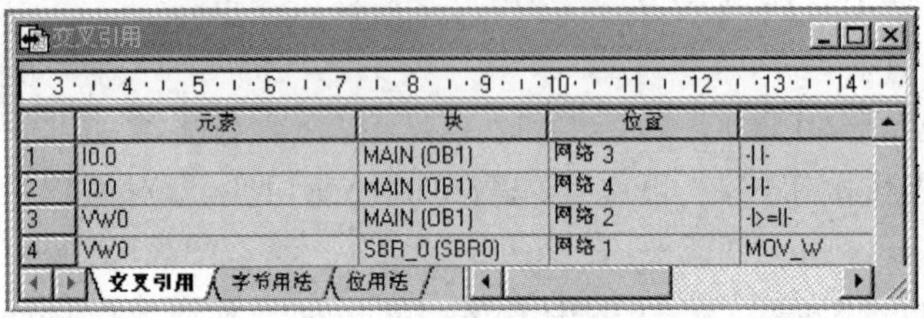

	元素	块	位置	
1	I0.0	MAIN (OB1)	网络 3	-||-
2	I0.0	MAIN (OB1)	网络 4	-||-
3	VW0	MAIN (OB1)	网络 2	-|>=I|-
4	VW0	SBR_0 (SBR0)	网络 1	MOV_W

图 3-12　交叉引用表

(2) 数据块。“数据块”窗口可以设置和修改变量存储器的初始值和常数值，并加注必要的注释说明。

用下面的方法之一可打开“数据块”窗口：

- 单击浏览条上的“数据块” 按钮。
- 执行菜单“检视”→“元件”→“数据块”。
- 单击指令树中的“数据块” 图标。

(3) 状态图(Status Chart)。将程序下载至 PLC 之后，可以建立一个或多个状态图，在联机调试时，打开状态图，监视各变量的值和状态。状态图表并不下载到 PLC，只是监视用户程序运行的一种工具。

用下面的方法之一可打开状态图：

- 单击浏览条上的“状态图表” 按钮。
- 执行菜单“检视”→“元件” → “状态图”。
- 打开指令树中的“状态图”文件夹，然后双击“图”图标。
- 若在项目中有一个以上状态图，使用位于“状态图”窗口底部的 CHT1 CHT2 CHT3 “图”标签在状态图之间移动。

可在状态图的地址列输入需监视的程序变量地址，在 PLC 运行时，打开状态图窗口，在程序扫描执行时，连续、自动地更新状态图的数值。

(4) 符号表(Symbol Table)。符号表是程序员用符号编址的一种工具表。在编程时不采用元件的直接地址作为操作数,而用有实际含义的自定义符号名作为编程元件的操作数,这样可使程序更容易理解。符号表则建立了自定义符号名与直接地址编号之间的关系。程序被编译后下载到 PLC 时,所有的符号地址被转换成绝对地址,符号表中的信息不下载到 PLC。

用下面的方法之一可打开符号表:

- 单击浏览条中的“符号表” 按钮。
- 执行菜单命令“检视”→“符号表”。
- 打开指令树中的符号表或全局变量文件夹,然后双击一个表格图标。

(5) 程序编辑器。执行菜单命令“文件”→ “新建”,“文件” → “打开”或“文件” →“导入”,打开一个项目。然后用下面方法之一打开“程序编辑器”窗口,建立或修改程序:

- 单击浏览条中的“程序块”按钮,打开主程序(OB1)。可以单击子程序或中断程序标签,打开另一个 POU。
- 指令树→程序块→双击主程序(OB1) 图标、子程序图标或中断程序图标。

用下面方法之一可改变程序编辑器选项:

- 执行菜单命令“检视” → LAD、FBD、STL,更改编辑器类型。
- 执行菜单命令“工具”→“选项” →“一般” 标签,可更改编辑器(LAD、FBD 或 STL)和编程模式(SIMATIC 或 IEC 1131-3)。
- 执行菜单命令“工具” → “选项” → “程序编辑器”标签,设置编辑器选项。
- 使用选项快捷按钮→设置“程序编辑器”选项。

(6)局部变量表。程序中的每个 POU 都有自己的局部变量表,局部变量存储器(L)有 64 个字节。局部变量表用来定义局部变量,局部变量只在建立该局部变量的 POU 中才有效。在带参数的子程序调用中,参数的传递就是通过局部变量表传递的。

在用户窗口将水平分裂条下拉即可显示局部变量表,将水平分裂条拉至程序编辑器窗口的顶部,局部变量表不再显示,但仍旧存在。

6. 输出窗口

输出窗口:用来显示 STEP 7-Micro/WIN 32 程序编译的结果,例如编译结果有无错误、错误编码和位置等。

- 执行菜单命令“检视”→“帧”→“输出窗口”,在窗口打开或关闭输出窗口。

7. 状态条

状态条提供有关在 STEP 7-Micro/WIN 32 中操作的信息。

3.1.3 编程准备

1. 指令集和编辑器的选择

写程序之前,用户必须选择指令集和编辑器。

S7-200 系列 PLC 支持的指令集有 SIMATIC 和 IEC1131-3 两种。SIMATIC 是专为 S7-200PLC 设计的,专用性强,采用 SIMATIC 指令编写的程序执行时间短,可以使用 LAD、STL、FBD 三种编辑器。IEC1131-3 指令集是按国际电工委员会(IEC)PLC 编程标准提供的指令系统,作为不同 PLC 厂商的指令标准,集中指令较少。有些 SIMATIC 所包含的指令,在 IEC 1131-3 中不是标准指令。IEC1131-3 标准指令集适用于不同厂家的 PLC,可以使用 LAD 和

FBD 两种编辑器。本教材主要用 SIMATIC 编程模式。

• 执行菜单命令“工具”→“选项”→“一般”标签→“编程模式”→选 SIMATIC。

程序编辑器有 LAD、STL、FBD 三种，其比较将在下一章介绍。本教材主要用 LAD 和 STL。

选择编辑器的方法如下：

• 执行菜单命令“检视”→LAD 或 STL。

• 执行菜单命令“工具”→“选项”→“一般”标签→“默认编辑器”。

2. 根据 PLC 类型进行参数检查

在 PLC 和运行 STEP 7-Micro/WIN 的 PC 连线后，在建立通信或编辑通信设置以前，应根据 PLC 的类型进行范围检查。必须保证 STEP 7-Micro/WIN 中 PLC 类型选择与实际 PLC 类型相符。方法如下：

• 执行菜单命令“PLC”→“类型”→“读取 PLC”。

• 在指令树→“项目”名称→“类型”→“读取 PLC”

“PLC 类型”对话框如图 3-13 所示。

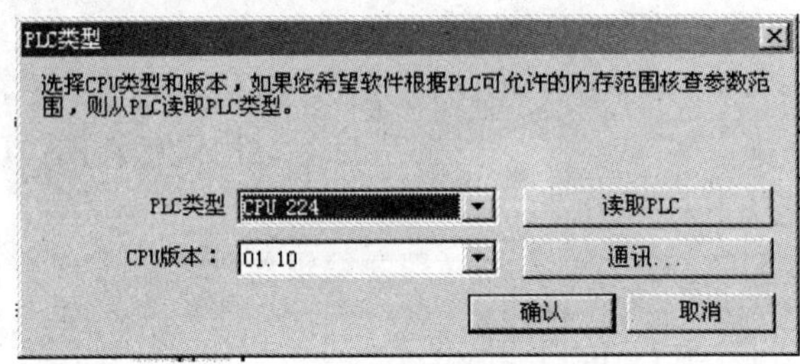

图 3-13 “PLC 类型”对话框

3.2 STEP 7-Mirco/WIN 主要编程功能

3.2.1 编程元素及项目组件

S7-200 的三种程序组织单位（POU）指主程序、子程序和中断程序。STEP 7-Micro/WIN 为每个控制程序在程序编辑器窗口提供分开的制表符，主程序总是第一个制表符，后面是子程序或中断程序。

一个项目（Project）包括的基本组件有程序块、数据块、系统块、符号表、状态图表、交叉引用表。程序块、数据块、系统块须下载到 PLC，而符号表、状态图表、交叉引用表不下载到 PLC。

程序块由可执行代码和注释组成，可执行代码由一个主程序和可选子程序或中断程序组成。程序代码被编译并下载到 PLC，程序注释被忽略。

• 在“指令树”中 右击“程序块”图标可以插入子程序和中断程序。

数据块由数据（包括初始内存值和常数值）和注释两部分组成。数据被编译后，下载到 PLC，注释被忽略。数据块窗口的操作在 3.1.2 节中介绍过。

系统块用来设置系统的参数，包括通信口配置信息、保存范围、模拟和数字输入过滤器、背景时间、密码表、脉冲截取位和输出表等选项。“系统块”对话框如图 3-14 所示。

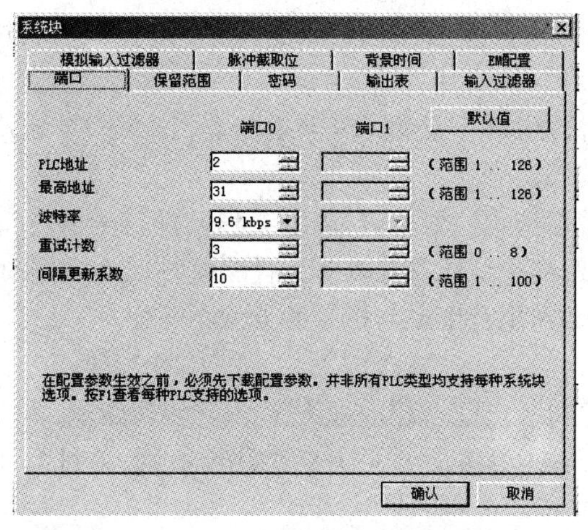

图 3-14 “系统块”对话框

• 单击“浏览栏”上的“系统块”按钮,或者单击“指令树”内的“系统块”图标,可查看并编辑系统块。

系统块的信息须下载到 PLC,为 PLC 提供新的系统配置。

符号表、状态图表、交叉引用表在前面已经介绍过,这里不再介绍。

3.2.2 梯形图程序的输入

1. 建立项目

(1) 打开已有的项目文件。常用的方法如下:

• 执行菜单命令“文件”→“打开”,在“打开文件”对话框中,选择项目的路径及名称,单击“确定”,打开现有项目。
• 在“文件”菜单底部列出最近工作过的项目名称,选择文件名,直接选择打开。
• 利用 Windows 资源管理器,选择扩展名为 . mwp 的文件打开。

(2) 创建新项目

• 单击“新建”快捷按钮。
• 执行菜单命令“文件” →“新建”。
• 单击浏览条中的程序块图标,新建一个项目。

2. 输入程序

打开项目后就可以进行编程。本书主要介绍梯形图的相关操作。

(1) 输入指令。梯形图的元素主要有接点、线圈和指令盒,梯形图的每个网络必须从接点开始,以线圈或没有 ENO 输出的指令盒结束。线圈不允许串联使用。

要输入梯形图指令,首先要进入梯形图编辑器:

• 执行“检视”→“阶梯(L)”选项。

接着在梯形图编辑器中输入指令。输入指令可以通过指令树、工具条按钮、快捷键等方法。

• 在指令树中选择需要的指令,拖放到需要的位置。
• 将光标放在需要的位置,在指令树中双击需要的指令。

- 将光标放到需要的位置，单击工具栏指令按钮，打开一个通用指令窗口，选择需要的指令。
- 使用功能键：F4 = 接点，F6 = 线圈，F9 = 指令盒，打开一个通用指令窗口，选择需要的指令。

当编程元件图形出现在指定位置后，再单击编程元件符号的???，输入操作数。红色字样显示语法出错，当把不合法的地址或符号改变为合法值时，红色消失。若数值下面出现红色的波浪线，表示输入的操作数超出范围或与指令的类型不匹配。

(2) 上下线的操作

- 将光标移到要合并的触点处，单击上行线或下行线按钮。

(3) 输入程序注释。LAD 编辑器中共有四个注释级别：项目组件(POU)注释、网络标题、网络注释、项目组件属性。

项目组件(POU)注释：在"网络 1"上方的灰色方框中单击，输入 POU 注释。

- 单击"切换 POU 注释"按钮或者执行菜单命令"检视"→"POU 注释"选项，在 POU 注释"打开"(可视)或"关闭"(隐藏)之间切换。可视时，始终位于 POU 顶端，并在第一个网络之前显示。

网络标题：将光标放在网络标题行，输入一个便于识别该逻辑网络的标题。

网络注释：将光标移到网络标号下方的灰色方框中，可以输入网络注释。网络注释可对网络的内容进行简单的说明，以便于程序的理解和阅读。

- 单击"切换网络注释"按钮或者执行菜单命令"检视"→网络注释，可在网络注释"打开"(可视)和"关闭"(隐藏)之间切换。

项目组件属性：用下面的方法存取"属性"标签。

- 用鼠标右键单击"指令树"中的 POU →"属性"。
- 用鼠标右键单击程序编辑器窗口中的任何一个 POU 标签，并从弹出的菜单选择"属性"。

属性对话框如图 3-15 所示。

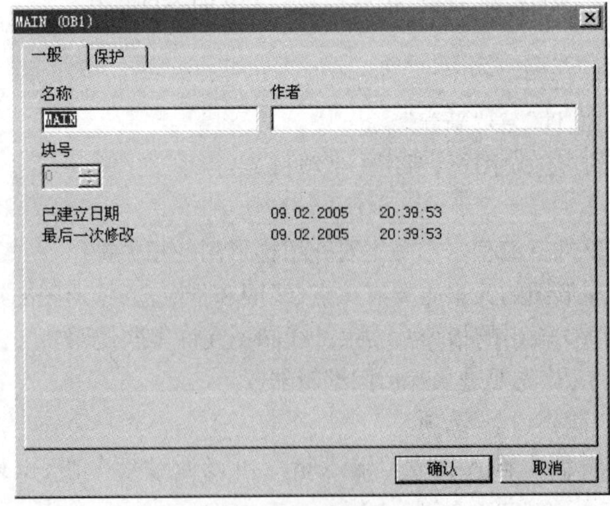

图 3-15 属性对话框

属性对话框中有两个标签：一般和保护。选择“一般”可为子程序、中断程序和主程序块（OB1）重新编号和重新命名，并为项目指定一个作者。选择“保护”则可以选择一个密码保护POU，以便其他用户无法看到该POU，并在下载时加密。若用密码保护POU，则选择“用密码保护该POU”复选框，输入一个4个字符的密码并核实该密码，如图3-16所示。

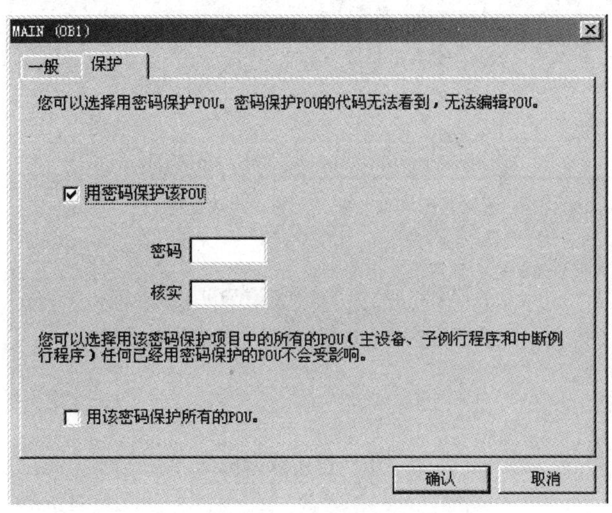

图3-16　属性对话框保护标签

（4）程序的编辑。

1）剪切、复制、粘贴或删除多个网络。通过用<Shift>键+鼠标单击，可以选择多个相邻的网络，进行剪切、复制、粘贴或删除等操作。注意：不能选择部分网络，只能选择整个网络。

2）编辑单元格、指令、地址和网络。用光标选中需要进行编辑的单元，单击右键，弹出快捷菜单，可以进行插入或删除行、列、垂直线或水平线的操作。删除垂直线时，把方框放在垂直线左边单元上，删除时选“行”，或按<Del>键。进行插入编辑时，先将方框移至欲插入的位置，然后选“列”。

（5）程序的编译。程序经过编译后，方可下载到PLC。编译的方法如下：

- 单击“编译”按钮或执行菜单命令“PLC”→“编译”（Compile），编译当前被激活的窗口中的程序块或数据块。
- 单击“全部编译”按钮或执行菜单命令“PLC”→“全部编译”（Compile All），编译全部项目元件（程序块、数据块和系统块）。使用“全部编译”，与哪一个窗口是活动窗口无关。

编译结束后，输出窗口显示编译结果。

3.2.3　数据块编辑

数据块用来对变量存储器V赋初值，可用字节、字或双字赋值，注解（前面带双斜线）是可选项目，如图3-17所示。编写的数据块被编译后，下载到PLC，注释被忽略。

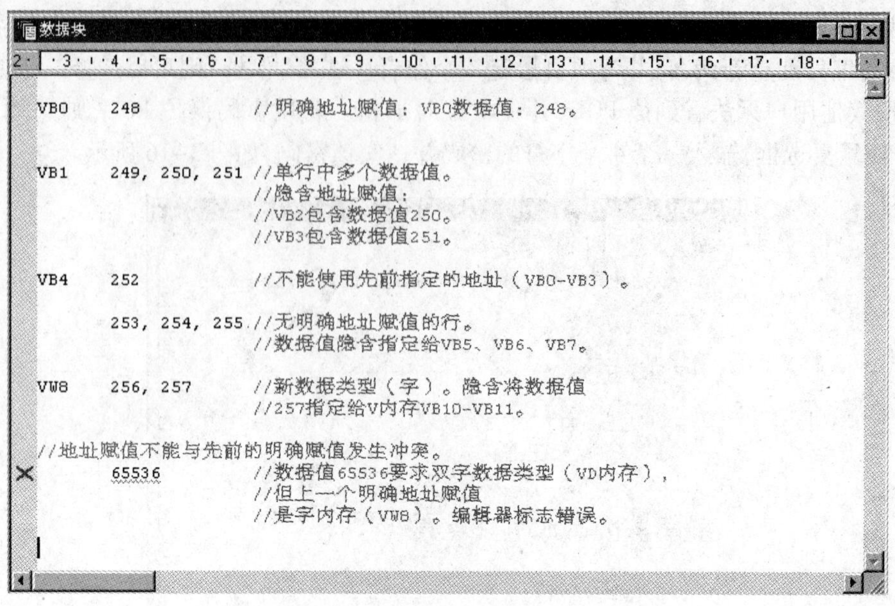

图 3-17　数据块

数据块的第一行必须包含一个明确地址，以后的行可包含明确或隐含地址。在单地址后键入多个数据值或键入仅包含数据值的行时，由编辑器指定隐含地址。编辑器根据先前的地址分配及数据长度（字节、字或双字）指定适当的 V 内存数量。

数据块编辑器是一种自由格式文本编辑器，键入一行后，按 <Enter> 键，数据块编辑器格式化行（对齐地址列、数据、注解；捕获 V 内存地址）并重新显示。数据块编辑器接受大小写字母并允许使用逗号、制表符或空格，作为地址和数据值之间的分隔符。

在数据块编辑器中使用“剪切”、“复制”和“粘贴”命令将数据块源文本送入或送出 STEP 7-Micro/WIN 32。

数据块需要下载至 PLC 后才起作用。

3.2.4　符号表操作

1. 在符号表中符号赋值的方法

（1）建立符号表。单击浏览条中的“符号表”按钮。符号表见图 3-18。

			符号	地址	注释
1			起动	I0.0	起动按钮SB2
2			停止	I0.1	停止按钮SB1
3			M1	Q0.0	电动机
4					
5					

图 3-18　符号表

（2）在“符号”列键入符号名（如起动）。注意：在给符号指定地址之前，该符号下有绿色波浪下划线。在给符号指定地址后，绿色波浪下划线自动消失。

（3）在“地址”列中键入地址（例如 I0.0）。

（4）键入注解（此为可选项）。

（5）符号表建立后，执行菜单命令“检视”→选中“符号编址”，直接地址将转换成符号表中对应的符号名。并且可通过菜单命令“工具”→“选项”→“程序编辑器”标签→“符号编址”选项，来选择操作数显示的形式。例如选择“显示符号和地址”，则对应的梯形图如图3-19所示。

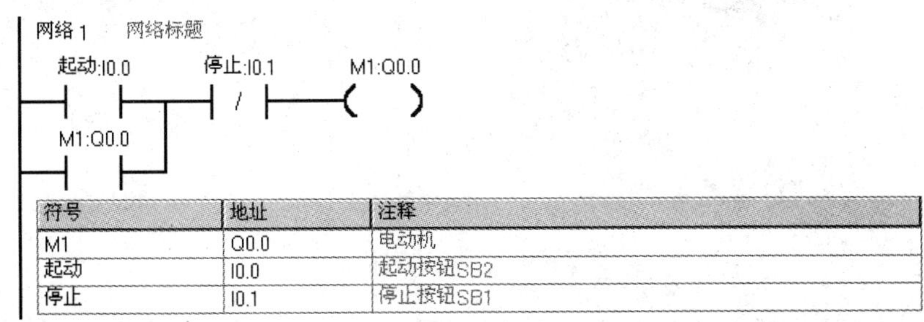

符号	地址	注释
M1	Q0.0	电动机
起动	I0.0	起动按钮SB2
停止	I0.1	停止按钮SB1

图3-19 带符号表的梯形图

（6）执行菜单命令“检视”→“符号信息表”，可选择符号表的显示与否。执行菜单命令“检视”→“符号编址”，可选择是否将直接地址转换成对应的符号名。

在STEP 7-Micro/WIN 32中，可以建立多个符号表（SIMATIC编程模式）或多个全局变量表（IEC 1131-3编程模式）。但不允许将相同的字符串多次用作全局符号赋值，在单个符号表中和几个表内均不得如此。

2. 在符号表中插入行

使用下列方法之一在符号表中插入行：

- 执行菜单命令“编辑”→“插入”→“行”，将在符号表光标的当前位置上方插入新行。
- 用鼠标右键单击符号表中的一个单元格，选择弹出菜单中的命令“插入”→“行”，将在光标的当前位置上方插入新行。
- 若在符号表底部插入新行，将光标放在最后一行的任意一个单元格中，按“下箭头”键。

3. 建立多个符号表

默认情况下，符号表窗口显示一个符号名称（USR1）的标签。可用下列方法建立多个符号表：

- 从“指令树”用鼠标右键单击“符号表”文件夹，在弹出的菜单命令中选择“插入符号表”。
- 打开符号表窗口，使用“编辑”菜单，或用鼠标右键单击，在弹出的菜单中选择“插入”→“表格”。

插入新符号表后，新的符号表标签会出现在符号表窗口的底部。在打开符号表时，要选择正确的标签。双击或右击标签，可为标签重新命名。

3.3 通信

3.3.1 通信网络的配置

通过下面的方法测试通信网络：

(1) 在 STEP 7-Micro/WIN32 中,单击浏览条中的“通讯”图标,或执行菜单命令“检视”→“元件”→“通讯”。

(2) 从“通讯”对话框(如图 3-20 所示)的右侧窗格,单击显示“双击刷新”的蓝色文字。

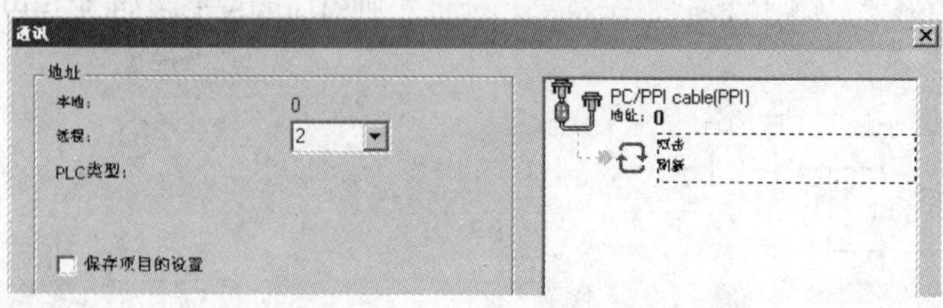

图 3-20 “通讯”对话框

如果建立了个人计算机与 PLC 之间的通信,则会显示一个设备列表。

STEP 7-Micro/WIN32 在同一时间仅与一个 PLC 通信,会在 PLC 周围显示一个红色方框,说明该 PLC 目前正在与 STEP 7-Micro/WIN32 通信。

3.3.2 上载、下载

1. 下载

如果已经成功地在运行 STEP 7-Micro/WIN32 的个人计算机和 PLC 之间建立了通信,就可以将编译好的程序下载至该 PLC。如果 PLC 中已经有内容,这些内容将被覆盖。下载步骤如下:

(1) 下载之前, PLC 必须位于“停止”的工作方式。检查 PLC 上的工作方式指示灯,如果 PLC 没有在“停止”方式,单击工具条中的“停止”按钮,将 PLC 置于停止方式。

(2) 单击工具条中的“下载”按钮,或用菜单命令“文件”→“下载”。出现“下载”对话框。

(3) 根据默认值,在初次发出下载命令时,“程序代码块”、“数据块”和“CPU 配置”(系统块)复选框都被选中。如果不需要下载某个块,可以清除该复选框。

(4) 单击“确定”,开始下载程序。如果下载成功,将出现一个确认框显示“下载成功”。

(5) 如果 STEP 7-Micro/WIN 32 中的 CPU 类型与实际的 PLC 不匹配,会显示警告信息:“为项目所选的 PLC 类型与远程 PLC 类型不匹配。继续下载吗?”

(6) 此时应纠正 PLC 类型选项,选择“否”,终止下载程序。

(7) 执行菜单命令“PLC” →“类型”,调出“PLC 类型”对话框。单击“读取 PLC”按钮,由 STEP 7-Micro/WIN32 自动读取正确的数值。单击“确定”,确认 PLC 类型。

(8) 单击工具条中的“下载”按钮,重新开始下载程序,或执行菜单命令“文件”→“下载”。

下载成功后,单击工具条中的“运行”按钮,或“PLC” →“运行”,PLC 进入 RUN(运行)工作方式。

2. 上载

用下面的方法之一可将项目元件从 PLC 上载到 STEP 7-Micro/WIN 32 程序编辑器:

- 单击“上载”按钮。
- 执行菜单命令“文件”→“上载”。

- 按快捷键 <Ctrl + U>。
- 执行的步骤与下载基本相同,选择需上载的块(程序块、数据块或系统块),单击“上载”按钮,上载的程序将从 PLC 复制到当前打开的项目中,随后即可保存上载的程序。

3.4 程序的调试与监控

在运行 STEP 7-Micro/WIN 32 编程设备和 PLC 之间建立通信并向 PLC 下载程序后,便可运行程序,收集状态进行监控和调试程序。

3.4.1 选择工作方式

PLC 有“运行”和“停止”两种工作方式。在不同的工作方式下,PLC 进行调试的操作方法不同。

- 单击工具栏中的“运行”按钮或“停止”按钮,可以进入相应的工作方式。

1. 选择 STOP 工作方式

在 STOP(停止)工作方式中,可以创建和编辑程序,PLC 处于半空闲状态:停止用户程序执行;执行输入更新;用户中断条件被禁用。PLC 操作系统继续监控 PLC,将状态数据传递给 STEP 7-Micro/WIN 32,并执行所有的“强制”或“取消强制”命令。当 PLC 位于 STOP(停止)工作方式,可以进行下列操作:

1) 使用图状态或程序状态检视操作数的当前值。因为程序未执行,所以这一步骤等同于执行“单次读取”。

2) 可以使用图状态或程序状态强制数值。使用图状态写入数值。

3) 写入或强制输出。

4) 执行有限次扫描,并通过状态图或程序状态观察结果。

2. 选择运行工作方式

当 PLC 位于 RUN(运行)工作方式时,不能使用“首次扫描”或“多次扫描”功能。可以在状态图中写入和强制数值,或使用 LAD 或 FBD 程序编辑器强制数值,方法与在 STOP(停止)工作方式中强制数值相同。还可以执行下列操作(不能在 STOP 工作方式使用):

1) 使用图状态收集 PLC 数据值的连续更新。如果希望使用单次更新,图状态必须关闭,才能使用“单次读取”命令。

2) 使用程序状态收集 PLC 数据值的连续更新。

3) 使用 RUN 工作方式中的“程序编辑”编辑程序,并将改动下载至 PLC。

3.4.2 程序状态显示

当程序下载至 PLC 后,可以用“程序状态”功能操作和测试程序网络。

1. 起动程序状态

1) 在程序编辑器窗口,显示希望测试的程序部分和网络。

2) PLC 置于 RUN 工作方式,启动程序状态监控改动 PLC 数据值。方法如下:

- 单击“程序状态打开/关闭”按钮或执行菜单命令“调试”→“程序状态”,在梯形图中显示出各元件的状态。在进入“程序状态”的梯形图中,用彩色块表示位操作数的线圈得电或触点闭合状态。例如：┤■├表示触点闭合状态，-(■)表示位操作数的线圈得电。

运行中的梯形图内的各元件的状态将随程序执行过程连续更新变换。

2. 用程序状态模拟进程条件(读取、强制、取消强制和全部取消强制)

通过在程序状态中从程序编辑器向操作数写入或强制新数值的方法，可以模拟进程条件。

- 单击“程序状态”按钮，开始监控数据状态，并启用调试工具。

(1) 写入操作数

- 直接单击操作数(不要单击指令)，然后用鼠标右键直接单击操作数，并从弹出的菜单中选择“写入”。

(2) 强制单个操作数

- 直接单击操作数(不是指令)，然后从“调试“工具条单击“强制”图标。
- 直接用鼠标右键单击操作数(不是指令)，并从弹出的菜单中选择“强制”。

(3) 单个操作数取消强制

- 直接单击操作数(不是指令)，然后从“调试”工具条单击“取消强制”图标。
- 直接用鼠标右键单击操作数(不是指令)，并从弹出的菜单中选择“取消强制”。

(4) 全部强制数值取消强制

- 从“调试”工具条单击“全部取消强制”图标。

强制数据用于立即读取或立即写入指令指定I/O点，CPU进入STOP状态时，输出将为强制数值，而不是系统块中设置的数值。

注意：在程序中强制数值时，在程序每次扫描时将操作数重设为该数值，与输入/输出条件或其他正常情况下对操作数有影响的程序逻辑无关。强制可能导致程序操作无法预料，可能导致人员死亡或严重伤害或设备损坏。强制功能是调试程序的辅助工具，切勿为了弥补处理装置的故障而执行强制。仅限合格人员使用强制功能。强制程序数值后，务必通知所有授权维修或调试程序的人员。在不带负载的情况下调试程序时，可以使用强制功能。

3. 识别强制图标

被强制的数据处将显示一个图标。

(1) 黄色锁定图标表示显示强制。即该数值已经被“明确”或直接强制为当前正在显示的数值。

(2) 灰色隐去锁定图标表示隐式。该数值已经被“隐含”强制，即不对地址进行直接强制，但内存区落入另一个被明确强制的较大区域中。例如，如果VW0被显示强制，则VB0和VB1被隐含强制，因为它们包含在VW0中。

(3) 半块图标表示部分强制。例如，VB1被明确强制，则VW0被部分强制，因为其中的一个字节VB1被强制。

3.4.3 状态图显示

可以建立一个或多个状态图，用来监管和调试程序操作。打开状态图可以观察或编辑图的内容，启动状态图可以收集状态信息。

1. **打开状态图**

用以下方法可以打开状态图：

- 单击浏览条上的“状态图”按钮。
- 执行菜单命令“检视”→“元件”→“状态图”。
- 打开指令树中的“状态图”文件夹，然后双击“图”图标。

如果在项目中有多个状态图，使用“状态图”窗口底部的“图”标签，可在状态图之间移动。

2. **状态图的创建和编辑**

（1）建立状态图。如果打开一个空状态图，可以输入地址或定义符号名，从程序监管或修改数值。按以下步骤定义状态图，如图3-21所示。

	地址	格式	当前值	新数值
1	I0.0	位		
2	VW0	带符号		
3	M0.0	位		
4	SMW70	带符号		

图3-21 状态图举例

1）在“地址”列输入存储器的地址（或符号名）。

2）在“格式”列选择数值的显示方式。如果操作数是位（例如I、Q或M），格式中被设为位。如果操作数是字节、字或双字，选中“格式”列中的单元格，并双击或按空格键或<Enter>键，浏览有效格式并选择适当的格式。定时器或计数器数值可以显示为位或字。如果将定时器或计数器地址格式设置为位，则会显示输出状态（输出打开或关闭）。如果将定时器或计数器地址格式设置为字，则使用当前值。

还可以按下面的方法更快地建立状态图，如图3-22所示。

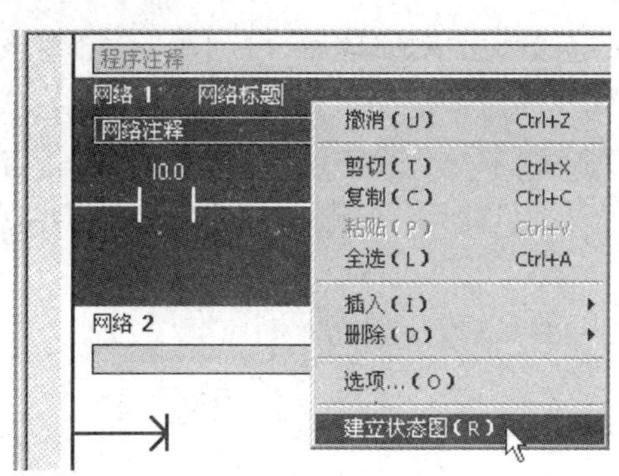

图3-22 选中程序代码建立状态图

选中程序代码的一部分，单击鼠标右键→弹出菜单→“建立状态图”。新状态图包含选中程序中每个操作数的一个条目。条目按照其在程序中出现的顺序排列，状态图有一个默认名称。新状态图被增加在状态图编辑器中的最后一个标记之后。

（2）编辑状态图。在状态图修改过程中，可采用下列方法：

1）插入新行。使用“编辑”菜单或用鼠标右键单击状态图中的一个单元格，从弹出的菜单中选择“插入”→“行”。新行被插入在状态图中光标当前位置的上方。还可以将光标放在最后一行的任何一个单元格中,并按下箭头键 ,在状态图底部插入一行。

2）删除一个单元格或行。选中单元格或行,用鼠标右键单击,从弹出菜单命令中选择“删除”→“选项”。如果删除一行,其后的行(如果有)将向上移动一行。

3）选择一整行(用于剪切或复制)。单击行号。

4）选择整个状态图。在行号上方的左上角单击一次。

(3) 建立多个状态图。用下面方法可以建立一个新状态图:

- 从指令树,用鼠标右键单击“状态图”文件夹→弹出菜单命令→“插入”→“图”。
- 打开状态图窗口,使用“编辑”菜单或用鼠标右键单击,在弹出的菜单中选择“插入”→“图”。

3. 状态图的启动与监视

(1) 状态图启动和关闭。开启状态图连续收集状态图信息,用下面的方法:

- 执行菜单命令“调试”→“图状态”,或使用“图状态”工具条按钮。再操作一次可关闭状态图。

状态图启动后,便不能再编辑状态图。

(2) 单次读取与连续图状态。状态图被关闭时(未起动),可以使用“单次读取”功能,方法如下:

- 执行菜单命令“调试”→“单次读取”,或使用“单次读取”工具条按钮。

单次读取可以从 PLC 收集当前的数据,并在表中当前值列显示出来,且在执行用户程序时并不对其更新。

状态图被启动后,使用“图状态”功能,将连续收集状态图信息。

- 执行菜单命令“调试”→“图状态”,或使用“图状态”工具条按钮。

(3) 写入与强制数值。

全部写入:对状态图内的新数值改动完成后,可利用“全部写入”将所有改动传送至 PLC。物理输入点不能用此功能改动。

强制:在状态图的地址列中选中一个操作数,在新数值列写入模拟实际条件的数值,然后单击工具条中的“强制”按钮。一旦使用“强制”,每次扫描都会将强制数值应用于该地址,直至对该地址“取消强制”。

取消强制:和“程序状态”的操作方法相同。

3.4.4 执行有限次扫描

可以指定 PLC 对程序执行有限次数扫描(从 1 次扫描到 65535 次扫描),通过指定 PLC 运行的扫描次数,可以监控程序过程变量的改变。第一次扫描时,SM0.1 数值为 1。

1. 执行单次扫描

“单次扫描”使 PLC 从 STOP 方式转变成 RUN 方式,执行一次扫描后,再回到 STOP 方式,因此可以观察到首次扫描后的状态。操作步骤如下:

(1) PLC 必须位于 STOP(停止)模式。如果不在 STOP(停止)模式,将 PLC 转换成停止模式。

(2) 执行菜单命令“调试”→“首次扫描”。

2. 执行多次扫描

步骤如下：

(1) PLC 须位于 STOP(停止)模式。如果在 STOP(停止)模式,将 PLC 转换成停止模式。

(2) 执行菜单命令“调试” →“ 多次扫描” →出现“执行扫描”对话框,如图 3-23 所示。

(3) 输入所需的扫描次数数值,单击“确定”。

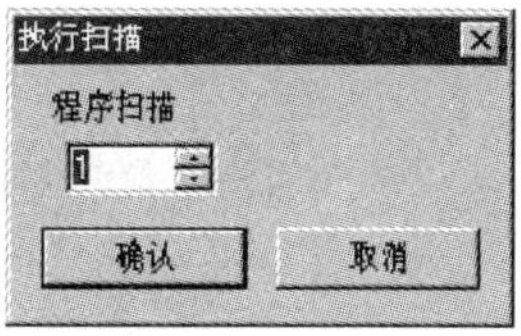

图 3-23 “执行扫描”对话框

3.4.5 查看交叉引用

用下列方法打开“交叉引用”窗口：

- 执行菜单命令“检视”→“交叉引用”,或单击浏览条中的“交叉引用”按钮。

单击 “交叉引用” 窗口底部的标签,可以查看“交叉引用”表、“字节用法”表或“位用法”表。

1. “交叉引用”表

参看 3.1.2 STEP-Mirco/WIN 窗口组件

2. “字节用法”表

(1)用“字节用法”表查看程序中使用的字节以及在哪些内存区使用。在“字节用法”表中,b 表示已经指定一个内存位;B 表示已经指定一个内存字节;W 表示已经指定一个字(16 位);D 表示已经指定一个双字(32 位);X 用于计时器和计数器。如图 3-24 所示的字节用法表显示相关程序使用下列内存位置:MB0 中一个位;计数器 C30;计时器 T37。

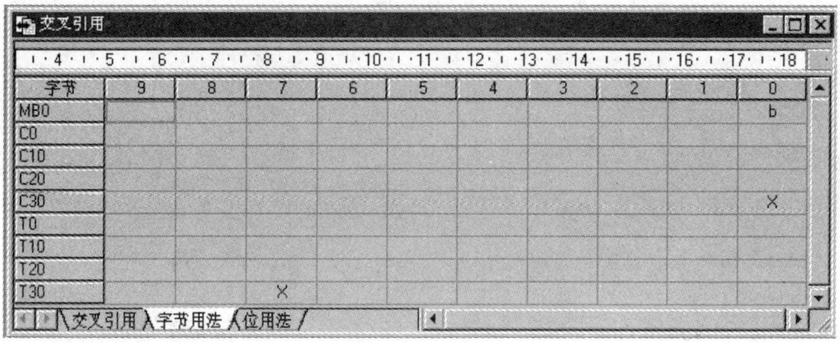

字节	9	8	7	6	5	4	3	2	1	0
MB0										b
C0										
C10										
C20										
C30										X
T0										
T10										
T20										
T30			X							

图 3-24 “字节用法”表

(2)用“字节用法”表检查重复赋值错误。如图 3-25 所示,双字要求四个字节,VB0 行中应有 4 个相邻的 D。字要求 2 个字节,VB0 中应有 2 个相邻的 W。MB10 行存在相同的问题,此外在多个赋值语句中使用 MB10.0。

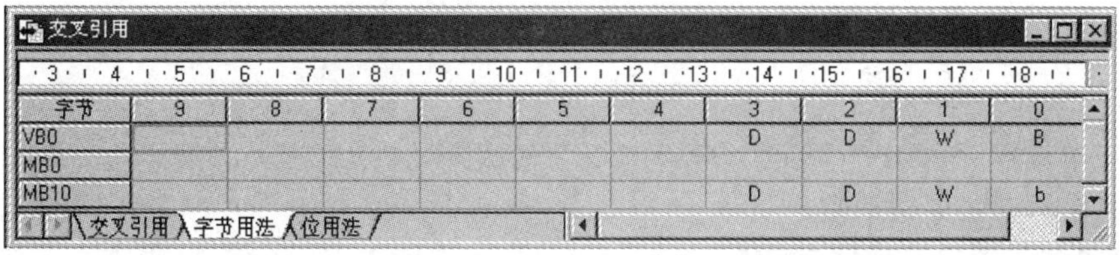

字节	9	8	7	6	5	4	3	2	1	0
VB0							D	D	W	B
MB0										
MB10							D	D	W	b

图 3-25 用“字节用法”表检查重复赋值错误举例

3. “位用法”表

(1)用“位用法”表查看程序中已经使用的位,以及在哪些内存使用。如图 3-26 所示的“位用法”表显示相关程序使用下列内存位置:字节 IB0 的位 0、1、2、3、4、5 和 7;字节 QB0 的位 0、1、2、3、4 和 5;字节 MB0 的位 1。

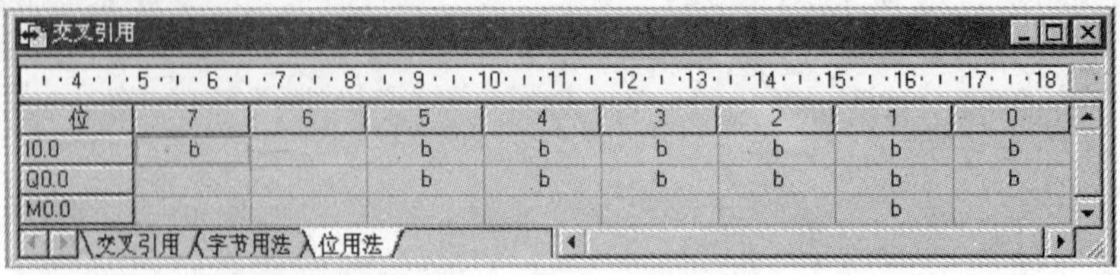

位	7	6	5	4	3	2	1	0
I0.0	b		b	b	b	b	b	b
Q0.0			b	b	b	b	b	b
M0.0							b	

图 3-26 “位用法”表

(2) 用“位用法”表识别重复赋值错误。在正确的赋值程序中,字节中间不得有位值。如图 3-27 所示,BBBBBBBb 无效,而 BBBBBBBB 则有效。相同的规定也适用于字赋值(应有 16 个相邻的位)和双字赋值(应有 32 个相邻的位)。

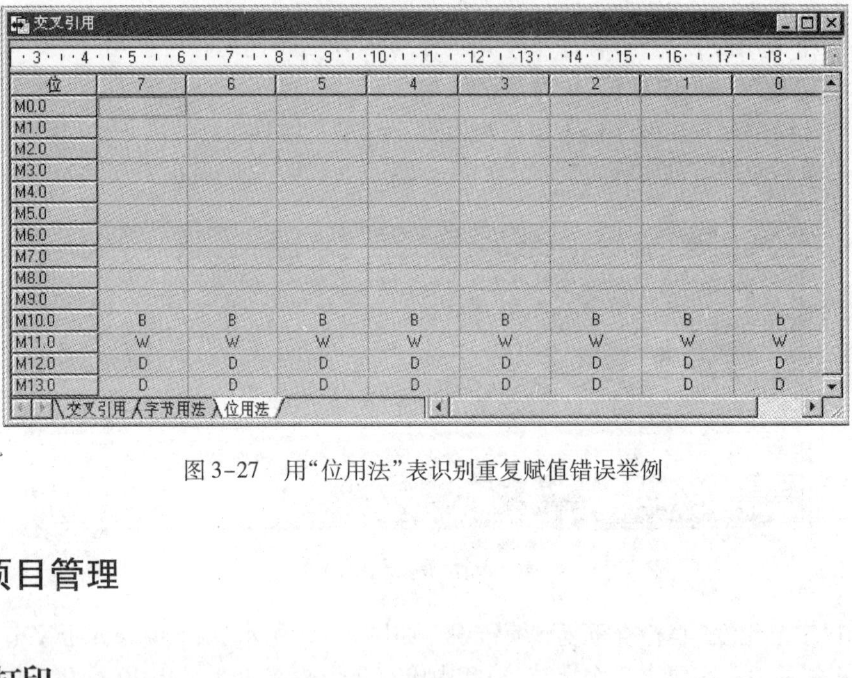

位	7	6	5	4	3	2	1	0
M0.0								
M1.0								
M2.0								
M3.0								
M4.0								
M5.0								
M6.0								
M7.0								
M8.0								
M9.0								
M10.0	B	B	B	B	B	B	B	b
M11.0	W	W	W	W	W	W	W	W
M12.0	D	D	D	D	D	D	D	D
M13.0	D	D	D	D	D	D	D	D

图 3-27 用“位用法”表识别重复赋值错误举例

3.5 项目管理

3.5.1 打印

1. 打印程序和项目文档的方法

用下面的方法打印程序和项目文档:

- 单击“打印” 按钮。
- 执行菜单命令“文件”→“打印”。
- 按 <Ctrl + P> 快捷键。

2. 打印单个项目元件网络和行

以下方法可以从单个程序块打印一系列网络,或从单个符号表或状态图打印一系列行:

1）选择适当的复选框，并使用“范围”域指定打印的元素。

2）选中一段文本、网络或行，并选择“打印”。此时应检查以下条目：在“打印内容/顺序”帧中写入正确的编辑器；在“范围”条目框中选择正确的POU（如适用）；POU“范围”条目框空闲正确的单选按钮；“范围”条目框中显示正确的数字。

如图3-28所示，从USR1符号表打印6～20行，则应采取以下方法之一：

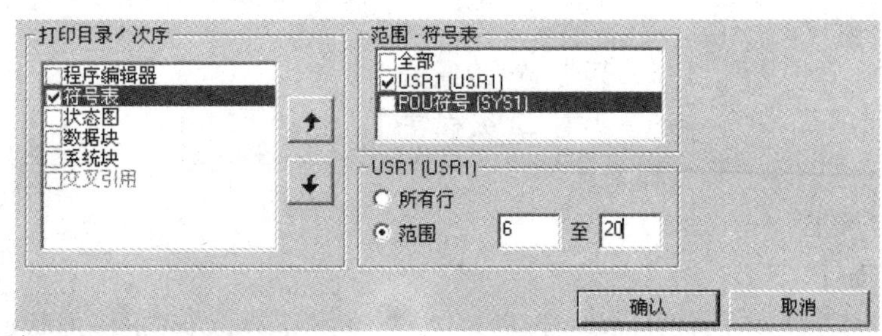

图3-28　打印内容/顺序

- 仅选择“打印内容/顺序”题目下方的“符号表”复选框以及“范围”下方的“USR1”复选框，定义打印范围6～20，
- 在符号表中增亮6～20行，并选择“打印”。

3.5.2　导入文件

从STEP 7-Micro/WIN 32之外导入程序，可使用“导入”命令导入ASCII文本文件。“导入”命令不允许导入数据块。打开新的或现有项目，才能使用“文件”→“导入”命令。

如果导入OB1（主程序），会删除所有现有POU。然后，用作为OB1和所有作为ASCII文本文件组成部分的子程序或中断程序的ASCII数据创建程序组织单元。

如果只导入子程序或中断程序（ASCII文本文件中无定义的主程序），则ASCII文本文件中定义的POU将取代所有现有STEP 7-Micro/WIN 32项目中的对应号码的POU（如果STEP 7-Micro/WIN 32项目未空置）。现有STEP 7-Micro/WIN 32项目的主程序以及未在ASCII文本文件中定义的所有STEP 7-Micro/WIN 32 POU均被保留。

如现有STEP 7-Micro/WIN 32项目中可能包括OB1和SUB1、SUB3和SUB5，然后从一个ASCII文本文件导入SUB2、SUB3和SUB4。最后得到的项目为：OB1（来自STEP 7-Micro/WIN 32项目）、SUB1（来自STEP 7-Micro/WIN 32项目）、SUB2（来自ASCII文本文件）、SUB3（来自ASCII文本文件）、SUB4（来自ASCII文本文件）、SUB5（来自STEP 7-Micro/WIN 32项目）。

3.5.3　导出文件

将程序导出到STEP 7-Micro/WIN 32之外的编辑器，可以使用“导出”命令创建ASCII文本文件。默认文件扩展名为“.awl”，可以指定任何文件名称。程序只有成功通过编译才能执行“导出”操作。“导出”命令不允许导出数据块。打开一个新项目或旧项目，才能使用“导出”功能。

用“导出”命令按下列方法导出现有POU（主程序、子例行程序和中断例行程序）：

- 如果导出OB1（主程序），则所有现有项目POU均作为ASCII文本文件组合和导出。

- 导出子例行程序或中断例行程序，当前打开编辑的单个 POU 作为 ASCII 文本文件导出。

3.6 编程软件使用实训

1. 实训目的

(1) 认识 S7-200 系列 PLC 及其与 PC 的通信。

(2) 练习使用 STEP 7-Micro/WIN 32 编程软件。

(3) 学会程序的输入和编辑方法。

(4) 初步了解程序调试的方法。

2. 内容及指导

(1) 认识 PLC。记录所使用 PLC 的型号，输入输出点数，观察主机面板的结构以及 PLC 和 PC 之间的连接。

(2)开机(打开 PC 和 PLC)并新建一个项目。

- 执行菜单命令"文件"→"新建"或用新建项目快捷按钮。

(3) 检查 PLC 和运行 STEP7-Micro/WIN 的 PC 连线后，设置与读取 PLC 的型号。

- 执行菜单命令"PLC"→"类型" →"读取 PLC"或者在指令树→"项目"名称→"类型" →"读取 PLC"。

(4) 选择指令集和编辑器。

- 执行菜单命令"工具"→"选项" →"一般"标签→"编程模式" →SIMATIC;"助记符集" →"国际"。
- 执行菜单命令"检视" →"LAD"，或者菜单命令"工具"→"选项" →"一般"标签→"默认编辑器"。

(5) 输入、编辑如图 3-29 所示的梯形图，并转换成语句表指令。

(6) 给梯形图加 POU 注释、网络标题、网络注释。

(7) 编写符号表，如图 3-30 所示，并选择操作数显示形式为：符号和地址同时显示。

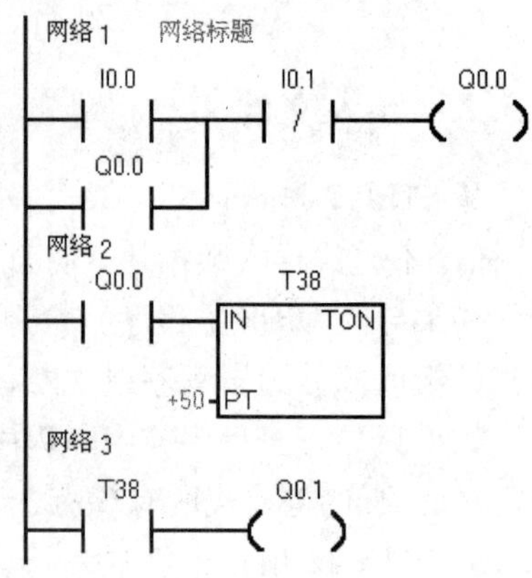

图 3-29 梯形图程序

	符号	地址	注释
1	起动按钮	I0.0	
2	停止按钮	I0.1	
3	灯1	Q0.0	
4	灯2	Q0.1	
5			

图 3-30 符号表

- 建立符号表：单击浏览条中的"符号表" 按钮。
- 符号和地址同时显示："工具"→"选项" →"程序编辑器"。

(8) 编译程序。观察编译结果，若提示错误，则修改，直到编译成功。

- "PLC" →"编译"、"全部编译"或用快捷按钮。

(9) 将程序下载到 PLC。下载之前，PLC 必须位于“停止”的工作方式。如果 PLC 没有在“停止”，单击工具条中的“停止”按钮，将 PLC 置于停止方式。

- 单击工具条中的“下载”按钮，或执行菜单命令“文件”→“下载”，出现“下载”对话框。可选择是否下载“程序代码块”、“数据块”和“CPU 配置”，单击“确定”，开始下载程序。

(10) 建立状态图表监视各元件的状态，如图 3-31 所示。

	地址	格式	当前值	新数值
1	I0.0	位		
2	I0.1	位		
3	Q0.0	位		
4	Q0.1	位		
5	T38	位		

图 3-31　状态图表

- 选中程序代码的一部分，单击鼠标右键→弹出菜单→“建立状态图”。

(11) 运行程序。

- 单击工具栏中的“运行”按钮。

(12) 启动状态图表。

- 执行菜单命令“调试”→“图状态”，或使用“图状态”工具条按钮。

(13) 输入强制操作。因为不带负载进行运行调试，所以采用强制功能模拟物理条件。对 I0.0 进行强制 ON，在对应 I0.0 的新数值列输入 1，对 I0.1 进行强制 OFF，在对应 I0.1 的新数值列输入 0。然后单击工具条中的“强制”按钮。

(14) 在运行中显示梯形图的程序状态。

- 单击“程序状态打开/关闭”按钮或执行菜单命令“调试”→“程序状态”，在梯形图中显示出各元件的状态。

3. 结果记录

(1) 认真观察 PLC 基本单元上的输入/输出指示灯的变化，并记录。

(2) 总结梯形图输入及修改的操作过程。

(3) 写出梯形图添加注释的过程。

3.7　习题

1. 如何建立项目？一个项目包含哪几个组成部分？
2. 如何在 LAD 中输入程序注解？
3. 如何下载程序？
4. 如何在程序编辑器中显示程序状态？
5. 如何建立状态图？如何在程序编辑器中显示图状态？
6. 如何执行有限次数扫描？
7. 如何打开交叉引用表？交叉引用表的作用是什么？

第4章　S7-200 系列 PLC 基本指令及实训

本章要点

- 梯形图、语句表、顺序功能流程图、功能块图等常用设计语言的简介
- 基本位操作指令的介绍、应用及实训
- 定时器指令、计数器指令的介绍、应用及实训
- 比较指令的介绍及应用
- 程序控制类指令的介绍、应用及实训

4.1　PLC 程序设计语言

在 PLC 中有多种程序设计语言，包括梯形图、语句表、顺序功能流程图、功能块图等。

梯形图和语句表是基本程序设计语言，通常由一系列指令组成，用这些指令可以完成大多数简单的控制功能，例如代替继电器、计数器、计时器完成顺序控制和逻辑控制等，通过扩展或增强指令集，它们也能执行其他的基本操作。

供 S7-200 系列 PLC 使用的 STEP 7-Micro/Win32 编程软件支持 SIMATIC 和 IEC1131-3 两种基本类型的指令集。SIMATIC 是 PLC 专用的指令集，执行速度快，可使用梯形图、语句表、功能块图编程语言。IEC1131-3 是 PLC 编程语言标准，IEC1131-3 指令集中指令较少，只能使用梯形图和功能块图两种编程语言。SIMATIC 指令集的某些指令不是 IEC1131-3 中的标准指令。SIMATIC 指令和 IEC1131-3 中的标准指令系统并不兼容。本书重点介绍 SIMATIC 指令。

1. 梯形图(Ladder Diagram)程序设计语言

梯形图程序设计语言是最常用的一种程序设计语言。它来源于继电器逻辑控制系统的描述。在工业过程控制领域，电气技术人员对继电器逻辑控制技术较为熟悉，因此，由这种逻辑控制技术发展而来的梯形图受到了欢迎，并得到了广泛的应用。梯形图与操作原理图相对应，具有直观性和对应性；与原有的继电器逻辑控制技术的不同点是，梯形图中的能流不是实际意义的电流，内部的继电器也不是实际存在的继电器，因此，应用时需与原有继电器逻辑控制技术的有关概念区别对待。LAD 图形指令有触点、线圈和指令盒 3 个基本形式。

(1) 触点。其基本符号如图 4-1 所示。图中的问号代表需要指定的操作数的存储器的地址。触点代表输入条件如外部开关、按钮及内部条件等。触点有常开触点和常闭触点。CPU 运行扫描到触点符号时，到触点操作数指定的存储器位访问(即 CPU 对存储器的读操作)。该位数据(状态)为 1 时，其对应的常开触点接通，其对应的常闭触点断开。可见常开触点和存储器的位的状态一致，常闭触点表示对存储器的位的状态取反。计算机读操作的次数不受限制，用户程序中，常开触点、常闭触点可以使用无数次。

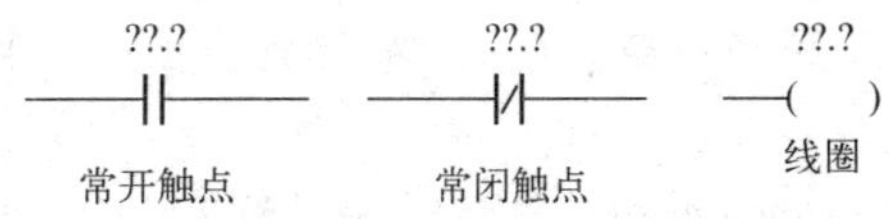

图 4-1　触点和线圈的基本符号

(2) 线圈。其基本符号如图 4-1 所示。线圈表示输出结果，即 CPU 对存储器的赋值操作。线圈左侧接点组成的逻辑运算结果为 1 时，“能流”可以达到线圈，使线圈得电动作，CPU 将线圈的操作数指定的存储器的位置为 1；逻辑运算结果为 0，线圈不通电，存储器的位置 0。即线圈代表 CPU 对存储器的写操作。PLC 采用循环扫描的工作方式，所以在用户程序中，每个线圈只能使用一次。

(3) 指令盒。指令盒代表一些较复杂的功能，如定时器、计数器或数学运算指令等。当“能流”通过指令盒时，执行指令盒所代表的功能。

梯形图按照逻辑关系可分成网络段，分段只是为了阅读和调试方便。在本书部分举例中，我们将网络段标记省去。图 4-2 是梯形图示例。

2. 语句表(Statement List)程序设计语言

语句表程序设计语言是用布尔助记符来描述程序的一种程序设计语言。语句表程序设计语言与计算机中的汇编语言非常相似。语句表设计语言是由助记符和操作数构成的。采用助记符来表示操作功能，操作数是指定的存储器的地址。用编程软件可以将语句表与梯形图相互转换。在梯形图编辑器下录入的梯形图程序，打开“检视”菜单→选择“STL”，就可将梯形图转换成语句表。反之，也可将语句表转化成梯形图。

例如，图 4-2 所示的梯形图转换为语句表程序如下：

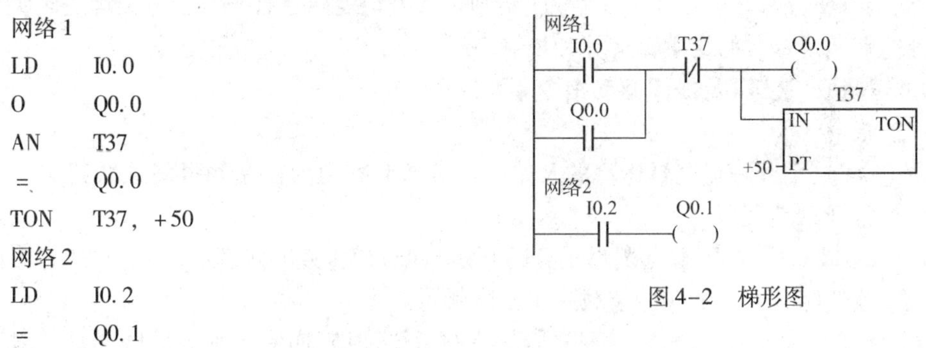

```
网络 1
LD      I0.0
O       Q0.0
AN      T37
=       Q0.0
TON     T37, +50
网络 2
LD      I0.2
=       Q0.1
```


图 4-2　梯形图

3. 顺序功能流程图(Sequential Function Chart)程序设计

顺序功能流程图程序设计是近年来发展起来的一种程序设计。采用顺序功能流程图的描述，控制系统被分为若干个子系统，从功能入手，使系统的操作具有明确的含义，便于设计人员和操作人员设计思想的沟通，便于程序的分工设计和检查调试。顺序功能流程图的主要元素是步、转移、转移条件和动作，如图 4-3 所示。顺序功能流程图程序设计的特点是：

(1) 以功能为主线，条理清楚，便于对程序操作的理解和沟通。

(2) 对大型程序，可分工设计，采用较为灵活的程序结构，可节省程序设计时间和调试时间。

(3) 常用于系统的规模校大、程序关系较复杂的场合。

(4) 只有在活动步的命令和操作被执行后,才对活动步后的转换进行扫描,因此,整个程序的扫描时间大大缩短。

4. 功能块图(Function Block Diagram)程序设计语言

功能块图程序设计语言是采用逻辑门电路的编程语言,有数字电路基础的人很容易掌握。功能块图指令由输入、输出段及逻辑关系函数组成。用 STEP 7-Micro/Win32 编程软件将图 4-2 所示的梯形图转换为 FBD 程序,如图 4-4 所示。方框的左侧为逻辑运算的输入变量,右侧为输出变量,输入输出端的小圆圈表示“非”运算,信号自左向右流动。

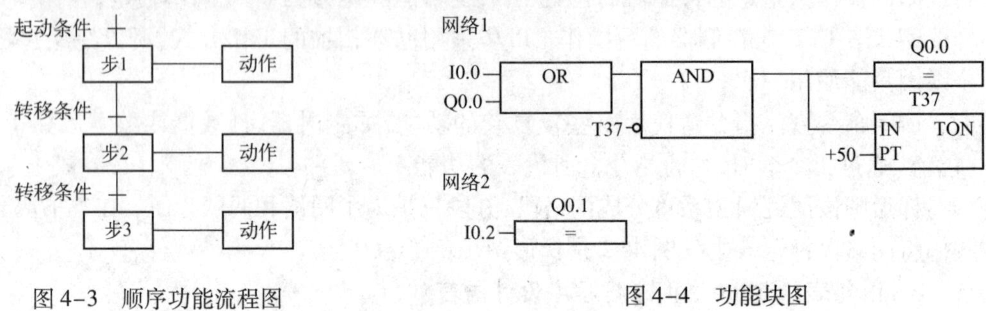

图 4-3　顺序功能流程图　　图 4-4　功能块图

4.2 基本位逻辑指令与应用

4.2.1 基本位操作指令介绍

位操作指令是以“位”为操作数地址的 PLC 常用的基本指令。梯形图指令有触点和线圈两大类,触点又分常开触点和常闭触点两种形式;语句表指令有与、或、输出等逻辑关系。位操作指令能够实现基本的位逻辑运算和控制。

1. 逻辑取(装载)及线圈驱动指令 LD/LDN,=

(1) 指令功能

LD(load):常开触点逻辑运算的开始。对应梯形图则为在左侧母线或线路分支点处初始装载一个常开触点。

LDN(load not):常闭触点逻辑运算的开始(即对操作数的状态取反)。对应梯形图则为在左侧母线或线路分支点处初始装载一个常闭触点。

=(OUT):输出指令,表示对存储器赋值的指令,对应梯形图则为线圈驱动。对同一元件只能使用一次。

(2) 指令格式(如图 4-5 所示)

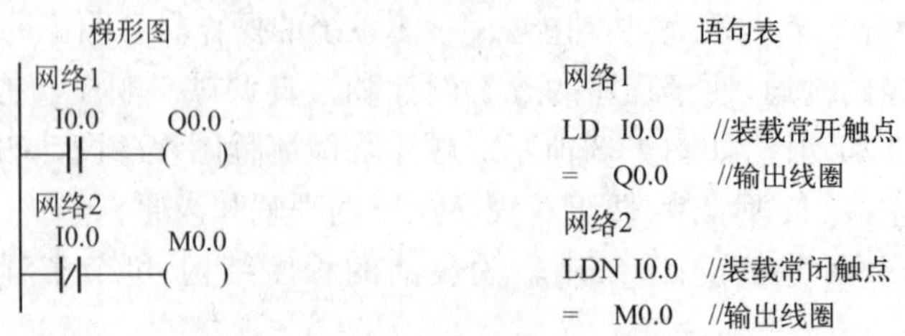

图 4-5　LD/LDN、OUT 指令的使用

说明:

1) 触点代表 CPU 对存储器的读操作,常开触点和存储器的位状态一致,常闭触点和存储器的位状态相反。用户程序中,同一触点可使用无数次。

例如:存储器 I0.0 的状态为 1,则对应的常开触点 I0.0 接通,表示能流可以通过;而对应的常闭触点 I0.0 断开,表示能流不能通过。存储器 I0.0 的状态为 0,则对应的常开触点 I0.0 断开,表示能流不能通过;而对应的常闭触点 I0.0 接通,表示能流可以通过。

2) 线圈代表 CPU 对存储器的写操作。若线圈左侧的逻辑运算结果为"1",表示能流能够达到线圈,CPU 将该线圈操作数指定的存储器的位置位为"1"。若线圈左侧的逻辑运算结果为"0",表示能流不能够达到线圈,CPU 将该线圈操作数指定的存储器的位写入"0"。用户程序中,同一操作数的线圈只能使用一次。

(3) LD/LDN, = 指令使用说明

- LD/LDN 指令用于与输入公共母线(输入母线)相联的接点,也可与 OLD、ALD 指令配合使用于分支回路的开头。
- =指令用于 Q、M、SM、T、C、V、S。但不能用于输入映像寄存器 I。输出端不带负载时,控制线圈应尽量使用 M 或其他,而不用 Q。
- =可以并联使用任意次,但不能串联,如图 4-6 所示。

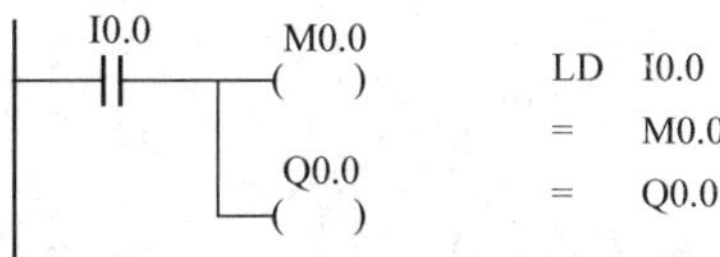

图 4-6 输出指令并联使用

- LD/LDN 的操作数:I、Q、M、SM、T、C、V、S。
- =(OUT)的操作数:Q、M、SM、T、C、V、S。

2. 触点串联指令 A(And)、AN(And not)

(1) 指令功能

A(And):与操作,在梯形图中表示串联连接单个常开触点。

AN(And not):与非操作,在梯形图中表示串联连接单个常闭触点。

(2) 指令格式(如图 4-7 所示)

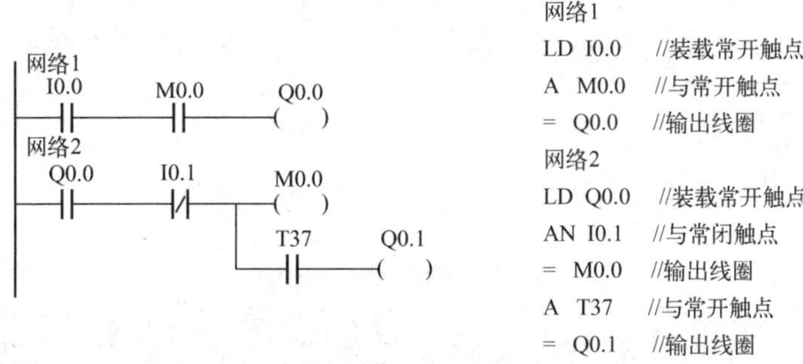

图 4-7 A/AN 指令的使用

(3) A/AN 指令使用说明

- AN 是单个触点串联连接指令,可连续使用,如图 4-8 所示。
- 若要串联多个接点组合回路时,必须使用 ALD 指令,如图 4-9 所示。

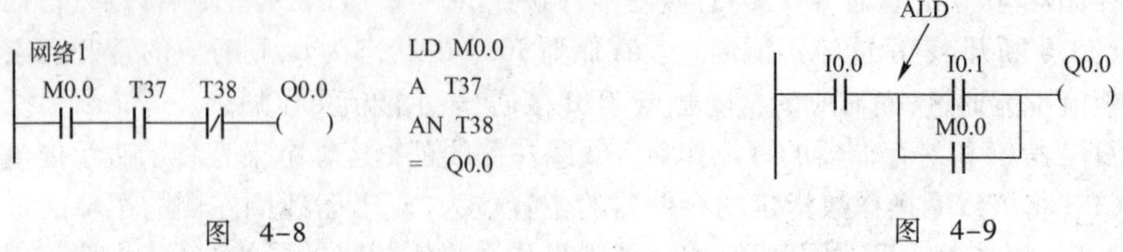

图 4-8　　图 4-9

- 若按正确次序编程(即输入:"左重右轻、上重下轻";输出:上轻下重),可以反复使用 = 指令,如图 4-10 所示。但若按图 4-11 所示的编程次序,就不能连续使用 = 指令。
- A/AN 的操作数:I、Q、M、SM、T、C、V、S。

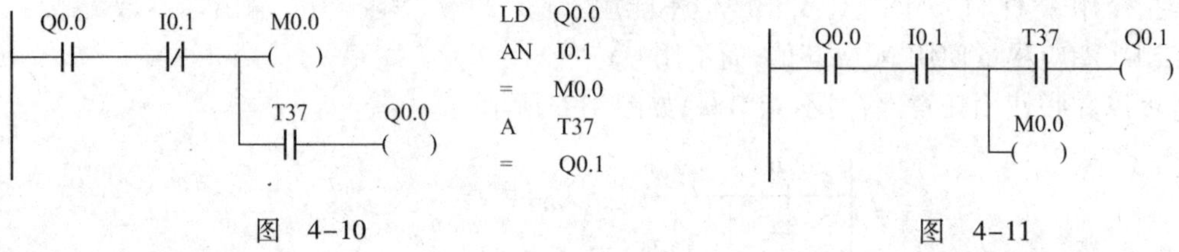

图 4-10　　图 4-11

3. 触点并联指令 O(Or)/ON(Or not)

(1) 指令功能

O:或操作,在梯形图中表示并联连接一个常开触点。

ON:或非操作,在梯形图中表示并联连接一个常闭触点。

(2) 指令格式(如图 4-12 所示)

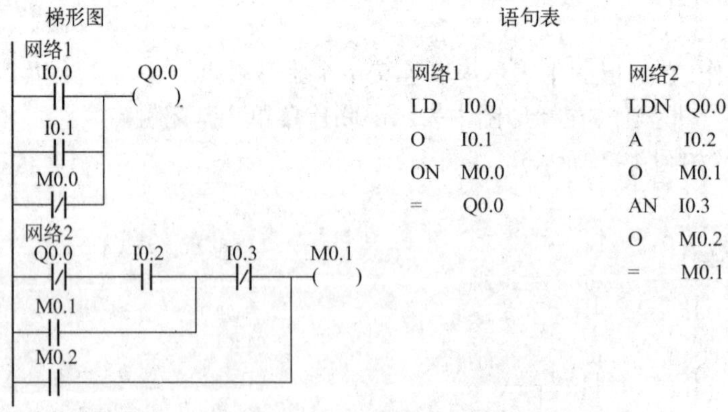

图 4-12　O/ON 指令的使用

(3) O/ON 指令使用说明

- O/ON 指令可作为并联一个触点指令,紧接在 LD/LDN 指令之后用,即对其前面的 LD/LDN 指令所规定的触点并联一个触点,可以连续使用。

- 若要并联连接两个以上触点的串联回路时，须采用 OLD 指令。
- ON 操作数：I、Q、M、SM、V、S、T、C。

4. 电路块的串联指令 ALD

(1) 指令功能

ALD：块"与"操作，用于串联连接多个并联电路组成的电路块。

(2) 指令格式(如图 4-13 所示)

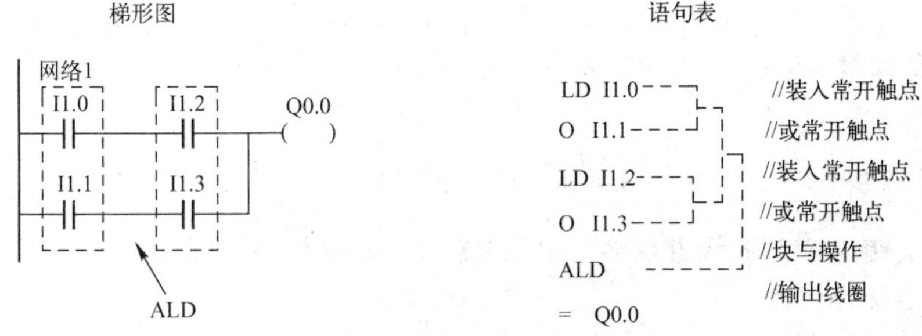

图 4-13 ALD 指令使用

(3) ALD 指令使用说明

- 并联电路块与前面电路串联连接时，使用 ALD 指令。分支的起点用 LD/LDN 指令，并联电路结束后使用 ALD 指令与前面电路串联。
- 可以顺次使用 ALD 指令串联多个并联电路块，支路数量没有限制，如图 4-14 所示。
- ALD 指令无操作数。

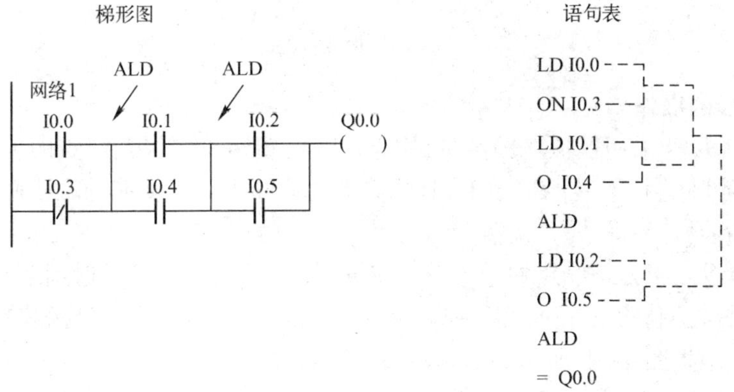

图 4-14 ALD 指令使用

5. 电路块的并联指令 OLD

(1) 指令功能

OLD：块"或"操作，用于并联连接多个串联电路组成的电路块。

(2) 指令格式(如图 4-15 所示)

(3) OLD 指令使用说明

- 并联连接几个串联支路时，其支路的起点以 LD 、LDN 开始，并联结束后用 OLD。

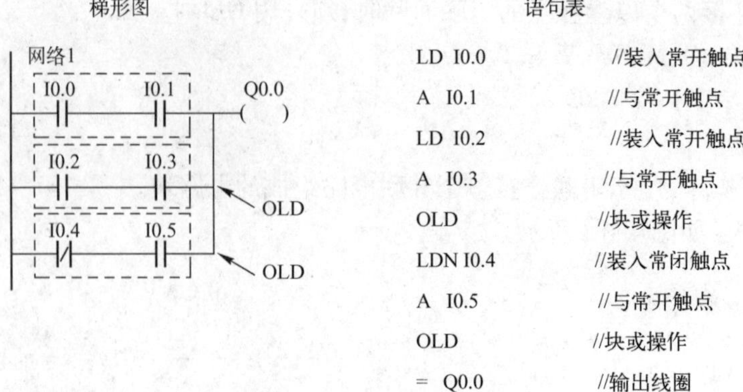

图 4-15　OLD 指令的使用

- 可以顺次使用 OLD 指令并联多个串联电路块,支路数量没有限制。
- ALD 指令无操作数。

【例 4-1】　根据图 4-16 所示梯形图,写出对应的语句表。

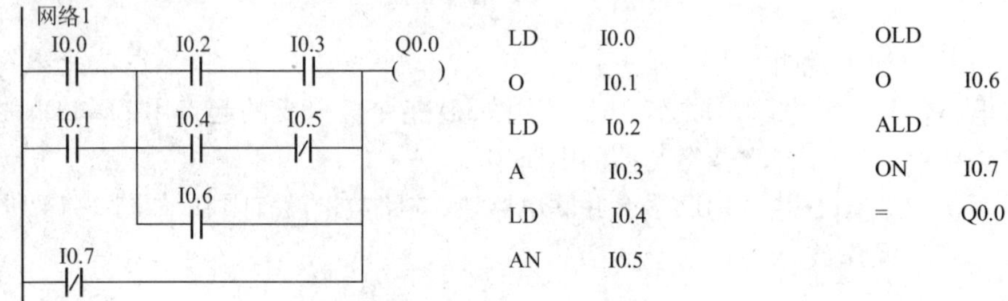

图 4-16　例 4-1 图

6. 逻辑堆栈的操作

S7-200 系列 PLC 采用模拟栈的结构,用于保存逻辑运算结果及断点的地址,称为逻辑堆栈。S7-200 系列 PLC 中有一个 9 层的堆栈。在此讨论断点保护功能的堆栈操作。

(1) 指令功能

堆栈操作指令用于处理线路的分支点。在编制控制程序时,经常遇到多个分支电路同时受一个或一组触点控制的情况,如图 4-17 所示,若采用前述指令不容易编写程序,用堆栈操作指令则可方便地将图 4-17 所示梯形图转换为语句表。

LPS(入栈)指令:LPS 指令把栈顶值复制后压入堆栈,栈中原来数据依次下移一层,栈底值压出丢失。

LRD(读栈)指令:LRD 指令把逻辑堆栈第二层的值复制到栈顶,2 ~9 层数据不变,堆栈没有压入和弹出。但原栈顶的值丢失。

LPP(出栈)指令:LPP 指令把堆栈弹出一级,原第二级的值变为新的栈顶值,原栈顶数据从栈内丢失。

LPS、LRD、LPP 指令的操作过程如图 4-18 所示。图中 Iv. x 为存储在栈区的断点的地址。

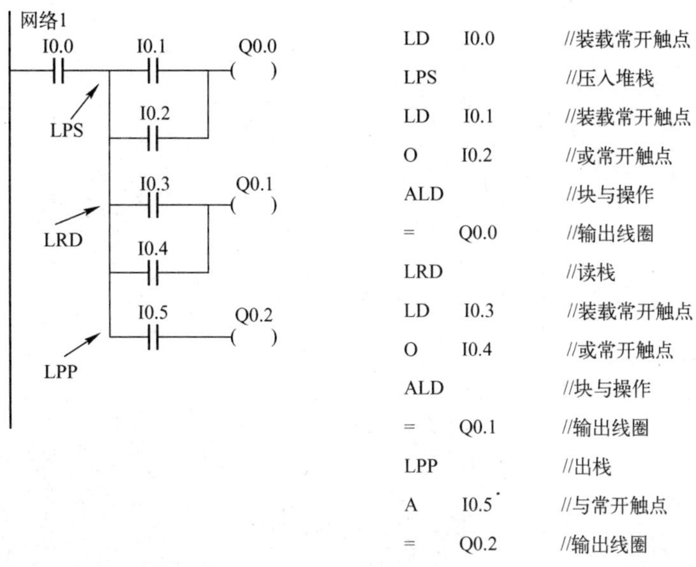


```
LD    I0.0    //装载常开触点
LPS           //压入堆栈
LD    I0.1    //装载常开触点
O     I0.2    //或常开触点
ALD           //块与操作
=     Q0.0    //输出线圈
LRD           //读栈
LD    I0.3    //装载常开触点
O     I0.4    //或常开触点
ALD           //块与操作
=     Q0.1    //输出线圈
LPP           //出栈
A     I0.5    //与常开触点
=     Q0.2    //输出线圈
```

图 4-17　堆栈指令的使用

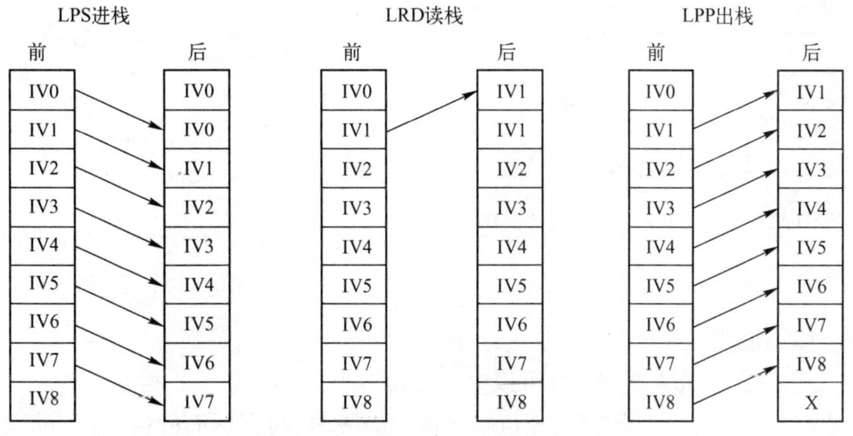

图 4-18　堆栈操作过程示意图

（2）指令格式（如图 4-17 所示）

（3）指令使用说明

- 逻辑堆栈指令可以嵌套使用，最多为 9 层。
- 为保证程序地址指针不发生错误，入栈指令 LPS 和出栈指令 LPP 必须成对使用，最后一次读栈操作应使用出栈指令 LPP。
- 堆栈指令没有操作数。

【例 4-2】 逻辑堆栈的嵌套使用如图 4-19 所示。将图 4-19 所示梯形图转换成语句表。

7. 置位/复位指令 S/R

（1）指令功能

置位指令 S：使能输入有效后从起始位 S-bit 开始的 N 个位置“1”并保持。

复位指令 R：使能输入有效后从起始位 S-bit 开始的 N 个位清“0”并保持。

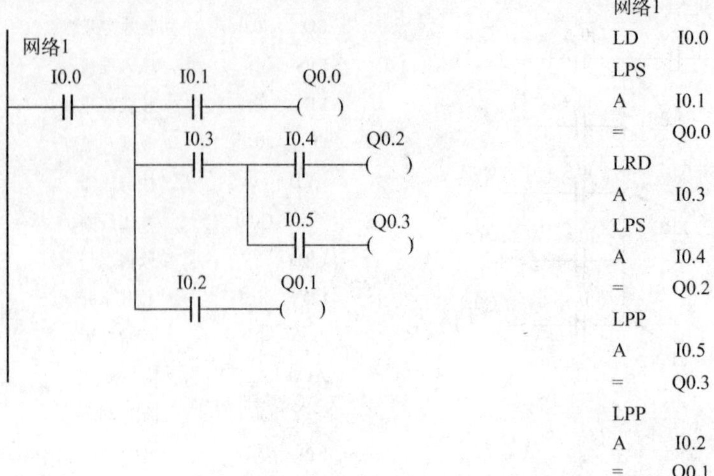

图 4-19 例 4-2 图

(2) 指令格式及用法

指令格式如表 4-1 所示,用法如图 4-20 所示。

表 4-1 S/R 指令格式

STL	LAD
S S-bit,N	S-bit ─(S) N
R S-bit,N	S-bit ─(R) N

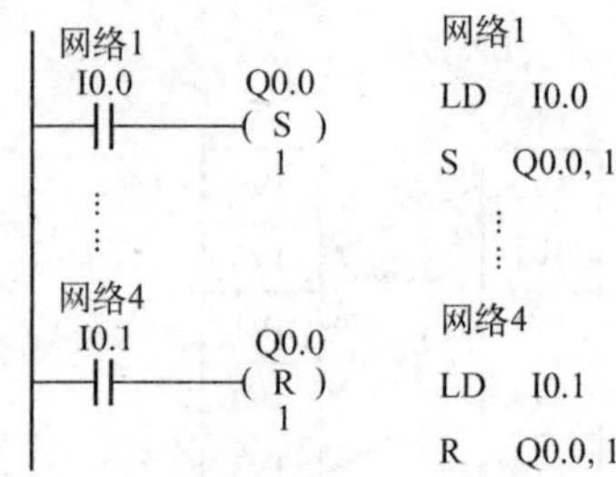

图 4-20 S/R 指令的使用

(3) 指令使用说明

- 对同一元件(同一寄存器的位)可以多次使用 S/R 指令(与“ = ”指令不同)。
- 由于是扫描工作方式,当置位、复位指令同时有效时,写在后面的指令具有优先权。
- 操作数 N 为:VB, IB, QB, MB, SMB, SB, LB, AC, 常量, ∗VD, ∗AC, ∗LD。取值范围为:0 ~255。数据类型为:字节。
- 操作数 S-bit 为: Q, M, SM, T, C, V, S, L 。数据类型为:布尔。
- 置位复位指令通常成对使用,也可以单独使用或与指令盒配合使用。

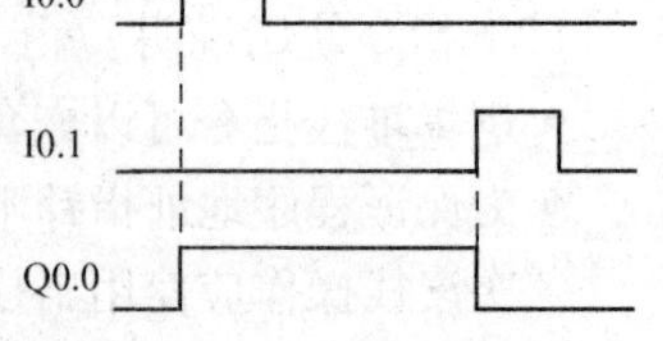

图 4-21 S/R 指令的时序图

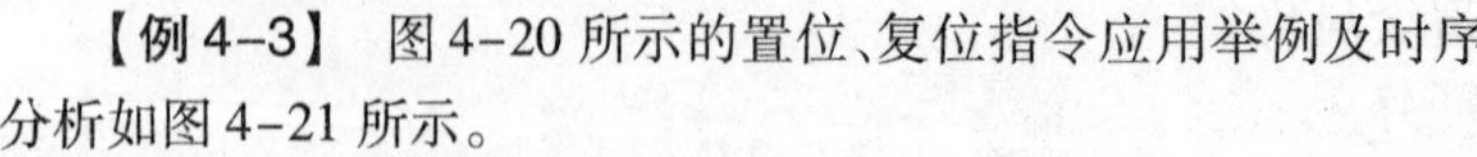

【例 4-3】 图 4-20 所示的置位、复位指令应用举例及时序分析如图 4-21 所示。

(4) = 、S、R 指令比较(如图 4-22 所示)

8. 脉冲生成指令 EU/ED

(1) 指令功能

EU 指令:在 EU 指令前的逻辑运算结果有一个上升沿时(由 OFF→ON)产生一个宽度为一个扫描周期的脉冲,驱动后面的输出线圈。

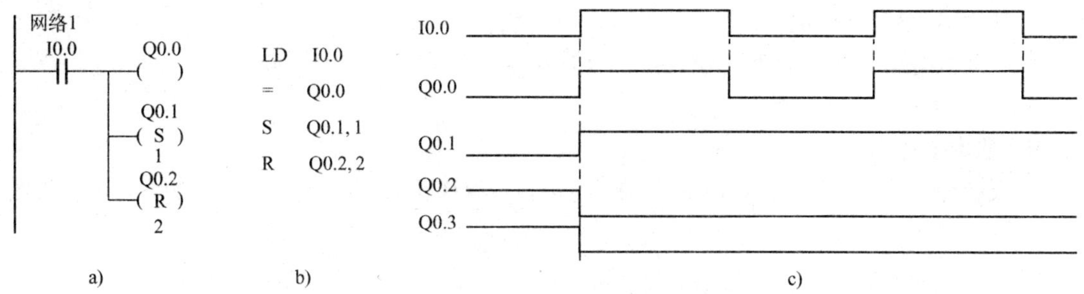

图 4-22　=、S、R 指令比较
a）梯形图　b）语句表　c）时序图

ED 指令：在 ED 指令前有一个下降沿时产生一个宽度为一个扫描周期的脉冲，驱动其后的线圈。

（2）指令格式及用法

指令格式如表 4-2 所示，用法如图 4-23 所示。

表 4-2　EU/ED 指令格式

STL	LAD	操　作　数
EU（Edge Up）	┤P├	无
ED（Edge Down）	┤N├	无

网络1
I0.0 ─┤P├─ M0.0 ( )
网络2
M0.0 ─ Q0.0 (S) 1
网络3
I0.1 ─┤N├─ M0.1 ( )
网络4
M0.1 ─ Q0.0 (R) 1

```
网络1
LD   I0.0     //装入常开触点
EU            //正跳变
=    M0.0     //输出
网络2
LD   M0.0     //装入
S    Q0.0, 1  //输出置位

网络3
LD   I0.1     //装入
ED            //负跳变
=    M0.1     //输出
网络4
LD   M0.1     //装入
R    Q0.0, 1  //输出复位
```

图 4-23　EU/ED 指令的使用

程序及运行结果分析如下：

I0.0的上升沿，经触点（EU）产生一个扫描周期的时钟脉冲，驱动输出线圈M0.0导通一个扫描周期，M0.0 的常开触点闭合一个扫描周期，使输出线圈 Q0.0 置位为 1，并保持。

I0.1 的下降沿，经触点（ED）产生一个扫描周期的时钟脉冲，驱动输出线圈 M0.1 导通一个扫描周期，M0.1 的常开触点闭合一个扫描周期，使输出线圈 Q0.0 复位为 0，并保持。时序分析如图 4-24 所示。

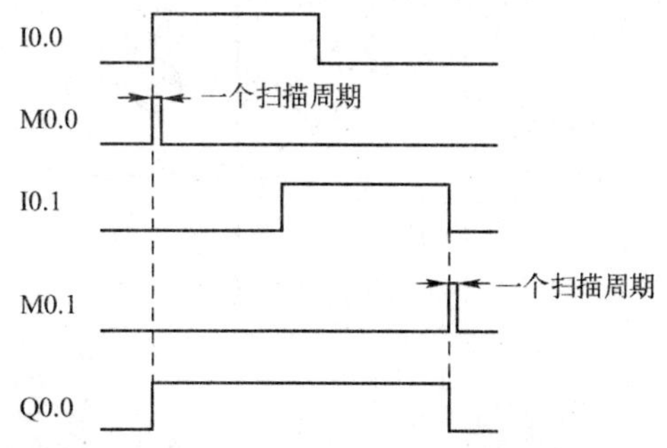

图 4-24　EU/ED 指令时序分析

（3）指令使用说明

- EU、ED 指令只在输入信号变化时有效，

其输出信号的脉冲宽度为一个机器扫描周期。

- 对开机时就为接通状态的输入条件，EU 指令不执行。
- EU、ED 指令无操作数。

9. **取反指令 NOT**

取反指令用于对逻辑运算结果的取反操作。其梯形图指令格式是┤NOT├，用法如图 4-25 所示。

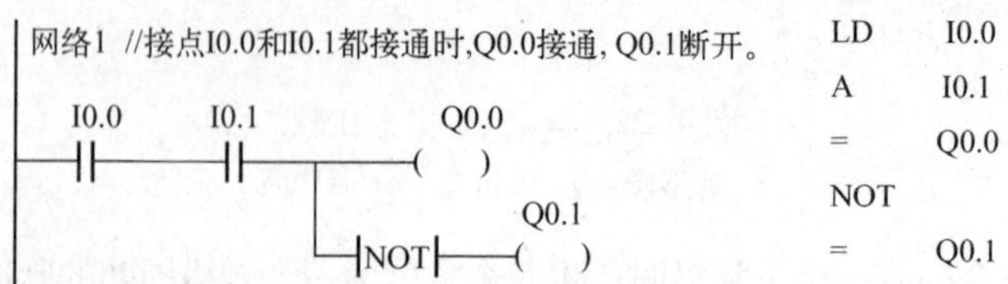

图 4-25　取反指令的应用

4.2.2　基本位逻辑指令应用举例

1. **起动、保持、停止电路**

起动、保持和停止电路（简称为“起保停”电路），其梯形图和对应的 PLC 外部接线图如图 4-26 所示。在外部接线图中，起动常开按钮 SB1 和 SB2 分别接在输入端 I0.0 和 I0.1，负载接在输出端 Q0.0。因此输入映像寄存器 I0.0 的状态与起动按钮 SB1（常开按钮）的状态相对应，输入映像寄存器 I0.1 的状态与停止按钮 SB2（常开按钮）的状态相对应。而程序运行结果写入输出映像寄存器 Q0.0，并通过输出电路控制负载。图中的起动信号 I0.0 和停止信号 I0.1 是由起动按钮和停止按钮提供的信号，持续 ON 的时间一般都很短，这种信号称为短信号。起保停电路最主要的特点是具有“记忆”功能，按下起动按钮，I0.0 的常开触点接通，如果这时未按停止按钮，I0.1 的常闭触点接通，Q0.0 的线圈“通电”，它的常开触点同时接通。松开起动按钮，I0.0 的常开触点断开，“能流” 经 Q0.0 的常开触点和 I0.1 的常闭触点流过 Q0.0 的线圈，Q0.0 仍为 ON，这就是所谓的“自锁”或“自保持”功能。按下停止按钮，I0.1 的常闭触点断开，使 Q0.0 的线圈断电，其常开触点断开，以后即使放开停止按钮，I0.1 的常闭触点恢复接通状态，Q0.0 的线圈仍然“断电”。时序分析如图 4-27 所示，时序图中 I0.0、I0.1、Q0.0 分别为对应的存储器的状态。这种功能也可以用图 4-28 中的 S 和 R 指令来实现。在实际电路中，起动信号和停止信号可能由多个触点组成的串、并联电路提供。

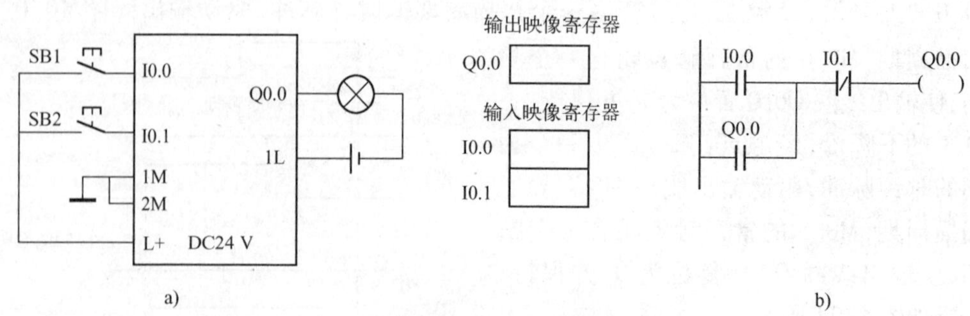

图 4-26　外部接线图和梯形图

a）外部电路接线图　b）起保停电路梯形图

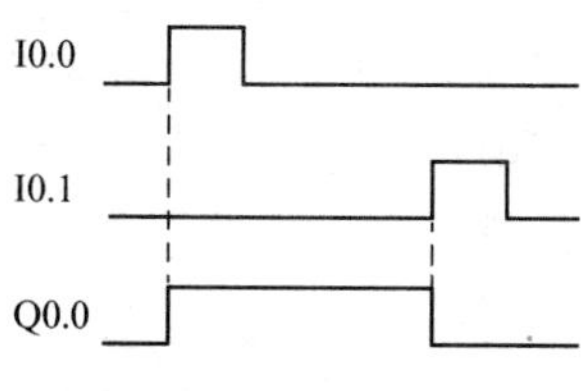

图 4-27　时序分析图

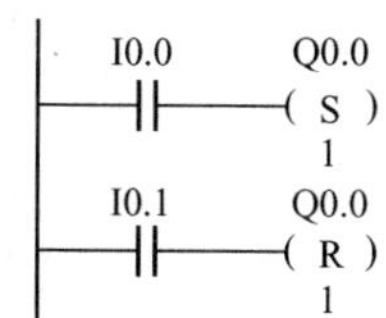

图 4-28　S/R 指令实现的起保停控制

小结：

（1）每一个传感器或开关输入对应一个 PLC 确定的输入点，每一个负载对应 PLC 一个确定的输出点。

（2）为了使梯形图和继电器接触器控制的电路图中的触点的类型相同，外部按钮一般用常开按钮。

（3）在工业现场，停止按钮、急停按钮、过载保护用的热继电器的辅助触点往往用常闭触点，这时应注意，常闭触点在没有任何操作时，给对应的输入映像寄存器写入“1”。例如起保停的控制中，若停止按钮改为常闭按钮，则对应的外部接线图、梯形图程序和对应存储器“位”状态的时序图如图 4-29 所示。

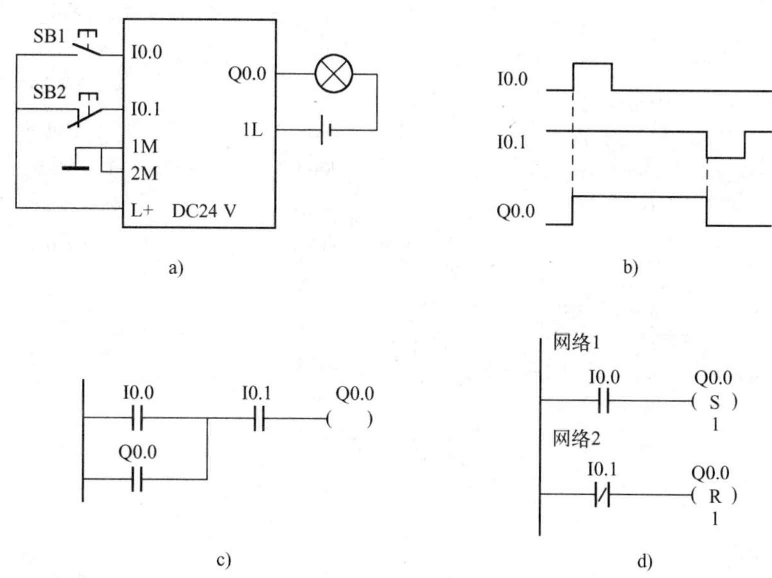

图 4-29　停止按钮改为常闭按钮的起保停控制

a）外部电路接线图　b）时序分析图　c）起保停电路梯形图　d）S/R 指令实现的起保停控制

2. 互锁电路

如图 4-30 所示的输入信号 I0.0 和 I0.1，若 I0.0 先接通，M0.0 自保持，使 Q0.0 有输出，同时 M0.0 的常闭接点断开，即使 I0.1 再接通，也不能使 M0.1 动作，故 Q0.1 无输出。若 I0.1 先接通，则情形与前述相反。因此在控制环节中，该电路可实现信号互锁。

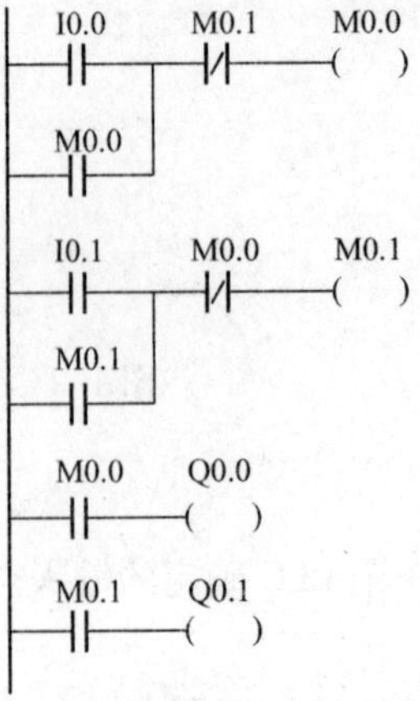

```
LD   I0.0
O    M0.0
AN   M0.1
=    M0.0
LD   I0.1
O    M0.1
AN   M0.0
=    M0.1
LD   M0.0
=    Q0.0
LD   M0.1
=    Q0.1
```

图 4-30　互锁电路

3. 比较电路

如图 4-31 所示，该电路按预先设定的输出要求，根据对两个输入信号的比较，决定某一输出。若 I0. 0、I0. 1 同时接通，Q0. 0 有输出；若 I0. 0、I0. 1 均不接通，Q0. 1 有输出；若 I0. 0 不接通，I0. 1 接通，则 Q0. 2 有输出；若 I0. 0 接通，I0. 1 不接通，则 Q0. 3 有输出。

```
LD   I0.0
=    M0.0
LD   I0.1
=    M0.1
LD   M0.0
A    M0.1
=    Q0.0
LDN  M0.0
AN   M0.1
=    Q0.1
LDN  M0.0
A    M0.1
=    Q0.2
LD   M0.0
AN   M0.1
=    Q0.3
```

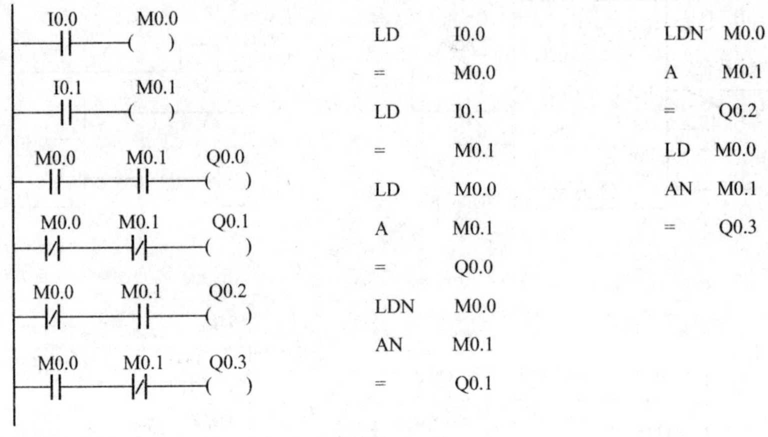

图 4-31　比较电路

4. 微分脉冲电路

（1）上升沿微分脉冲电路，如图 4-32 所示。PLC 是以循环扫描方式工作的，PLC 第一次扫描时，输入 I0. 0 由 OFF→ON 时，M0. 0、M0. 1 线圈接通，Q0. 0 线圈接通。在第一个扫描周期中，在第一行的 M0. 1 的常闭接点保持接通，因为扫描该行时，M0. 1 线圈的状态为断开。在一个扫描周期其状态只刷新一次。等到 PLC 第二次扫描时，M0. 1 的线圈为接通状态，其对应的 M0. 1 常闭接点断开，M0. 0 线圈断开，Q0. 0 线圈断开，所以 Q0. 0 接通时间为一个扫描周期。

（2）下降沿微分脉冲电路，如图 4-33 所示。PLC 第一次扫描时，输入 I0. 0 由 ON→OFF 时，M0. 0 接通一个扫描周期，Q0. 0 输出一个脉冲。

```
LD   I0.0
AN   M0.1
=    M0.0
LD   I0.0
=    M0.1
LD   M0.0
=    Q0.0
```

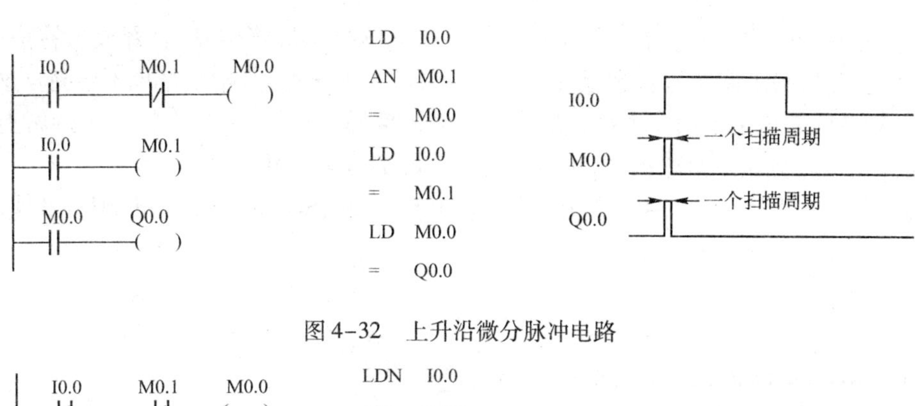

图 4-32　上升沿微分脉冲电路

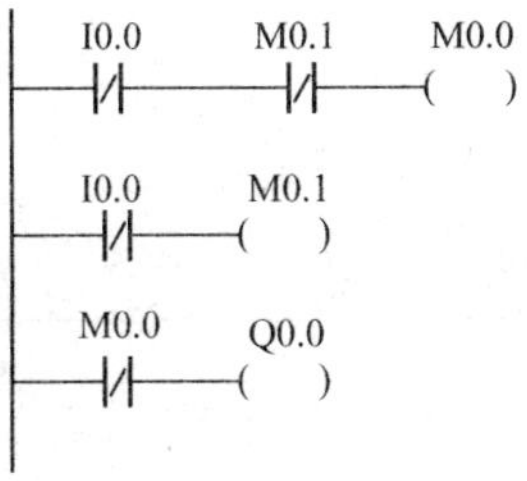

```
LDN  I0.0
AN   M0.1
=    M0.0
LDN  I0.0
=    M0.1
LD   M0.0
=    Q0.0
```

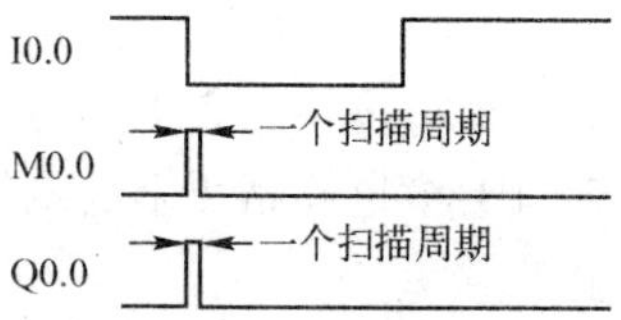

图 4-33　下降沿微分脉冲电路

5. 分频电路

用 PLC 可以实现对输入信号的任意分频。图 4-34 是一个 2 分频电路。将脉冲信号加到 I0.0 端，在第一个脉冲的上升沿到来时，M0.0 产生一个扫描周期的单脉冲，使 M0.0 的常开触点闭合，由于 Q0.0 的常开触点断开，M0.1 线圈断开，其常闭触点 M0.1 闭合，Q0.0 的线圈接通并自保持；第二个脉冲上升沿到来时，M0.0 又产生一个扫描周期的单脉冲，M0.0 的常开触点又接通一个扫描周期，此时 Q0.0 的常开触点闭合，M0.1 线圈通电，其常闭触点 M0.1 断开，Q0.0 线圈断开；直至第三个脉冲到来时，M0.0 又产生一个扫描周期的单脉冲，使 M0.0 的常开触点闭合，由于 Q0.0 的常开触点断开，M0.1 线圈断开，其常闭触点 M0.1 闭合，Q0.0 的线圈又接通并自保持。以后循环往复，不断重复上述过程。由图 4-34 可知，输出信号 Q0.0 是输入信号 I0.0 的二分频。

```
LD   I0.0
EU
=    M0.0
LD   M0.0
A    Q0.0
=    M0.1
LD   M0.0
O    Q0.0
AN   M0.1
=    Q0.0
```

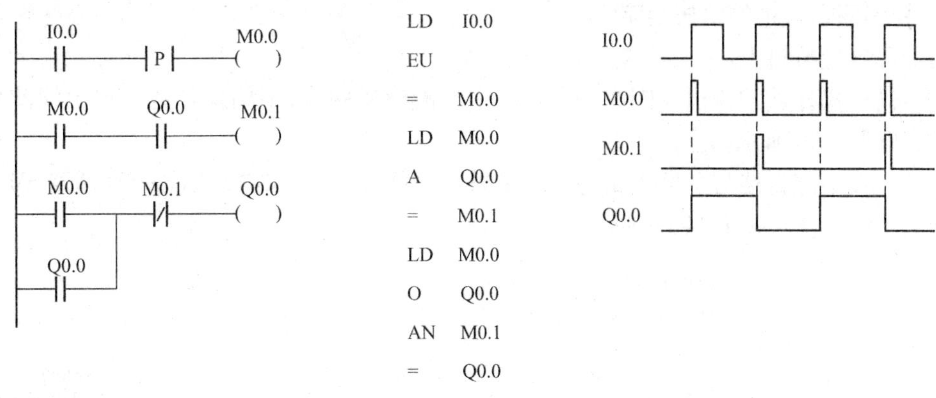

图 4-34　2 分频电路

6. 抢答器程序设计

(1) 控制任务

有 3 个抢答席和 1 个主持人席，每个抢答席上各有 1 个抢答按钮和 1 盏抢答指示灯。参赛者在允许抢答时,第一个按下抢答按钮的抢答席上的指示灯将会亮,且释放抢答按钮后,指示灯仍然亮;此后另外两个抢答席上即使在按各自的抢答按钮,其指示灯也不会亮。这样主持人就可以轻易地知道是谁第一个按下抢答器。该题抢答结束后,主持人按下主持席上的复位按钮(常闭按钮),则指示灯熄灭,又可以进行下一题的抢答比赛。

工艺要求:本控制系统有 4 个按钮,其中 3 个常开 S1、S2、S3,一个常闭 S0。另外,作为控制对象有 3 盏灯 H1、H2、H3。

(2) I/O 分配表

输入

I0.0　S0 //主持席上的复位按钮(常闭)

I0.1　S1 //抢答席 1 上的抢答按钮

I0.2　S2 //抢答席 2 上的抢答按钮

I0.3　S3 //抢答席 3 上的抢答按钮

输出

Q0.1　H1 //抢答席 1 上的指示灯

Q0.2　H2 //抢答席 2 上的指示灯

Q0.3　H3 //抢答席 3 上的指示灯

(3) 程序设计

抢答器的程序设计如图 4-35 所示。本例的要点是:如何实现抢答器指示灯的“自锁”功能,即当某一抢答席抢答成功后,即使释放其抢答按钮,其指示灯仍然亮,直至主持人进行复位才熄灭;如何实现 3 个抢答席之间的“互锁”功能。

I0.1
I0.0
Q0.2
Q0.3
Q0.1
Q0.1
I0.2
I0.0
Q0.1
Q0.3
Q0.2
Q0.2
I0.3
I0.0
Q0.1
Q0.2
Q0.3
Q0.3

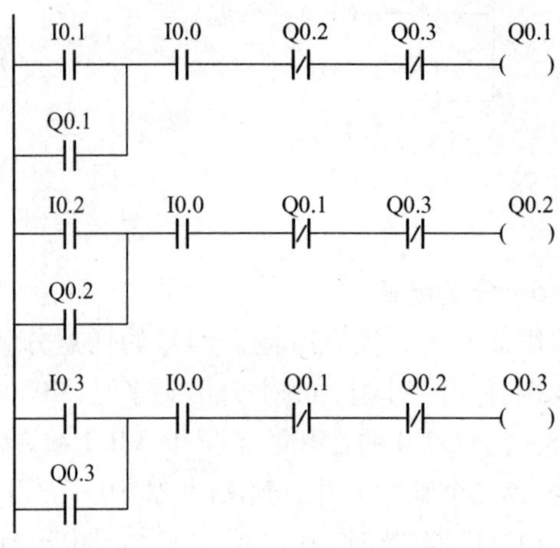

图 4-35　抢答器程序设计

4.2.3　编程注意事项及编程技巧

1. 梯形图语言中的语法规定

(1) 程序应按自上而下、从左至右的顺序编写。

(2) 同一操作数的输出线圈在一个程序中不能使用两次,不同操作数的输出线圈可以并行输出,如图 4-36 所示。

(3) 线圈不能直接与左母线相连。如果需要,可以通过特殊内部标志位存储器 SM0.0(该位始终为 1)来连接,如图 4-37 所示。

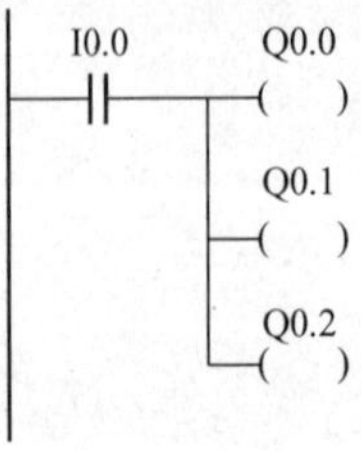

I0.0
Q0.0
Q0.1
Q0.2

图 4-36　不同操作数的输出线圈并行输出

Q0.0
a)
SM0.0
Q0.0
b)

图 4-37　线圈与母线的连接

a) 不正确　b) 正确

(4) 适当安排编程顺序,以减少程序的步数。

1) 串联多的支路应尽量放在上部,如图 4-38 所示。

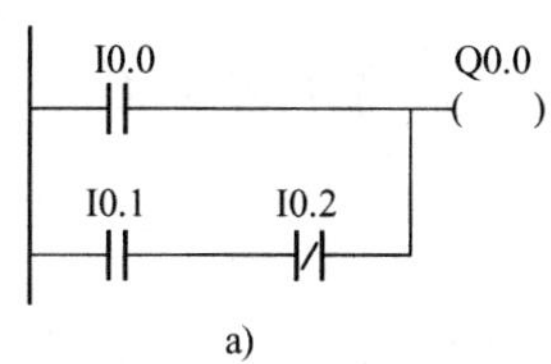

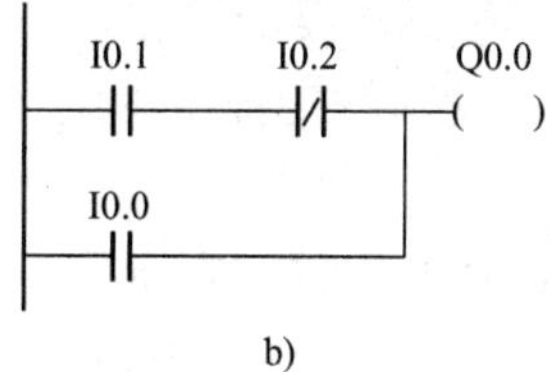

图 4-38 串联多的电路应放在上面

a) 电路安排不当 b) 电路安排适当

2) 并联多的支路应靠近左母线,如图 4-39 所示。

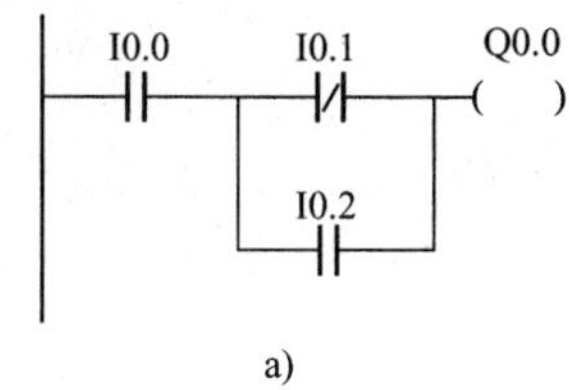

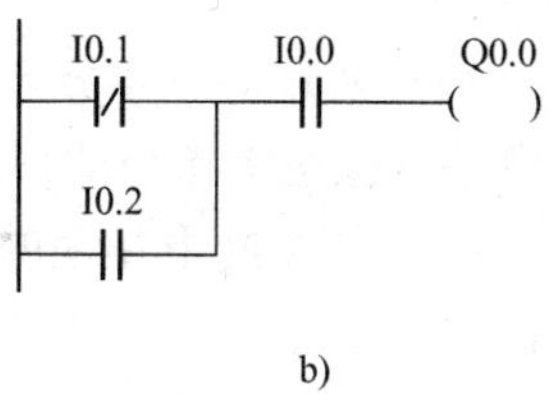

图 4-39 并联多的电路应靠近左侧母线

a) 电路安排不当 b) 电路安排适当

3) 触点不能放在线圈的右边。

4) 对复杂的电路,用 ALD、OLD 等指令难以编程,可重复使用一些触点画出其等效电路,然后再进行编程,如图 4-40 所示。

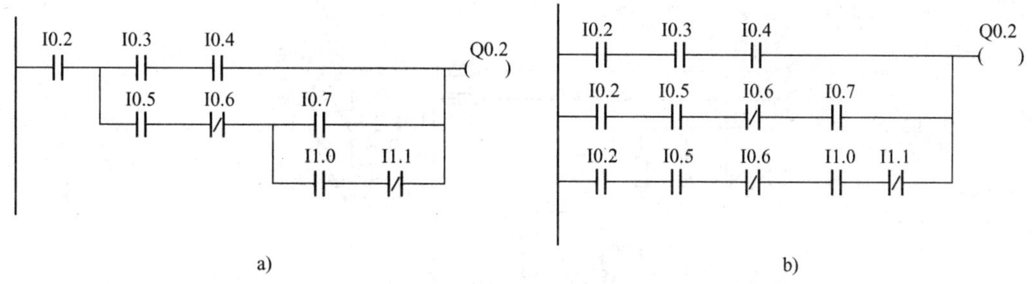

图 4-40 复杂电路编程技巧

a) 复杂电路 b) 等效电路

2. 设置中间单元

在梯形图中,若多个线圈都受某一触点串并联电路的控制,为了简化电路,在梯形图中可设置该电路控制的存储器的位,如图 4-41 所示,这类似于继电器电路中的中间继电器。

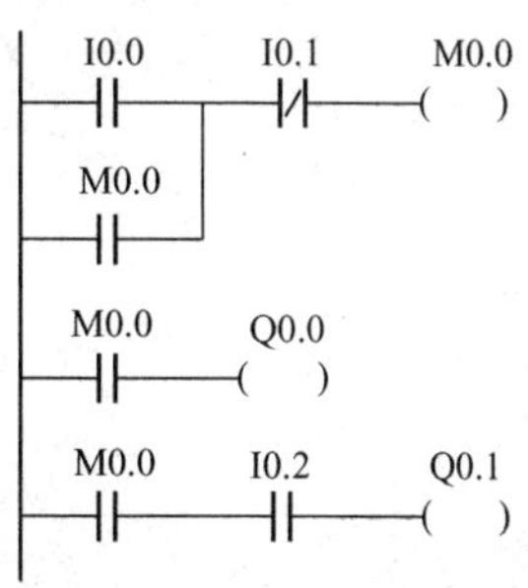

图 4-41 设置中间单元

3. 尽量减少 PLC 的输入信号和输出信号

PLC 的价格与 I/O 点数有关,因此减少 I/O 点数是降低硬件费用的主要措施。如果几个输入器件触点的串并联电路总是作为一个整体出现,可以将他们作为 PLC 的一个输入信号,只占

PLC 的一个输入点。如果某器件的触点只用一次并且与 PLC 输出端的负载串联,不必将它们作为 PLC 的输入信号,可以将它们放在 PLC 外部的输出回路,与外部负载串联。

4. 外部联锁电路的设立

为了防止控制正反转的两个接触器同时动作造成三相电源短路,应在 PLC 外部设置硬件联锁电路。

5. 外部负载的额定电压

PLC 的继电器输出模块和双向晶闸管输出模块一般只能驱动额定电压 AC 220 V 的负载,交流接触器的线圈应选用 220 V 的。

4.2.4 电动机控制实训

1. 实训目的

(1) 应用 PLC 实现对三相异步电动机的控制。

(2) 熟悉基本位逻辑指令的使用,训练编程的思想和方法。

(3) 掌握在 PLC 控制中互锁的实现及采取的措施。

2. 控制要求

(1) 实现三相异步电动机的正转、反转、停止控制。

(2) 具有防止相间短路的措施。

(3) 具有过载保护环节。

3. 实训内容及指导

(1) I/O 分配及外部接线。三相异步电动机的正转、反转、停止控制的电路如图 4-42 所示。该图为按钮和电气双重互锁的正反停电路。PLC 控制的输入输出配置及外部接线图如图

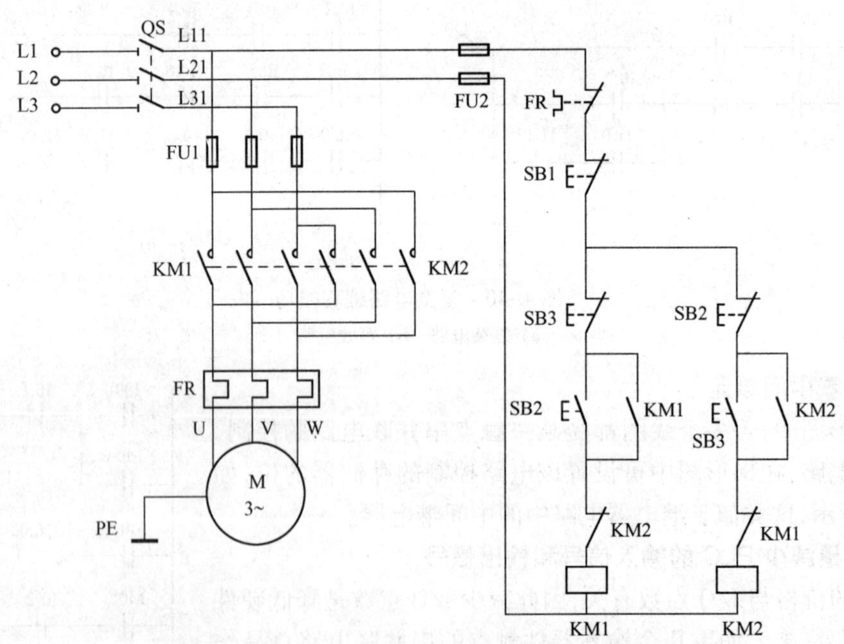

图 4-42 三相异步电动机正反停控制原理图(主电路和控制电路)

4-43 所示。电动机在正反转切换时，为了防止因主电路电流过大，或接触器质量不好，某一接触器的主触点被断电时产生的电弧熔焊而被粘结，其线圈断电后主触点仍然是接通的，这时，如果另一接触器线圈通电，仍将造成三相电源短路事故。为了防止这种情况的出现，应在 PLC 的外部设置由 KM1 和 KM2 的常闭触点组成的硬件互锁电路，如图 4-43 所示，假设 KM1 的主触点被电弧熔焊，这时其辅助常闭触点处于断开状态，因此 KM2 线圈不可能得电。

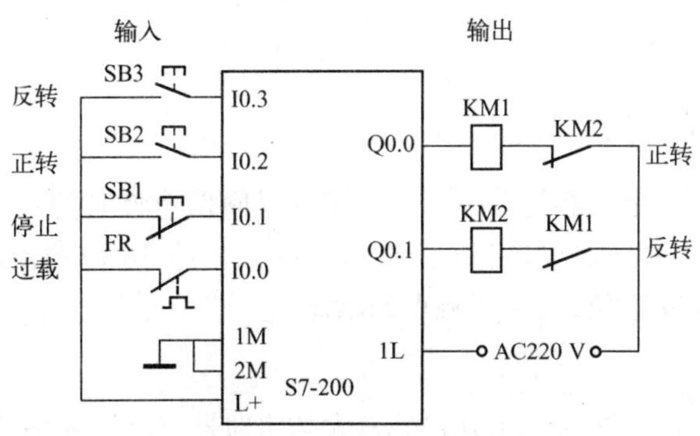

图 4-43　输入输出配置及外部接线图

（2）程序设计。采用 PLC 控制的梯形图、语句表如图 4-44 所示。图中利用 PLC 输入映像寄存器的 I0.2 和 I0.3 的常闭接点实现互锁，以防止正反转换接时的相间短路。

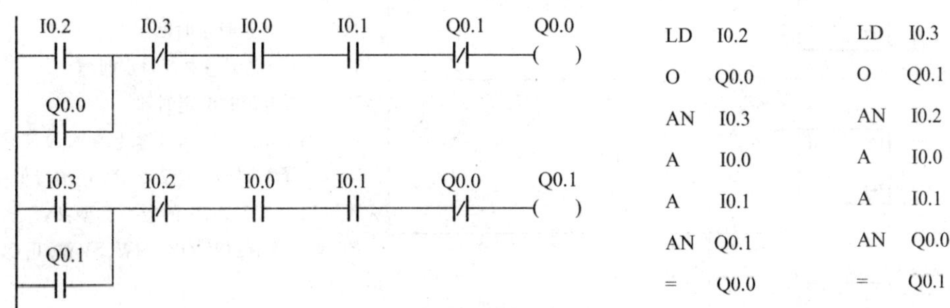

图 4-44　三相异步电动机正反停控制的梯形图及语句表

按下正向起动按钮 SB2 时，常开触点 I0.2 闭合，驱动线圈 Q0.0 并自锁，通过输出电路，接触器 KM1 得电吸合，电动机正向起动并稳定运行。

按下反转起动按钮 SB3 时，常闭触点 I0.3 断开 Q0.0 的线圈，KM1 失电释放，同时 I0.3 的常开触点闭合接通 Q0.1 线圈并自锁，通过输出电路，接触器 KM2 得电吸合，电动机反向起动，并稳定运行。

按下停止按钮 SB1，或过载保护 FR 动作，都可使 KM1 或 KM2 失电释放，电动机停止运行。

（3）运行并调试程序。步骤如下：

1）按正转按钮 SB2，输出 Q0.0 接通，电动机正转。

2）按停止按钮 SB1，输出 Q0.0 断开，电动机停转。

3）按反转按钮 SB3，输出 Q0.1 接通，电动机反转。

4）模拟电动机过载，将热继电器 FR 的触点断开，电动机停转。

5）将热继电器的 FR 触点复位，再重复正反停的操作。

6）运行调试过程中用状态图对元件的动作进行监控并记录。

4.3 定时器指令

4.3.1 定时器指令介绍

S7-200 系列 PLC 的定时器是对内部时钟累计时间增量计时的。每个定时器均有一个 16 位的当前值寄存器用以存放当前值(16 位符号整数)；一个 16 位的预置值寄存器用以存放时间的设定值；还有一位状态位，反映其触点的状态。

1. 工作方式

S7-200 系列 PLC 定时器按工作方式分三大类定时器。其指令格式如表 4-3 所示。

表 4-3 定时器的指令格式

LAD	STL	说明
???? IN TON ????-PT	TON T××,PT	TON—通电延时定时器 TONR—记忆型通电延时定时器 TOF—断电延时型定时器 IN 是使能输入端，指令盒上方输入定时器的编号(T××)，范围为 T0～T255；PT 是预置值输入端，最大预置值为 32767；PT 的数据类型：INT PT 操作数有：IW，QW，MW，SMW，T，C，VW，SW，AC，常数
???? IN TONR ????-PT	TONR T××,PT	
???? IN TOF ????-PT	TOF T××,PT	

2. 时基

按时基脉冲分，则有 1 ms、10 ms、100 ms 三种定时器。不同的时基标准，定时精度、定时范围和定时器刷新的方式不同。

(1) 定时精度和定时范围。定时器的工作原理是：使能输入有效后，当前值 PT 对 PLC 内部的时基脉冲增 1 计数，当计数值大于或等于定时器的预置值后，状态位置 1。其中，最小计时单位为时基脉冲的宽度，又为定时精度；从定时器输入有效到状态位输出有效，经过的时间为定时时间，即定时时间 = 预置值 × 时基。当前值寄存器为 16bit，最大计数值为 32767，由此可推算不同分辨率的定时器的设定时间范围。CPU 22X 系列 PLC 的 256 个定时器分属 TON (TOF) 和 TONR 工作方式，以及 3 种时基标准，如表 4-4 所示。可见，时基越大，定时时间越长，但精度越差。

表 4-4　定时器的类型

工 作 方 式	时基(ms)	最大定时范围(s)	定时器号
TONR	1	32.767	T0,T64
	10	327.67	T1 ~ T4,T65 ~ T68
	100	3276.7	T5 ~ T31,T69 ~ T95
TON/TOF	1	32.767	T32,T96
	10	327.67	T33 ~ T36,T97 ~ T100
	100	3276.7	T37 ~ T63,T101 ~ T255

(2) 1 ms、10 ms、100 ms 定时器的刷新方式不同。1 ms 定时器每隔 1 ms 刷新一次,与扫描周期和程序处理无关,即采用中断刷新方式。因此,当扫描周期较长时,在一个周期内可能被多次刷新,其当前值在一个扫描周期内不一定保持一致。

10 ms 定时器则由系统在每个扫描周期开始自动刷新。由于每个扫描周期内只刷新一次,因此每次程序处理期间,其当前值为常数。

100 ms 定时器则在该定时器指令执行时刷新。下一条执行的指令,即可使用刷新后的结果,非常符合正常的思路,使用方便可靠。但应当注意,如果该定时器的指令不是每个周期都执行,定时器就不能及时刷新,可能导致出错。

3. 定时器指令工作原理

下面我们将从原理和应用等方面分别叙述通电延时型、有记忆的通电延时型、断电延时型三种定时器的使用方法。

(1) 通电延时定时器(TON)指令工作原理。程序及时序分析如图 4-45 所示。当 I0.0 接通时,使能端(IN)输入有效,驱动 T37 开始计时,当前值从 0 开始递增,计时到设定值 PT 时,T37 状态位置 1,其常开触点 T37 接通,驱动 Q0.0 输出,其后当前值仍增加,但不影响状态位。当前值的最大值为 32767。当 I0.0 分断时,使能端无效,T37 复位,当前值清 0,状态位也清 0,即回复原始状态。若 I0.0 接通时间未到设定值就断开,T37 则立即复位,Q0.0 不会有输出。

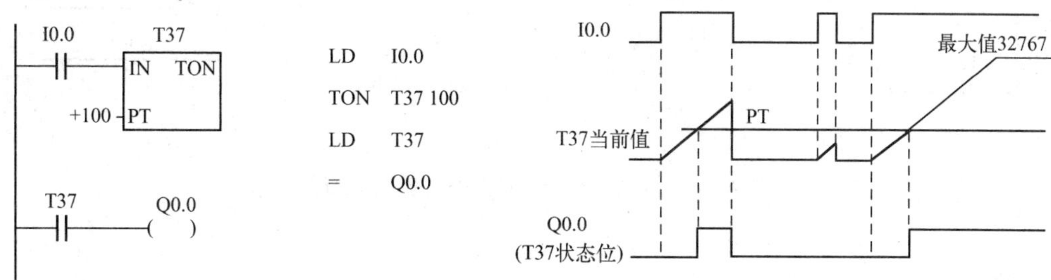

图 4-45　通电延时定时器工作原理分析

(2) 记忆型通电延时定时器(TONR)指令工作原理。使能端(IN)输入有效时(接通),定时器开始计时,当前值递增,当前值大于或等于预置值(PT)时,输出状态位置 1。使能端输入无效(断开)时,当前值保持(记忆),使能端(IN)再次接通有效时,在原记忆值的基础上递增计时。

注意:TONR 记忆型通电延时型定时器采用线圈复位指令 R 进行复位操作,当复位线圈有效时,定时器当前位清零,输出状态位置 0。

程序分析如图 4-46 所示。如 T3,当输入 IN 为 1 时,定时器计时;当 IN 为 0 时,其当前值保持并不复位;下次 IN 再为 1 时,T3 当前值从原保持值开始往上加,将当前值与设定值 PT 比较,当前值大于等于设定值时,T3 状态位置 1,驱动 Q0.0 有输出,以后即使 IN 再为 0,也不会使 T3 复位,要使 T3 复位,必须使用复位指令。

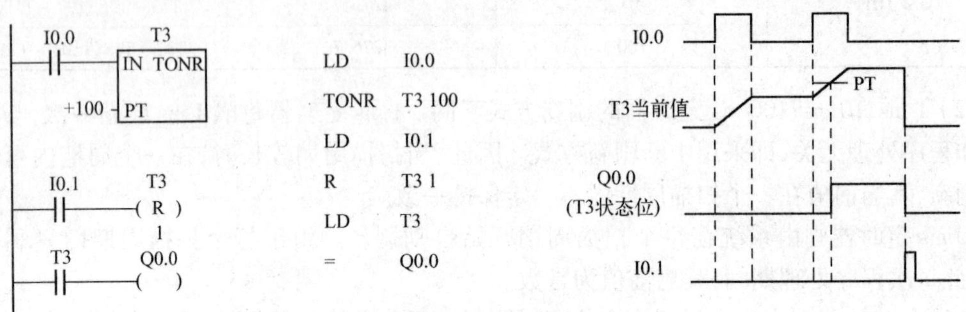

图 4-46　TONR 记忆型通电延时型定时器工作原理分析

(3) 断电延时型定时器(TOF)指令工作原理。断电延时型定时器用来在输入断开,延时一段时间后,才断开输出。使能端(IN)输入有效时,定时器输出状态位立即置 1,当前值复位为 0。使能端(IN)断开时,定时器开始计时,当前值从 0 递增,当前值达到预置值时,定时器状态位复位为 0,并停止计时,当前值保持。

如果输入断开的时间小于预定时间,定时器仍保持接通。IN 再接通时,定时器当前值仍设为 0。断电延时定时器的应用程序及时序分析如图 4-47 所示。

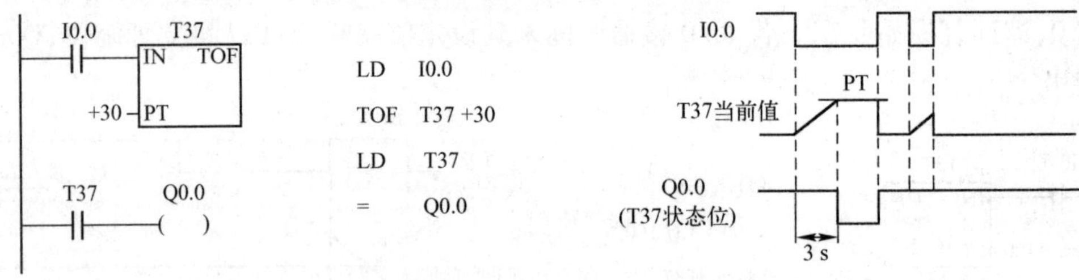

图 4-47　TOF 断电延时定时器的工作原理

小结:

1) 以上介绍的 3 种定时器具有不同的功能。接通延时定时器(TON)用于单一间隔的定时;有记忆接通延时定时器(TONR)用于累计时间间隔的定时;断开延时定时器(TOF)用于故障事件发生后的时间延时。

2) TOF 和 TON 共享同一组定时器,不能重复使用。即不能把一个定时器同时用作 TOF 和 TON。例如,不能既有 TON T32,又有 TOF T32。

4.3.2　定时器指令应用举例

1. 一个机器扫描周期的时钟脉冲发生器

梯形图程序如图4-48所示，使用定时器本身的常闭触点作定时器的使能输入。定时器的状态位置1时，依靠本身的常闭触点的断开使定时器复位，并重新开始定时，进行循环工作。采用不同时基标准的定时器时，会有不同的运行结果，具体分析如下：

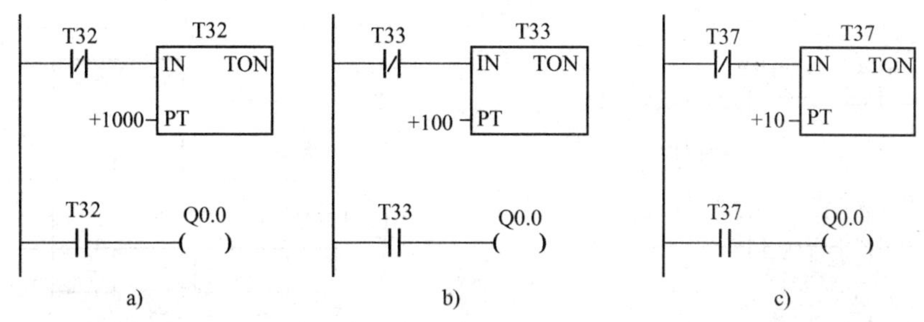

图4-48　自身常闭触点作使能输入的脉冲发生器

（1）T32为1 ms时基定时器，每隔1 ms定时器刷新一次当前值，CPU当前值若恰好在处理常闭触点和常开触点之间被刷新，Q0.0可以接通一个扫描周期，但这种情况出现的几率很小，一般情况下，不会正好在这时刷新。若在执行其他指令时，定时时间到，1 ms的定时刷新，使定时器输出状态位置位，常闭触点打开，当前值复位，定时器输出状态位立即复位，所以输出线圈Q0.0一般不会通电。

（2）若将图4-48中的定时器T32换成T33，时基变为10 ms，当前值在每个扫描周期开始刷新，计时时间到时，扫描周期开始，定时器输出状态位置位，常闭触点断开，立即将定时器当前值清零，定时器输出状态位复位（为0）。这样，输出线圈Q0.0永远不可能通电。

（3）若用时基为100 ms的定时器，如T37，当前指令执行时刷新，Q0.0在T37计时时间到时准确地接通一个扫描周期。可以输出一个断开为延时时间，接通为一个扫描周期的时钟脉冲。

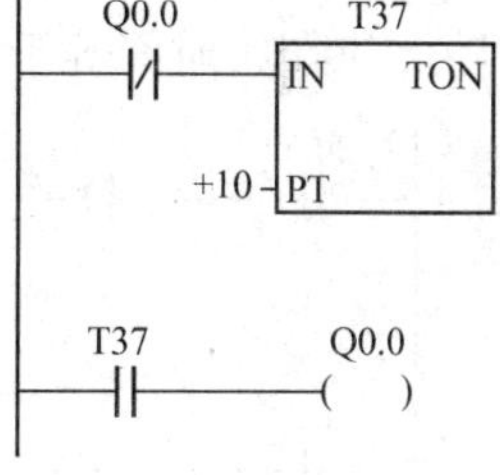

图4-49　输出线圈的常闭触点作使能输入

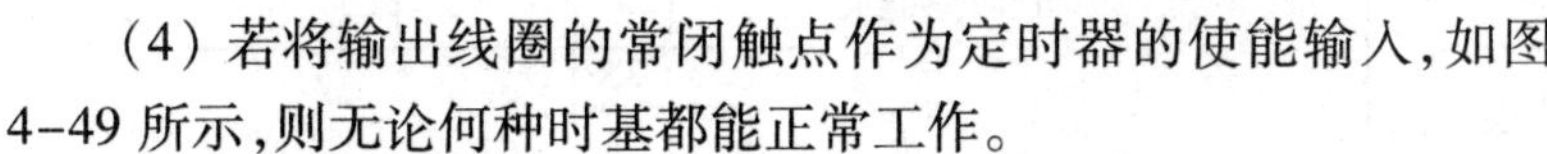

（4）若将输出线圈的常闭触点作为定时器的使能输入，如图4-49所示，则无论何种时基都能正常工作。

2. 延时断开电路

如图4-50所示，当I0.0接通时，Q0.0接通并保持，当I0.0断开后，经4 s延时后，Q0.0断开，T37同时被复位。

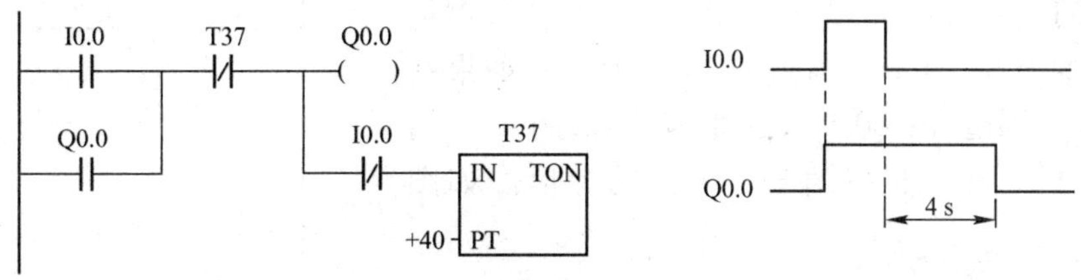

图4-50　延时断开电路

3. 延时接通和断开

如图 4-51 所示，电路用 I0.0 控制 Q0.1，I0.0 的常开触点接通后，T37 开始定时，9 s 后 T37 的常开触点接通，使 Q0.1 变为 ON，I0.0 为 ON 时其常闭触点断开，使 T38 复位。I0.0 变为 OFF 后 T38 开始定时，7 s 后 T38 的常闭触点断开，使 Q0.1 变为 OFF，T38 亦被复位。

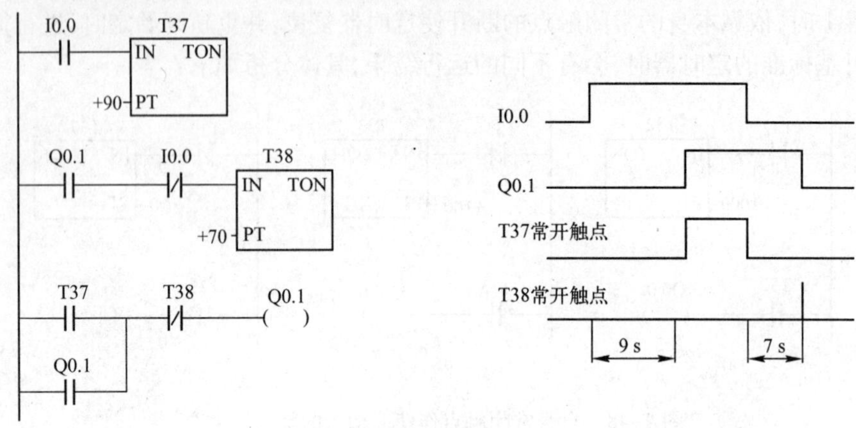

图 4-51 延时接通、断开电路

4. 闪烁电路

图 4-52 中 I0.0 的常开触点接通后，T37 的 IN 输入端为 1 状态，T37 开始定时。2 s 后定时时间到，T37 的常开触点接通，使 Q0.0 变为 ON，同时 T38 开始计时。3 s 后 T38 的定时时间到，它的常闭触点断开，使 T37 的 IN 输入端变为 0 状态，T37 的常开触点断开，Q0.0 变为 OFF，同时使 T38 的 IN 输入端变为 0 状态，其常闭触点接通，T37 又开始定时，以后 Q0.0 的线圈将这样周期性地“通电”和“断电”，直到 I0.0 变为 OFF，Q0.0 线圈“通电” 时间等于 T38 的设定值，“断电”时间等于 T37 的设定值。

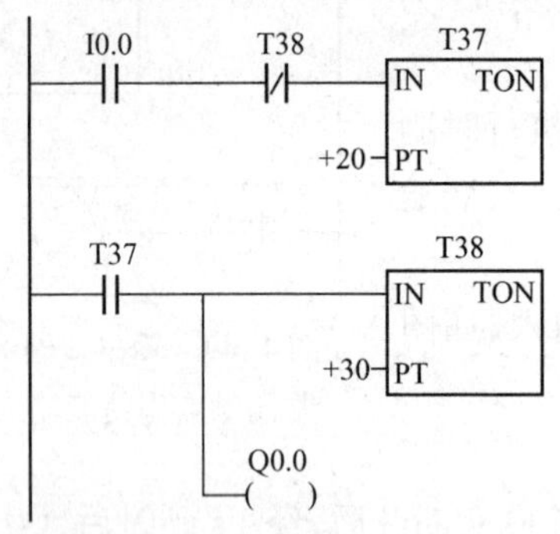

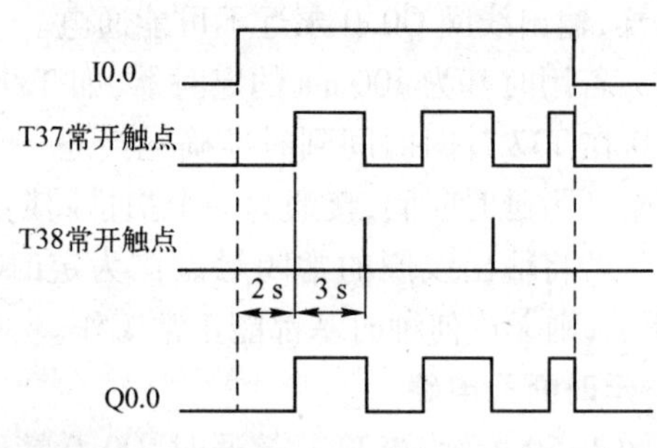

图 4-52 闪烁电路

【例 4-3】 用接在 I0.0 输入端的光电开关检测传送带上通过的产品，有产品通过时 I0.0 为 ON，如果在 10s 内没有产品通过，由 Q0.0 发出报警信号，用 I0.1 输入端外接的开关解除报警信号。对应的梯形图如图 4-53 所示。

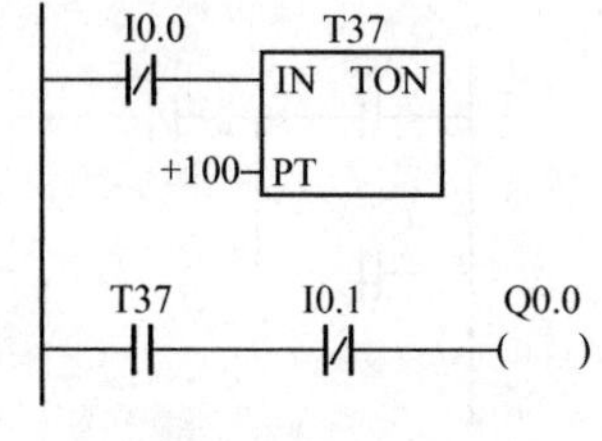

图 4-53 例 4-3 图

4.3.3　正次品分拣机编程实训

1. 实训目的

(1) 加深对定时器的理解，掌握各类定时器的使用方法。

(2) 理解企业车间产品的分拣原理。

2. 实验器材

(1) 实验装置(含 S7-200 CPU224)一台 。

(2) 正次品分拣模拟控制板一块，如图 4-54 所示。

(3) 连接导线若干。

3. 控制要求

(1) 用起动和停止按钮控制电动机 M 运行和停止。在电动机运行时，被检测的产品(包括正次品)在皮带上运行。

(2) 产品(包括正、次品)在皮带上运行时，S1(检测器)检测到的次品，经过 5 s 传送，到达次品剔除位置时，起动电磁铁 Y 驱动剔除装置，剔除次品(电磁铁通电 1 s)，检测器 S2 检测到的次品，经过 3 s 传送，起动 Y，剔除次品；正品继续向前输送。

4. PLC I/O 端口分配及参考程序

(1) I/O 分配

		输入			输出
SB1	I0.0	M 起动按钮	M	Q0.0	电动机(传送带驱动)
SB2	I0.1	M 停止按钮(常闭)	Y	Q0.1	次品剔除
S1	I0.2	检测站 1			
S2	I0.3	检测站 2			

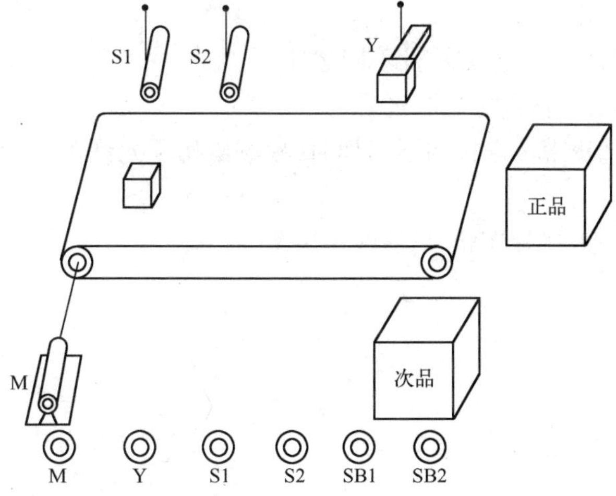

图 4-54　正次品分拣模拟控制板

(2) 参考程序如图 4-55 所示。

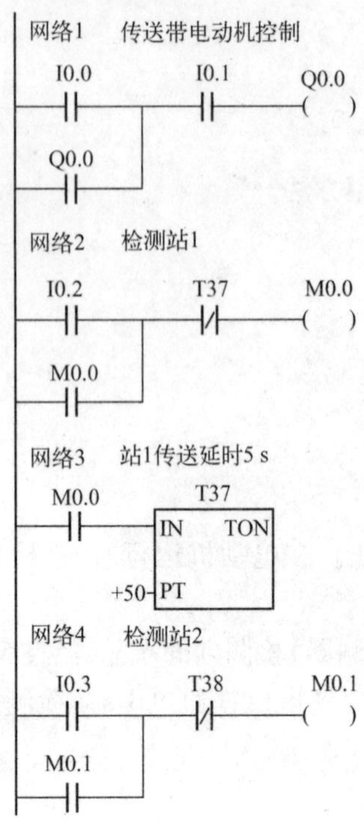

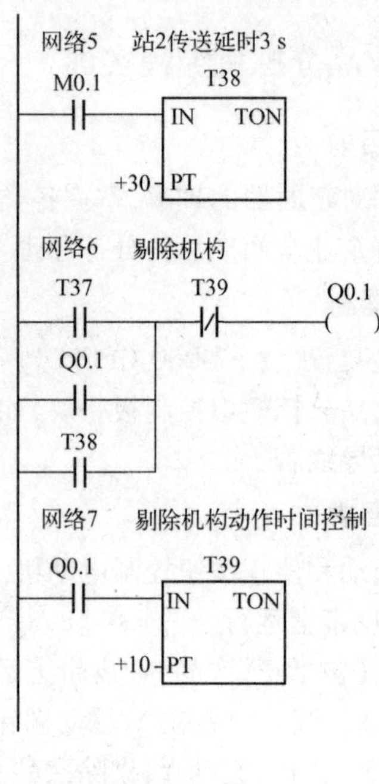

图 4-55　正次品分拣操作参考程序

5. 实训内容及要求

（1）按 I/O 分配表完成 PLC 外部电路接线。

（2）输入参考程序并编辑。

（3）编译、下载、调试应用程序。

（4）通过实验模板，模拟控制要求，看显示出的运行结果是否正确。

6. 思考练习

（1）分析各种定时器的使用方法及不同之处。

（2）总结程序输入、调试的方法和经验。

（3）程序要求增加皮带传送机构不工作时，检测机构不允许工作（剔除机构不动作），试编写梯形图控制程序。

（4）若 SB2 按钮改成常开按钮，试修改梯形图。

4.4　计数器指令

4.4.1　计数器指令介绍

计数器利用输入脉冲上升沿累计脉冲个数。其结构主要由一个 16 位的预置值寄存器、一个 16 位的当前值寄存器和一位状态位组成。当前值寄存器用以累计脉冲个数，计数器当前值大于或等于预置值时，状态位置 1。

S7-200 系列 PLC 有三类计数器：CTU－加计数器，CTUD－加/减计数器，CTD－减计数。

1. 计数器指令格式如表 4-5 所示

表 4-5　计数器的指令格式

STL	LAD	指令使用说明
CTU Cxxx,PV	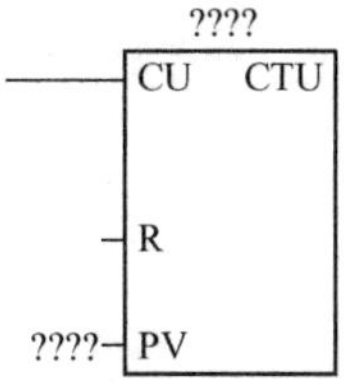 ???? CU CTU R ????-PV	（1）梯形图指令符号中，CU 为加计数脉冲输入端；CD 为减计数脉冲输入端；R 为加计数复位端；LD 为减计数复位端；PV 为预置值 （2）Cxxx 为计数器的编号，范围为：C0～C255 （3）PV 预置值最大范围：32767；PV 的数据类型：INT；PV 操作数为：VW，T，C，IW，QW，MW，SMW，AC，AIW，常数 （4）CTU/CTUD/CD 指令使用要点：STL 形式中 CU、CD、R、LD 的顺序不能错；CU、CD、R、LD 信号可为复杂逻辑关系
CTD Cxxx,PV	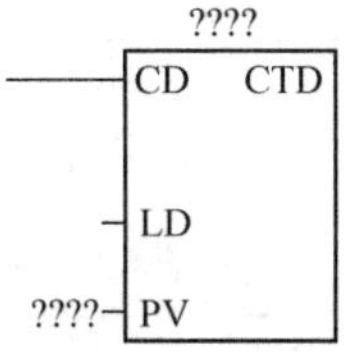 ???? CD CTD LD ????-PV	
CTUD Cxxx,PV	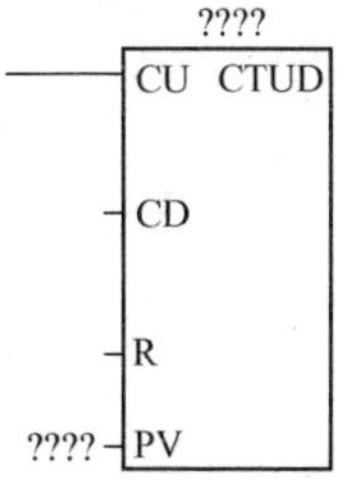 ???? CU CTUD CD R ????-PV	

2. 计数器工作原理分析

（1）加计数器指令（CTU）。当 R=0 时，计数脉冲有效；当 CU 端有上升沿输入时，计数器当前值加 1。当计数器当前值大于或等于设定值（PV）时，该计数器的状态位 C-bit 置 1，即其常开触点闭合。计数器仍计数，但不影响计数器的状态位。直至计数达到最大值（32767）。当 R=1 时，计数器复位，即当前值清零，状态位 C-bit 也清零。加计数器计数范围：0～32767。

（2）加/减计数指令（CTUD）。当 R=0 时，计数脉冲有效；当 CU 端（CD 端）有上升沿输入时，计数器当前值加 1（减 1）。当计数器当前值大于或等于设定值时，C-bit 置 1，即其常开触点闭合。当 R=1 时，计数器复位，即当前值清零，C-bit 也清零。加减计数器计数范围：-32768～32767。

（3）减计数指令（CTD）。当复位 LD 有效时，LD=1，计数器把设定值（PV）装入当前值存储器，计数器状态位复位（置 0）。当 LD=0，即计数脉冲有效时，开始计数，CD 端每来一个输入脉冲上升沿，减计数的当前值从设定值开始递减计数，当前值等于 0 时，计数器状态位置位（置 1），停止计数。

【例 4-4】 加/减计数器指令应用示例，程序及运行时序如图 4-56 所示。

【例 4-5】 减计数指令应用示例，程序及运行时序如图 4-57 所示。

在复位脉冲 I1.0 有效时，即 I1.0=1 时，当前值等于预置值，计数器的状态位置 0；当复位脉冲 I1.0=0，计数器有效，在 CD 端每来一个脉冲的上升沿，当前值减 1 计数，当前值从预置值开始减至 0 时，计数器的状态位 C-bit=1，Q0.0=1。在复位脉冲 I1.0 有效时，即 I1.0=1 时，计数器 CD 端即使有脉冲上升沿，计数器也不减 1 计数。

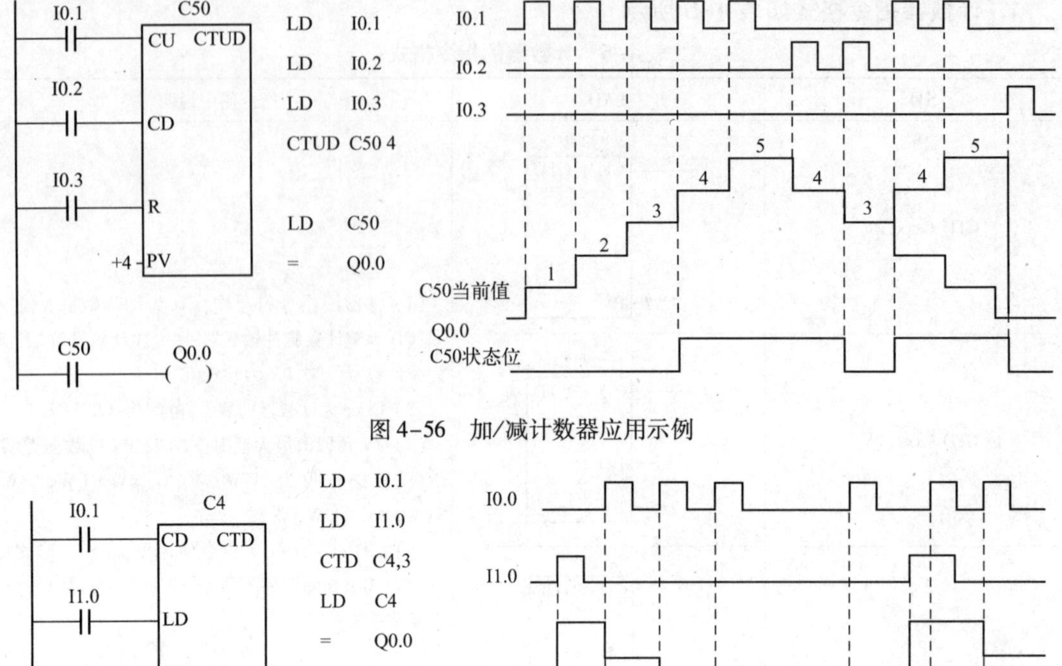

图 4-56　加/减计数器应用示例

图 4-57　减计数器应用示例

4.4.2　计数器指令应用举例

1. 计数器的扩展

S7-200 系列 PLC 计数器最大的计数范围是 32767，若需更大的计数范围，则需进行扩展。如图 4-58 所示的计数器扩展电路，图中是两个计数器的组合电路，C1 形成了一个设定值为 100

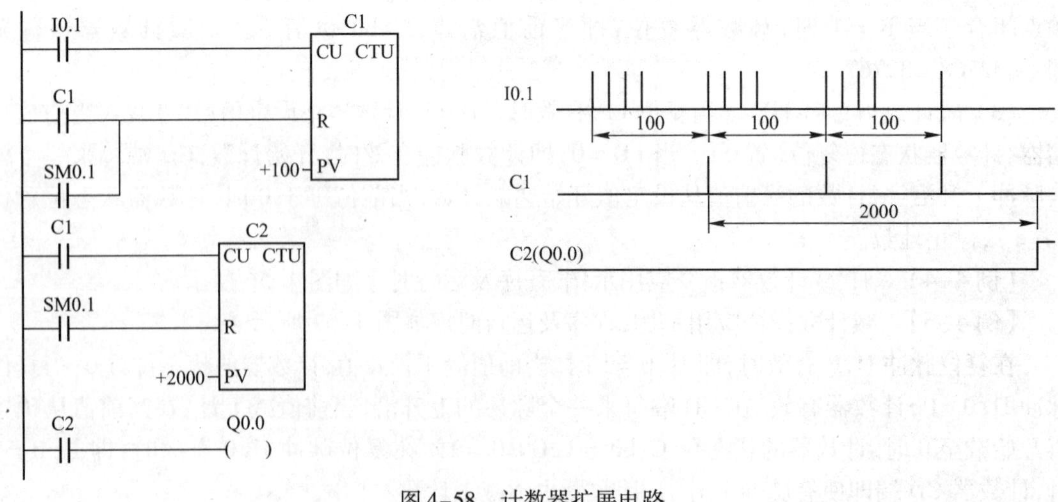

图 4-58　计数器扩展电路

次自复位计数器。计数器 C1 对 I0.1 的接通次数进行计数，I0.1 的触点每闭合 100 次，C1 自复位重新开始计数。同时，连接到计数器 C2 的 CU 端 C1 常开触点闭合，使 C2 计数一次，当 C2 计数到 2000 次时，I0.1 共接通 100 × 2000 次 = 200000 次，C2 的常开触点闭合，线圈 Q0.0 通电。该电路的计数值为两个计数器设定值的乘积，$C_{总} = C1 \times C2$。

2. 定时器的扩展

S7-200 的定时器的最长定时时间为 3276.7 s，如果需要更长的定时时间，可使用图 4-59 所示的电路。图 4-59 中最上面一行电路是一个脉冲信号发生器，脉冲周期等于 T37 的设定值(60 s)。I0.0 为 OFF 时，100 ms 定时器 T37 和计数器 C4 处于复位状态，它们不能工作。I0.0 为 ON 时，其常开触点接通，T37 开始定时，60 s 后 T37 定时时间到，其当前值等于设定值，它的常闭触点断开，使它自己复位，复位后 T37 的当前值变为 0，同时它的常闭触点接通，使它自己的线圈重新“通电”又开始定时，T37 将这样周而复始地工作，直到 I0.0 变为 OFF。

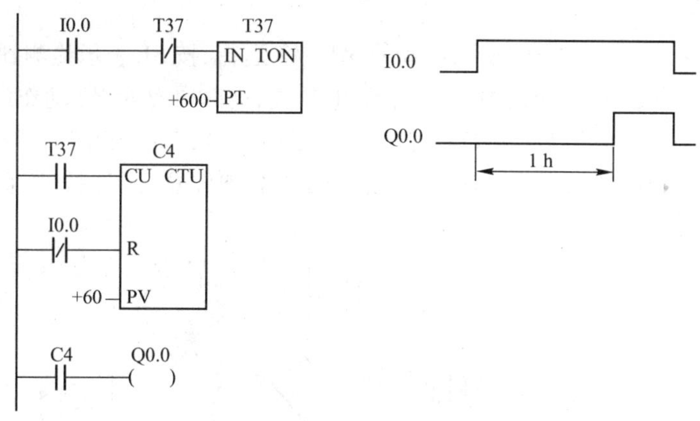

图 4-59　定时器的扩展

T37 产生的脉冲送给 C4 计数器，记满 60 个数(即 1 h)后，C4 当前值等于设定值 60，它的常开触点闭合。设 T37 和 C4 的设定值分别为 K_T 和 K_C，对于 100 ms 定时器总的定时时间为：$T = 0.1K_TK_C(s)$。

3. 自动声光报警操作程序

自动声光报警操作程序用于当电动单梁起重机加载到 1.1 倍额定负荷并反复运行 1 h 后，发出声光信号并停止运行。程序如图 4-60 所示。当系统处于自动工作方式时，I0.0 触点为闭

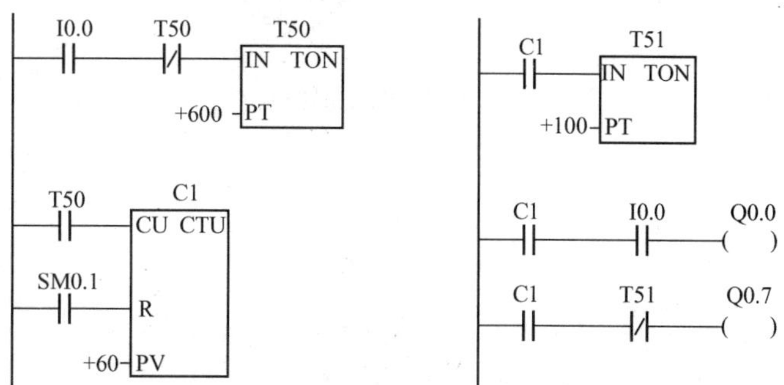

图 4-60　自动声光报警

合状态，定时器 T50 每 60 s 发出一个脉冲信号作为计数器 C1 的计数输入信号，当计数值达 60，即 1 h 后，C1 常开触点闭合，Q0.0、Q0.7 线圈同时得电，指示灯发光且电铃作响；此时 C1 另一常开触点接通定时器 T51 线圈，10 s 后 T51 常闭触点断开 Q0.7 线圈，电铃音响消失，指示灯持续发光直至再一次重新开始运行。

4.4.3 轧钢机的控制实训

1. 实训目的

（1）熟悉计数器的使用。

（2）用状态图监视计数器的计数的过程。

（3）用 PLC 构成轧钢机控制系统。

2. 实训内容

（1）控制要求

如图 4-61 所示，当起动按钮按下，电动机 M1、M2 运行，按 S1 表示检测到物件，电动机 M3 正转，即 M3F 亮。再按 S2，电动机 M3 反转，即 M3R 亮，同时电磁阀 Y1 动作。再按 S1，电动机 M3 正转，重复经过三次循环，再按 S2，则停机一段时间（3 s），取出成品后，继续运行，不需要按起动。当按下停止按钮时，必须按起动后方可运行。必须注意，不先按 S1 而按 S2 将不会有动作。

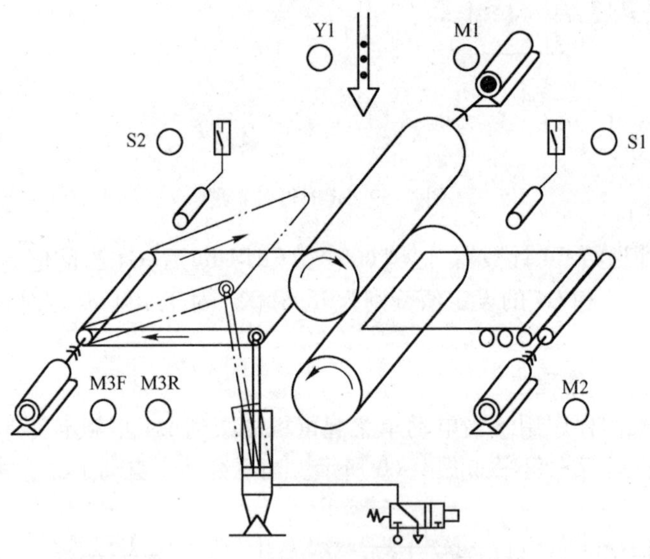

图 4-61 轧钢机的模拟控制实训

（2）I/O 分配

输入	输出
起动按钮：I0.0	M1：Q0.0
停止按钮：I0.3（常闭按钮）	M2：Q0.1
S1 按钮：I0.1	M3F：Q0.2
S2 按钮：I0.2	M3R：Q0.3
	Y1：Q0.4

（3）按图 4-62 所示的梯形图输入程序。

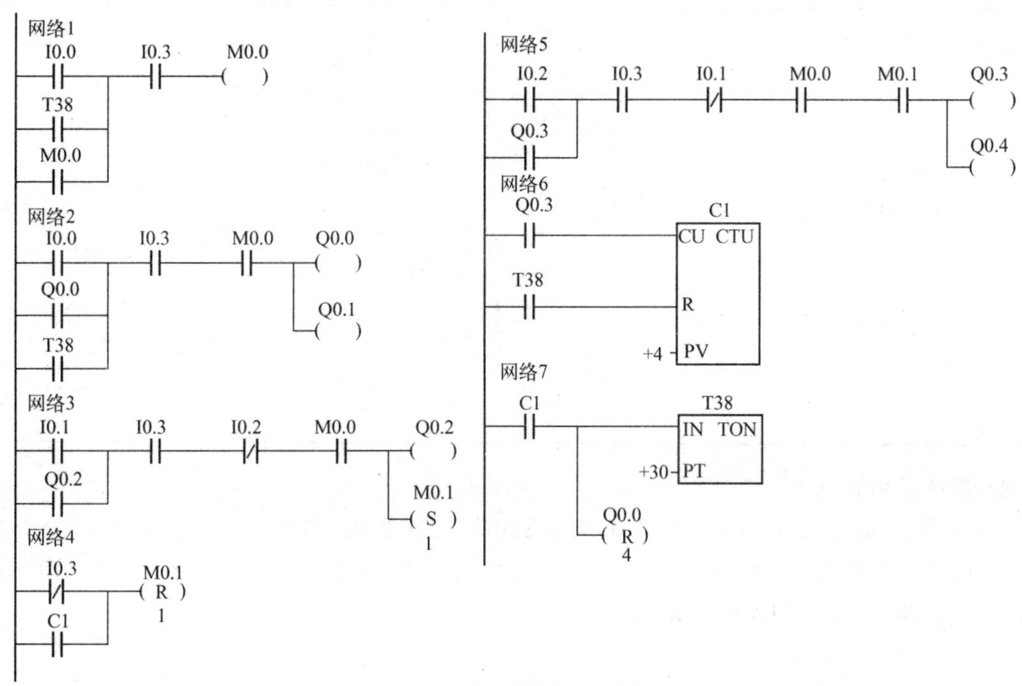

图 4-62　轧钢机模拟控制梯形图

3. 调试并运行程序

（1）按控制要求进行操作，观察并记录现象。

（2）通过程序状态图，在操作过程中观察计数器的工作过程。

（3）改变计数器的预置值，设定 PV =3，再重新操作，观察轧钢机模拟实验板现象。

4.5　比较指令

比较指令是将两个操作数按指定的条件比较，操作数可以是整数，也可以是实数。在梯形图中用带参数和运算符的触点表示比较指令，比较条件成立时，触点就闭合，否则断开。比较触点可以装入，也可以串、并联。比较指令为上、下限控制提供了极大的方便。

1. 指令格式

指令格式如表 4-6 所示。说明：

xx 表示比较运算符：= = 等于 、< 小于、> 大于、< = 小于等于、> = 大于等于、< > 不等于。

□表示操作数 N1，N2 的数据类型及范围：

B(Byte)：字节比较（无符号整数），如 LDB == IB2　MB2。

I(INT)/ W(Word)：整数比较，（有符号整数），如 AW > = MW2　VW12。

注意：LAD 中用“I”，STL 中用“W”。

DW(Double Word)：双字的比较（有符号整数），如 OD = VD24　MD1。

R(Real)：实数的比较（有符号的双字浮点数，仅限于 CPU214 以上）。

N1，N2 操作数的类型包括：I，Q，M，SM，V，S，L，AC，VD，LD，常数。

表 4-6　比较指令格式

STL	LAD	说　明
LD□xx IN1 IN 2	IN1 XX □ IN2	比较触点接起始母线
LD N A□xxIN1 IN 2	N IN1 XX □ IN2	比较触点的"与"
LD N O□xx IN1 IN 2	N IN1 XX □ IN2	比较触点的"或"

2. **指令应用举例**

【例 4-6】　调整模拟调整电位器 0，改变 SMB28 字节数值，当 SMB28 数值小于或等于 50 时，Q0.0 输出，其状态指示灯打开；当 SMB28 数值大于或等于 150 时，Q0.1 输出，状态指示灯打开。梯形图程序和语句表程序如图 4-63 所示。

I0.0　SMB28 <=B 50　Q0.0
SMB28 >=B 150　Q0.1

```
LD     I0.0
LPS
AB<=   SMB28, 50
=      Q0.0
LPP
AB>=   SMB28, 150
=      Q0.1
```

图 4-63　例 4-6 图

【例 4-7】　整数字比较如图 4-64 所示，若 VW0 > +10000 为真，Q0.2 有输出。程序常被用于显示不同的数据类型，还可以比较存储在可编程内存中的两个数值（VW0 > VW100）。

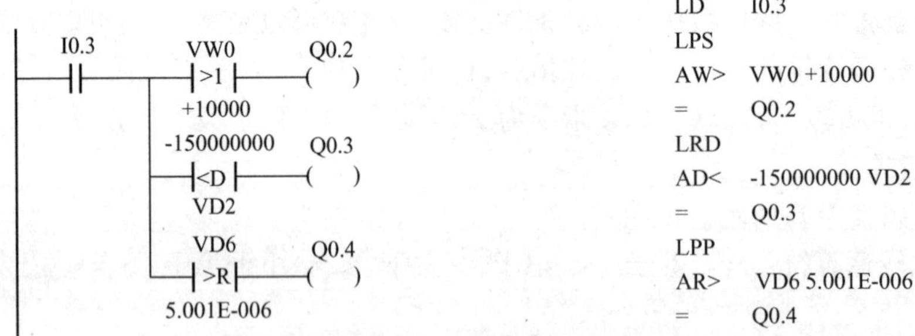

图 4-64　例 4-7 图

4.6　程序控制类指令

程序控制类指令用于程序运行状态的控制，主要包括系统控制、跳转、循环、子程序调用、顺序控制等指令。

4.6.1 END、STOP、WDR 指令

1. 结束指令

(1) END:条件结束指令,执行条件成立(左侧逻辑值为 1)时结束主程序,返回主程序的第一条指令执行。在梯形图中,该指令不连在左侧母线。END 指令只能用于主程序,不能在子程序和中断程序中使用。END 指令无操作数。指令格式如图 4-65a 所示。

(2) MEND:无条件结束指令,结束主程序,返回主程序的第一条指令执行。在梯形图中,无条件结束指令直连接左侧母线。用户必须以无条件结束指令,结束主程序。条件结束指令,用在无条件结束指令前结束主程序。在编程结束时一定要写上该指令,否则出错;在调试程序时,在程序的适当位置插入 MEND 指令可以实现程序的分段调试。指令格式如图 4-65b 所示。

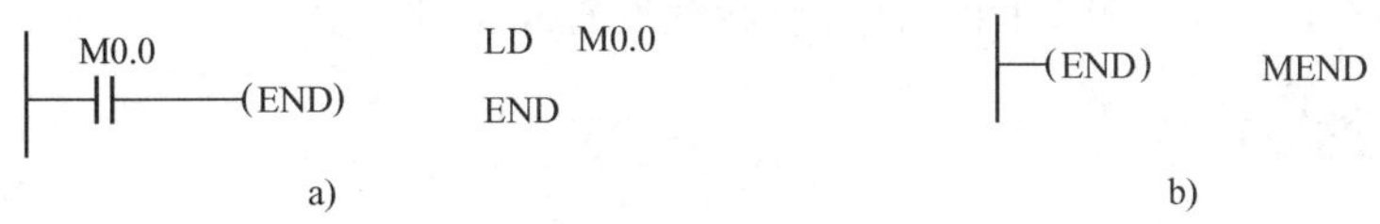

图 4-65 END/MEND 指令格式

必须指出,MicroWin32 STEP-7 编程软件在主程序的结尾自动生成无条件结束指令(MEND),用户不得输入,否则编译出错。

2. 停止指令

STOP:停止指令,执行条件成立,停止执行用户程序,令 CPU 工作方式由 RUN 转到 STOP。在中断程序中执行 STOP 指令,该中断立即终止,并且忽略所有挂起的中断,继续扫描程序的剩余部分,在本次扫描的最后,将 CPU 由 RUN 切换到 STOP。指令格式如图 4-66 所示。

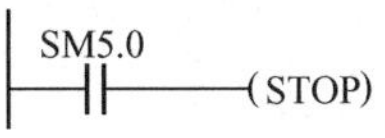

SM5.0 ——(STOP)

LD SM5.0 //SM5.0为检测到I/O错误时置1

STOP //强制转换至STOP(停止)模式

图 4-66 STOP 指令格式

注意:END 和 STOP 的区别,如图 4-67 所示。

图中,当 I0.0 接通时,Q0.0 有输出,若 I0.1 接通,执行 END 指令,终止用户程序,并返回主程序的起点,这样,Q0.0 仍保持接通,但下面的程序不会执行。若 I0.1 断开,接通 I0.2,则 Q0.1 有输出,若将 I0.3 接通,则执行 STOP 指令,立即终止程序执行,Q0.0 与 Q0.1 均复位,CPU 转为 STOP 方式。

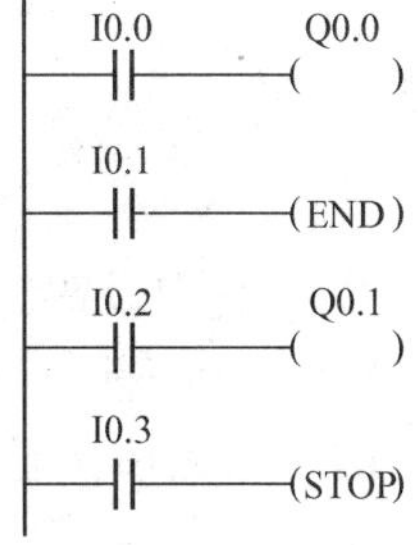

图 4-67 END/STOP 指令的区别

3. 警戒时钟刷新指令 WDR(又称看门狗定时器复位指令)

警戒时钟的定时时间为 300 ms,每次扫描它都被自动复位一次,正常工作时,如果扫描周期小于 300 ms,警戒时钟不起作用。如果强烈的外部干扰使 PLC 偏离正常的程序执行路线,警戒时钟不再被周期性的复位,定时时间到,PLC 将停止运行。若程序扫描的时间超过 300 ms,为了防止在正常的情况下警戒时钟动作,可将警戒时钟刷新指令(WDR)插入到程序中适当的地方,使警戒时钟复位。这样,可以增加一次扫描时间。指令格式如图 4-68 所示。

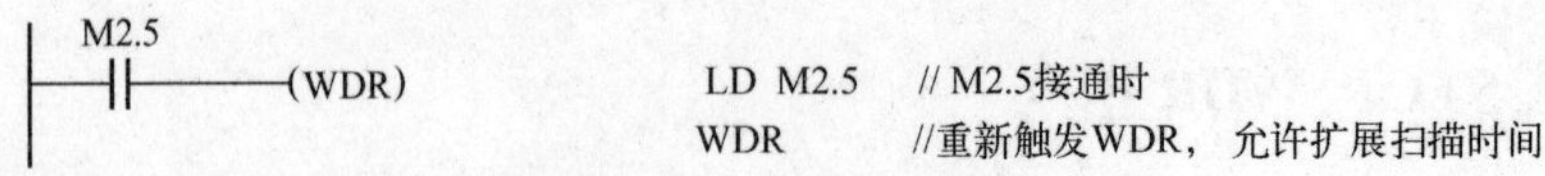

图 4-68 WDR 指令格式

工作原理:当使能输入有效时,警戒时钟复位。可以增加一次扫描时间。若使能输入无效,警戒时钟定时时间到,程序将终止当前指令的执行,重新启动,返回到第一条指令重新执行。注意:如果使用循环指令阻止扫描完成或严重延迟扫描完成,下列程序只有在扫描循环完成后才能执行:通信(自由口方式除外),I/O 更新(立即 I/O 除外),强制更新,SM 更新,运行时间诊断,中断程序中的 STOP 指令。10 ms 和 100 ms 定时器对于超过 25 s 的扫描不能正确地累计时间。

注意:如果预计扫描时间将超过 300 ms,或者预计会发生大量中断活动,可能阻止返回主程序扫描超过 300 ms,应使用 WDR 指令,重新触发看门狗计时器。

4.6.2 循环、跳转指令

1. 循环指令

(1) 指令格式

程序循环结构用于描述一段程序的重复循环执行。由 FOR 和 NEXT 指令构成程序的循环体。FOR 指令标记循环的开始,NEXT 指令为循环体的结束指令。指令格式如图 4-69 所示。

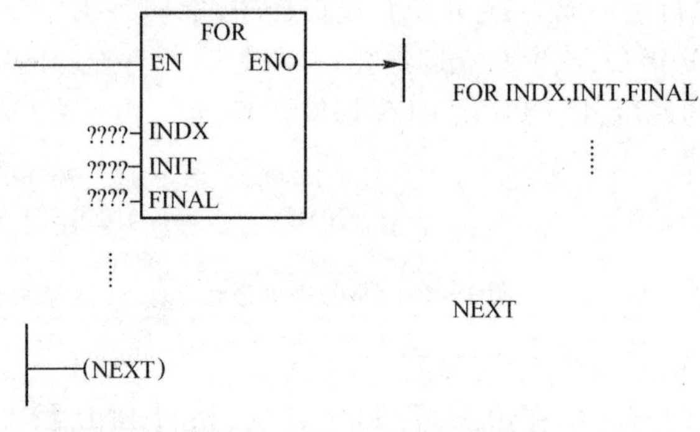

图 4-69 FOR/NEXT 指令格式

在 LAD 中,FOR 指令为指令盒格式,EN 为使能输入端。

INDX 为当前值计数器,操作数为:VW,IW,QW,MW,SW,SMW,LW,T,C,AC。

INIT 为循环次数初始值,操作数为:VW,IW,QW,MW,SW,SMW ,LW,T,C,AC,AIW,常数。

FINAL 为循环计数终止值,操作数为:VW,IW,QW,MW,SW,SMW ,LW,T,C,AC,AIW,常数。

工作原理:使能输入 EN 有效,循环体开始执行,执行到 NEXT 指令时返回,每执行一次循环体,当前值计数器 INDX 增 1,达到终止值 FINAL 时,循环结束。

使能输入无效时,循环体程序不执行。每次使能输入有效,指令自动将各参数复位。FOR/NEXT 指令必须成对使用,循环可以嵌套,最多为 8 层。

(2) 循环指令示例(如图 4-70 所示)

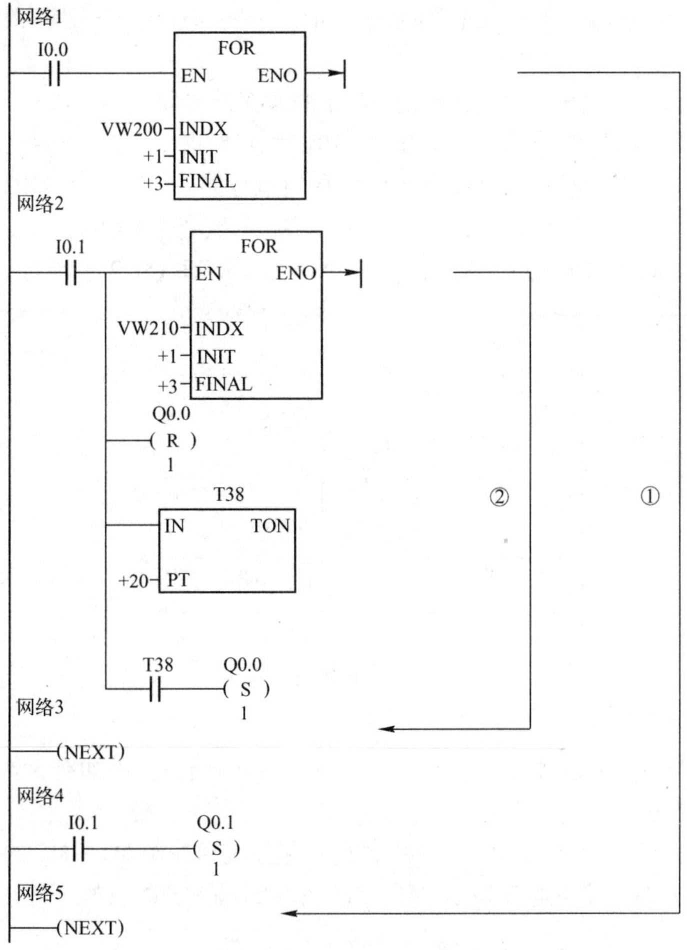

图 4-70　循环指令示例

图中,当 I0.0 为 ON 时,所示的外循环执行 3 次,由 VW200 累计循环次数。当 I0.1 为 ON 时,外循环每执行一次,所示的内循环执行 3 次,且由 VW210 累计循环次数。

2. 跳转指令及标号

(1) 指令格式

JMP:跳转指令,使能输入有效时,把程序的执行跳转到同一程序指定的标号(n)处执行。

LBL:指定跳转的目标标号。操作数 n:0 ~ 255。指令格式如图 4-71 所示。

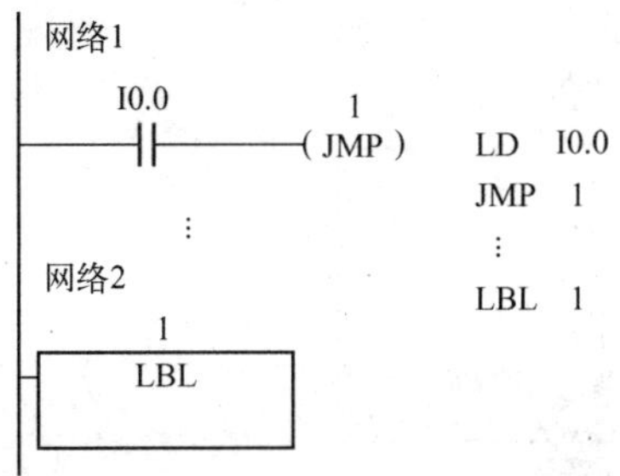

图 4-71　JMP/LBL 指令格式

必须强调的是，跳转指令及标号必须同在主程序内或在同一子程序内，同一中断服务程序内，不可由主程序跳转到中断服务程序或子程序，也不可由中断服务程序或子程序跳转到主程序。

（2）跳转指令示例

如图 4-72 所示，图中当 I0.0 为 ON 时，I0.0 的常开触点接通，即 JMP1 条件满足，程序跳转执行 LBL 标号 1 以后的指令，而在 JMP1 和 LBL1 之间的指令一概不执行，在这个过程中，即使 I0.1 接通，Q0.1 也不会有输出；此时 I0.0 的常闭触点断开，不执行 JMP2，所以 I0.2 接通，Q0.2 有输出。当 I0.0 断开时，则其常开触点 I0.0 断开，其常闭触点接通，此时不执行 JMP1，而执行 JMP2，所以 I0.1 接通，Q0.1 有输出，而 I0.2 即使接通，Q0.2 也没有输出。

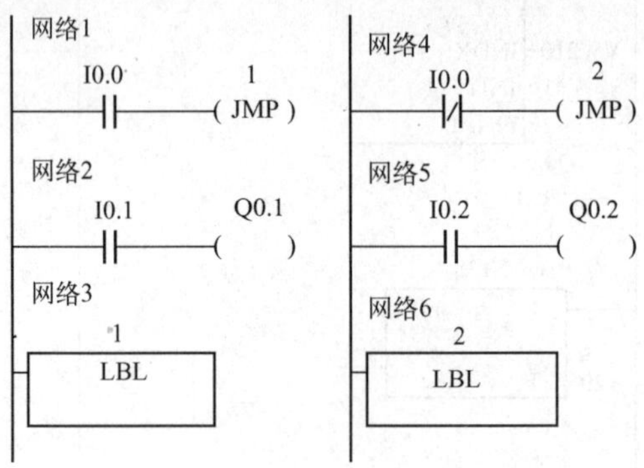

图 4-72　跳转指令示例

（3）应用举例

JMP、LBL 指令在工业现场控制中，常用于工作方式的选择。例如有 3 台电动机 M1 ~ M3，具有两种起停工作方式：

1）手动操作方式。分别用每个电动机各自的起停按钮控制 M1 ~ M3 的起停状态。

2）自动操作方式。按下起动按钮，M1 ~ M3 每隔 5 s 依次起动；按下停止按钮，M1 ~ M3 同时停止。

PLC 控制的外部接线图、程序结构图、梯形图分别如图 4-73a、b、c 所示。

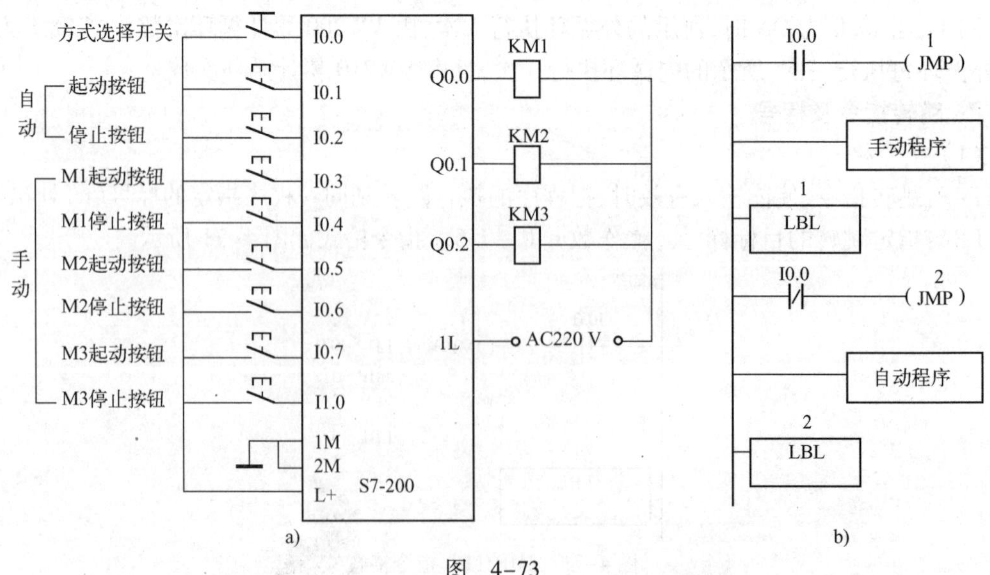

图　4-73

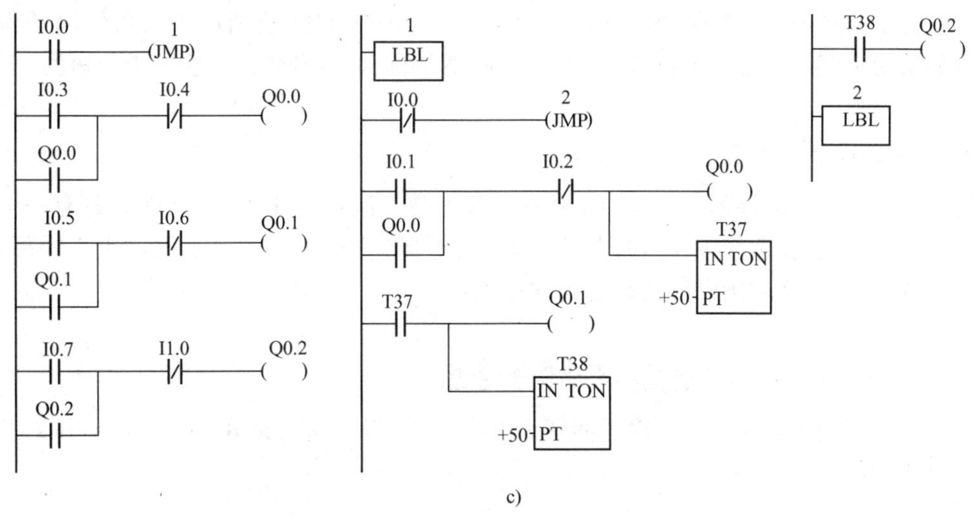

c)

图 4-73(续)

a）外部接线图 b）程序结构图 c）梯形图

从控制要求中可以看出,需要在程序中体现两种可以任意选择的控制方式,所以运用跳转指令的程序结构可以满足控制要求。如图 4-73b 所示,当操作方式选择开关闭合时,I0.0 的常开触点闭合,跳过手动程序段不执行;I0.0 常闭触点断开,选择自动方式的程序段执行。而操作方式选择开关断开时的情况与此相反,跳过自动方式程序段不执行,选择手动方式程序段执行。

4.6.3 子程序调用及子程序返回指令

通常将具有特定功能、并且多次使用的程序段作为子程序。主程序中用指令决定具体子程序的执行状况。当主程序调用子程序并执行时,子程序执行全部指令直至结束。然后,系统将返回至调用子程序的主程序。子程序用于为程序分段和分块,使其成为较小的、更易于管理的块。在程序中调试和维护时,通过使用较小的程序块,对这些区域和整个程序简单地进行调试和排除故障。只在需要时才调用程序块,可以更有效地使用 PLC,因为所有的程序块可能无需执行每次扫描。

在程序中使用子程序,必须执行下列三项任务:建立子程序;在子程序局部变量表中定义参数(如果有);从适当的 POU(从主程序或另一个子程序)调用子程序。

1. 建立子程序

可采用下列方法之一建立子程序:

1）从“编辑”菜单,选择“插入(Insert)”/“子程序(Subroutine)”。

2）从“指令树”,用鼠标右键单击“程序块”图标,并从弹出菜单选择“插入(Insert)”→“子程序(Subroutine)”。

3）从“程序编辑器”窗口,用鼠标右键单击,并从弹出菜单选择“插入(Insert)”→“子程序(Subroutine)”。

程序编辑器从先前的 POU 显示更改为新的子程序。程序编辑器底部会出现一个新标签,代表新的子程序。此时,可以对新的子程序编程。

用右键单击指令树中的子程序图标，在弹出的菜单中选择“重新命名”，可修改子程序的名称。如果为子程序指定一个符号名，例如 USR_NAME，该符号名会出现在指令树的“子例行程序”文件夹中。

2. 在子程序局部变量表中定义参数

可以使用子程序的局部变量表为子程序定义参数。注意：程序中每个 POU 都有一个独立的局部变量表，必须在选择该子程序标签后出现的局部变量表中为该子程序定义局部变量。编辑局部变量表时，必须确保已选择适当的标签。每个子程序最多可以定义 16 个输入/输出参数。

3. 子程序调用及子程序返回指令的指令格式

子程序有子程序调用和子程序返回两大类指令，子程序返回又分为条件返回和无条件返回。指令格式如图 4-74 所示。

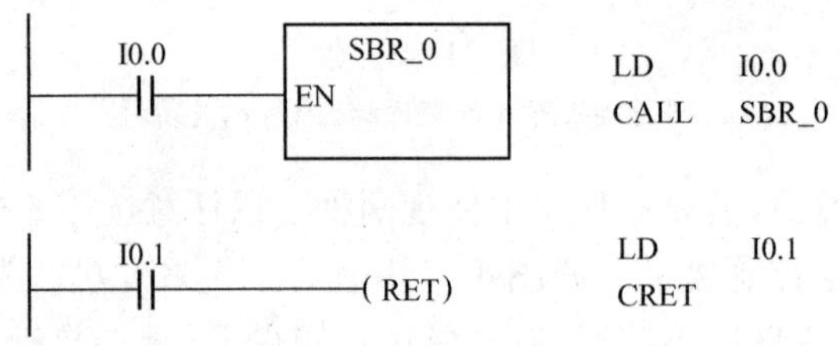

图 4-74 子程序调用及子程序返回指令格式

CALL SBRn：子程序调用指令。在梯形图中为指令盒的形式。子程序的编号 n 从 0 开始，随着子程序个数的增加自动生成。操作数 n：0～63。

CRET：子程序条件返回指令。条件成立时结束该子程序，返回原调用处的指令 CALL 的下一条指令。

RET：子程序无条件返回指令。子程序必须以本指令作结束，由编程软件自动生成。

需要说明的是：

1）子程序可以多次被调用，也可以嵌套（最多 8 层），还可以自己调自己。

2）子程序调用指令用在主程序和其他调用子程序的程序中，子程序的无条件返回指令在子程序的最后网络段，梯形图指令系统能够自动生成子程序的无条件返回指令，用户无需输入。

4. 带参数的子程序调用指令

（1）带参数的子程序的概念及用途。子程序可能有要传递的参数（变量和数据），这时可以在子程序调用指令中包含相应参数，它可以在子程序与调用程序之间传送。如果子程序仅用要传递的参数和局部变量，则为带参数的子程序（可移动子程序）。为了移动子程序，应避免使用任何全局变量/符号（I、Q、M、SM、AI、AQ、V、T、C、S、AC 内存中的绝对地址），这样可以导出子程序并将其导入另一个项目。子程序中的参数必须有一个符号名（最多为 23 个字符）、一个变量类型和一个数据类型。子程序最多可传递 16 个参数。传递的参数在子程序局部变量表中定义，如表 4-7 所示。

表 4-7　局部变量表

	Name	Var Type	Data Type	Comment
	EN	IN	BOOL	
L0.0	IN1	IN	BOOL	
LB1	IN2	IN	BYTE	
L2.0	IN3	IN	BOOL	
LD3	IN4	IN	DWORD	
		IN		
LD7	INOUT	IN_OUT	REAL	
		IN_OUT		
LD11	OUT	OUT	REAL	
		OUT		

（2）变量的类型。局部变量表中的变量有 IN、OUT、IN/OUT 和 TEMP 4 种类型。

IN（输入）型：将指定位置的参数传入子程序。如果参数是直接寻址（例如 VB10），在指定位置的数值被传入子程序。如果参数是间接寻址（例如 * AC1），地址指针指定地址的数值被传入子程序。如果参数是数据常量（16#1234）或地址（&VB100），常量或地址数值被传入子程序。

IN/OUT（输入/输出）型：将指定参数位置的数值传入子程序，并将子程序的执行结果的数值返回至相同的位置。输入/输出型的参数不允许使用常量（例如 16#1234）和地址（例如 &VB100）。

OUT（输出）型：将子程序的结果数值返回至指定的参数位置。常量（例如 16#1234）和地址（例如 &VB100）不允许用作输出参数。

在子程序中，可以使用 IN、IN/OUT、OUT 类型的变量和调用子程序 POU 之间传递参数。

TEMP 型：是局部存储变量，只能用于子程序内部暂时存储中间运算结果，不能用来传递参数。

（3）数据类型。局部变量表中的数据类型包括能流、布尔（位）、字节、字、双字、整数、双整数和实数型。

能流：能流仅用于位（布尔）输入。能流输入必须用在局部变量表中其他类型输入之前。只有输入参数允许使用。在梯形图中表达形式为用触点（位输入）将左侧母线和子程序的指令盒连接起来。例如图 4-75 中的使能输入（EN）和 IN1 输入使用布尔逻辑。

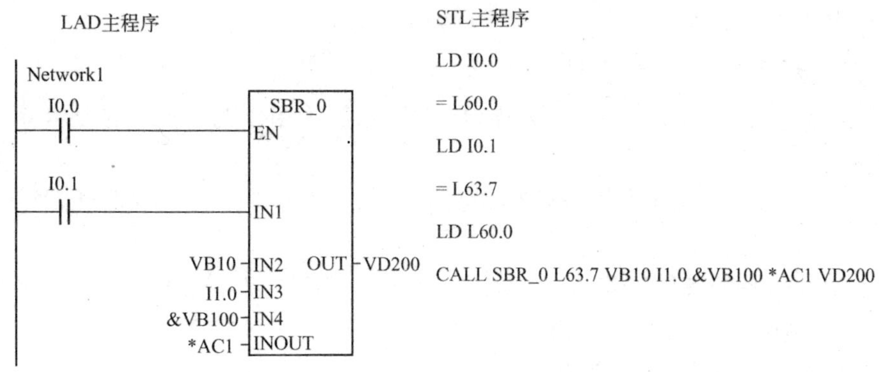

图 4-75　带参数子程序调用

布尔：该数据类型用于位输入和输出。例如图 4-75 中的 IN3 是布尔输入。

字节、字、双字:这些数据类型分别用于1、2或4个字节不带符号的输入或输出参数。

整数、双整数:这些数据类型分别用于2或4个字节带符号的输入或输出参数。

实数:该数据类型用于单精度(4个字节)IEEE浮点数值。

(4) 建立带参数子程序的局部变量表。局部变量表隐藏在程序显示区,将梯形图显示区向下拖动,可以露出局部变量表,在局部变量表输入变量名称、变量类型、数据类型等参数以后,双击指令树中子程序(或选择点击方框快捷按钮 <F9>,在弹出的菜单中选择子程序项),在梯形图显示区显示出带参数的子程序调用指令盒。

局部变量表变量类型的修改方法:用光标选中变量类型区,点击鼠标右键得到一个下拉菜单,点击选中的类型,在变量类型区光标所在处可以得到选中的类型。

子程序传递的参数放在子程序的局部存储器(L)中,局部变量表最左列是系统指定的每个被传递参数的局部存储器地址。

(5) 带参数子程序调用指令格式。对于梯形图程序,在子程序局部变量表中为该子程序定义参数后(如表4-7),将生成客户化的调用指令块(如图4-75),指令块中自动包含子程序的输入参数和输出参数。在LAD程序的POU中插入调用指令:第一步,打开程序编辑器窗口中所需的POU,光标滚动至调用子程序的网络处。第二步,在指令树中,打开“子程序”文件夹然后双击。第三步,为调用指令参数指定有效的操作数。有效操作数为:存储器的地址、常量、全局变量以及调用指令所在的POU中的局部变量(并非被调用子程序中的局部变量)。

注意:如果在使用子程序调用指令后,修改该子程序的局部变量表,则调用指令无效。必须删除无效调用,并用反映正确参数的最新调用指令代替该调用。子程序和调用程序共用累加器。不会因使用子程序对累加器执行保存或恢复操作。

带参数子程序调用的LAD指令格式如图4-75所示。图4-75中的STL主程序是由编程软件STEP-7 Micro/WIN32从LAD程序建立的STL代码。注意:系统保留局部变量存储器L内存的4个字节(LB60-LB63),用于调用参数。图4-75中,L内存(如L60,L63.7)被用于保存布尔输入参数,此类参数在LAD中被显示为能流输入。图4-75中的由Micro/WIN从LAD图形建立的STL代码,可在STL视图中显示。

若用STL编辑器输入与图4-75所示相同的子程序,语句表编程的调用程序为:

```
LD I0.0
CALL SBR_0 I0.1, VB10, I1.0 ,&VB100, *AC1 ,VD200
```

需要说明的是:该程序只能在STL编辑器中显示,因为用作能流输入的布尔参数,未在L内存中保存。

子程序调用时,输入参数被复制到局部存储器。子程序完成时,从局部存储器复制输出参数到指定的输出参数地址。

在带参数的“调用子程序”指令中,参数必须与子程序局部变量表中定义的变量完全匹配。参数顺序必须以输入参数开始,其次是输入/输出参数,然后是输出参数。位于指令树中的子程序名称的工具将显示每个参数的名称。

调用带参数子程序使ENO=0的错误条件是:0008(子程序嵌套超界),SM4.3(运行时间)。

【例4-8】 编制一个带参数的子程序,完成任意两个整数的加法。

1）建立一个子程序，并在该子程序局部变量表中输入局部变量，如图 4-76 所示。

	符号	变量类型	数据类型	注释
	EN	IN	BOOL	
LW0	in1	IN	INT	
LW2	in2	IN	INT	
		IN		
		IN_OUT		
LW4	out	OUT	INT	
		OUT		
		TEMP		

网络 1
SM0.0
ADD_I
EN
ENO
#in1 IN1
#in2 IN2
OUT #out
MAIN SBR_0 INT_0

图 4-76　两个整数的加法带参数的子程序

2）用局部变量表中定义的局部变量编写两个整数加法的子程序，如图 4-76 所示。

3）在主程序中调用该子程序，如图 4-77 所示。

4）在图 4-77 所示的主程序中应根据子程序局部变量表中变量的数据类型（INT）指定输入、输出变量的地址（对于整数型的变量应按字编址），输入变量也可以为常量，如图 4-78 所示，便可以实现 VW0 + VW2 = VW100 的运算。

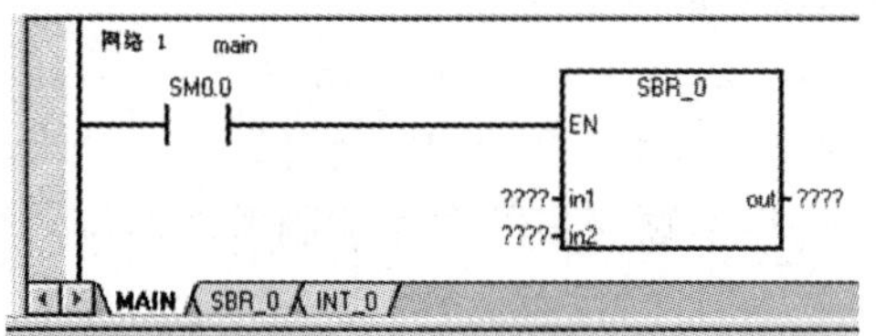

图 4-77　在主程序中调用带参数的子程序

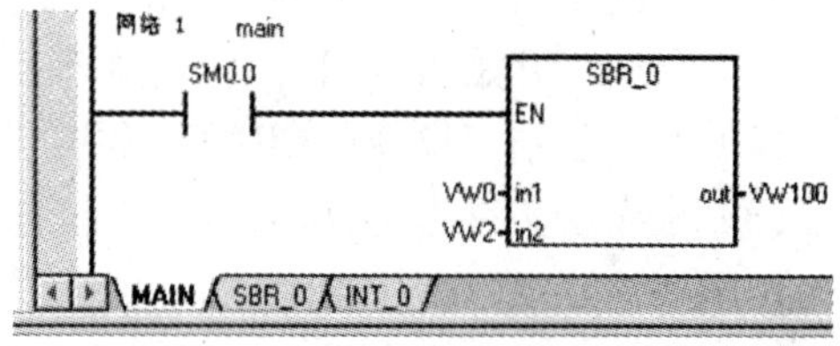

图 4-78　给输入输出变量指定地址

由例 4-8 可以看出，带参数的子程序是独立的，可以用来实现某一特定的控制功能。带参数的子程序可以导出，形成一个扩展名为. awl 的文件，（通过菜单“文件”/“导出”）。在其他的项目中，通过菜单“文件”/“导入”导入该文件，便可以直接使用该子程序。

4.6.4　步进顺序控制指令

在使用 PLC 进行顺序控制中常采用顺序控制指令，这是一种由功能图设计梯形图的步进型指令。首先用程序流程图来描述程序的设计思想，然后用指令编写出符合程序设计思想的程序。使用功能流程图可以描述程序的顺序执行、循环、条件分支，程序的合并等功能流程概念。顺序控制指令可以将程序功能流程图转换成梯形图程序。功能流程图是设计梯形图程序的基础。

1. 功能流程图简介

功能流程图是按照顺序控制的思想，根据工艺过程，根据输出量的状态变化，将一个工作周期划分为若干顺序相连的步，在任何一步内，各输出量的 ON/OFF 状态不变，但是相邻两步输出量的状态是不同的。所以，可以将程序的执行分成各个程序步，通常用顺序控制继电器的位 S0.0～S31.7 代表程序的状态步。使系统由当前步进入下一步的信号称为转换条件，又称步进条件。转换条件可以是外部的输入信号，如按钮、指令开关、限位开关的接通/断开等；也可以是程序运行中产生的信号，如定时器、计数器的常开触点的接通等；转换条件还可能是若干个信号的逻辑运算的组合。一个三步循环步进的功能流程图如图 4-79 所示，功能流程图中的每个方框代表一个状态步，如图中 1、2、3 分别代表程序 3 步状态。与控制过程的初始状态相对应的步称为初始步，用双线框表示，初始步可以没有步动作或者在初始步进行手动复位的操作。可以分别用 S0.0、S0.1、S0.2 表示上述的三个状态步，程序执行到某步时，该步状态位置 1，其余为 0。例如执行第一步时，S0.0 = 1，而 S0.1、S0.2 全为 0。每步所驱动的负载，称为步动作，用方框中的文字或符号表示，并用线将该方框和相应的步相连。状态步之间用有向连线连接，表示状态步转移的方向，有向连线上没有箭头标注时，方向为自上而下、自左而右。有向连线上的短线表示状态步的转换条件。

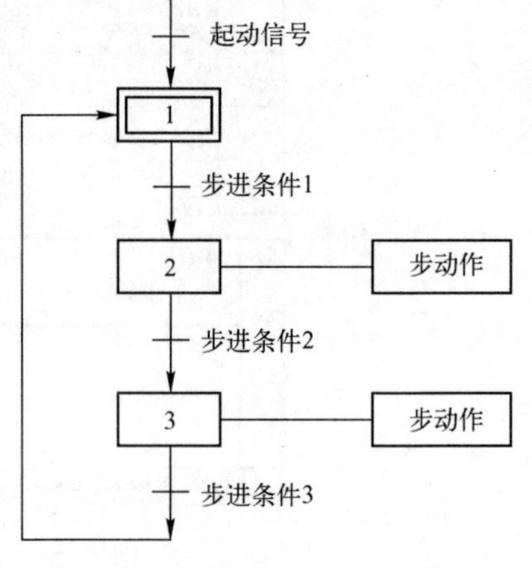

图 4-79　循环步进功能流程图

2. 顺序控制指令

顺序控制用 3 条指令描述程序的顺序控制步进状态，指令格式如表 4-8 所示。

（1）顺序步开始指令（LSCR）。顺序控制继电器位 $S_{X,Y}=1$ 时，该程序步执行。

（2）顺序步结束指令（SCRE）。顺序步的处理程序在 LSCR 和 SCRE 之间。

（3）顺序步转移指令（SCRT）。使能输入有效时，将本顺序步的顺序控制继电器位清零，下一步顺序控制继电器位置 1。

在使用顺序控制指令时应注意：

1）步进控制指令 SCR 只对状态元件 S 有效。为了保证程序的可靠运行，驱动状态元件 S 的信号应采用短脉冲。

2）当输出需要保持时，可使用 S/R 指令。

3）不能把同一编号的状态元件用在不同的程序中。例如，如果在主程序中使用 S0.1，则不能在子程序中再使用。

4）在 SCR 段中不能使用 JMP 和 LBL 指令。即不允许跳入或跳出 SCR 段，也不允许在 SCR 段内跳转。可以使用跳转和标号指令在 SCR 段周围跳转。

5）不能在 SCR 段中使用 FOR、NEXT 和 END 指令。

表 4-8　顺序控制指令格式

LAD	STL	说　明
??.? SCR	LSCR n	步开始指令，为步开始的标志，该步的状态元件的位置 1 时，执行该步

（续）

LAD	STL	说　明
??.? —(SCRT)	SCRT n	步转移指令，使能有效时，关断本步，进入下一步。该指令由转换条件的接点起动，n 为下一步的顺序控制状态元件
├(SCRE)	SCRE	步结束指令，为步结束的标志

3. 应用举例

【例 4-9】 使用顺序控制结构，编写出实现红、绿灯循环显示的程序（要求循环间隔时间为 1 s）。

根据控制要求首先画出红绿灯顺序显示的功能流程图，如图 4-80 所示。起动条件为按钮 I0.0，步进条件为时间，状态步的动作为点红灯，熄绿灯，同时启动定时器，步进条件满足时，关断本步，进入下一步。

梯形图程序如图 4-81 所示。

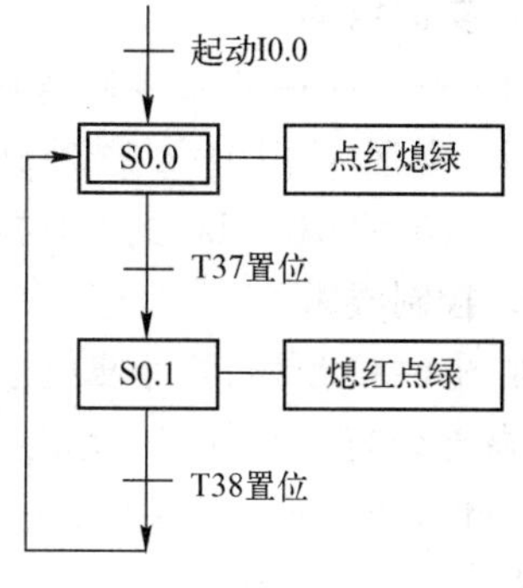

图 4-80　例 4-9 流程图

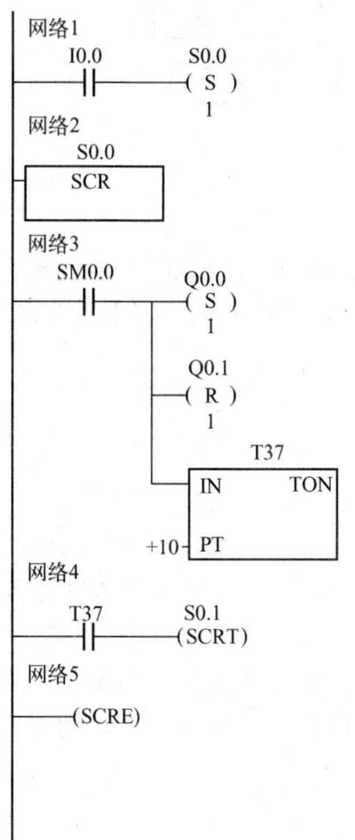

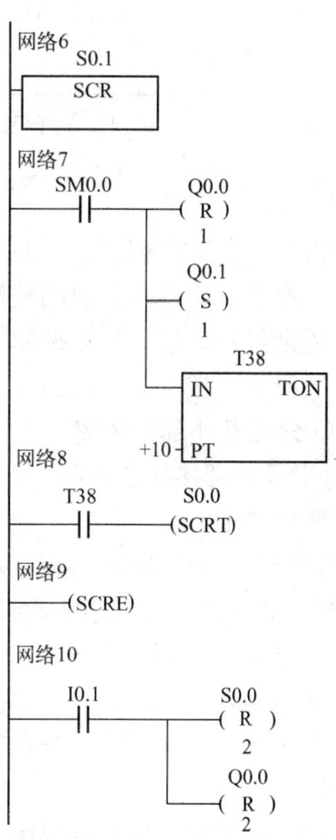

图 4-81　例 4-9 梯形图

分析：当 I0.0 输入有效时，启动 S0.0，执行程序的第一步，输出 Q0.0 置 1（点亮红灯），Q0.1 置 0（熄灭绿灯），同时启动定时器 T37，经过 1 s，步进转移指令使得 S0.1 置 1，S0.0 置 0，程序进入第二步，输出点 Q0.1 置 1（点亮绿灯），输出点 Q0.0 置 0（熄灭红灯），同时启动定时器 T38，经过 1 s，步进转移指令使得 S0.0 置 1，S0.1 置 0，程序进入第一步执行。如此周而复始，循环工作，直到 I0.1 接通时，红灯、绿灯同时熄灭。

4.6.5 送料车控制实训

1. 实训目的

（1）掌握应用 PLC 控制送料车编程的思想和方法。

（2）掌握应用顺序功能控制指令编程的方法，增强应用功能指令编程的意识。

（3）熟练掌握 PLC 的 I/O 配置及外部接线，提高应用 PLC 的能力。

2. 控制要求

如图 4-82 所示，当小车处于后端时，按下起动按钮，小车向前运行，行至前端压下前限位开关，翻斗门打开装货，7 s 后，关闭翻斗门，小车向后运行，行至后端，压下后限位开关，打开小车底门卸货，5 s 后底门关闭，完成一次动作。

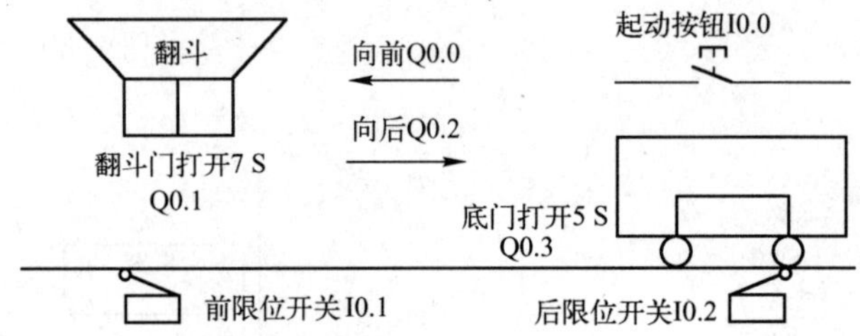

图 4-82　送料小车控制示意图

要求控制送料小车的运行，并具有以下几种运行方式：

1）手动操作。用各自的控制按钮，一一对应地接通或断开各负载的工作方式。

2）单周期操作。按下起动按钮，小车往复运行一次后，停在后端等待下次起动。

3）连续操作。按下起动按钮，小车自动连续往复运动。

3. I/O 分配及外部接线图

I/O 分配及外部接线图如图 4-83 所示。

4. 程序结构图

总的程序结构如图 4-84 所示，其中包括手动程序和自动程序两个程序块，由跳转指令选择执行。当方式选择开关接通手动操作方式时（如图 4-77 所示），I0.3 输入映像寄存器置位为 1，I0.4、I0.5 输入映像寄存器置位为 0。在图 4-78 中，I0.3 常闭触点断开，执行手动程序；I0.4、I0.5 常闭触点均为闭合状态，跳过自动程序不执行。若方式选择开关接通单周期或连续操作方式时，图 4-78 中的 I0.3 触点闭合，I0.4、I0.5 触点断开，使程序跳过手动程序而选择执行自动程序。

5. 手动操作方式的梯形图程序

手动操作方式的梯形图程序如图 4-85 所示。

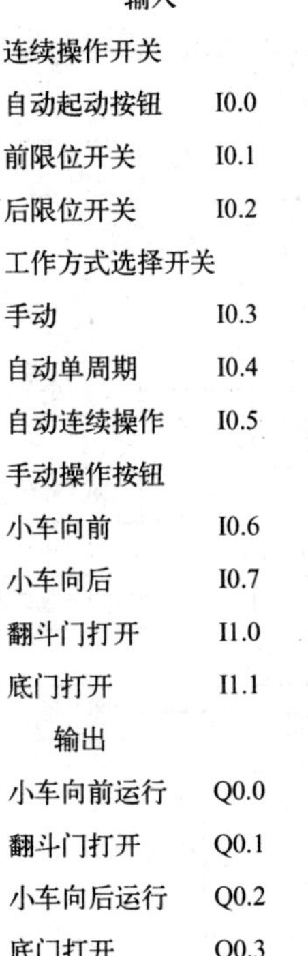

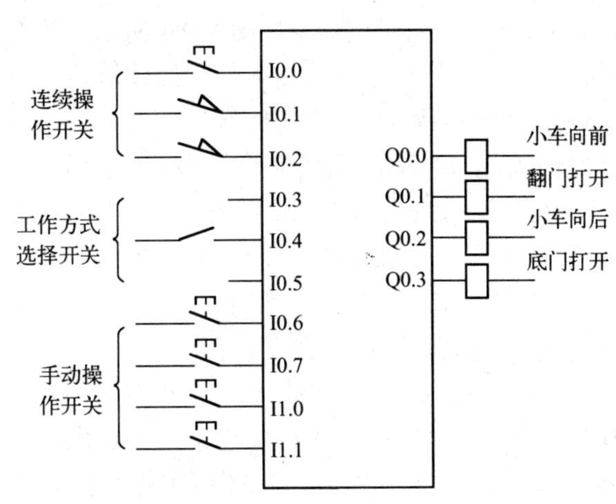

图 4-83 I/O 分配及外部接线图

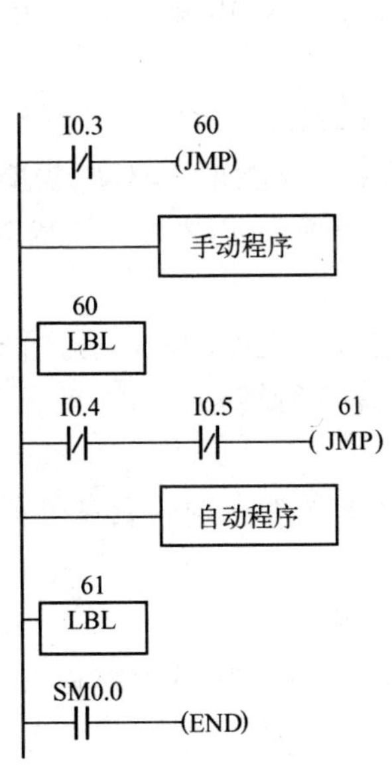

图 4-84 总程序结构图

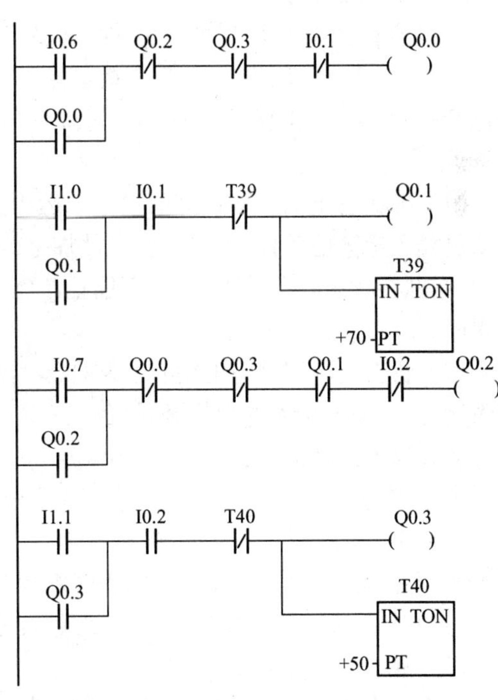

图 4-85 手动操作梯形图

6. 自动操作的功能流程图和梯形图

自动运行方式的功能流程图如图 4-86 所示。当在 PLC 进入 RUN 状态前就选择了单周期或连续操作方式时,程序一开始运行初始化脉冲 SM0.1,使 S0.0 置位为 1,此时若小车在后限位开关处,且底门关闭,I0.2 常开触点闭合,Q0.3 常闭触点闭合,按下起动按钮,I0.0 触点闭合,则进入 S0.1,关断 S0.0,Q0.0 线圈得电,小车向前运行;小车行至前限位开关处,I0.1 触点闭合,进入 S0.2,关断 S0.1,Q0.1 线圈得电,翻斗门打开装料,7 s 后,T37 触点闭合进入 S0.3,关断 S0.2(关闭翻斗门),Q0.2 线圈得电,小车向后行进,小车行至后限位开关处,I0.2 触点闭合,关断 S0.3(小车停止),进入 S0.4,Q0.3 线圈得电,底门打开卸料,5 s 后 T38 触点闭合。若为单周期运行方式,I0.4 触点接通,再次进入 S0.0,此时如果按下起动按钮,I0.0 触点闭合,则开始下一周期的运行;若为连续运行方式,I0.5 触点接通,进入 S0.1,Q0.0 线圈得电,小车再次向前行进,实现连续运行。将该功能流程图转换为梯形图如图 4-87 所示。

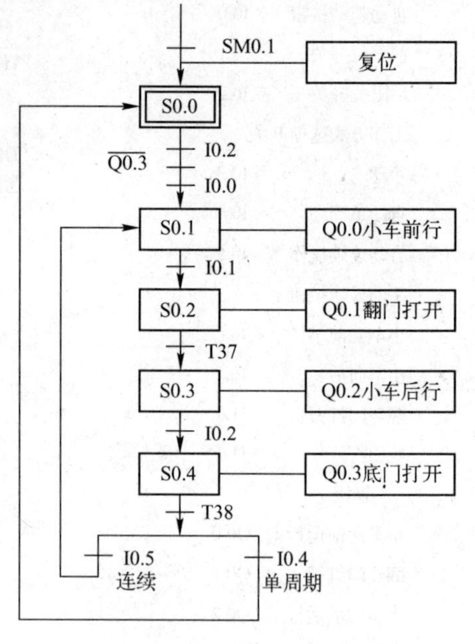

图 4-86 自动操作的功能流程图

7. 调试并运行程序

功能流程图具有良好的可读性,可先阅读功能流程图预测其结果,然后再上机运行程序,观察运行结果,看是否符合控制要求。若出现局部问题,可充分利用监控和测试功能进行调试;若出现整体错误,应重新审核程序,对照编程原则和编程方法进行全面的检查。

(1) 各状态步的驱动处理的检查。运用监控和测试手段,强制其对应的状态元件激活,若驱动负载还有其他条件,需将这些条件加上,看负载能否驱动。若能正常驱动,表明驱动处理正常,问题在状态转移处理上;若不能正常驱动,表明问题在程序上,需要检查该状态对应的驱动程序。

(2) 状态的转移处理的检查。同样运用监控和测试手段,首先使功能流程图的初始化状态激活,依次使转移条件动作,监控各状态能否按规定的顺序进行转移。若不能正常转移,故障可能有以下几种情况:

① 转移条件为 ON 但没有任何状态元件动作,则表明编程或写入时转移条件或状态元件的编号错误。

② 状态元件发生跳跃动作,则表明编程或写入时出现混乱。

③ 状态元件动作顺序错乱,则表明编程原则和编程方法使用不当,应严格检查程序。

(3) 常见的故障

① 编程错误。没有正确使用编程原则和编程方法;程序书写错误。

② 写入错误。在程序输入 PLC 时出现手误。

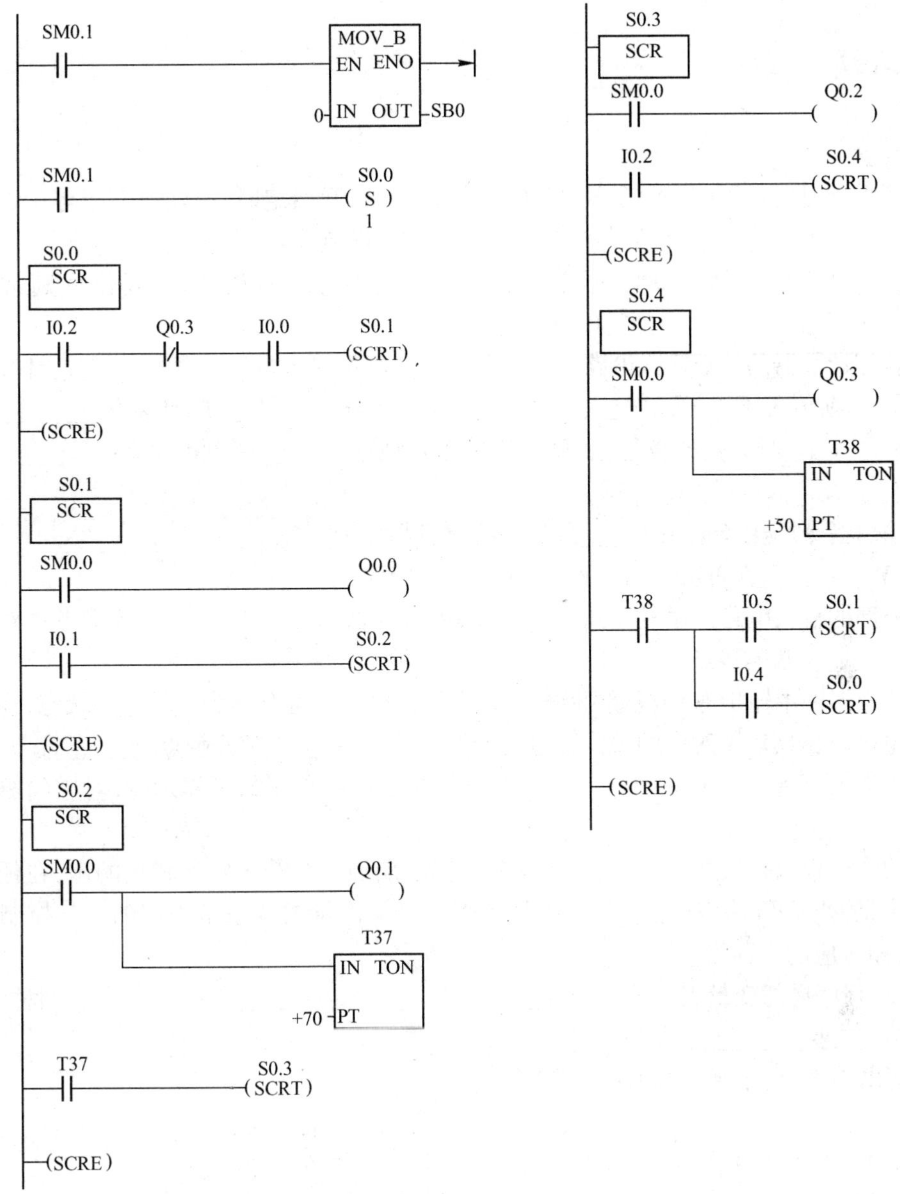

图 4-87 自动操作步进梯形图

8. 训练题

一个三台电动机的顺序控制系统，起动顺序为 M1→M2→M3，间隔 5 s，I0.0 为起动信号。停车顺序相反即 M3→M2→M1，间隔 5 s，I0.1 为停车信号。画出功能流程图，并写出梯形图。运行并调试程序。

4.7 习题

1. 填空

1）通电延时定时器(TON)的输入(IN)________时开始定时,当前值大于等于设定值时其定时器位变为________,其常开触点________,常闭触点________。

2）通电延时定时器(TON)的输入(IN)电路________时被复位,复位后其常开触点________,常闭触点________,当前值等于________。

3）若加计数器的计数输入电路(CU)________,复位输入电路(R)________,计数器的当前值加1。当前值大于等于设定值(PV)时,其常开触点________,常闭触点________。复位输入电路________时计数器被复位,复位后其常开触点________,常闭触点________,当前值为________。

4）输出指令(=)不能用于________映像寄存器。

5）SM ________在首次扫描时为1,SM0.0一直为________。

6）外部的输入电路接通时,对应的输入映像寄存器为________状态,梯形图中对应的常开接点________,常闭接点________。

7）若梯形图中输出Q的线圈“断电”,对应的输出映像寄存器为________状态,在输出刷新后,继电器输出模块中对应的硬件继电器的线圈________,其常开触点________。

8）步进控制指令SCR只对________有效。为了保证程序的可靠运行,对它的驱动信号应采用________。

9）功能流程图是根据________,将一个工作周期划分为若干顺序相连的步,在任何一步内,各输出量ON/OFF状态________,但是相邻两步输出量的状态是不同的。与控制过程的初始状态相对应的步称为________。

10）子程序局部变量表中的变量有________、________、________、________四种类型,子程序最多可传递________个参数。

2. 写出4-88所示梯形图的语句表程序。

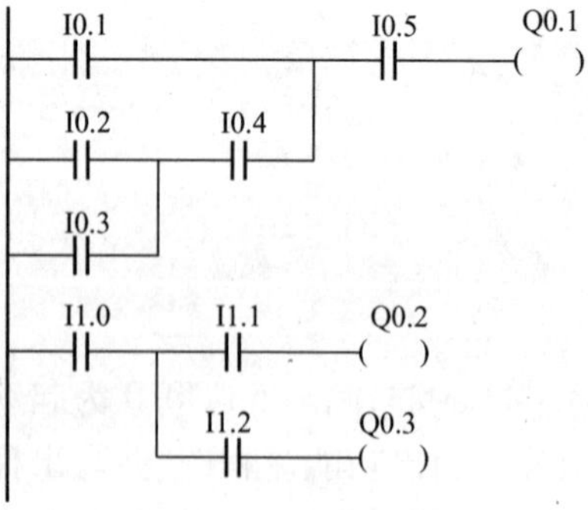

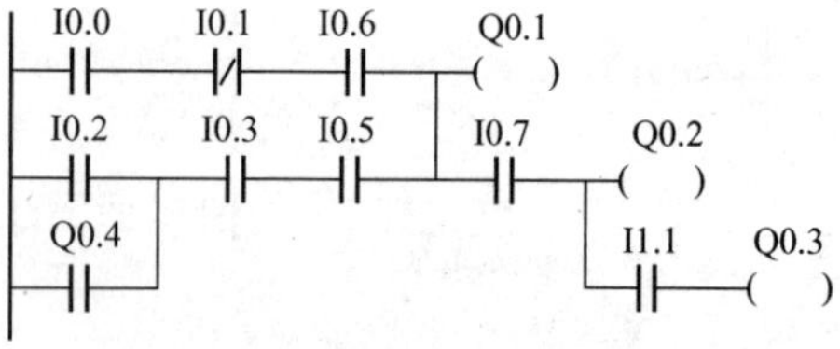

图4-88 习题2图

3. 写出下列语句表对应的梯形图。

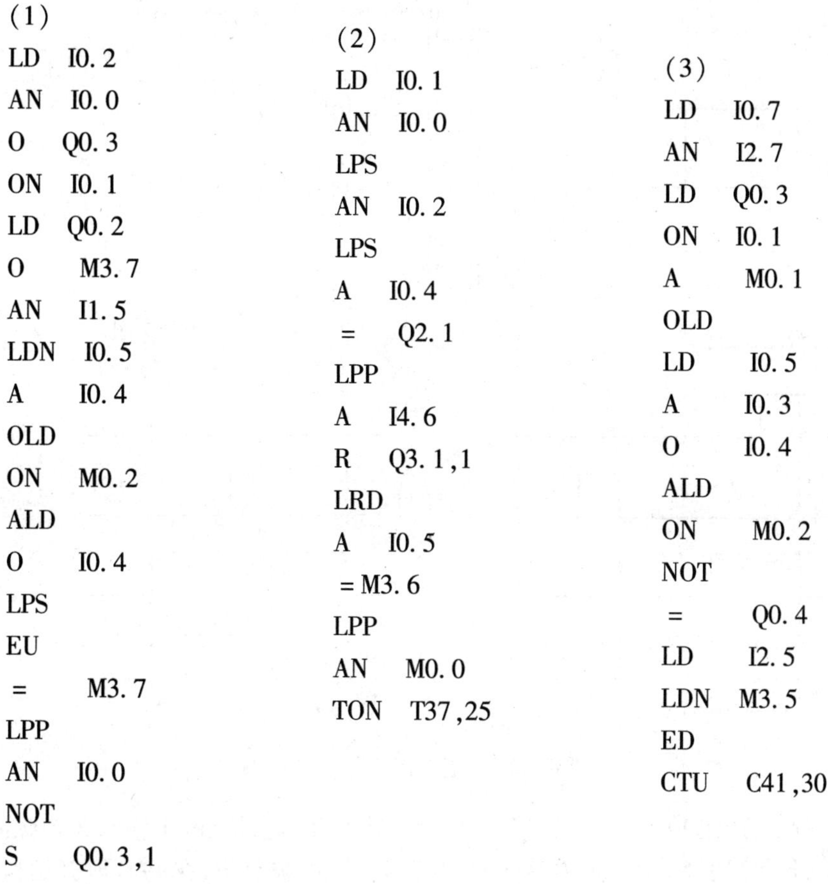

(1)

```
LD   I0.2
AN   I0.0
O    Q0.3
ON   I0.1
LD   Q0.2
O    M3.7
AN   I1.5
LDN  I0.5
A    I0.4
OLD
ON   M0.2
ALD
O    I0.4
LPS
EU
=    M3.7
LPP
AN   I0.0
NOT
S    Q0.3,1
```

(2)

```
LD   I0.1
AN   I0.0
LPS
AN   I0.2
LPS
A    I0.4
=    Q2.1
LPP
A    I4.6
R    Q3.1,1
LRD
A    I0.5
=M3.6
LPP
AN   M0.0
TON  T37,25
```

(3)

```
LD   I0.7
AN   I2.7
LD   Q0.3
ON   I0.1
A    M0.1
OLD
LD   I0.5
A    I0.3
O    I0.4
ALD
ON   M0.2
NOT
=    Q0.4
LD   I2.5
LDN  M3.5
ED
CTU  C41,30
```

4. 画出图 4-89 中 M0.0 的波形图。

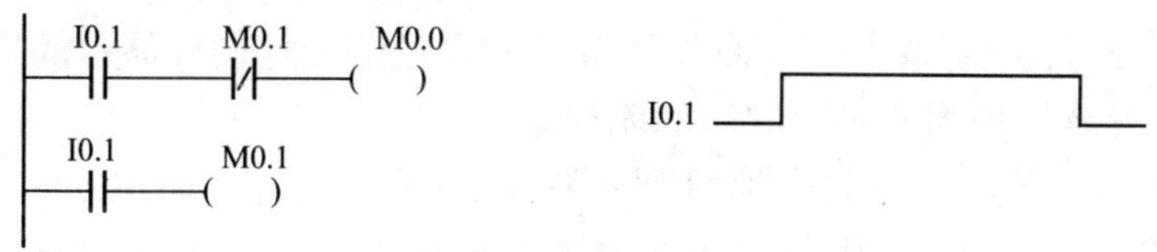

图 4-89　习题 4 图

5. 使用置位指令、复位指令，编写两套程序，控制要求如下：

(1) 起动时，电动机 M1 先起动后，才能起动电动机 M2，停止时，电动机 M1、M2 同时停止。

(2) 起动时，电动机 M1、M2 同时起动，停止时，只有在电动机 M2 停止时，电动机 M1 才能停止。

6. 用 S、R 和跳变指令设计出如图 4-90 所示的波形图的梯形图。

7. 画出图 4-91 所示程序 Q0.0 的波形图。

8. 设计满足图 4-92 所示时序图的梯形图。

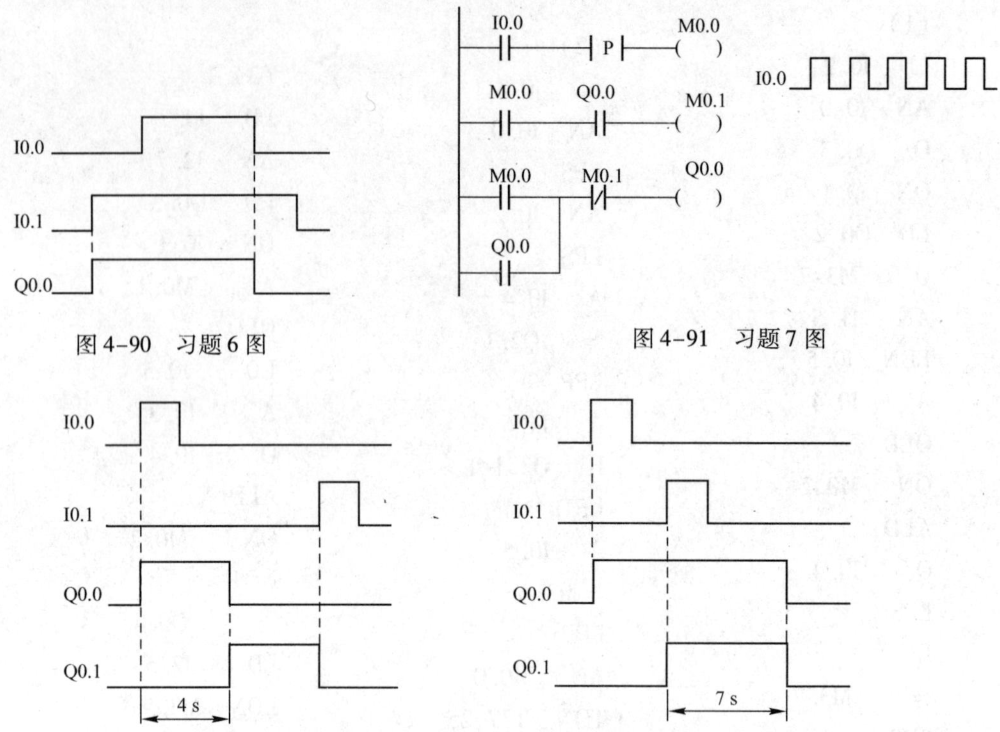

图 4-90　习题 6 图

图 4-91　习题 7 图

图 4-92　习题 8 图

9. 如图 4-93 所示，按钮 I0.0 按下后，Q0.0 变为 1 状态并自保持，I0.1 输入 3 个脉冲后，（用 C1 计数），T37 开始定时，5 s 后，Q0.0 变为 0 状态，同时 C1 被复位，在 PLC 刚开始执行用户程序时，C1 也被复位，设计出梯形图。

10. 设计周期为 5 s，占空比为 20% 的方波输出信号程序。

11. 使用顺序控制结构，编写出实现红黄绿三种颜色信号灯循环显示的程序（要求循环间隔时间为 0.5 s），并画出该程序设计的功能流程图。

12. 要求采用步进顺序控制指令编写 PLC 程序，完成下列控制要求。

（1）小车的轨迹如图 4-94 所示。所有位置点均采用行程开关控制，前进和后退分别由快进、慢进、快退三个独立的电动机控制。

（2）要求有起、停按钮，起动后能够实现自动往复运行。

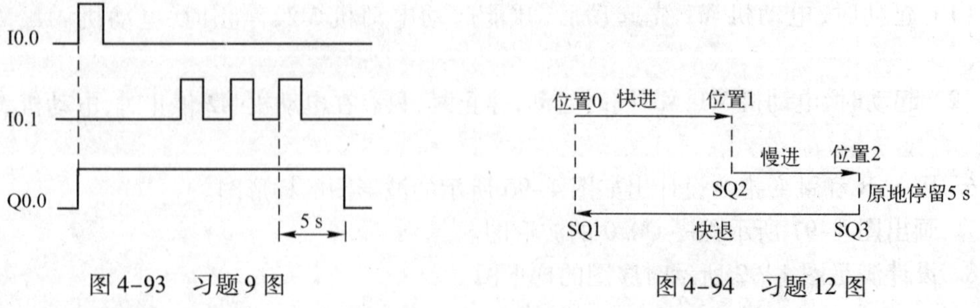

图 4-93　习题 9 图

图 4-94　习题 12 图

第5章　数据处理、运算指令及应用

本章要点

- 数据传送、字节交换、字节立即读写、移位、转换指令的介绍、应用及实训
- 算术运算、逻辑运算、递增/递减指令的介绍、应用及实训
- 表的定义、填表指令、表取数指令、填充指令、表查找指令的介绍

5.1　数据处理指令

5.1.1　数据传送指令

1. 字节、字、双字、实数单个数据传送指令 MOV

数据传送指令 MOV 来传送单个的字节、字、双字、实数。指令格式及功能如表 5-1 所示。

表 5-1　单个数据传送指令 MOV 指令格式

LAD	MOV_B：EN、ENO；????-IN、OUT-????	MOV_W：EN、ENO；????-IN、OUT-????	MOV_DW：EN、ENO；????-IN、OUT-????	MOV_R：EN、ENO；????-IN、OUT-????
STL	MOVB IN,OUT	MOVW IN,OUT	MOVD IN,OUT	MOVR IN,OUT
操作数及数据类型	IN：VB, IB, QB, MB, SB, SMB, LB, AC, 常量 OUT：VB, IB, QB, MB, SB, SMB, LB, AC	IN：VW, IW, QW, MW, SW, SMW, LW, T, C, AIW, 常量, AC OUT：VW, T, C, IW, QW, SW, MW, SMW, LW, AC, AQW	IN：VD, ID, QD, MD, SD, SMD, LD, HC, AC, 常量 OUT：VD, ID, QD, MD, SD, SMD, LD, AC	IN：VD, ID, QD, MD, SD, SMD, LD, AC, 常量 OUT：VD, ID, QD, MD, SD, SMD, LD, AC
	字节	字、整数	双字、双整数	实数
功能	使能输入有效时，即 EN=1 时，将一个输入 IN 的字节、字/整数、双字/双整数或实数送到 OUT 指定的存储器输出。在传送过程中不改变数据的大小。传送后，输入存储器 IN 中的内容不变			

使 ENO = 0 即使能输出断开的错误条件是：SM4.3（运行时间），0006（间接寻址错误）。

【例 5-1】 将变量存储器 VW10 中的内容送到 VW100 中。程序如图 5-1 所示。

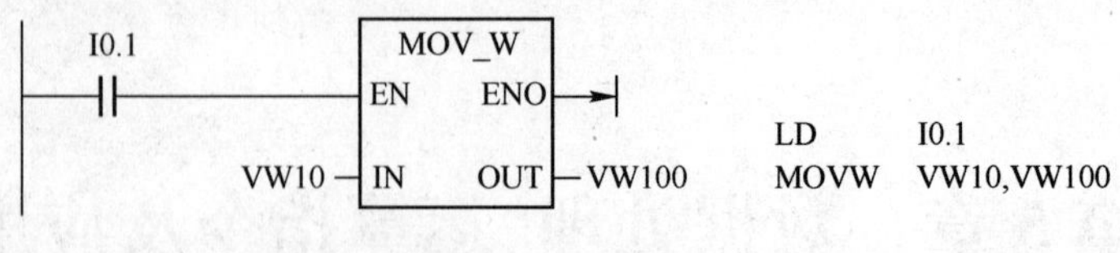

图 5-1　例 5-1 图

2. 字节、字、双字、实数数据块传送指令 BLKMOV

数据块传送指令将从输入地址 IN 开始的 N 个数据传送到输出地址 OUT 开始的 N 个单元中,N 的范围为 1 ~255,N 的数据类型为字节。指令格式及功能如表 5-2 所示。

表 5-2　数据传送指令 BLKMOV 指令格式

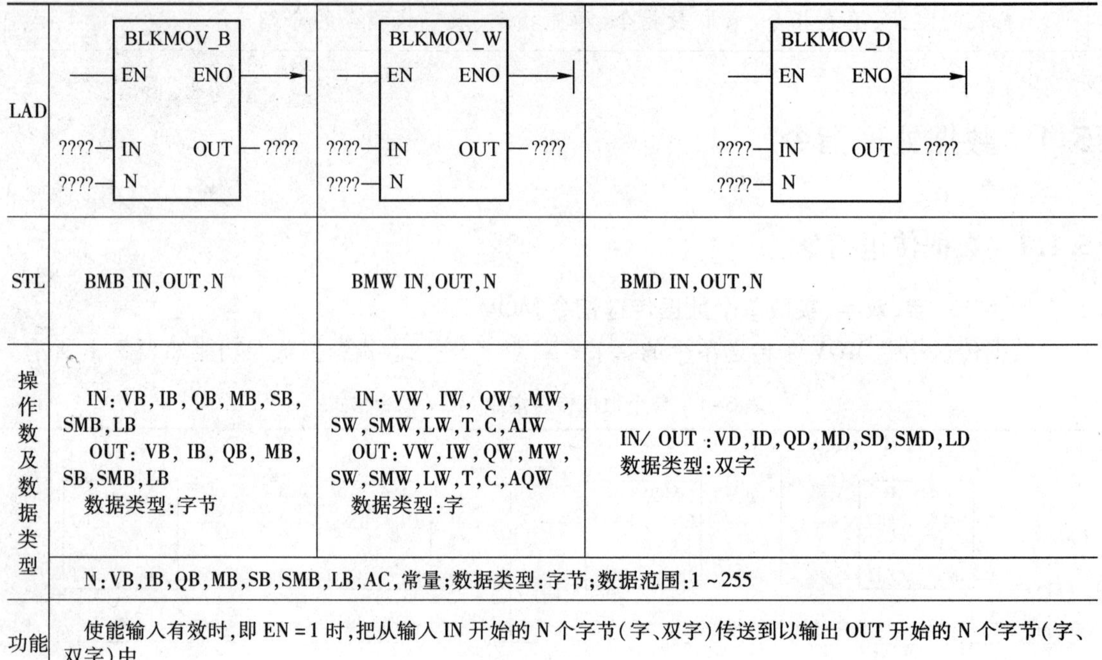

LAD	BLKMOV_B: EN, ENO, ????-IN, OUT-????, ????-N	BLKMOV_W: EN, ENO, ????-IN, OUT-????, ????-N	BLKMOV_D: EN, ENO, ????-IN, OUT-????, ????-N
STL	BMB IN,OUT,N	BMW IN,OUT,N	BMD IN,OUT,N
操作数及数据类型	IN:VB,IB,QB,MB,SB,SMB,LB OUT:VB,IB,QB,MB,SB,SMB,LB 数据类型:字节	IN:VW,IW,QW,MW,SW,SMW,LW,T,C,AIW OUT:VW,IW,QW,MW,SW,SMW,LW,T,C,AQW 数据类型:字	IN/ OUT:VD,ID,QD,MD,SD,SMD,LD 数据类型:双字
	N:VB,IB,QB,MB,SB,SMB,LB,AC,常量;数据类型:字节;数据范围:1 ~255		
功能	使能输入有效时,即 EN =1 时,把从输入 IN 开始的 N 个字节(字、双字)传送到以输出 OUT 开始的 N 个字节(字、双字)中		

使 ENO = 0 的错误条件:0006(间接寻址错误),0091(操作数超出范围)。

【例 5-2】　程序举例:将变量存储器 VB20 开始的 4 个字节(VB20 ~ VB23)中的数据,移至 VB100 开始的 4 个字节中(VB100 ~ VB103)。程序如图 5-2 所示。

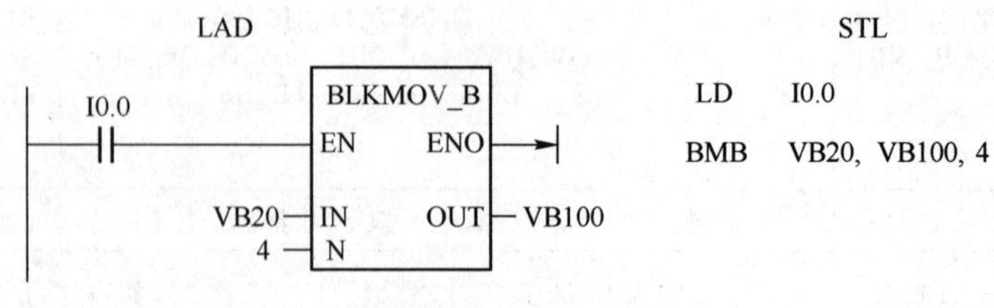

图 5-2　例 5-2 图

程序执行后,将 VB20 ~ VB23 中的数据 30、31、32、33 送到 VB100 ~ VB103。

执行结果如下:数组 1 数据　　30　　31　　32　　33

数据地址　VB20　VB21　VB22　VB23

块移动执行后:数组 2 数据　30　31　32　33

数据地址　VB100　VB101　VB102　VB103

5.1.2 字节交换、字节立即读写指令

1. 字节交换指令

字节交换指令用来交换输入字 IN 的最高位字节和最低位字节。指令格式如表 5-3 所示。

表 5-3　字节交换指令使用格式及功能

LAD	STL	功能及说明
SWAP EN　ENO ????-IN	SWAP IN	功能:使能输入 EN 有效时,将输入字 IN 的高字节与低字节交换,结果仍放在 IN 中 IN:VW, IW, QW, MW, SW, SMW, T, C, LW, AC。数据类型:字

ENO = 0 的错误条件:0006(间接寻址错误),SM4.3(运行时间)。

【例 5-3】 字节交换指令应用举例。如图 5-3 所示。

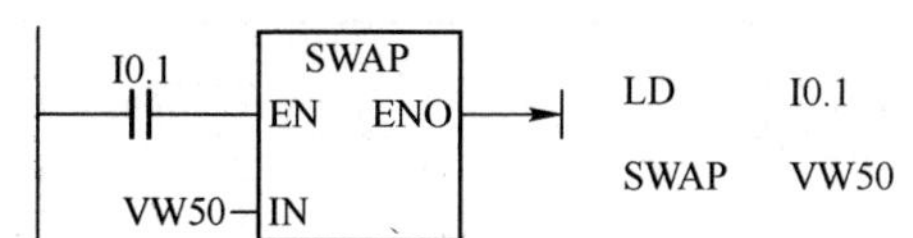

		程序执行结果:
LD	I0.1	指令执行之前VW50中的字为:D6 C3
SWAP	VW50	指令执行之后VW50中的字为:C3 D6

图 5-3　例 5-3 图

2. 字节立即读写指令

字节立即读指令(MOV-BIR)读取实际输入端 IN 给出的 1 个字节的数值,并将结果写入 OUT 所指定的存储单元,但输入映像寄存器未更新。

字节立即写指令从输入 IN 所指定的存储单元中读取 1 个字节的数值并写入(以字节为单位)实际输出 OUT 端的物理输出点,同时刷新对应的输出映像寄存器。指令格式及功能如表 5-4 所示。

表 5-4　字节立即读写指令格式

LAD	STL	功能及说明
MOV_BIR EN　ENO ????-IN　OUT-????	BIR IN,OUT	功能:字节立即读 IN: IB OUT:VB,IB,QB,MB,SB,SMB,LB,AC 数据类型:字节
MOV_BIW EN　ENO ????-IN　OUT-????	BIW IN,OUT	功能:字节立即写 IN:VB,IB,QB,MB,SB,SMB,LB,AC,常量 OUT:QB 数据类型:字节

使 ENO = 0 的错误条件:0006(间接寻址错误),SM4.3(运行时间)。

注意:字节立即读写指令无法存取扩展模块。

5.1.3 移位指令及应用举例

移位指令分为左、右移位和循环左、右移位及寄存器移位指令三大类。前两类移位指令按移位数据的长度又分字节型、字型、双字型3种。

1. 左、右移位指令

左、右移位数据存储单元与SM1.1(溢出)端相连,移出位被放到特殊标志存储器SM1.1位。移位数据存储单元的另一端补0。移位指令格式见表5-5。

(1) 左移位指令(SHL)。使能输入有效时,将输入IN的无符号数字节、字或双字中的各位向左移N位后(右端补0),将结果输出到OUT所指定的存储单元中。如果移位次数大于0,最后一次移出位保存在“溢出”存储器位SM1.1。如果移位结果为0,零标志位SM1.0置1。

(2) 右移位指令(SHR)。使能输入有效时,将输入IN的无符号数字节、字或双字中的各位向右移N位后,将结果输出到OUT所指定的存储单元中,移出位补0,最后一个移出位保存在溢出标志位存储器SM1.1。如果移位结果为0,零标志位SM1.0置1。

(3) 使 ENO = 0 的错误条件:0006(间接寻址错误),SM4.3(运行时间)。

表5-5 移位指令格式及功能

LAD	SHL_B EN ENO ????-IN OUT-???? ????-N SHR_B EN ENO ????-IN OUT-???? ????-N	SHL_W EN ENO ????-IN OUT-???? ????-N SHR_W EN ENO ????-IN OUT-???? ????-N	SHL_DW EN ENO ????-IN OUT-???? ????-N SHR_DW EN ENO ????-IN OUT-???? ????-N
STL	SLB OUT,N SRB OUT,N	SLW OUT,N SRW OUT,N	SLD OUT,N SRD OUT,N
操作数及数据类型	IN:VB,IB,QB,MB,SB,SMB,LB,AC,常量 OUT:VB,IB,QB,MB,SB,SMB,LB,AC 数据类型:字节	IN:VW,IW,QW,MW,SW,SMW,LW,T,C,AIW,AC,常量 OUT:VW,IW,QW,MW,SW,SMW,LW,T,C,AC 数据类型:字	IN:VD,ID,QD,MD,SD,SMD,LD,AC,HC,常量 OUT:VD,ID,QD,MD,SD,SMD,LD,AC 数据类型:双字
	N:VB,IB,QB,MB,SB,SMB,LB,AC,常量;数据类型:字节;数据范围:N≤数据类型(B、W、D)对应的位数		
功能	SHL:字节、字、双字左移N位;SHR:字节、字、双字右移N位		

说明:在 STL 指令中,若 IN 和 OUT 指定的存储器不同,则须首先使用数据传送指令 MOV 将 IN 中的数据送入 OUT 所指定的存储单元。例如:

```
MOVB IN,OUT
SLB OUT,N
```

2. 循环左、右移位指令

循环移位将移位数据存储单元的首尾相连,同时又与溢出标志 SM1.1 连接,SM1.1 用来存放被移出的位。指令格式见表 5-6。

(1) 循环左移位指令(ROL)。使能输入有效时,将 IN 输入无符号数(字节、字或双字)循环左移 N 位后,将结果输出到 OUT 所指定的存储单元中,移出的最后一位的数值送溢出标志位 SM1.1。当需要移位的数值是零时,零标志位 SM1.0 为 1。

(2) 循环右移位指令(ROR)。使能输入有效时,将 IN 输入无符号数(字节、字或双字)循环右移 N 位后,将结果输出到 OUT 所指定的存储单元中,移出的最后一位的数值送溢出标志位 SM1.1。当需要移位的数值是零时,零标志位 SM1.0 为 1。

(3) 移位次数 N≥数据类型(B、W、D)时的移位位数的处理。如果操作数是字节,当移位次数 N≥8 时,则在执行循环移位前,先对 N 进行模 8 操作(N 除以 8 后取余数),其结果 0~7 为实际移动位数。

如果操作数是字,当移位次数 N≥16 时,则在执行循环移位前,先对 N 进行模 16 操作(N 除以 16 后取余数),其结果 0~15 为实际移动位数。

如果操作数是双字,当移位次数 N≥32 时,则在执行循环移位前,先对 N 进行模 32 操作(N 除以 32 后取余数),其结果 0~31 为实际移动位数。

(4) 使 ENO = 0 的错误条件:0006(间接寻址错误),SM4.3(运行时间)。

表 5-6 循环左、右移位指令格式及功能

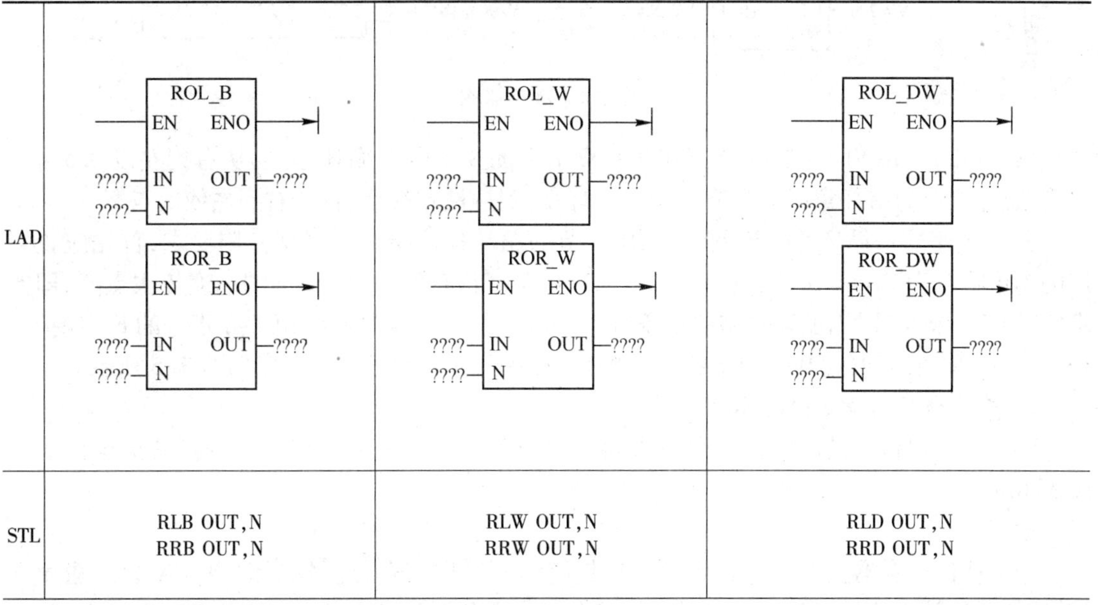

LAD	ROL_B: EN ENO, ????-IN OUT-????, ????-N ROR_B: EN ENO, ????-IN OUT-????, ????-N	ROL_W: EN ENO, ????-IN OUT-????, ????-N ROR_W: EN ENO, ????-IN OUT-????, ????-N	ROL_DW: EN ENO, ????-IN OUT-????, ????-N ROR_DW: EN ENO, ????-IN OUT-????, ????-N
STL	RLB OUT,N RRB OUT,N	RLW OUT,N RRW OUT,N	RLD OUT,N RRD OUT,N

（续）

操作数及数据类型	IN: VB, IB, QB, MB, SB, SMB, LB, AC, 常量 OUT: VB, IB, QB, MB, SB, SMB, LB, AC 数据类型:字节	IN: VW, IW, QW, MW, SW, SMW, LW, T, C, AIW, AC, 常量 OUT: VW, IW, QW, MW, SW, SMW, LW, T, C, AC 数据类型:字	IN: VD, ID, QD, MD, SD, SMD, LD, AC, HC, 常量 OUT: VD, ID, QD, MD, SD, SMD, LD, AC 数据类型:双字
	N: VB, IB, QB, MB, SB, SMB, LB, AC, 常量;数据类型:字节		
功能	ROL:字节、字、双字循环左移 N 位;ROR:字节、字、双字循环右移 N 位		

说明:在 STL 指令中,若 IN 和 OUT 指定的存储器不同,则处理方法与左右移位指令相同。例如:

```
MOVB    IN,OUT
SLB     OUT,N
```

【例 5-4】 程序应用举例:将 AC0 中的字循环右移 2 位,将 VW200 中的字左移 3 位。程序及运行结果如图 5-4 所示。

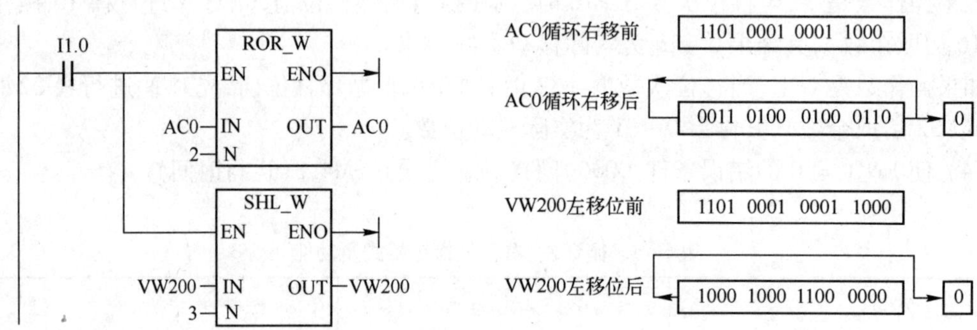

图 5-4　例 5-4 图

【例 5-5】 用 I0.0 控制接在 Q0.0 ~ Q0.7 上的 8 个彩灯循环移位,从右到左以 0.5 s 的速度依次点亮,保持任意时刻只有一个指示灯亮,到达最左端后,再从右到左依次点亮。

分析:8 个彩灯循环移位控制,可以用字节的循环移位指令。根据控制要求,首先应置彩灯的初始状态为 QB0 = 1,即右边第一盏灯亮;接着灯从右到左以 0.5 s 的速度依次点亮,即要求字节 QB0 中的“1”用循环左移位指令每 0.5 s 移动一位,因此须在 ROL-B 指令的 EN 端接一个 0.5 s 的移位脉冲(可用定时器指令实现)。梯形图程序和语句表程序如图 5-5 所示。

3. 移位寄存器指令(SHRB)

移位寄存器指令是可以指定移位寄存器的长度和移位方向的移位指令。其指令格式如图 5-6所示。

说明:

(1) 移位寄存器指令 SHRB 将 DATA 数值移入移位寄存器。梯形图中,EN 为使能输入端,连接移位脉冲信号,每次使能有效时,整个移位寄存器移动 1 位。DATA 为数据输入端,连接移入移位寄存器的二进制数值,执行指令时将该位的值移入寄存器。S_BIT 指定移位寄存器的最低位。N 指定移位寄存器的长度和移位方向，移位寄存器的最大长度为 64 位，N 为正值表示左移位，输入数据（DATA）移入移位寄存器的最低位（S_BIT），并移出移位寄存器的最高位。移出的数据被放置在溢出内存位（SM1.1）中。N 为负值表示右移位，输入数据移入移位寄存器的最高位中，并移出最低位（S_BIT）。移出的数据被放置在溢出内存位（SM1.1）中。

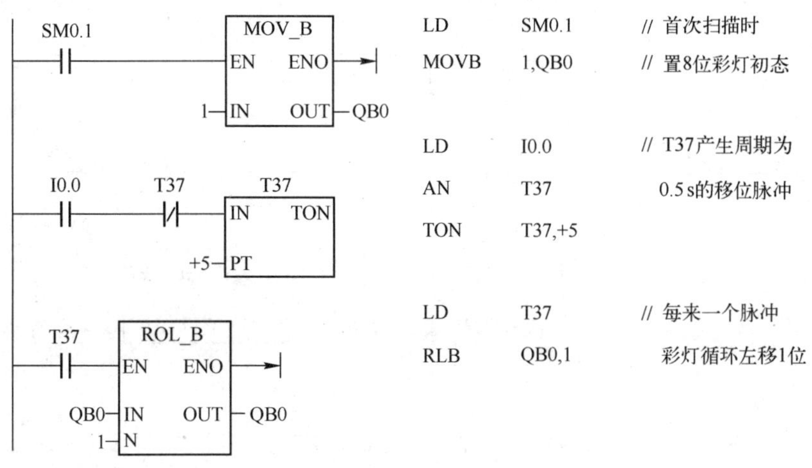

图 5-5　例 5-5 图

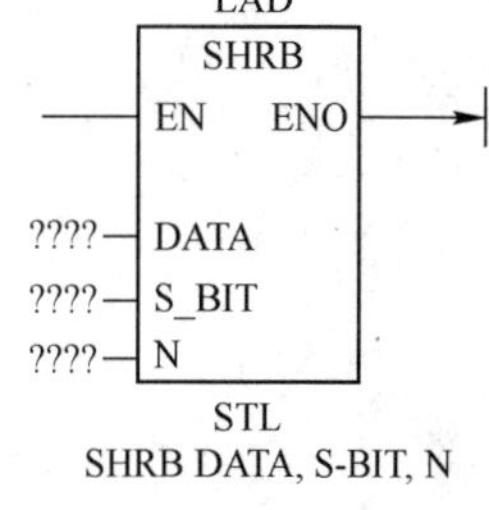

图 5-6　移位寄存器指令格式

（2）DATA 和 S-BIT 的操作数为 I，Q，M，SM，T，C，V，S，L 。数据类型为 BOOL 变量。N 的操作数为 VB，IB，QB，MB，SB，SMB，LB，AC，常量。数据类型为字节。

（3）使 ENO = 0 的错误条件：0006（间接地址），0091（操作数超出范围），0092（计数区错误）。

（4）移位指令影响特殊内部标志位：SM1.1（为移出的位值设置溢出位）。

【例 5-6】 移位寄存器应用举例。程序及运行结果如图 5-7 所示。

【例 5-7】 用 PLC 构成喷泉的控制。用灯 L1 ~ L12 分别代表喷泉的 12 个喷水注。

（1）控制要求。按下起动按钮后，隔灯闪烁，L1 亮 0.5 s 后灭，接着 L2 亮 0.5 s 后灭，接着 L3 亮 0.5 s 后灭，接着 L4 亮 0.5 s 后灭，接着 L5、L9 亮 0.5 s 后灭，接着 L6、L10 亮 0.5 s 后灭，接着 L7、L11 亮 0.5 s 后灭，接着 L8、L12 亮 0.5 s 后灭，L1 亮 0.5 s 后灭，如此循环下去，直至按下停止按钮。如图 5-8 所示。

（2）I/O 分配

输入	输出	
（常开）起动按钮：I0.0	L1：Q0.0	L5、L9：Q0.4
（常闭）停止按钮：I0.1	L2：Q0.1	L6、L10：Q0.5
	L3：Q0.2	L7、L11：Q0.6
	L4：Q0.3	L8、L12：Q0.7

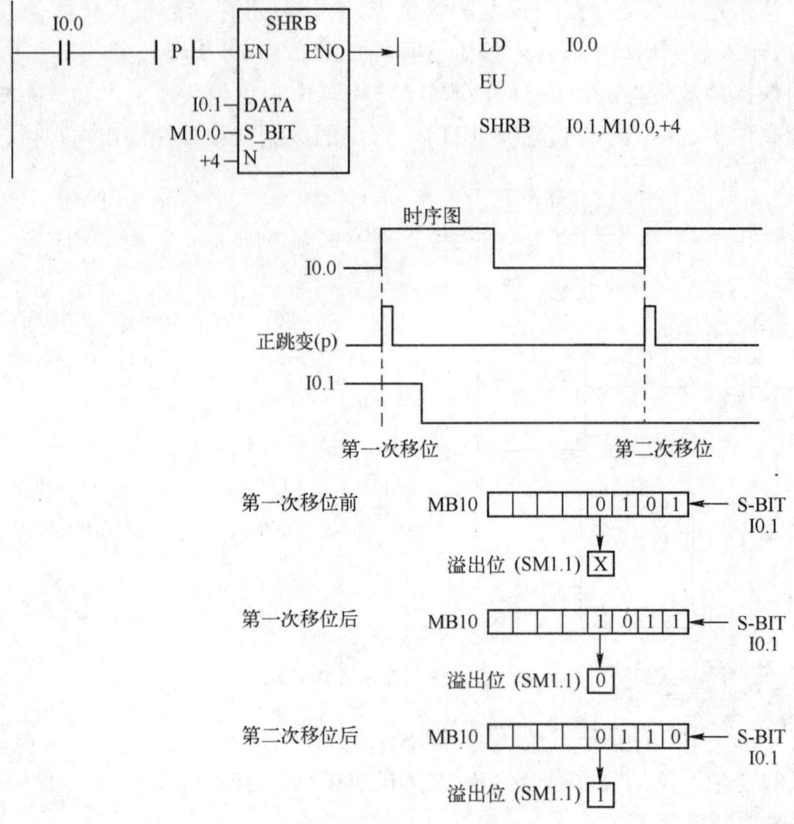

图 5-7　例 5-6 梯形图、语句表、时序图及运行结果

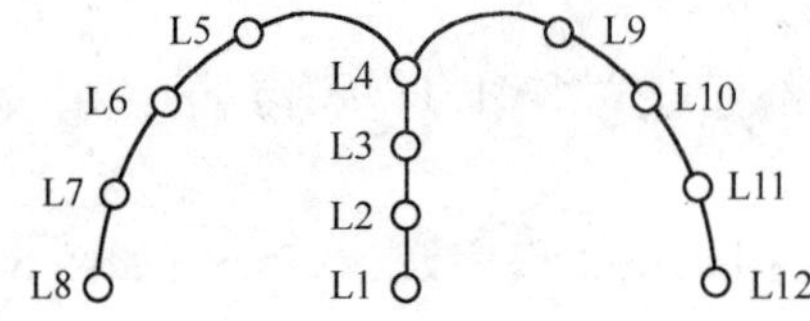

图 5-8　喷泉控制示意图

(3) 喷泉控制梯形图。梯形图程序如图 5-10 所示。

分析:应用移位寄存器控制,根据喷泉模拟控制的 8 位输出(Q0.0～Q0.7),须指定一个 8 位的移位寄存器(M10.1～M11.0),移位寄存器的 S－BIT 位为 M10.1,并且移位寄存器的每一位对应一个输出。如图 5-9 所示。

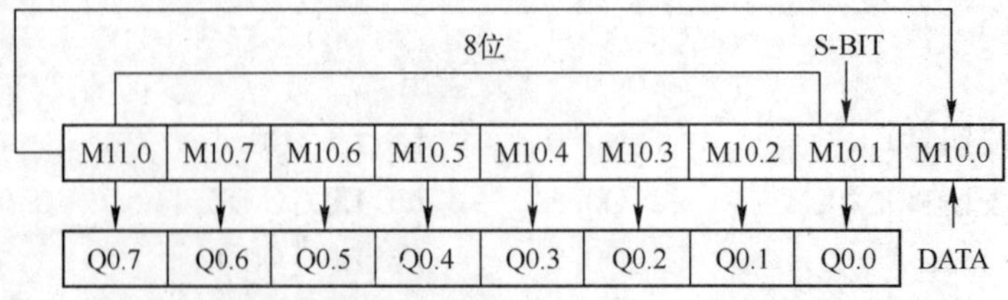

图 5-9　移位寄存器的位与输出对应关系图

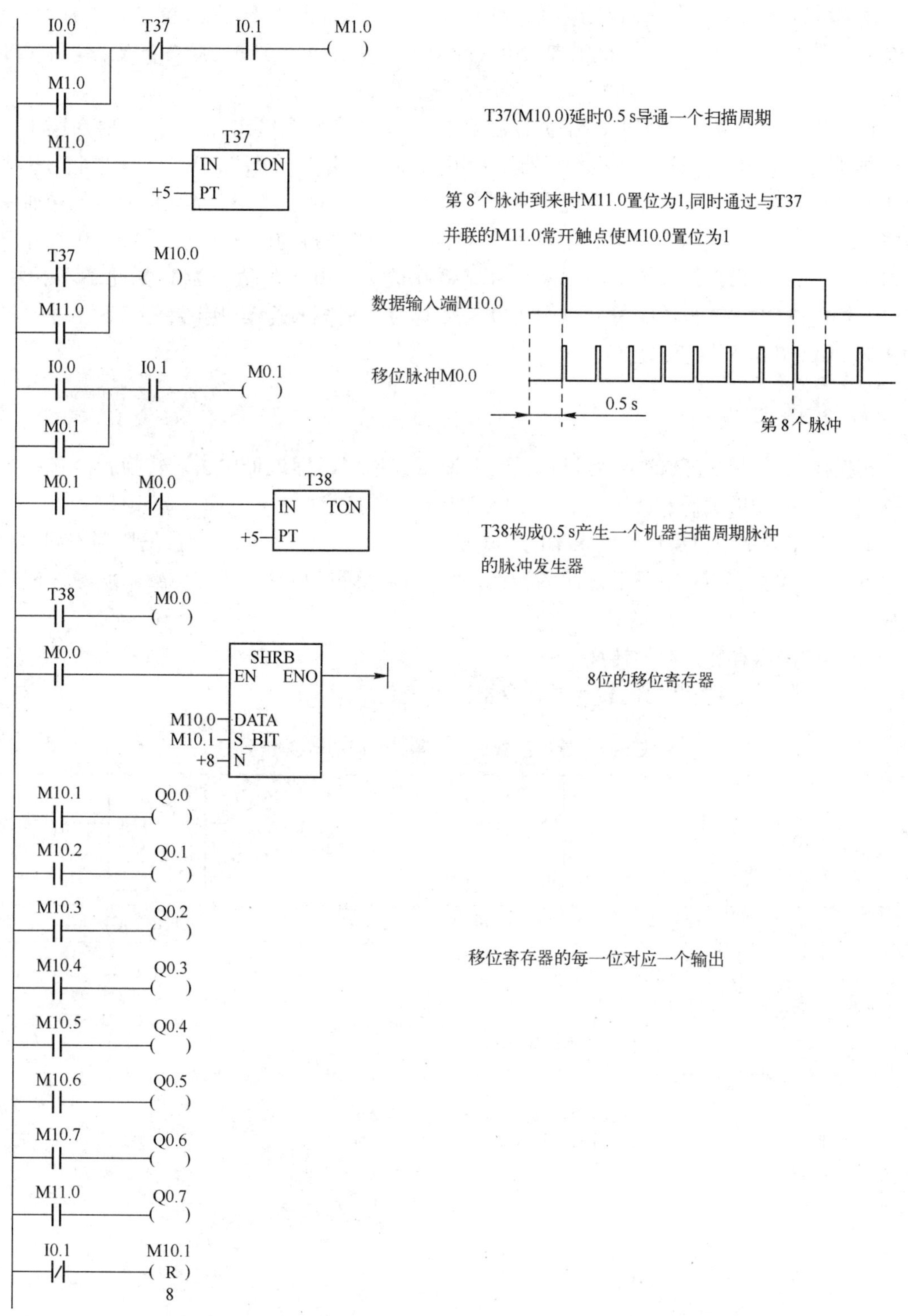

图 5-10　例 5-7 喷泉模拟控制梯形图

在移位寄存器指令中,EN 连接移位脉冲,每来一个脉冲的上升沿,移位寄存器移动一位。移位寄存器应 0.5 s 移一位,因此需要设计一个 0.5 s 产生一个脉冲的脉冲发生器(由 T38 构成)。

M10.0 为数据输入端 DATA ,根据控制要求,每次只有一个输出,因此只需要在第 1 个移位脉冲到来时由 M10.0 送入移位寄存器 S-BIT 位(M10.1)一个"1",第二个脉冲至第 8 个脉冲到来时由 M10.0 送入 M10.1 的值均为"0",这在程序中由定时器 T37 延时 0.5 s 导通一个扫描周期实现,第八个脉冲到来时 M11.0 置位为 1,同时通过与 T37 并联的 M11.0 常开触点使 M10.0 置位为 1,在第 9 个脉冲到来时由 M10.0 送入 M10.1 的值又为 1,如此循环下去,直至按下停止按钮。按下常闭停止按钮(I0.1),其对应的常闭触点接通,触发复位指令,使 M10.1 ~ M11.0 的 8 位全部复位。

5.1.4 转换指令

转换指令是对操作数的类型进行转换,并输出到指定目标地址中去。转换指令包括数据的类型转换、数据的编码和译码指令以及字符串类型转换指令。

不同功能的指令对操作数要求不同。类型转换指令可将固定的一个数据用到不同类型要求的指令中,包括字节与字整数之间的转换,整数与双整数的转换,双字整数与实数之间的转换,BCD 码与整数之间的转换等。

1. 字节与字整数之间的转换

字节型数据与字整数之间转换的指令格式见表 5-7 所示。

表 5-7 字节型数据与字整数之间的转换指令

LAD	B_I EN ENO ????-IN OUT-????	I_B EN ENO ????-IN OUT-????
STL	BTI IN,OUT	ITB IN,OUT
操作数及数据类型	IN:VB,IB,QB,MB,SB,SMB,LB,AC,常量。数据类型:字节 OUT:VW,IW,QW,MW,SW,SMW,LW,T,C,AC。数据类型:整数	IN:VW,IW,QW,MW,SW,SMW,LW,T,C,AIW,AC,常量。数据类型:整数 OUT:VB,IB,QB,MB,SB,SMB,LB,AC。数据类型:字节
功能及说明	BTI 指令将字节数值(IN)转换成整数值,并将结果置入 OUT 指定的存储单元。因为字节不带符号,所以无符号扩展	ITB 指令将字整数(IN)转换成字节,并将结果置入 OUT 指定的存储单元。输入的字整数 0 至 255 被转换。超出部分导致溢出,SM1.1=1。输出不受影响
ENO=0 的错误条件	0006 间接地址 SM4.3 运行时间	0006 间接地址 SM1.1 溢出或非法数值 SM4.3 运行时间

2. 字整数与双字整数之间的转换

字整数与双字整数之间的转换格式、功能及说明如表 5-8 所示。

3. 双整数与实数之间的转换

双整数与实数之间的转换的转换格式、功能及说明如表 5-9 所示。

表 5-8　字整数与双字整数之间的转换指令

LAD	I_DI：EN ENO；????-IN OUT-????	DI_I：EN ENO；????-IN OUT-????
STL	ITD IN,OUT	DTI IN,OUT
操作数及数据类型	IN：VW,IW,QW,MW,SW,SMW,LW,T,C,AIW,AC，常量。数据类型：整数 OUT：VD,ID,QD,MD,SD,SMD,LD,AC。数据类型：双整数	IN：VD,ID,QD,MD,SD,SMD,LD,HC,AC,常量。数据类型：双整数 OUT：VW,IW,QW,MW,SW,SMW,LW,T,C,AC。数据类型：整数
功能及说明	ITD 指令将整数值(IN)转换成双整数值，并将结果置入 OUT 指定的存储单元。符号被扩展	DTI 指令将双整数值(IN)转换成整数值,并将结果置入 OUT 指定的存储单元。如果转换的数值过大,则无法在输出中表示,产生溢出 SM1.1 = 1,输出不受影响
ENO = 0 的错误条件	0006 间接地址 SM4.3 运行时间	0006 间接地址 SM1.1 溢出或非法数值 SM4.3 运行时间

表 5-9　双字整数与实数之间的转换指令

LAD	DI_R：EN ENO；????-IN OUT-????	ROUND：EN ENO；????-IN OUT-????	TRUNC：EN ENO；????-IN OUT-????
STL	DTR IN,OUT	ROUND IN,OUT	TRUNC IN,OUT
操作数及数据类型	IN：VD,ID,QD,MD,SD,SMD,LD,HC,AC,常量。数据类型：双整数 OUT：VD,ID,QD,MD,SD,SMD,LD,AC。数据类型：实数	IN：VD,ID,QD,MD,SD,SMD,LD,AC,常量。数据类型：实数 OUT：VD,ID,QD,MD,SD,SMD,LD,AC。数据类型：双整数	IN：VD,ID,QD,MD,SD,SMD,LD,AC,常量。数据类型：实数 OUT：VD,ID,QD,MD,SD,SMD,LD,AC。数据类型：双整数
功能及说明	DTR 指令将 32 位带符号整数 IN 转换成 32 位实数，并将结果置入 OUT 指定的存储单元	ROUND 指令按小数部分四舍五入的原则，将实数(IN)转换成双整数值,并将结果置入 OUT 指定的存储单元	TRUNC(截位取整)指令按将小数部分直接舍去的原则,将 32 位实数(IN)转换成 32 位双整数,并将结果置入 OUT 指定存储单元
ENO = 0 的错误条件	0006 间接地址 SM4.3 运行时间	0006 间接地址 SM1.1 溢出或非法数值 SM4.3 运行时间	0006 间接地址 SM1.1 溢出或非法数值 SM4.3 运行时间

值得注意的是：不论是四舍五入取整，还是截位取整，如果转换的实数数值过大，无法在输出中表示，则产生溢出，即影响溢出标志位，使 SM1.1＝1，输出不受影响。

4. BCD 码与整数的转换

BCD 码与整数之间的转换的指令格式、功能及说明如表 5-10 所示。

表 5-10　BCD 码与整数之间的转换的指令

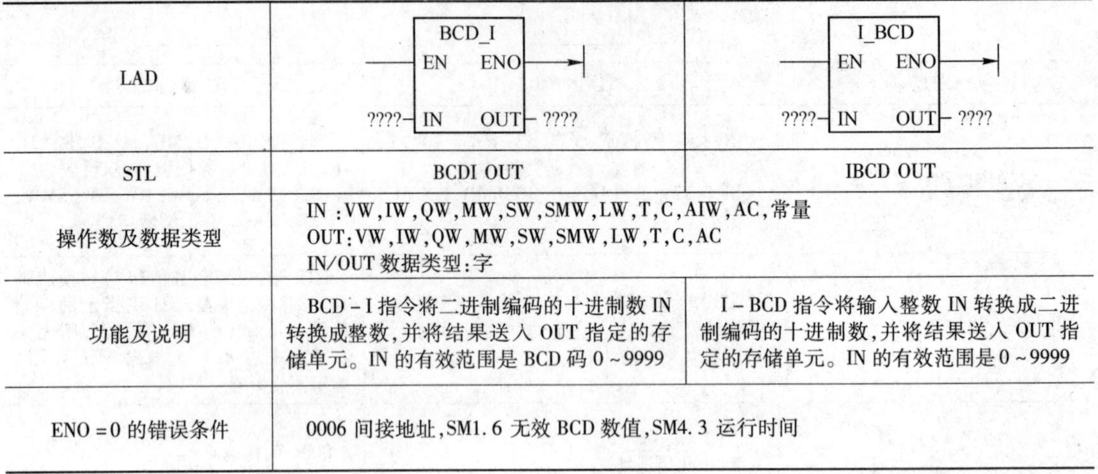

LAD	BCD_I EN ENO ????-IN OUT-????	I_BCD EN ENO ????-IN OUT-????
STL	BCDI OUT	IBCD OUT
操作数及数据类型	IN：VW，IW，QW，MW，SW，SMW，LW，T，C，AIW，AC，常量 OUT：VW，IW，QW，MW，SW，SMW，LW，T，C，AC IN/OUT 数据类型：字	
功能及说明	BCD－I 指令将二进制编码的十进制数 IN 转换成整数，并将结果送入 OUT 指定的存储单元。IN 的有效范围是 BCD 码 0～9999	I－BCD 指令将输入整数 IN 转换成二进制编码的十进制数，并将结果送入 OUT 指定的存储单元。IN 的有效范围是 0～9999
ENO＝0 的错误条件	0006 间接地址，SM1.6 无效 BCD 数值，SM4.3 运行时间	

注意：

（1）数据长度为字的 BCD 格式的有效范围为：0～9999（十进制），0000～9999（十六进制）0000 0000 0000 0000～1001 1001 1001 1001（BCD 码）。

（2）指令影响特殊标志位 SM1.6（无效 BCD）。

（3）在表 5-10 的 LAD 和 STL 指令中，IN 和 OUT 的操作数地址相同。若 IN 和 OUT 操作数地址不是同一个存储器，对应的语句表指令为：

MOV IN OUT

BCDI OUT

5. 译码和编码指令

译码和编码指令的格式和功能如表 5-11 所示。

表 5-11　译码和编码指令的格式和功能

LAD	DECO EN ENO ????-IN OUT-????	ENCO EN ENO ????-IN OUT-????
STL	DECO IN，OUT	ENCO IN，OUT
操作数及数据类型	IN：VB，IB，QB，MB，SMB，LB，SB，AC，常量。数据类型：字节 OUT：VW，IW，QW，MW，SMW，LW，SW，AQW，T，C，AC。数据类型：字	IN：VW，IW，QW，MW，SMW，LW，SW，AIW，T，C，AC，常量。数据类型：字 OUT：VB，IB，QB，MB，SMB，LB，SB，AC。数据类型：字节
功能及说明	译码指令根据输入字节（IN）的低 4 位表示的输出字的位号，将输出字的相对应的位，置位为 1，输出字的其他位均置位为 0	编码指令将输入字（IN）最低有效位（其值为 1）的位号写入输出字节（OUT）的低 4 位中
ENO＝0 的错误条件	0006 间接地址，SM4.3 运行时间	

【例 5-8】 译码编码指令应用举例,如图 5-11 所示。

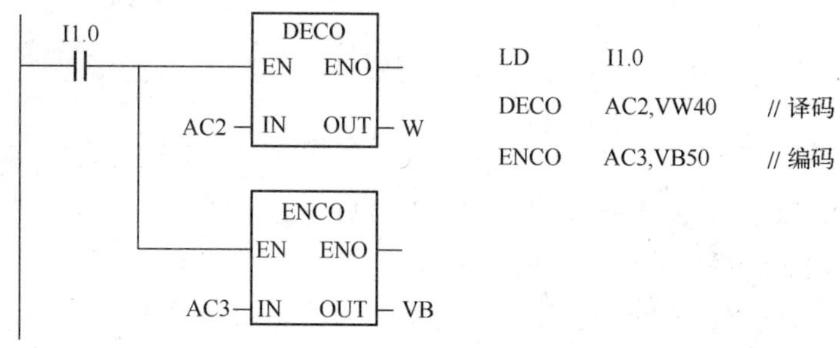

图 5-11 例 5-8 图

若(AC2)=2,执行译码指令,则将输出字 VW40 的第二位置 1,VW40 中的二进制数为 2#0000 0000 0000 0100;若(AC3)=2#0000 0000 0000 0100,执行编码指令,则输出字节 VB50 中的码为 2。

6. 七段显示译码指令

七段显示器的 abcdefg 段分别对应于字节的第 0 位~第 6 位,字节的某位为 1 时,其对应的段亮;输出字节的某位为 0 时,其对应的段暗。将字节的第 7 位补 0,则构成与七段显示器相对应的 8 位编码,称为七段显示码。数字 0~9、字母 A~F 与七段显示码的对应如图 5-12 所示。

IN	段显示	(OUT) -gfe dcba	IN	段显示	(OUT) -gfe dcba
0	0	0011 1111	8	8	0111 1111
1	1	0000 0110	9	9	0110 0111
2	2	0101 1011	A	A	0111 0111
3	3	0100 1111	B	b	0111 1100
4	4	0110 0110	C	C	0011 1001
5	5	0110 1101	D	d	0101 1110
6	6	0111 1101	E	E	0111 1001
7	7	0000 0111	F	F	0111 0001

图 5-12 与七段显示码对应的代码

七段译码指令 SEG 将输入字节 16#0~F 转换成七段显示码。指令格式如表 5-12 所示。

表 5-12 七段显示译码指令

LAD	STL	功能及操作数
SEG EN ENO ????-IN OUT-????	SEG IN,OUT	功能:将输入字节(IN)的低四位确定的 16 进制数(16#0~F),产生相应的七段显示码,送入输出字节 OUT IN:VB,IB,QB,MB,SB,SMB,LB,AC,常量 OUT:VB,IB,QB,MB,SMB,LB,AC IN/OUT 的数据类型:字节

使 ENO = 0 的错误条件:0006 间接地址,SM4.3 运行时间。

【例 5-9】 编写显示数字 0 的七段显示码的程序。程序实现如图 5-13 所示。

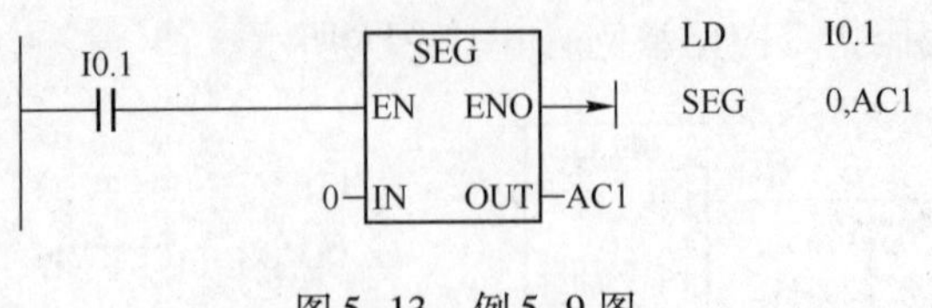

图 5-13　例 5-9 图

程序运行结果:AC1 中的值为 16#3F(2#0011 1111)。

7. ASCII 码与十六进制数之间的转换指令

ASCII 码与十六进制数之间的转换指令的格式和功能如表 5-13 所示。

表 5-13　ASCII 码与十六进制数之间转换指令的格式和功能

LAD	ATH EN ENO ????-IN OUT-???? ????-LEN	HTA EN ENO ????-IN OUT-???? ????-LEN
STL	ATH IN,OUT,LEN	HTA IN,OUT,LEN
操作数及数据类型	IN/ OUT: VB,IB,QB,MB,SB,SMB,LB。数据类型:字节 LEN:VB,IB,QB,MB,SB,SMB,LB,AC,常量。数据类型:字节。最大值为 255	
功能及说明	ASCII 至 HEX(ATH)指令将从 IN 开始的长度为 LEN 的 ASCII 字符转换成十六进制数,放入从 OUT 开始的存储单元	HEX 至 ASCII (HTA)指令将从输入字节(IN)开始的长度为 LEN 的十六进制数转换成 ASCII 字符,放入从 OUT 开始的存储单元
ENO =0 的错误条件	0006 间接地址, SM4.3 运行时间 ,0091 操作数范围超界 SM1.7 非法 ASCII 数值(仅限 ATH)	

注意:合法的 ASCII 码对应的十六进制数包括 30H ~ 39H,41H ~ 46H。如果在 ATH 指令的输入中包含非法的 ASCII 码,则终止转换操作,特殊内部标志位 SM1.7 置位为 1。

【例 5-10】 将 VB10 ~ VB12 中存放的 3 个 ASCII 码 33、45、41,转换成十六进制数。

梯形图和语句表程序如图 5-14 所示。

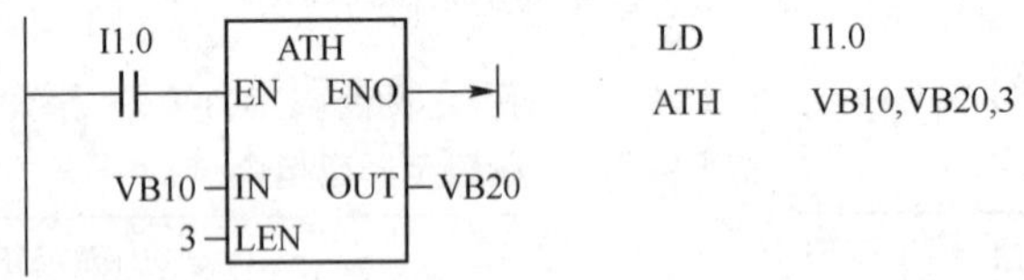

图 5-14　例 5-10 图

程序运行结果如下:

'3'	'E'	'A'			
33	45	41	ATH	3E	Ax
VB10	VB11	VB12		VB20	VB21

可见将 VB10 ~ VB12 中存放的 3 个 ASCII 码 33、45、41,转换成十六进制数 3E 和 Ax ,放

在 VB20 和 VB21 中，“x”表示 VB21 的“半字节”，即低四位的值未改变。

5.1.5 天塔之光的模拟控制实训

1. 实训目的

(1) 掌握移位寄存器指令的应用方法。

(2) 用移位寄存器指令实现天塔之光控制系统。

(3) 掌握 PLC 的编程技巧和程序调试的方法。

2. 控制要求

如图 5-15 所示的天塔之光示意图，可以用 PLC 控制灯光的闪耀移位及时序的变化等。控制要求如下：按起动按钮，L12→L11→L10→L8→L1→L1、L2、L9→L1、L5、L8→L1、L4、L7→L1、L3、L6→L1→L2、L3、L4、L5→L6、L7、L8、L9→L1、L2、L6→L1、L3、L7→L1、L4、L8→L1、L5、L9→L1→L2、L3、L4、L5→L6、L7、L8、L9→L12→L11→L10 ……循环下去，直至按下停止按钮。

3. I/O 分配

输入	输出			
起动按钮:I0.0	L1:Q0.0	L4 Q0.3	L7:Q0.6	L10 Q1.1
停止按钮:I0.1	L2:Q0.1	L5 Q0.4	L8:Q0.7	L11 Q1.2
	L3:Q0.2	L6 Q0.5	L9:Q1.0	L12 Q1.3

4. 程序设计

分析：根据灯光闪亮移位，分为 19 步，因此可以指定一个 19 位的移位寄存器(M10.1～M10.7,M11.0～M11.7,M12.0～M12.3)，移位寄存器的每一位对应一步。而对于输出，如 L1(Q0.0)分别在“5、6、7、8、9、10、13、14、15、16、17”步时被点亮，即其对应的移位寄存器位“M10.5、M10.6、M10.7、M11.0、M11.1、M11.2、M11.5、M11.6、M12.0、M12.1”置位为 1 时，Q0.0 置位为 1，所以需要将这些位所对应的常开触点并联后输出 Q0.0，以此类推其他的输出。移位寄存器移位脉冲和数据输入配合的关系如图 5-16 所示。参考程序如图 5-17 所示。

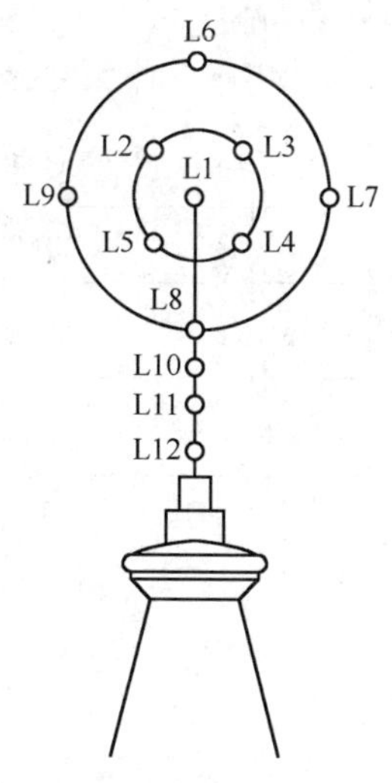

图 5-15 天塔之光控制示意图

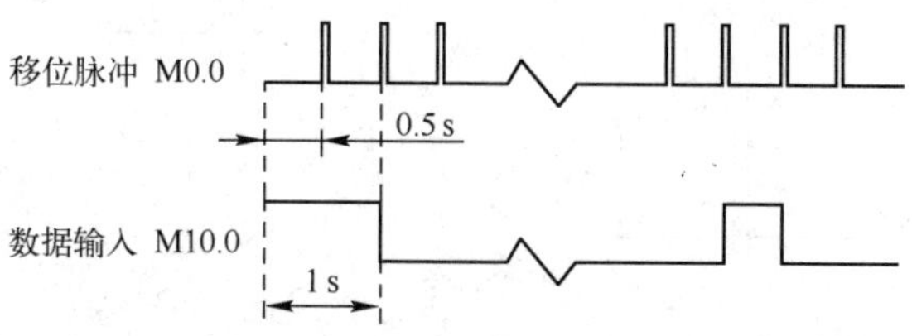

图 5-16 移位寄存器移位脉冲和数据输入配合的关系

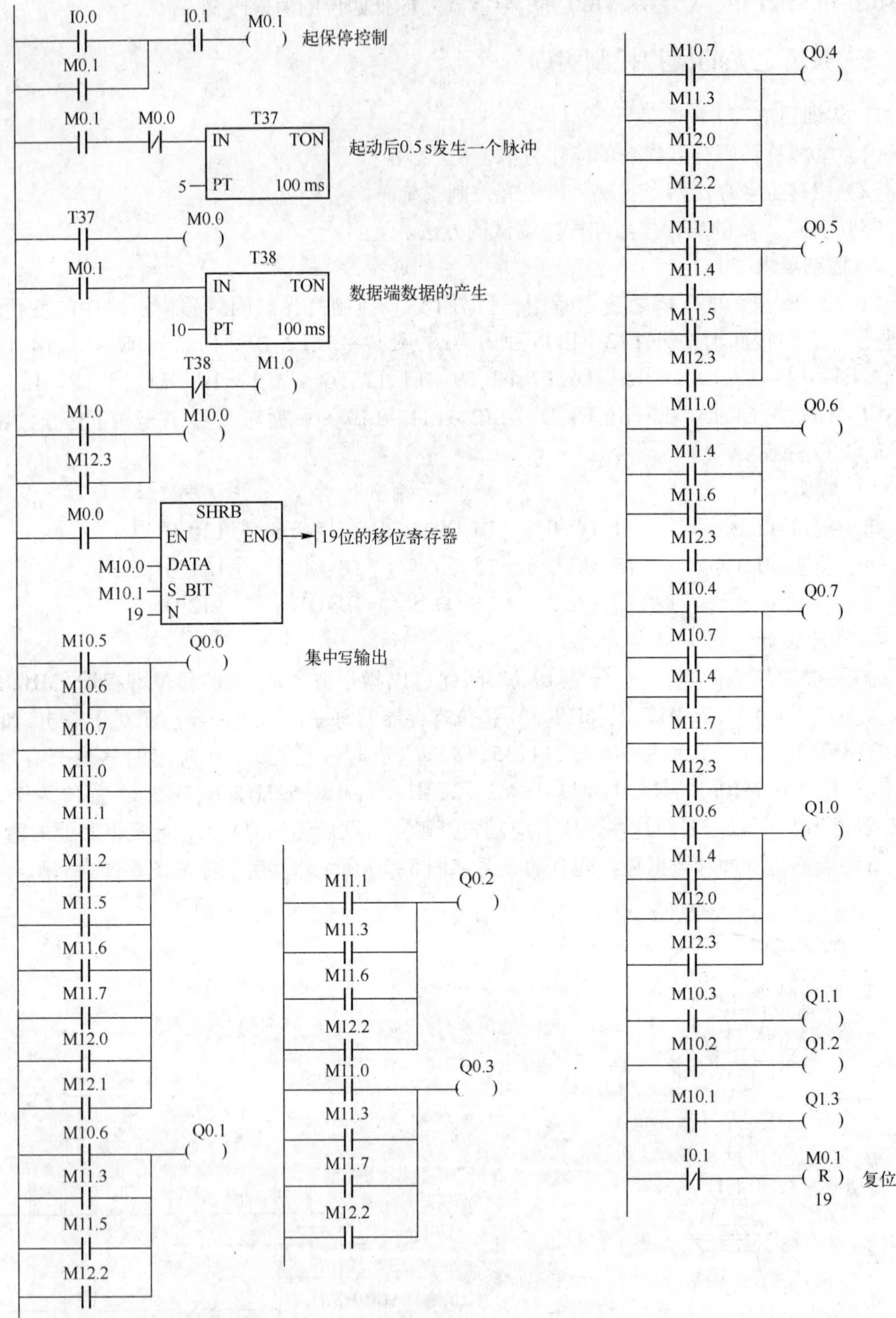

图 5-17　天塔之光控制梯形图

5. 输入、调试程序并运行程序

6. 思考题

如果控制要求改为L12→L11→L10→L8→L1→L2、L3、L4、L5→L6、L7、L8、L9，循环如何修改程序。输入程序，调试观察现象。

5.2 算术运算、逻辑运算指令

算术运算指令包括加、减、乘、除运算和数学函数变换。逻辑运算包括逻辑与、或、非指令等。

5.2.1 算术运算指令

1. 整数与双整数加减法指令

整数加法(ADD-I)和减法(SUB-I)指令：使能输入有效时，将两个16位符号整数相加或相减，并产生一个16位的结果输出到OUT。

双整数加法(ADD-D)和减法(SUB-D)指令：使能输入有效时，将两个32位符号整数相加或相减，并产生一个32位结果输出到OUT。

整数与双整数加减法指令格式如表5-14所示。

表5-14 整数与双整数加减法指令格式

LAD	ADD_I EN ENO IN1 OUT IN2	SUB_I EN ENO IN1 OUT IN2	ADD_DI EN ENO IN1 OUT IN2	SUB_DI EN ENO IN1 OUT IN2
STL	MOVW IN1,OUT +I IN2,OUT	MOVW IN1,OUT -I IN2,OUT	MOVD IN1,OUT +D IN2,OUT	MOVD IN1,OUT +D IN2,OUT
功能	IN1 + IN2 = OUT	IN1 - IN2 = OUT	IN1 + IN2 = OUT	IN1 - IN2 = OUT
操作数及数据类型	IN1/IN2：VW,IW,QW,MW,SW,SMW,T,C,AC,LW,AIW,常量,*VD,*LD,*AC OUT：VW,IW,QW,MW,SW,SMW,T,C,LW,AC,*VD,*LD,*AC IN/OUT数据类型：整数		IN1/IN2：VD,ID,QD,MD,SMD,SD,LD,AC,HC,常量,*VD,*LD,*AC OUT：VD,ID,QD,MD,SMD,SD,LD,AC,*VD,*LD,*AC IN/OUT数据类型：双整数	
ENO=0的错误条件	0006间接地址，SM4.3运行时间，SM1.1溢出			

说明：

(1) 当IN1、IN2和OUT操作数的地址不同时，在STL指令中，首先用数据传送指令将IN1中的数值送入OUT，然后再执行加、减运算，即OUT+IN2=OUT，OUT-IN2=OUT。为了节省内存，在整数加法的梯形图指令中，可以指定IN1或IN2=OUT，这样可以不用数据传送指令。如指定IN1=OUT，则语句表指令为+I IN2,OUT；如指定IN2=OUT，则语句表指令为+I IN1,OUT。在整数减法的梯形图指令中，可以指定IN1=OUT，则语句表指令为-I IN2,OUT。这个原则适用于所有的算术运算指令，且乘法和加法对应，减法和除法对应。

(2) 整数与双整数加减法指令影响算术标志位 SM1.0(零标志位),SM1.1(溢出标志位)和 SM1.2(负数标志位)。

【例 5-11】 求 5000 加 400 的和,5000 在数据存储器 VW200 中,结果放入 AC0。程序如图 5-18所示。

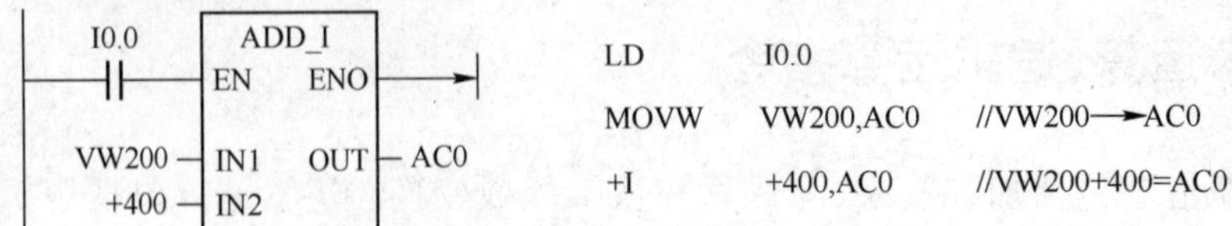

图 5-18 例 5-11 图

2. 整数乘除法指令

整数乘法指令(MUL-I):使能输入有效时,将两个 16 位符号整数相乘,并产生一个 16 位积,从 OUT 指定的存储单元输出。

整数除法指令(DIV-I):使能输入有效时,将两个 16 位符号整数相除,并产生一个 16 位商,从 OUT 指定的存储单元输出,不保留余数。如果输出结果大于一个字,则溢出位 SM1.1 置位为 1。

双整数乘法指令(MUL-D):使能输入有效时,将两个 32 位符号整数相乘,并产生一个 32 位乘积,从 OUT 指定的存储单元输出。

双整数除法指令(DIV-D):使能输入有效时,将两个 32 位整数相除,并产生一个 32 位商,从 OUT 指定的存储单元输出,不保留余数。

整数乘法产生双整数指令(MUL):使能输入有效时,将两个 16 位整数相乘,得出一个 32 位乘积,从 OUT 指定的存储单元输出。

整数除法产生双整数指令(DIV):使能输入有效时,将两个 16 位整数相除,得出一个 32 位结果,从 OUT 指定的存储单元输出。其中,高 16 位放余数,低 16 位放商。

整数乘除法指令格式如表 5-15 所示。

表 5-15 整数乘除法指令格式

LAD	MUL_I EN ENO IN1 OUT IN2	DIV_I EN ENO IN1 OUT IN2	MUL_DI EN ENO IN1 OUT IN2	DIV_DI EN ENO IN1 OUT IN2	MUL EN ENO IN1 OUT IN2	DIV EN ENO IN1 OUT IN2
STL	MOVW IN1,OUT * I IN2,OUT	MOVW IN1,OUT /I IN2,OUT	MOVD IN1,OUT * D IN2,OUT	MOVD IN1,OUT /D IN2,OUT	MOVW IN1,OUT MUL IN2,OUT	MOVW IN1,OUT DIV IN2,OUT
功能	IN1 * IN2 = OUT	IN1/IN2 = OUT	IN1 * IN2 = OUT	IN1/IN2 = OUT	IN1 * IN2 = OUT	IN1/IN2 = OUT

整数双整数乘除法指令操作数及数据类型和加减运算的相同。

整数乘除法产生双整数指令的操作数:

IN1/IN2:VW,IW,QW,MW,SW,SMW,T,C,LW,AC,AIW,常量,＊VD,＊LD,＊AC。数据类型:整数。

OUT:VD,ID,QD,MD,SMD,SD,LD,AC,＊VD,＊LD,＊AC 。数据类型:双整数。

使 ENO = 0 的错误条件:0006(间接地址),SM1.1(溢出),SM1.3(除数为0)。

对标志位的影响:SM1.0(零标志位),SM1.1(溢出),SM1.2(负数),SM1.3(被0除)。

【例 5-12】 乘除法指令应用举例,程序如图 5-19 所示。

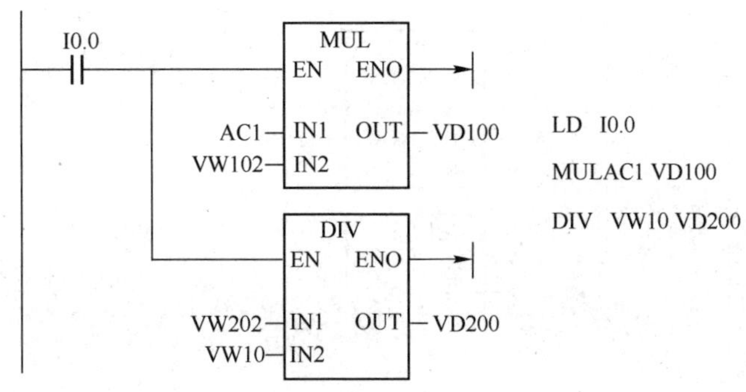

图 5-19 例 5-12 图

注意:因为 VD100 包含 VW100 和 VW102 两个字,VD200 包含 VW200 和 VW202 两个字,所以在语句表指令中不需要使用数据传送指令。

3. 实数加减乘除指令

实数加法(ADD－R)、减法(SUB－R)指令:将两个 32 位实数相加或相减,并产生一个 32 位实数结果,从 OUT 指定的存储单元输出。

实数乘法(MUL－R)、除法(DIV－R)指令:使能输入有效时,将两个 32 位实数相乘(除),并产生一个 32 位积(商),从 OUT 指定的存储单元输出。

操作数:

IN1/IN2: VD,ID,QD,MD,SMD,SD,LD,AC,常量,＊VD,＊LD,＊AC。

OUT:VD,ID,QD,MD,SMD,SD,LD,AC,＊VD,＊LD,＊AC 。

数据类型:实数。

指令格式如表 5-16 所示。

表 5-16 实数加减乘除指令

LAD	ADD_R EN ENO IN1 OUT IN2	SUB_R EN ENO IN1 OUT IN2	MUL_R EN ENO IN1 OUT IN2	DIV_R EN ENO IN1 OUT IN2
STL	MOVD IN1,OUT +R IN2,OUT	MOVD IN1,OUT －R IN2,OUT	MOVD IN1,OUT ＊R IN2,OUT	MOVD IN1,OUT /R IN2,OUT
功能	IN1 + IN2 = OUT	IN1 － IN2 = OUT	IN1 ＊ IN2 = OUT	IN1/IN2 = OUT

(续)

ENO = 0 的错误条件	0006 间接地址, SM4. 3 运行时间, SM1. 1 溢出	0006 间接地址 , SM1. 1 溢出, SM4. 3 运行时间, SM1. 3 除数为 0
对标志位的影响	SM1. 0(零),SM1. 1(溢出) , SM1. 2(负数),SM1. 3 (被 0 除)	

【例 5-13】 实数运算指令的应用,程序如图 5-20 所示。

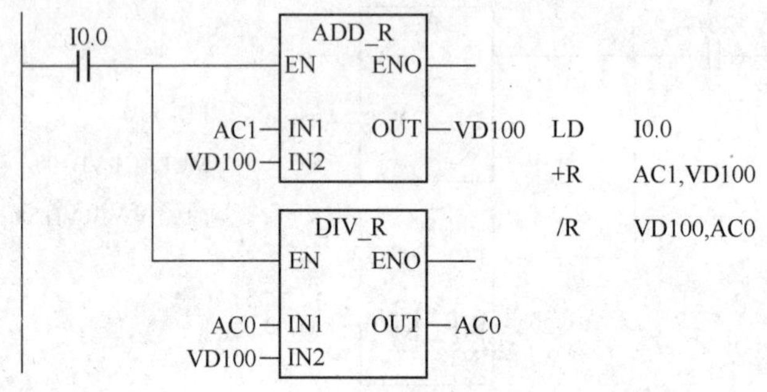

图 5-20 例 5-13 图

4. 数学函数变换指令

数学函数变换指令包括平方根、自然对数、指数、三角函数等。

(1) 平方根(SQRT)指令。对 32 位实数(IN)取平方根,并产生一个 32 位实数结果,从 OUT 指定的存储单元输出。

(2) 自然对数(LN)指令。对 IN 中的数值进行自然对数计算,并将结果置于 OUT 指定的存储单元中。

求以 10 为底数的对数时,用自然对数除以 2. 302585(约等于 10 的自然对数)。

(3) 自然指数(EXP)指令。将 IN 取以 e 为底的指数,并将结果置于 OUT 指定的存储单元中。

将"自然指数"指令与"自然对数"指令相结合,可以实现以任意数为底,任意数为指数的计算。求 y^x,输入指令:EXP (x * LN (y))。

例如:求 2^3 = EXP(3 * LN(2)) = 8;27 的 3 次方根 = $27^{1/3}$ = EXP(1/3 * LN(27)) = 3。

(4) 三角函数指令。将一个实数的弧度值 IN 分别求 SIN、COS、TAN,得到实数运算结果,从 OUT 指定的存储单元输出。

函数变换指令格式及功能如表 5-17 所示。

表 5-17 函数变换指令格式及功能

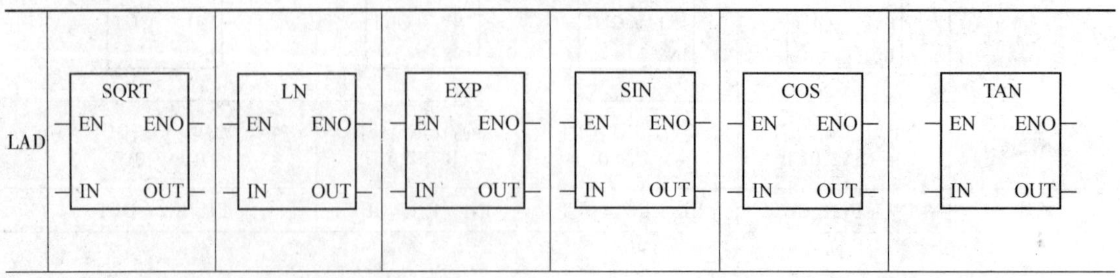

（续）

STL	SQRT IN,OUT	LN IN,OUT	EXP IN,OUT	SIN IN,OUT	COS IN,OUT	TAN IN,OUT
功能	SQRT(IN) = OUT	LN(IN) = OUT	EXP(IN) = OUT	SIN(IN) = OUT	COS(IN) = OUT	TAN(IN) = OUT
操作数及数据类型	IN：VD,ID,QD,MD,SMD,SD,LD,AC,常量,*VD,*LD,*AC OUT:VD,ID,QD,MD,SMD,SD,LD,AC,*VD,*LD,*AC 数据类型:实数					

使 ENO = 0 的错误条件:0006(间接地址),SM1.1(溢出)SM4.3(运行时间)。

对标志位的影响:SM1.0(零),SM1.1(溢出),SM1.2(负数)。

【例 5-14】 求 45°的正弦值。

先将 45°转换为弧度(3.14159/180) * 45,再求正弦值。程序如图 5-21 所示。

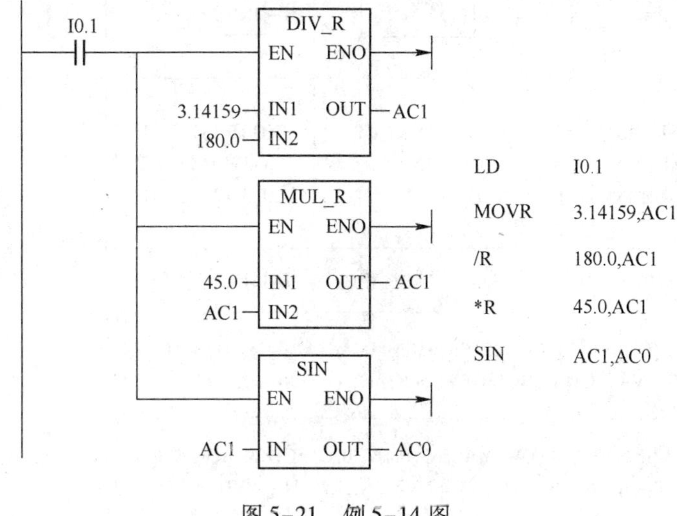

图 5-21　例 5-14 图

5.2.2　逻辑运算指令

逻辑运算是对无符号数按位进行与、或、异或和取反等操作。操作数的长度有 B、W、DW。指令格式如表 5-18 所示。

(1) 逻辑与(WAND)指令。将输入 IN1、IN2 按位相与,得到的逻辑运算结果,放入 OUT 指定的存储单元。

(2) 逻辑或(WOR)指令。将输入 IN1、IN2 按位相或,得到的逻辑运算结果,放入 OUT 指定的存储单元。

(3) 逻辑异或(WXOR)指令。将输入 IN1、IN2 按位相异或,得到的逻辑运算结果,放入 OUT 指定的存储单元。

(4) 取反(INV)指令。将输入 IN 按位取反,将结果放入 OUT 指定的存储单元。

表 5-18　逻辑运算指令格式

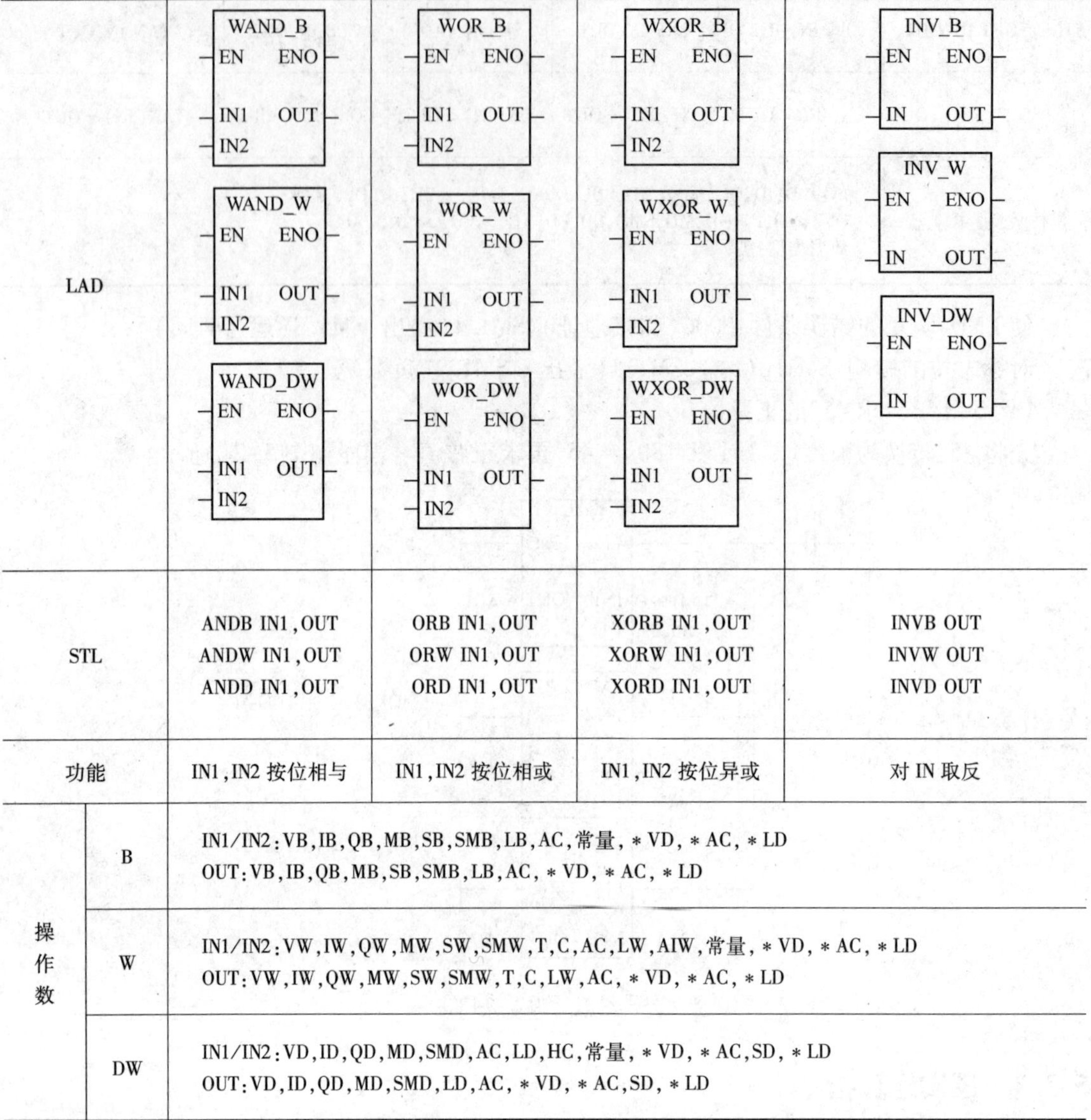

LAD		WAND_B: EN ENO, IN1 OUT, IN2 WAND_W: EN ENO, IN1 OUT, IN2 WAND_DW: EN ENO, IN1 OUT, IN2	WOR_B: EN ENO, IN1 OUT, IN2 WOR_W: EN ENO, IN1 OUT, IN2 WOR_DW: EN ENO, IN1 OUT, IN2	WXOR_B: EN ENO, IN1 OUT, IN2 WXOR_W: EN ENO, IN1 OUT, IN2 WXOR_DW: EN ENO, IN1 OUT, IN2	INV_B: EN ENO, IN OUT INV_W: EN ENO, IN OUT INV_DW: EN ENO, IN OUT
STL		ANDB IN1,OUT ANDW IN1,OUT ANDD IN1,OUT	ORB IN1,OUT ORW IN1,OUT ORD IN1,OUT	XORB IN1,OUT XORW IN1,OUT XORD IN1,OUT	INVB OUT INVW OUT INVD OUT
功能		IN1,IN2 按位相与	IN1,IN2 按位相或	IN1,IN2 按位异或	对 IN 取反
操作数	B	IN1/IN2:VB,IB,QB,MB,SB,SMB,LB,AC,常量,＊VD,＊AC,＊LD OUT:VB,IB,QB,MB,SB,SMB,LB,AC,＊VD,＊AC,＊LD			
	W	IN1/IN2:VW,IW,QW,MW,SW,SMW,T,C,AC,LW,AIW,常量,＊VD,＊AC,＊LD OUT:VW,IW,QW,MW,SW,SMW,T,C,LW,AC,＊VD,＊AC,＊LD			
	DW	IN1/IN2:VD,ID,QD,MD,SMD,AC,LD,HC,常量,＊VD,＊AC,SD,＊LD OUT:VD,ID,QD,MD,SMD,LD,AC,＊VD,＊AC,SD,＊LD			

说明：

（1）在表 5-18 中，在梯形图指令中设置 IN2 和 OUT 所指定的存储单元相同，这样对应的语句表指令如表中所示。若在梯形图指令中，IN2（或 IN1）和 OUT 所指定的存储单元不同，则在语句表指令中需使用数据传送指令，将其中一个输入端的数据先送入 OUT，再进行逻辑运算。例如：

```
MOVB IN1,OUT
ANDB IN2,OUT
```

（2）ENO＝0 的错误条件：0006 间接地址，SM4.3 运行时间。

（3）对标志位的影响：SM1.0（零）。

【例 5-15】　逻辑运算编程示例，程序如图 5-22 所示。

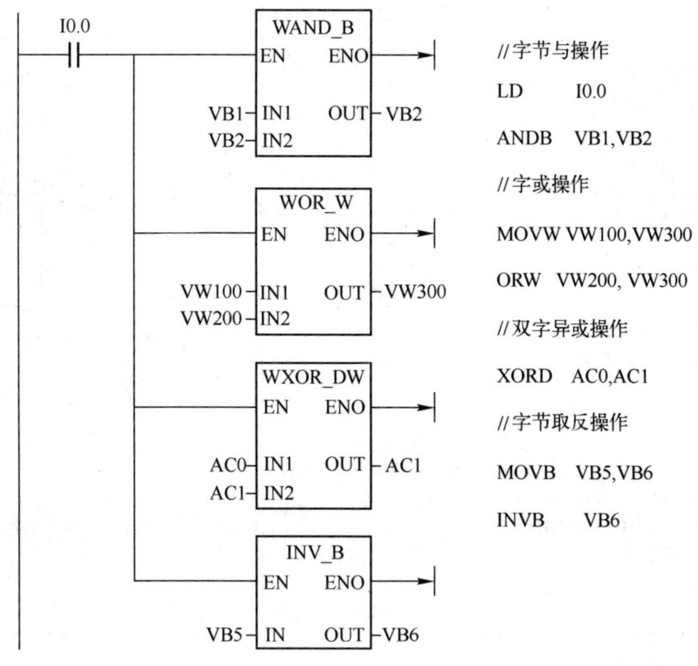

图 5-22　例 5-15 图

运算过程如下：

VB1		VB2		VB2
0001 1100	WAND	1100 1101	→	0000 1100
VW100		VW200		VW300
0001 1101 1111 1010	WOR	1110 0000 1101 1100	→	1111 1101 1111 1110
VB5		VB6		
0000 1111	INV	1111 0000		

5.2.3　递增、递减指令

递增、递减指令用于对输入无符号数字节、符号数字、符号数双字进行加 1 或减 1 的操作。指令格式如表 5-19 所示。

1. 递增字节(INC-B)/递减字节(DEC-B)指令

递增字节和递减字节指令在输入字节(IN)上加 1 或减 1，并将结果置入 OUT 指定的变量中。递增和递减字节运算不带符号。

2. 递增字(INC-W)/递减字(DEC-W)指令

递增字和递减字指令在输入字(IN)上加 1 或减 1，并将结果置入 OUT。递增和递减字运算带符号(16#7FFF > 16#8000)。

3. 递增双字(INC-DW)/递减双字(DEC-DW)指令

递增双字和递减双字指令在输入双字(IN)上加 1 或减 1，并将结果置入 OUT。递增和递减双字运算带符号(16#7FFFFFFF > 16#80000000)。

表 5-19　递增、递减指令格式

LAD	INC_B: EN ENO, IN OUT DEC_B: EN ENO, IN OUT		INC_W: EN ENO, IN OUT DEC_W: EN ENO, IN OUT		INC_DW: EN ENO, IN OUT DEC_DW: EN ENO, IN OUT	
STL	INCB OUT	DECB OUT	INCW OUT	DECW OUT	INCD OUT	DECD OUT
功能	字节加 1	字节减 1	字加 1	字减 1	双字加 1	双字减 1
操作数及数据类型	IN: VB, IB, QB, MB, SB, SMB, LB, AC, 常量, * VD, * LD, * AC OUT: VB, IB, QB, MB, SB, SMB, LB, AC, * VD, * LD, * AC IN/OUT 数据类型:字节		IN: VW, IW, QW, MW, SW, SMW, AC, AIW, LW, T, C, 常量, * VD, * LD, * AC OUT: VW, IW, QW, MW, SW, SMW, LW, AC, T, C, * VD, * LD, * AC 数据类型:整数		IN: VD, ID, QD, MD, SD, SMD, LD, AC, HC, 常量, * VD, * LD, * AC OUT: VD, ID, QD, MD, SD, SMD, LD, AC, * VD, * LD, * AC 数据类型:双整数	

说明:

(1) EN 采用一个机器扫描周期的短脉冲触发。使 ENO = 0 的错误条件:SM4.3(运行时间),0006(间接地址),SM1.1 溢出)

(2) 影响标志位:SM1.0 (零),SM1.1(溢出),SM1.2(负数)。

(3) 在梯形图指令中,IN 和 OUT 可以指定为同一存储单元,这样可以节省内存,在语句表指令中不需使用数据传送指令。

5.2.4　运算单位转换实训

1. 实训目的

(1) 掌握算术运算指令和数据转换指令的应用。

(2) 掌握建立状态表调试程序的方法及数据块的使用。

(3) 掌握在工程控制中,进行运算单位转换的的方法及步骤。

2. 实训内容

将英寸转换成厘米,已知 VW100 的当前值为英寸的计数值,1 英寸 =2.54 厘米。

3. 写入程序、编译并下载到 PLC

将英寸转换为厘米的步骤为:VW100 中的整数值英寸→双整数英寸→实数英寸→实数厘米→整数厘米。参考程序如图 5-23 所示。

注意:在程序中,VD0、VD4、VD8、VD12 都是以双字(4 个字节)编址的。

4. 建立状态表,通过数据块赋值,调试运行程序

(1) 创建状态表。用鼠标右键单击目录树中的状态表图标或单击已经打开的状态表,将弹出一个窗口,在窗口中选择“插入状态表”选项,可创建状态表。在状态表的地址列输入地址 I0.0、VW100、AC1、VD0、VD4、VD8、VD12。

(2) 起动状态表。与 PLC 的通信连接成功后,用菜单“调试”→“状态表”或单击工具条上

的状态表图标,可启动状态表,再操作一次关闭状态表。状态表被启动后,编程软件从 PLC 读取状态信息。

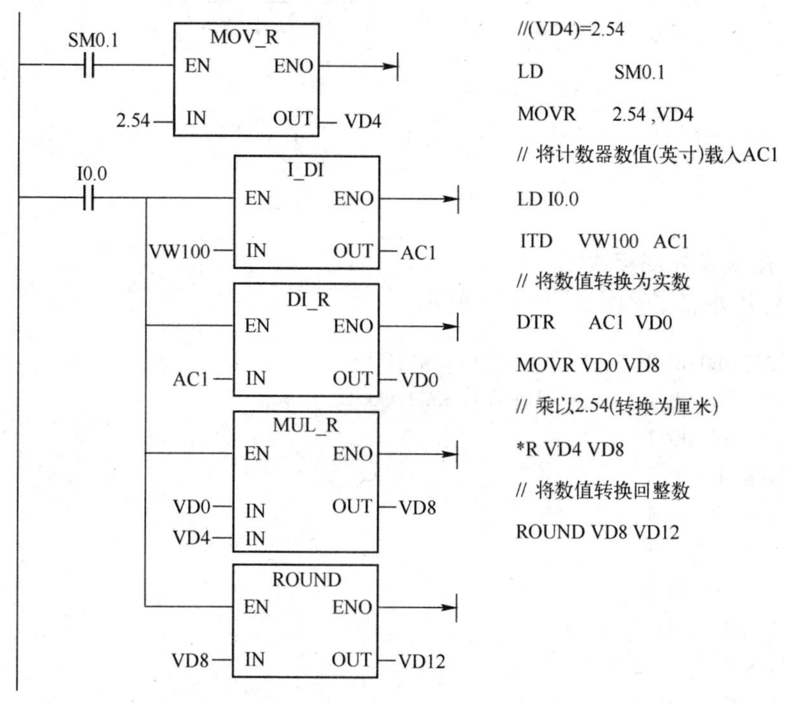

图 5-23　将英寸转换为厘米参考程序

（3）用数据块给 VW100 赋值。用数据块给 VW100 赋值,模拟逻辑条件。

（4）在完成对 VW100 赋值后,重新下载(将数据块也下载到 PLC),将所有需要的改动发送至 PLC。

（5）运行程序并通过状态表监视操作数的当前值,记录状态表的数据。

5. 思考题

试用带参数的子程序实现“英寸转换为厘米”,并将其导出。新建一个项目,导入该子程序,并将 10 英寸转换为厘米,看看转换结果如何?

5.2.5　控制小车的运行方向实训

1. 实训目的

（1）掌握数据传送指令和比较指令的实际运用方法。

（2）学会用 PLC 控制小车的运行方向。

2. 实训内容

设计一个自动控制小车运行方向的程序,如图 5-24 所示。控制要求如下:

（1）当小车所停位置限位开关 SQ 的编号大于呼叫位置按钮 SB 的编号时,小车向左运行到呼叫位置时停止。

（2）当小车所停位置限位开关 SQ 的编号小于呼叫位置按钮 SB 的编号时,小车向右运行到呼叫位置时停止。

（3）当小车所停位置限位开关 SQ 的编号等于呼叫位置按钮 SB 的编号时,小车不动作。

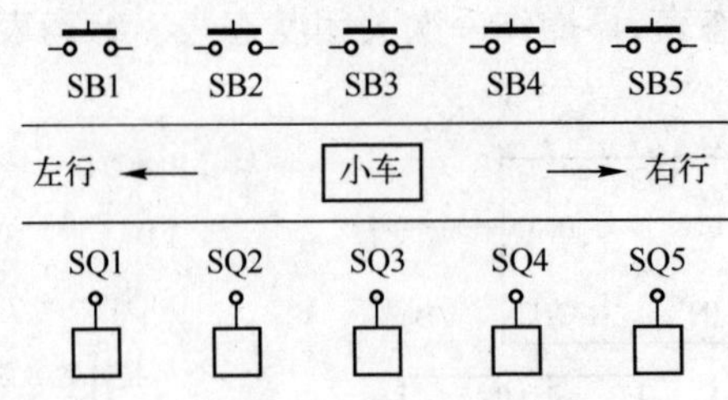

图 5-24　小车运行示意图

3. I/O 分配表及外部接线图

I/O 分配表及外部接线图如图 5-25 所示。

起动按钮 SB0:I0.0	小车右行 KM1:Q0.0
呼叫按钮 SB1:I0.1	小车左行 KM2:Q0.1
呼叫按钮 SB2:I0.2	
呼叫按钮 SB3:I0.3	
呼叫按钮 SB4:I0.4	
呼叫按钮 SB5:I0.5	
停止按钮 SB6:I0.6	
1#位置 SQ1　I1.1	
2#位置 SQ2　I1.2	
3#位置 SQ3　I1.3	
4#位置 SQ4　I1.4	
5#位置 SQ5　I1.5	

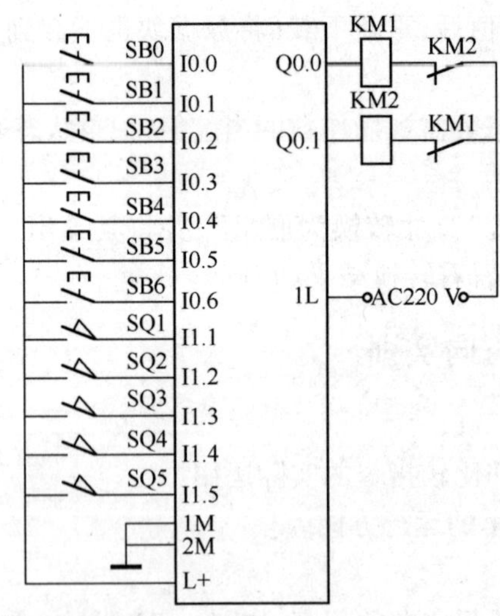

图 5-25　小车运行方向控制外部接线图

4. 参考程序

当按钮接通或行程开关被压下时，将呼叫按钮号和行程开关的位号用数据传送指令分别送到字节 VB1 和 VB2 中，按下起动按钮后，用比较指令将 VB1 和 VB2 进行比较，决定小车左、右行或停止，当按下停止按钮时，小车停止，VB1、VB2 清零。参考程序如图 5-26 所示。

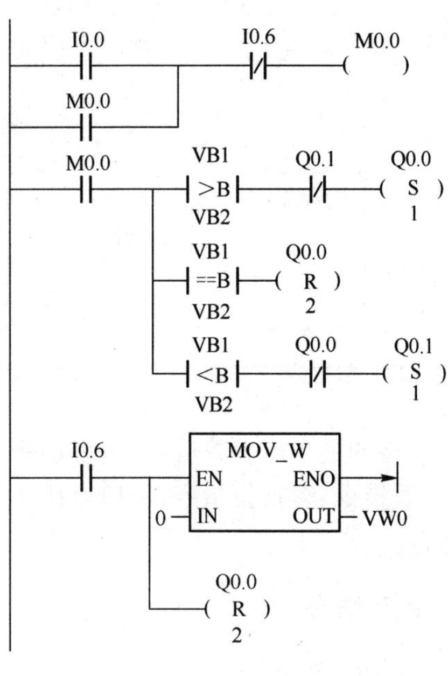

图 5-26　小车运行方向控制参考程序

5. 调试程序

（1）模拟调试。先不接输出端的电源进行模拟调试。将 PLC 转到运行状态，按下起动按钮和呼叫按钮，观，察输出的指示灯，是否符合控制要求。

（2）带负载调试。模拟调试无误后，接通输出端的电源，按下起动按钮和呼叫按钮，小车按照控制的运行方向自动控制，按下停止按钮，小车停止。

5.3　表功能指令

数据表是用来存放字型数据的表格，如图 5-27 所示。表格的第一个字地址即首地址为表地址，首地址中的数值是表格的最大长度（TL），即最大填表数。表格的第二个字地址中的数值是表的实际长度（EC），指定表格中的实际填表数。每次向表格中增加新数据后，EC 加 1。从第三个字地址开始存放数据（字）。表格最多可存放 100 个数据（字），不包括指定最大填表数(TL)和实际填表数(EC)的参数。

要建立表格,首先须确定表的最大填表数,如图 5-28 所示。

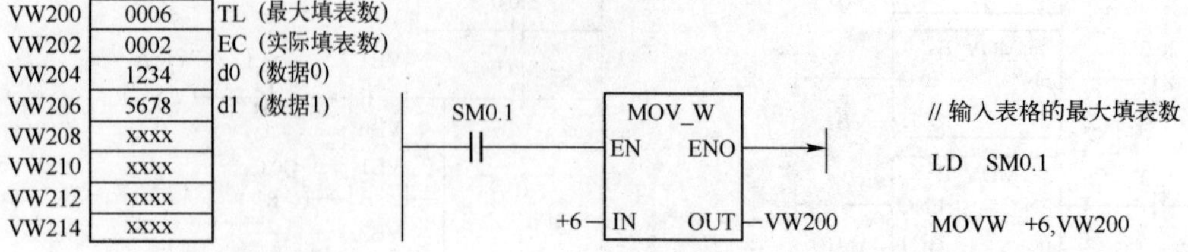

图 5-27 数据表

图 5-28 输入表格的最大填表数

确定表格的最大填表数后,可用表功能指令在表中存取字型数据。表功能指令包括填表指令、表取数指令、表查找指令、字填充指令。所有的表格读取和表格写入指令必须用边缘触发指令激活。

5.3.1 填表指令

表填表(ATT)指令:向表格(TBL)中增加一个字(DATA),如图 5-29 所示。

说明:

(1) DATA 为数据输入端,其操作数:VW,IW,QW,MW,SW,SMW,LW,T,C,AIW,AC,常量,* VD,* LD,* AC;数据类型:整数。

(2) TBL 为表格的首地址,其操作数:VW,IW,QW,MW,SW,SMW,LW,T,C,* VD,,* LD * AC;数据类型:字。

(3) 指令执行后,新填入的数据放在表格中最后一个数据的后面,EC 的值自动加 1。

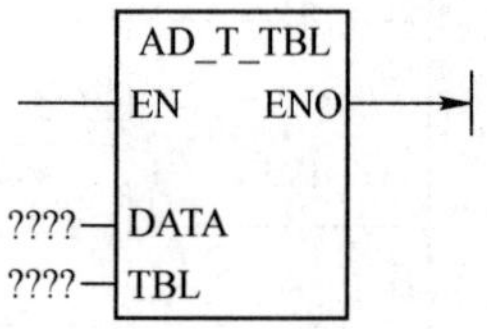

(4) 使 ENO = 0 的错误条件:0006(间接地址),0091(操作数超出范围),SM1.4(表溢出),SM4.3(运行时间)。

(5) 填表指令影响特殊标志位:SM1.4(填入表的数据超出表的最大长度,SM1.4 =1)。

AD_T_TBL
EN ENO
????- DATA
????- TBL

ATT,DATA,TBL

图 5-29 填表指令的格式

【例 5-16】 填表指令应用举例。将 VW100 中的数据 1111,填入首地址是 VW200 的数据表中(见图 5-27)。程序及运行结果如图 5-30 所示。

5.3.2 表取数指令

从数据表中取数有先进先出(FIFO)和后进先出(LIFO)两种。执行表取数指令后,实际填表数 EC 值自动减 1。

先进先出指令(FIFO):移出表格(TBL)中的第一个数(数据 0),并将该数值移至 DATA 指定存储单元,表格中的其他数据依次向上移动一个位置。

后进先出指令(LIFO):将表格(TBL)中的最后一个数据移至输出端 DATA 指定的存储单元,表格中的其他数据位置不变。

表取数指令格式如表 5-20 所示。

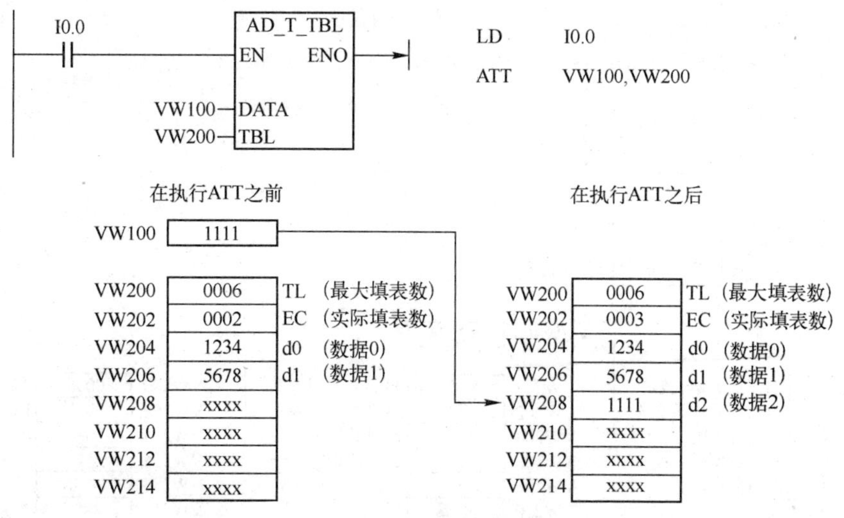

图 5-30 例 5-16 图

表 5-20 表取数指令格式

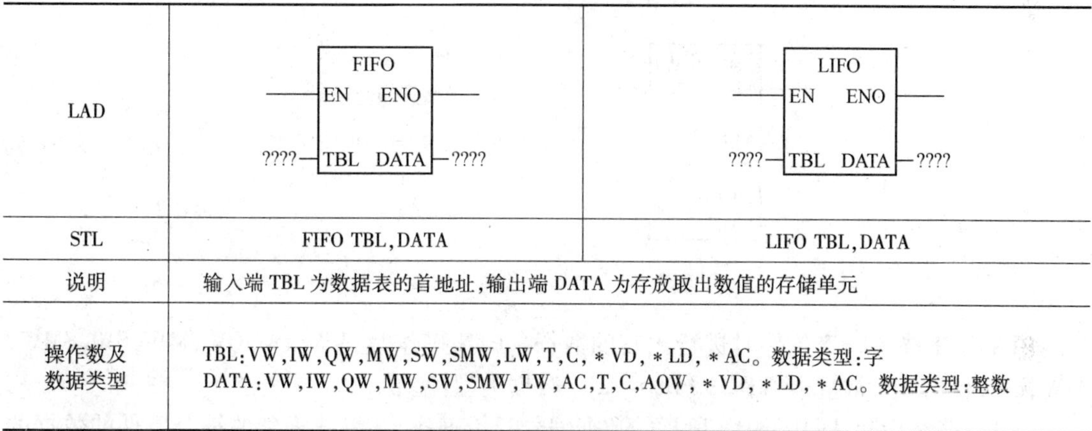

LAD	FIFO: ????—TBL DATA—???? (EN ENO)	LIFO: ????—TBL DATA—???? (EN ENO)
STL	FIFO TBL,DATA	LIFO TBL,DATA
说明	输入端 TBL 为数据表的首地址,输出端 DATA 为存放取出数值的存储单元	
操作数及数据类型	TBL:VW,IW,QW,MW,SW,SMW,LW,T,C,＊VD,＊LD,＊AC。数据类型:字 DATA:VW,IW,QW,MW,SW,SMW,LW,AC,T,C,AQW,＊VD,＊LD,＊AC。数据类型:整数	

使 ENO = 0 的错误条件:0006(间接地址),0091(操作数超出范围),SM1.5(空表)SM4.3(运行时间)。

对特殊标志位的影响:SM1.5(试图从空表中取数,SM1.5 = 1)。

【例 5-17】 表取数指令应用举例。从图 5-30 的数据表中,用 FIFO、LIFO 指令取数,将取出的数值分别放入 VW300、VW400 中,程序及运行结果如图 5-31 所示。

5.3.3 表查找指令

表格查找(TBL - FIND)指令在表格(TBL)中搜索符合条件的数据在表中的位置(用数据编号表示,编号范围为 0 ~ 99)。其指令格式如图 5-32 所示。

(1) 梯形图中各输入端的介绍

TBL:为表格的实际填表数对应的地址(第二个字地址),即高于对应的“增加至表格”、“后入先出”或“先入先出”指令 TBL 操作数的一个字地址(两个字节)。TBL 操作数:VW,IW,QW,MW,SW,SMW,LW,T,C,＊VD,＊LD,＊AC 。数据类型:字。

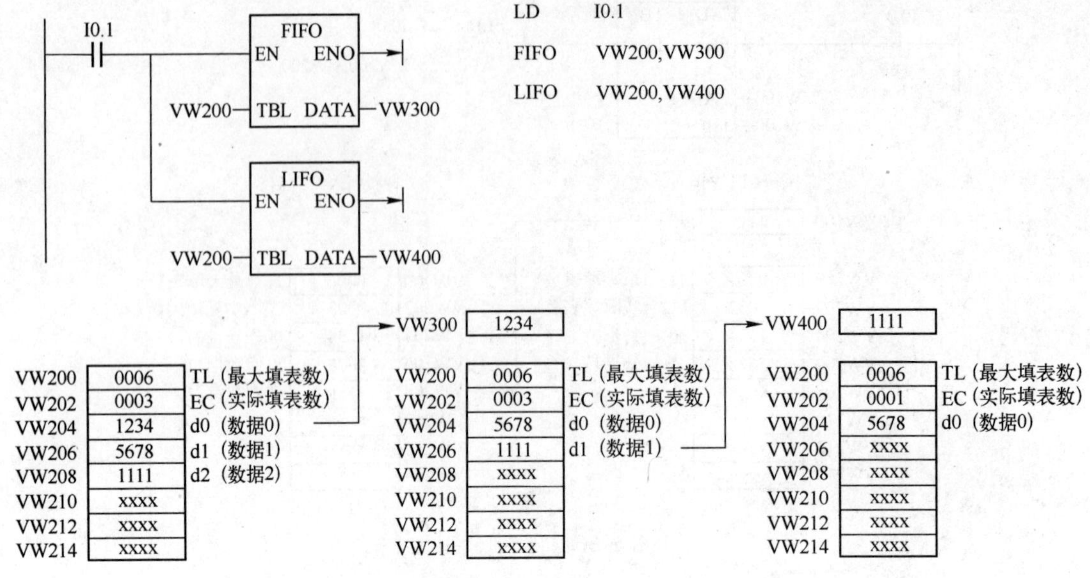

图 5-31　例 5-17 图

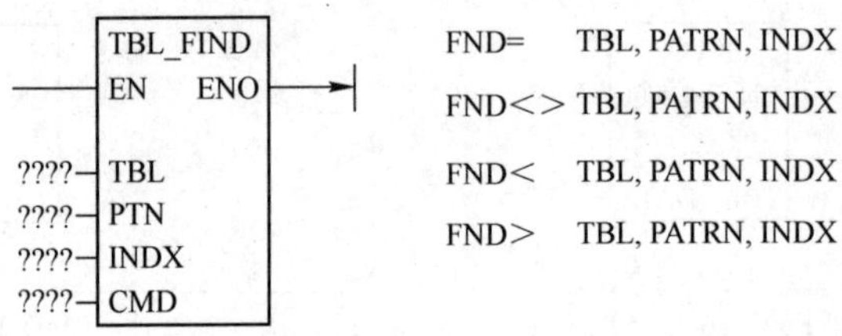

图 5-32　表格查找指令格式

PTN:用来描述查表条件时进行比较的数据。PTN 操作数:VW,IW,QW,MW,SW,SMW,AIW,LW,T,C,AC,常量,* VD,* LD,* AC。数据类型:整数。

INDX:搜索指针,即从 INDX 所指的数据编号开始查找,并将搜索到的符合条件的数据的编号放入 INDX 所指定的存储器。INDX 操作数:VW,IW,QW,MW,SW,SMW,LW,T,C,AC,* VD,* LD,* AC。数据类型:字。

CMD:比较运算符,其操作数为常量 1~4,分别代表 =、< >、<、>。数据类型:字节 。

(2) 功能说明。表格查找指令搜索表格时,从 INDX 指定的数据编号开始,寻找与数据 PTN 的关系满足 CMD 比较条件的数据。参数如果找到符合条件的数据,则 INDX 的值为该数据的编号。要查找下一个符合条件的数据,再次使用"表格查找"指令之前须将 INDX 加 1。如果没有找到符合条件的数据,INDX 的数值等于实际填表数 EC。一个表格最多可有 100 数据,数据编号范围:0~99。将 INDX 的值设为 0,则从表格的顶端开始搜索。

(3) 使 ENO = 0 的错误条件:SM4.3(运行时间),0006(间接地址),0091(操作数超出范围)。

【例 5-18】 查表指令应用举例。从 EC 地址为 VW202 的表中查找等于 16#2222 的数。程序及数据表如图 5-33 所示。

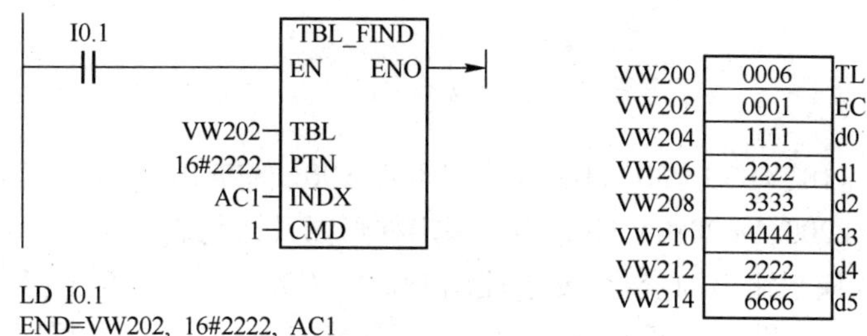

图 5-33　例 5-18 图

为了从表格的顶端开始搜索，AC1 的初始值 =0，查表指令执行后 AC1 =1，找到符合条件的数据 1。继续向下查找，先将 AC1 加 1，再激活表查找指令，从表中符合条件的数据 1 的下一个数据开始查找，第二次执行查表指令后，AC1 =4，找到符合条件的数据 4。继续向下查找，将 AC1 再加 1，再激活表查找指令，从表中符合条件的数据 4 的下一个数据开始查找，第三次执行表查找指令后，没有找到符合条件的数据，AC1 =6（实际填表数）。

5.3.4　字填充指令

字填充（FILL）指令用输入 IN 存储器中的字值写入输出 OUT 开始 N 个连续的字存储单元中。N 的数据范围：1 ~255。其指令格式如图 5-34 所示。说明如下：

（1）IN 为字型数据输入端，操作数：VW，IW，QW，MW，SW，SMW，LW，T，C，AIW，AC，常量，＊VD，＊LD，＊AC；数据类型：整数。

N 的操作数：VB，IB，QB，MB，SB，SMB，LB，AC，常量，＊VD，＊LD，＊AC；数据类型：字节。

OUT 的操作数：VW，IW，QW，MW，SW，SMW，LW，T，C，AQW，＊VD，＊LD，＊AC；数据类型：整数。

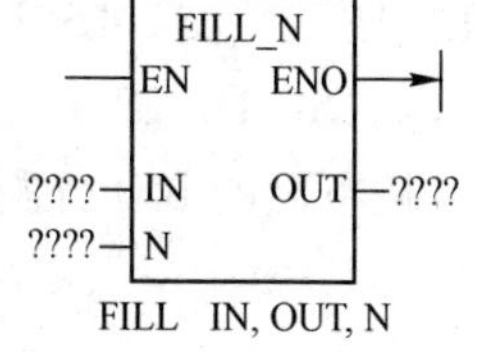

图 5-34　字填充指令格式

（2）使 ENO = 0 的错误条件：SM4.3（运行时间），0006（间接地址），0091（操作数超出范围）。

【例 5-19】　将 0 填入 VW0 ~ VW18（10 个字）。程序及运行结果如图 5-35 所示。

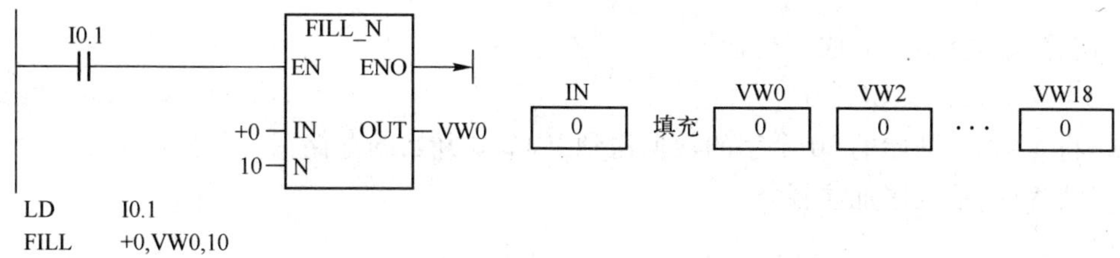

图 5-35　例 5-19 图

从图 5-31 中可以看出，程序运行结果将从 VW0 开始的 10 个字（20 个字节）的存储单元清零。

5.4 习题

1. 已知 VB10 = 18，VB30 = 30，VB31 = 33，VB32 = 98。将 VB10，VB30，VB31，VB32 中的数据分别送到 AC1，VB200，VB201，VB202 中。写出梯形图及语句表程序。

2. 用传送指令控制输出的变化，要求控制 Q0.0 ~ Q0.7 对应的 8 个指示灯，在 I0.0 接通时，使输出隔位接通，在 I0.1 接通时，输出取反后隔位接通。上机调试程序，记录结果。如果改变传送的数值，输出的状态如何变化，从而学会设置输出的初始状态。

3. 编制检测上升沿变化的程序。每当 I0.0 接通一次，使存储单元 VW0 的值加 1，如果计数达到 5，输出 Q0.0 接通显示，用 I0.1 使 Q0.0 复位。

4. 用数据类型转换指令实现将厘米转换为英寸。已知 1 英寸 = 2.54 厘米。

5. 编写输出字符 8 的七段显示码程序。

6. 编写程序并上机调试。要求用数码管依次显示 0 ~ F。提示：可以使用 SEG 指令和 INC 指令实现，也可以用移位寄存器指令编程。

7. 编程实现下列控制功能。假设有 8 个指示灯，从右到左（或从右到左）以 0.5s 的速度依次点亮，任意时刻只有两个指示灯亮，到达最左端（或最右端），再从右到左依次点亮。要求有启动、停止的控制和移位方向的控制。

8. 舞台灯光的模拟控制。控制要求：L1、L2、L9→L1、L5、L8→L1、L4、L7→L1、L3、L6→L1→L2、L3、L4、L5→L6、L7、L8、L9→L1、L2、L6→L1、L3、L7→L1、L4、L8→L1、L5、L9→L1→L2、L3、L4、L5→L6、L7、L8、L9→L1、L2、L9→L1、L5、L8……循环下去。

按下面的 I/O 分配编写程序。

输入	输出	
启动按钮：I0.0	L1：Q0.0	L6：Q0.5
停止按钮：I0.1	L2：Q0.1	L7：Q0.6
	L3：Q0.2	L8：Q0.7
	L4：Q0.3	L9：Q1.0
	L5：Q0.4	

9. 用算术运算指令完成下列运算。

1）5^3　　2）求 COS30°

10. 将 VW100 开始的 20 个字的数据送到 VW200 开始的存储区。

11. 读程序，给程序加注释。

```
NETWORK 1
LD SM0.1,
MOVW +20 VW0
NETWORK 2
LD I0.0
EU
FILL +0 VW2 21
NETWORK 3
LD I0.1
EU
ATT VW100 VW0
NETWORK 4
LD I0.2
EU
LIFO VW0 VW102
NETWORK 5
LD I0.3
EU
FIFO VW0 VW104
NETWORK 6
LD I0.4
EU
MOVW +0 VW106
FND = VW2 +10 VW106
```

第6章　特殊功能指令

本章要点

- 立即类指令的功能
- 中断指令的功能、应用举例及实训
- 高速计数器指令、高速脉冲输出指令功能及指令向导的应用举例与实训
- PID 指令的原理、PID 控制功能的应用及 PID 指令向导的介绍
- 时钟指令及应用举例

6.1　立即类指令

立即类指令是指执行指令时不受 S7-200 循环扫描工作方式的影响，而对实际的 I/O 点立即进行读写操作。它分为立即读指令和立即输出指令两大类。

立即读指令用于输入 I 接点。立即读指令读取实际输入点的状态时，并不更新该输入点对应的输入映像寄存器的值。例如当实际输入点（位）是 1 时，其对应的立即触点立即接通；当实际输入点（位）是 0 时，其对应的立即触点立即断开。

立即输出指令用于输出 Q 线圈。执行该指令时，立即将新值写入实际输出点和对应的输出映像寄存器。

立即类指令与非立即类指令不同，非立即类指令仅将新值读或写入输入/输出映像寄存器。

立即类指令的格式及说明见表 6-1。

表 6-1　立即类指令的格式及说明

LAD	??.? ─┤I├─	??.? ─┤/I├─	??.? ─(I)	??.? ─(SI) ????	??.? ─(RI) ????
STL	LDI bit AI bit OI bit	LDNI bit ANI bit ONI bit	= I bit	SI bit, N	RI bit, N
说明	常开立即触点可以装载，串联，并联	常闭立即触点可以装载，串联，并联	立即输出	立即置位	立即复位
操作数及数据类型	Bit: I 数据类型: BOOL		Bit: Q 数据类型: BOOL	Bit: Q。数据类型: 布尔 N: VB, IB, QB, MB, SMB, SB, LB, AC, 常量, * VD, * AC, * LD。数据类型: 字节	

6.2 中断指令

S7-200 设置了中断功能，用于实时控制、高速处理、通信和网络等复杂和特殊的控制任务。中断就是终止当前正在运行的程序，去执行为立即响应的信号而编制的中断服务程序，执行完毕再返回原先被终止的程序并继续运行。

6.2.1 中断源

1. 中断源的类型

中断源即发出中断请求的事件，又叫中断事件。为了便于识别，系统给每个中断源都分配一个编号，称为中断事件号。S7-200 系列 PLC 最多有 34 个中断源，分为三大类：通信中断、输入/输出中断和时基中断。

(1) 通信中断。在自由口通信模式下，用户可通过编程来设置波特率、奇偶校验和通信协议等参数。用户通过编程控制通信端口的事件为通信中断。

(2) I/O 中断。I/O 中断包括外部输入上升/下降沿中断、高速计数器中断和高速脉冲输出中断。S7-200 用输入(I0.0、I0.1、I0.2 或 I0.3)上升/下降沿产生中断。这些输入点用于捕获在发生时必须立即处理的事件。高速计数器中断指对高速计数器运行时产生的事件实时响应，包括当前值等于预设值时产生的中断，计数方向改变时产生的中断或计数器外部复位产生的中断。脉冲输出中断是指预定数目脉冲输出完成而产生的中断。

(3) 时基中断。时基中断包括定时中断和定时器 T32/T96 中断。定时中断用于支持一个周期性的活动。周期时间从 1 ms 至 255 ms，时基是 1 ms。使用定时中断 0，必须在 SMB34 中写入周期时间；使用定时中断 1，必须在 SMB35 中写入周期时间。将中断程序连接在定时中断事件上，若定时中断被允许，则计时开始，每当达到定时时间值，执行中断程序。定时中断可以用来对模拟量输入进行采样或定期执行 PID 回路。定时器 T32/T96 中断指允许对定时时间间隔产生中断。这类中断只能用时基为 1 ms 的定时器 T32/T96 构成。当中断被启用后，当前值等于预置值时，在 S7-200 执行的正常 1 ms 定时器更新的过程中，执行连接的中断程序。

2. 中断优先级和排对等候

优先级是指多个中断事件同时发出中断请求时，CPU 对中断事件响应的优先次序。S7-200 规定的中断优先由高到低依次是：通信中断、I/O 中断和定时中断。每类中断中不同的中断事件又有不同的优先级，见表 6-2。

表 6-2 中断事件及优先级

优先级分组	组内优先级	中断事件号	中断事件说明	中断事件类别
通信中断	0	8	通信口 0：接收字符	通信口 0
	0	9	通信口 0：发送完成	
	0	23	通信口 0：接收信息完成	

（续）

优先级分组	组内优先级	中断事件号	中断事件说明	中断事件类别
通信中断	1	24	通信口 1:接收信息完成	通信口 1
	1	25	通信口 1:接收字符	
	1	26	通信口 1:发送完成	
I/O 中断	0	19	PTO 0 脉冲串输出完成中断	脉冲输出
	1	20	PTO 1 脉冲串输出完成中断	
	2	0	I0.0 上升沿中断	外部输入
	3	2	I0.1 上升沿中断	
	4	4	I0.2 上升沿中断	
	5	6	I0.3 上升沿中断	
	6	1	10.0 下降沿中断	
	7	3	I0.1 下降沿中断	
	8	5	I0.2 下降沿中断	
	9	7	I0.3 下降沿中断	高速计数器
	10	12	HSC0 当前值 = 预置值中断	
	11	27	HSC0 计数方向改变中断	
	12	28	HSC0 外部复位中断	
	13	13	HSC1 当前值 = 预置值中断	
	14	14	HSC1 计数方向改变中断	
	15	15	HSC1 外部复位中断	
	16	16	HSC2 当前值 = 预置值中断	
	17	17	HSC2 计数方向改变中断	
	18	18	HSC2 外部复位中断	
	19	32	HSC3 当前值 = 预置值中断	
	20	29	HSC4 当前值 = 预置值中断	
	21	30	HSC4 计数方向改变	
	22	31	HSC4 外部复位	
	23	33	HSC5 当前值 = 预置值中断	
定时中断	0	10	定时中断 0	定时
	1	11	定时中断 1	
	2	21	定时器 T32 CT = PT 中断	定时器
	3	22	定时器 T96 CT = PT 中断	

一个程序中总共可有 128 个中断。S7-200 在各自的优先级组内按照先来先服务的原则为中断提供服务。在任何时刻，只能执行一个中断程序。一旦一个中断程序开始执行，则一直执行至完成。不能被另一个中断程序打断，即使是更高优先级的中断程序。中断程序执行中，新的中断请求按优先级排队等候。中断队列能保存的中断个数有限，若超出，则会产生溢出。中断队列的最多中断个数和溢出标志位见表 6-3。

表 6-3 中断队列的最多中断个数和溢出标志位

队列	CPU 221	CPU 222	CPU 224	CPU 226 和 CPU 226XM	溢出标志位
通信中断队列	4	4	4	8	SM4. 0
I/O 中断队列	16	16	16	16	SM4. 1
定时中断队列	8	8	8	8	SM4. 2

6. 2. 2 中断指令

中断指令有 4 条，包括开、关中断指令，中断连接、分离指令。指令格式见表 6-4。

表 6-4 中断指令格式

LAD	-(ENI)	-(DISI)	ATCH: EN ENO; ????-INT; ????-EVNT	DTCH: EN ENO; ????-EVNT
STL	ENI	DISI	ATCH INT, EVNT	DTCH EVNT
操作数及数据类型	无	无	INT:常量 0 ~ 127 EVNT:常量，CPU 224: 0 ~ 23; 27 ~ 33 INT/EVNT 数据类型:字节	EVNT:常量，CPU 224: 0 ~ 23; 27 ~ 33 数据类型:字节

1. 开、关中断指令

开中断指令(ENI)全局性允许所有中断事件。关中断指令(DISI)全局性禁止所有中断事件，中断事件的每次出现均被排队等候，直至使用全局开中断指令重新启用中断。

PLC 转换到 RUN(运行)模式时，中断开始时被禁用，可以通过执行开中断指令，允许所有中断事件。执行关中断指令会禁止处理中断，但是现用中断事件将继续排队等候。

2. 中断连接、分离指令

中断连接指令(ATCH)将中断事件(EVNT)与中断程序号码(INT)相连接，并启用中断事件。

分离中断指令(DTCH)取消某中断事件(EVNT)与所有中断程序之间的连接，并禁用该中断事件。

注意：一个中断事件只能连接一个中断程序，但多个中断事件可以调用一个中断程序。

6. 2. 3 中断程序

1. 中断程序的概念

中断程序是为处理中断事件而事先编好的程序。中断程序不是由程序调用，而是在中断事件发生时由操作系统调用。在中断程序中，不能改写其他程序使用的存储器，最好使用局部变量。中断程序应实现特定的任务，应“越短越好”，中断程序由中断程序号开始，以无条件返回指令(CRETI)结束。在中断程序中禁止使用 DISI、ENI、HDEF、LSCR 和 END 指令。

2. 建立中断程序的方法

方法一:从“编辑”菜单选择“插入(Insert)”→“中断(Interrupt)”。

方法二:从指令树,用鼠标右键单击“程序块”图标,并从弹出菜单选择“插入(Insert)”→“中断(Interrupt)”。

方法三:在“程序编辑器”窗口,用鼠标右键单击,从弹出菜单中选择“插入(Insert)”→“中断(Interrupt)”。

程序编辑器从先前的 POU 显示更改为新中断程序,在程序编辑器的底部会出现一个新标记,代表新的中断程序。

6.2.4 程序举例

【例 6-1】 编写由 I0.1 的上升沿产生的中断事件的初始化程序。

分析:查表 6-2 可知,I0.1 上升沿产生的中断事件号为 2。所以在主程序中用 ATCH 指令将事件号 2 和中断程序 0 连接起来,并全局开中断。程序如图 6-1 所示。

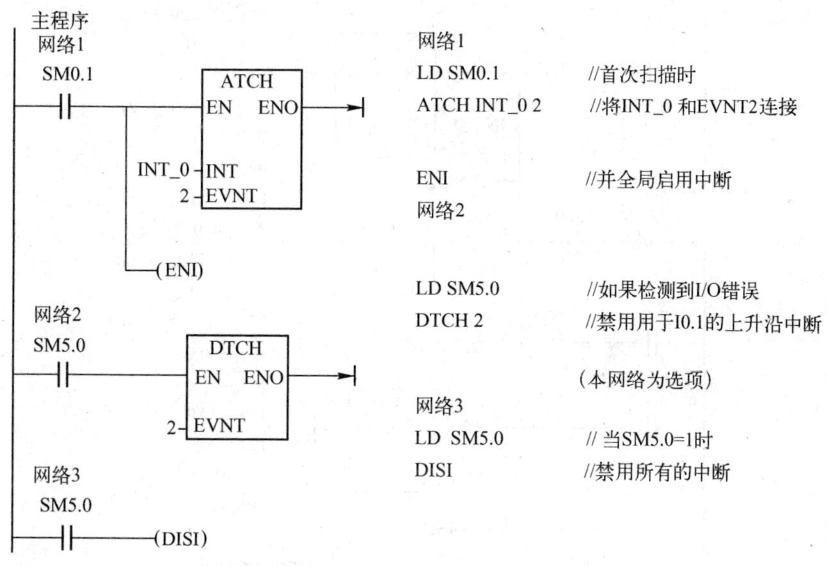

图 6-1 例 6-1 图

【例 6-2】 编程完成采样工作,要求每 10 ms 采样一次。

分析:完成每 10 ms 采样一次,需用定时中断,查表 6-2 可知,定时中断 0 的中断事件号为 10。因此在主程序中将采样周期(10 ms)即定时中断的时间间隔写入定时中断 0 的特殊存储器 SMB34,并将中断事件 10 和 INT-0 连接,全局开中断。在中断程序 0 中,将模拟量输入信号读入,程序如图 6-2 所示。

【例 6-3】 利用定时中断功能编制一个程序,实现如下功能:当 I0.0 由 OFF→ON,Q0.0 亮 1s,灭1 s,如此循环反复直至 I0.0 由 ON→OFF,Q0.0 变为 OFF。

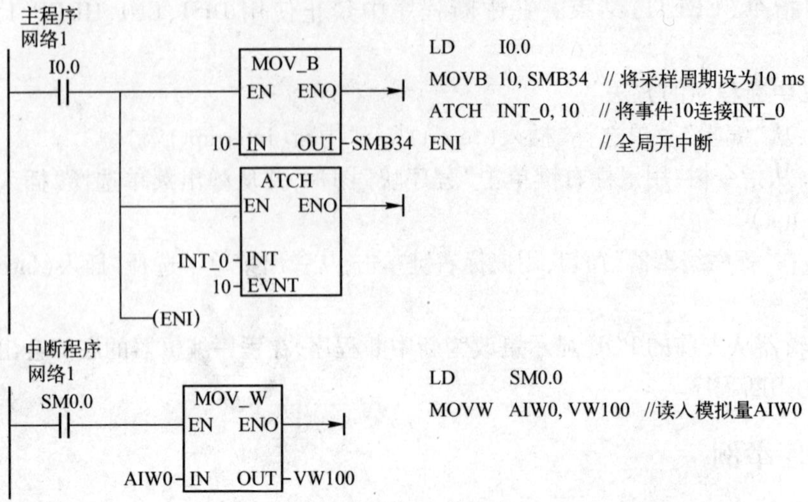

图 6-2 例 6-2 图

程序如图 6-3 所示。

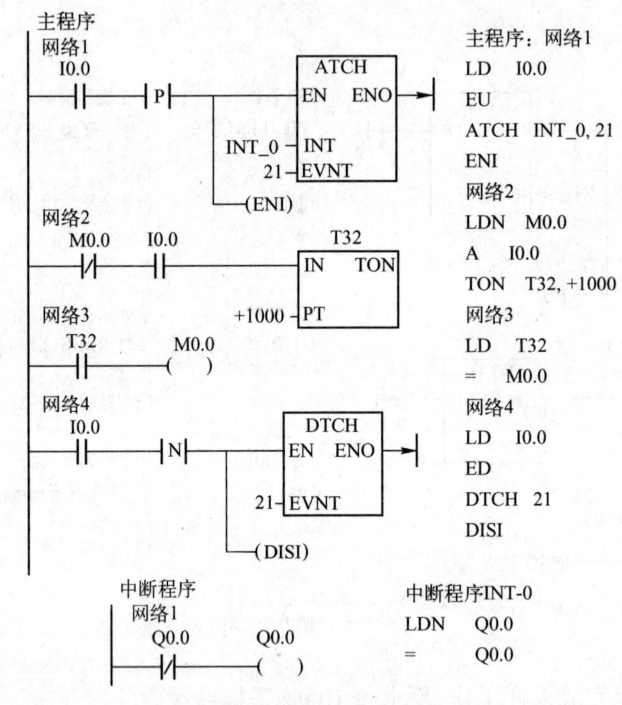

图 6-3 例 6-3 图

6.2.5 中断程序编程实训

1. 实训目的

（1）熟悉中断指令的使用方法。

（2）掌握定时中断设计程序的方法。

2. 实训内容

(1) 利用 T32 定时中断编写程序,要求产生占空比为 50%,周期为 4s 的方波信号。

(2) 用定时中断实现喷泉的模拟控制,控制要求如例 5-7。

3. 参考程序

(1) 产生占空比为 50%,周期为 4 s 的方波信号,主程序和中断程序如图 6-4 所示。

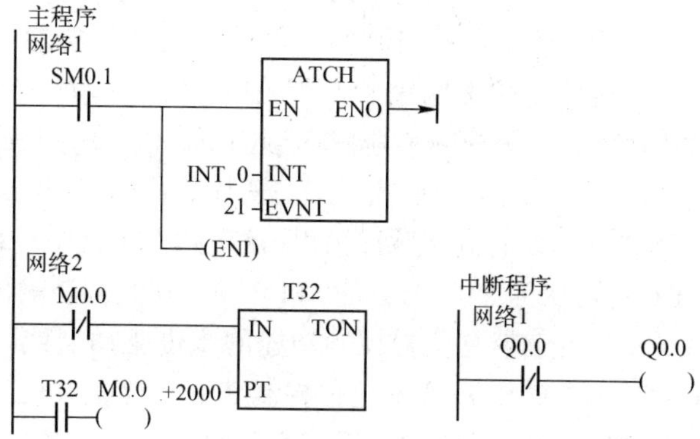

图 6-4 占空比为 50%,周期为 4 s 的方波信号参考程序

(2) 喷泉的模拟控制参考程序如图 6-5 所示。

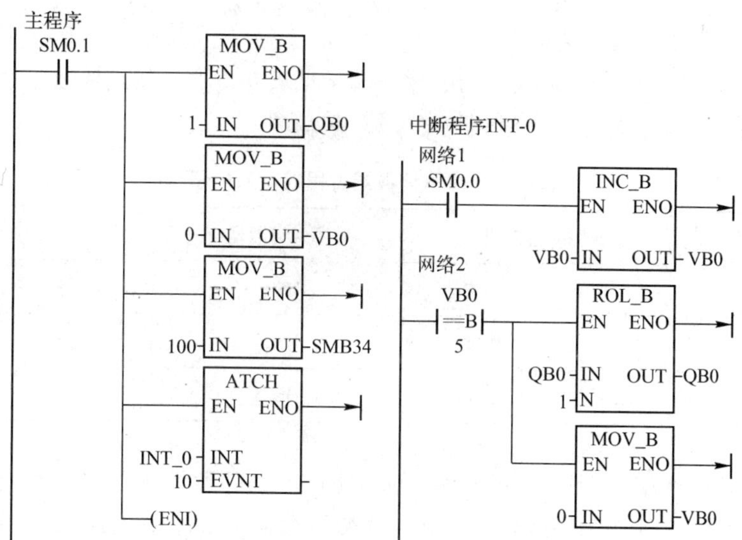

图 6-5 喷泉的模拟控制参考程序

分析:程序中采用定时中断 0,其中断号为 10,定时中断 0 的周期控制字 SMB34 中的定时时间设定值的范围为 1~255 ms。喷泉模拟控制的移位时间为 0.5 s,大于定时中断 0 的最大定时时间设定值 255 ms,所以将中断的时间间隔设为 100 ms,这样中断执行 5 次,其时间间隔为 0.5 s,在程序中用 VB0 来累计中断的次数,每执行一次中断,VB0 在中断程序中加 1,当 VB0 =5 时,即时间间隔为 0.5 s,QB0 移一位。

4. 输入并调试程序

用状态图监视程序的运行，并记录观察到的现象。

6.3 高速计数器与高速脉冲输出

前面讲的计数器指令的计数速度受扫描周期的影响，对比 CPU 扫描频率高的脉冲输入，就不能满足控制要求了。为此，S7-200 系列 PLC 设计了高速计数功能（HSC），其计数自动进行不受扫描周期的影响，最高计数频率取决于 CPU 的类型，CPU22x 系列的最高计数频率为 30 kHz，用于捕捉比 CPU 扫描速率更快的事件，并产生中断，执行中断程序，完成预定的操作。高速计数器最多可设置 12 种不同的操作模式。用高速计数器可实现高速运动的精确控制。

S7-200 CPU22x 系列 PLC 还设有高速脉冲输出，输出频率可达 20 kHz，用于 PTO（脉冲串输出，输出一个频率可调，占空比为 50% 的脉冲）和 PWM（脉宽调制输出，输出占空比可调的脉冲）。PTO（脉冲串输出）多用于带有位置控制功能的步进驱动器或伺服驱动器，通过输出脉冲的个数，作为位置给定值的输入，以实现定位控制功能。通过改变定位脉冲的输出频率，可以改变运动的速度。PWM（脉宽调制输出）用于直接驱动调速系统或运动控制系统的输出级，控制逆变主回路。

6.3.1 占用输入/输出端子

1. 高速计数器占用输入端子

CPU224 有 6 个高速计数器，其占用的输入端子见表 6-5。各高速计数器不同的输入端有专用的功能，如时钟脉冲端、方向控制端、复位端、起动端。

表 6-5 高速计数器占用的输入端子

高速计数器	使用的输入端子	高速计数器	使用的输入端子
HSC0	I0.0，I0.1，I0.2	HSC3	I0.1
HSC1	I0.6，I0.7，I1.0，I1.1	HSC4	I0.3，I0.4，I0.5
HSC2	I1.2，I1.3，I1.4，I1.5	HSC5	I0.4

注意：同一个输入端不能用于两种不同的功能。但是高速计数器当前模式未使用的输入端均可用于其他用途，如作为中断输入端或作为数字量输入端。例如，如果在模式 2 中使用高速计数器 HSC0，模式 2 使用 I0.0 和 I0.2，则 I0.1 可用于边缘中断或用于 HSC3。

2. 高速脉冲输出占用的输出端子

S7-200 晶体管输出型的 PLC（如 CPU224DC/DC/DC）有 PTO、PWM 两台高速脉冲发生器。PTO 脉冲串功能可输出指定个数、指定周期的方波脉冲（占空比 50%）；PWM 功能可输出脉宽变化的脉冲信号，用户可以指定脉冲的周期和脉冲的宽度。若一台发生器指定给数字输出点 Q0.0，另一台发生器则指定给数字输出点 Q0.1。当 PTO、PWM 发生器控制输出时，将禁止输出点 Q0.0、Q0.1 的正常使用；当不使用 PTO、PWM 高速脉冲发生器时，输出点 Q0.0、Q0.1 恢复正常的使用，即由输出映像寄存器决定其输出状态。

6.3.2 高速计数器的工作模式

1. 高速计数器的计数方式

(1) 单路脉冲输入的内部方向控制加/减计数。即只有一个脉冲输入端,通过高速计数器的控制字节的第 3 位来控制作加计数或者减计数。该位为 1,加计数;该位为 0,减计数。图 6-6所示为内部方向控制的单路加/减计数。

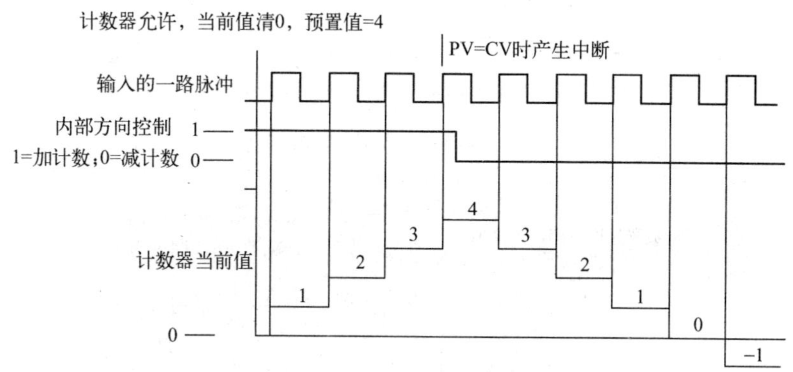

图 6-6 内部方向控制的单路加/减计数

(2) 单路脉冲输入的外部方向控制加/减计数。即有一个脉冲输入端,有一个方向控制端,方向输入信号等于1 时,加计数;方向输入信号等于0 时,减计数。图 6-7 所示为外部方向控制的单路加/减计数。

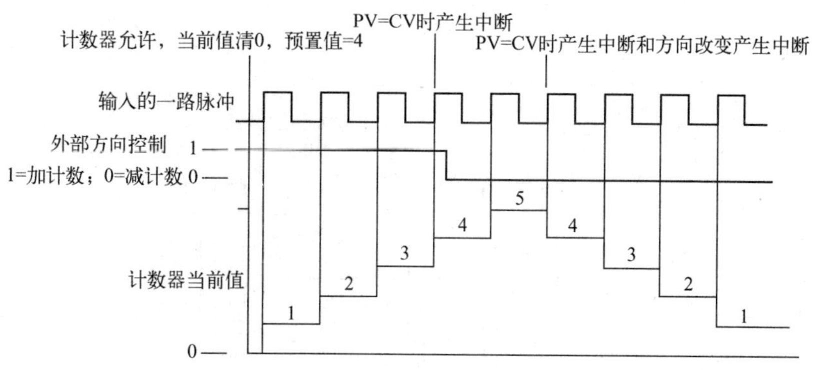

图 6-7 外部方向控制的单路加/减计数

(3) 两路脉冲输入的单相加/减计数。即有两个脉冲输入端,一个是加计数脉冲,一个是减计数脉冲,计数值为两个输入端脉冲的代数和,如图 6-8 所示。

(4) 两路脉冲输入的双相正交计数。即有两个脉冲输入端,输入的两路脉冲 A 相、B 相,相位互差 90°(正交),A 相超前 B 相 90°时,加计数;A 相滞后 B 相 90°时,减计数。在这种计数方式下,可选择 1x 模式(单倍频,一个时钟脉冲计一个数)和 4x 模式(4 倍频,1 个时钟脉冲计 4 个数),如图 6-9 和图 6-10 所示。

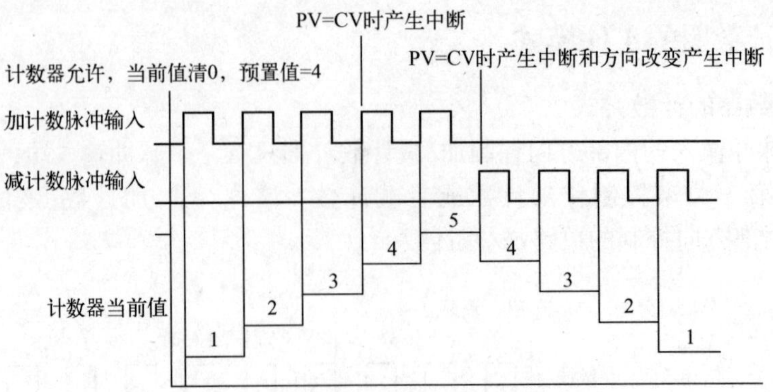

图 6-8　两路脉冲输入的加/减计数

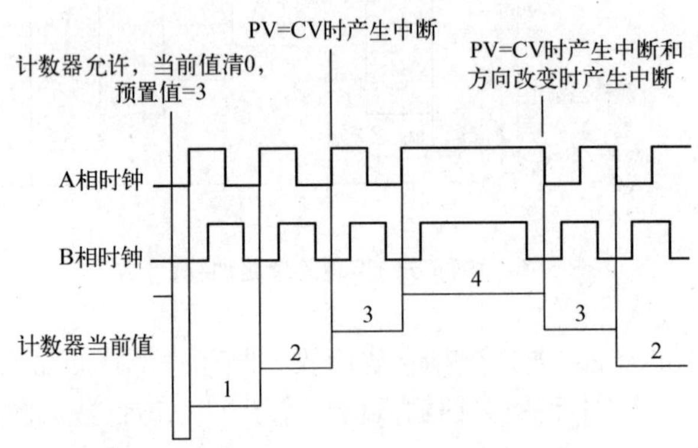

图 6-9　两路脉冲输入的双相正交计数 1x 模式

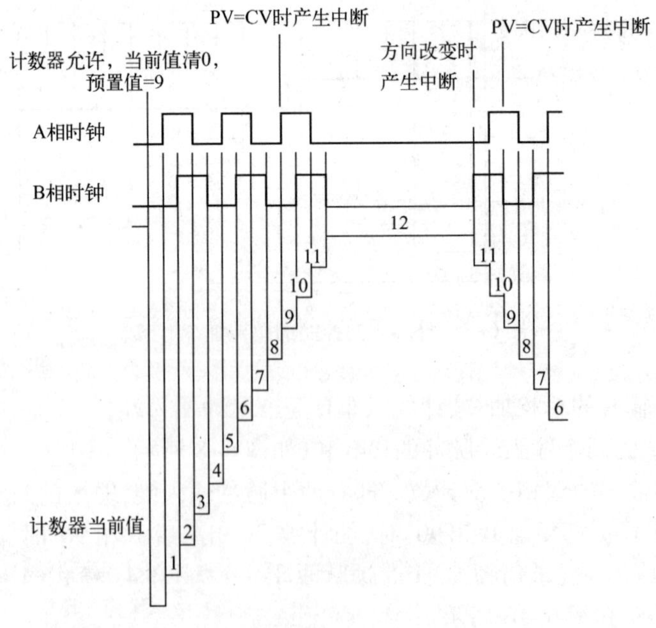

图 6-10　两路脉冲输入的双相正交计数 4x 模式

2. 高速计数器的工作模式

高速计数器有 12 种工作模式,模式 0 ~ 模式 2 采用单路脉冲输入的内部方向控制加/减计数;模式 3 ~ 模式 5 采用单路脉冲输入的外部方向控制加/减计数;模式 6 ~ 模式 8 采用两路脉冲输入的加/减计数;模式 9 ~ 模式 11 采用两路脉冲输入的双相正交计数。

S7-200 CPU224 有 HSC0-HSC5 六个高速计数器,每个高速计数器有多种不同的工作模式。HSC0 和 HSC4 有模式 0、1、3、4、6、7、9、10;HSC1 和 HSC2 有模式 0 ~ 模式 11;HSC3 和 HSC5 只有模式 0。每种高速计数器所拥有的工作模式和其占有的输入端子的数目有关,见表 6-6。

表 6-6 高速计数器的工作模式和输入端子的关系及说明

HSC 编号及其对应的输入端子 / HSC 模式	功能及说明	占用的输入端子及其功能			
	HSC0	I0.0	I0.1	I0.2	×
	HSC4	I0.3	I0.4	I0.5	×
	HSC1	I0.6	I0.7	I1.0	I1.1
	HSC2	I1.2	I1.3	I1.4	I1.5
	HSC3	I0.1	×	×	×
	HSC5	I0.4	×	×	×
0	单路脉冲输入的内部方向控制加/减计数 控制字 SM37.3 =0,减计数 控制字 SM37.3 =1,加计数	脉冲输入端	×	×	×
1			×	复位端	×
2			×	复位端	起动
3	单路脉冲输入的外部方向控制加/减计数 方向控制端 =0,减计数 方向控制端 =1,加计数	脉冲输入端	方向控制端	×	×
4				复位端	×
5				复位端	起动
6	两路脉冲输入的单相加/减计数 加计数有脉冲输入,加计数 减计数端脉冲输入,减计数	加计数脉冲输入端	减计数脉冲输入端	×	×
7				复位端	×
8				复位端	起动
9	两路脉冲输入的双相正交计数 A 相脉冲超前 B 相脉冲,加计数 A 相脉冲滞后 B 相脉冲,减计数	A 相脉冲输入端	B 相脉冲输入端	×	×
10				复位端	×
11				复位端	起动

注:×表示没有。

选用某个高速计数器在某种工作方式下工作后,高速计数器所使用的输入不是任意选择的,必须按系统指定的输入点输入信号。例如 HSC1 在模式 11 下工作,就必须用 I0.6 为 A 相脉冲输入端,I0.7 为 B 相脉冲输入端,I1.0 为复位端,I1.1 为起动端。

6.3.3 高速计数器的控制字和状态字

1. 控制字节

定义了计数器和工作模式之后,还要设置高速计数器的有关控制字节。每个高速计数器均有一个控制字节,它决定了计数器的计数允许或禁用,方向控制(仅限模式 0、1 和 2)或对所有其他模式的初始化计数方向,装入当前值和预置值。控制字节每个控制位的说明见表 6-7。

表 6-7　HSC 的控制字节

HSC0	HSC1	HSC2	HSC3	HSC4	HSC5	说　明
SM37.0	SM47.0	SM57.0		SM147.0		复位有效电平控制： 0 = 复位信号高电平有效；1 = 低电平有效
	SM47.1	SM57.1				起动有效电平控制： 0 = 起动信号高电平有效；1 = 低电平有效
SM37.2.	SM47.2	SM57.2		SM147.2		正交计数器计数速率选择： 0 = 4 × 计数速率；1 = 1 × 计数速率
SM37.3	SM47.3	SM57.3	SM137.3	SM147.3	SM157.3	计数方向控制位： 0 = 减计数 1 = 加计数
SM37.4	SM47.4	SM57.4	SM137.4	SM147.4	SM157.4	向 HSC 写入计数方向： 0 = 无更新 1 = 更新计数方向
SM37.5	SM47.5	SM57.5	SM137.5	SM147.5	SM157.5	向 HSC 写入新预置值： 0 = 无更新 1 = 更新预置值
SM37.6	SM47.6	SM57.6	SM137.6	SM147.6	SM157.6	向 HSC 写入新当前值： 0 = 无更新 1 = 更新当前值
SM37.7	SM47.7	SM57.7	SM137.7	SM147.7	SM157.7	HSC 允许： 0 = 禁用 HSC 1 = 启用 HSC

2. 状态字节

每个高速计数器都有一个状态字节，状态位表示当前计数方向以及当前值是否大于或等于预置值。每个高速计数器状态字节的状态位见表 6-8。状态字节的 0 ~ 4 位不用。监控高速计数器状态的目的是使外部事件产生中断，以完成重要的操作。

表 6-8　高速计数器状态字节的状态位

HSC0	HSC1	HSC2	HSC3	HSC4	HSC5	说　明
SM36.5	SM46.5	SM56.5	SM136.5	SM146.5	SM156.5	当前计数方向状态位： 0 = 减计数；1 = 加计数
SM36.6	SM46.6	SM56.6	SM136.6	SM146.6	SM156.6	当前值等于预设值状态位： 0 = 不相等；1 = 等于
SM36.7	SM46.7	SM56.7	SM136.7	SM146.7	SM156.7	当前值大于预设值状态位： 0 = 小于或等于；1 = 大于

6.3.4　高速计数器指令及举例

高速计数器的编程方法有两种：一是采用高速计数器指令编程；二是通过 STEP7 - Micro/WIN 编程软件的指令向导，自动生成高速计数器程序。采用高速计数器指令编程便于理解指令，利用指令向导可以加快编程速度。

1. 高速计数器指令

高速计数器指令有两条:高速计数器定义指令 HDEF、高速计数器指令 HSC。指令格式见表 6-9。

表 6-9　高速计数器指令格式

LAD	HDEF ——EN　ENO— ????-HSC ????-MODE	HSC ——EN　ENO— ????-N
STL	HDEF HSC,MODE	HSC N
功能说明	高速计数器定义指令 HDEF	高速计数器指令 HSC
操作数	HSC:高速计数器的编号,为常量(0~5);数据类型:字节 MODE 工作模式,为常量(0~11);数据类型:字节	N:高速计数器的编号,为常量(0~5);数据类型:字
ENO=0 的出错条件	SM4.3(运行时间),0003(输入点冲突),0004(中断中的非法指令),000A(HSC 重复定义)	SM4.3(运行时间),0001(HSC 在 HDEF 之前),0005(HSC/PLS 同时操作)

(1) 高速计数器定义指令 HDEF。该指令指定高速计数器(HSCx)的工作模式。工作模式的选择即选择了高速计数器的输入脉冲、计数方向、复位和起动功能。每个高速计数器只能用一条"高速计数器定义"指令。

(2) 高速计数器指令 HSC。根据高速计数器控制位的状态,按照 HDEF 指令指定的工作模式,控制高速计数器。参数 N 指定高速计数器的号码。

2. 高速计数器指令的使用

(1) 每个高速计数器都有一个 32 位当前值和一个 32 位预置值,当前值和预设值均为带符号的整数值。要设置高速计数器的新当前值和新预置值,必须设置控制字节(见表 6-7),令其第五位和第六位为 1,允许更新预置值和当前值,新当前值和新预置值写入特殊内部标志位存储区。然后执行 HSC 指令,将新数值传输到高速计数器。当前值和预置值占用的特殊内部标志位存储区见表 6-10。

表 6-10　HSC0~HSC5 当前值和预置值占用的特殊内部标志位存储区

要装入的数值	HSC0	HSC1	HSC2	HSC3	HSC4	HSC5
新的当前值	SMD38	SMD48	SMD58	SMD138	SMD148	SMD158
新的预置值	SMD42	SMD52	SMD62	SMD142	SMD152	SMD162

(2) 执行 HDEF 指令之前,必须将高速计数器控制字节的位设置成需要的状态,否则将采用默认设置。默认设置为:复位和起动输入高电平有效,正交计数速率选择 4× 模式。执行 HDEF 指令后,就不能再改变计数器的设置,除非 CPU 进入停止模式。

(3) 执行 HSC 指令时,CPU 检查控制字节及有关的当前值和预置值。

3. 高速计数器指令的初始化

高速计数器指令的初始化的步骤如下:

（1）用首次扫描时接通一个扫描周期的特殊内部存储器 SM0.1 去调用一个子程序，完成初始化操作。因为采用了子程序，在随后的扫描中，不必再调用这个子程序，以减少扫描时间，使程序结构更好。

（2）在初始化的子程序中，根据希望的控制设置控制字（SMB37、SMB47、SMB57、SMB137、SMB147、SMB157），如设置 SMB47 = 16#F8，则为：允许计数，写入新当前值，写入新预置值，更新计数方向为加计数，若为正交计数设为 4 ×，复位和起动设置为高电平有效。

（3）执行 HDEF 指令，设置 HSC 的编号（0 ~ 5），设置工作模式（0 ~ 11）。如 HSC 的编号设置为 1，工作模式输入设置为 11，则为既有复位又有起动的正交计数工作模式。

（4）用新的当前值写入 32 位当前值寄存器（SMD38，SMD48，SMD58 ，SMD138，SMD148，SMD158）。如写入 0，则清除当前值，用指令 MOVD 0，SMD48 实现。

（5）用新的预置值写入 32 位预置值寄存器（SMD42 ，SMD52，SMD62，SMD142 ，SMD152，SMD162）。如执行指令 MOVD 1000，SMD52，则设置预置值为 1000。若写入预置值为 16#00，则高速计数器处于不工作状态。

（6）为了捕捉当前值等于预置值的事件，将条件 CV = PV 中断事件（事件 13）与一个中断程序相联系。

（7）为了捕捉计数方向的改变，将方向改变的中断事件（事件 14）与一个中断程序相联系。

（8）为了捕捉外部复位，将外部复位中断事件（事件 15）与一个中断程序相联系。

（9）执行全局中断允许指令（ENI）允许 HSC 中断。

（10）执行 HSC 指令使 S7-200 对高速计数器进行编程。

（11）结束子程序。

【例 6-4】 高速计数器的应用举例。某设备采用位置编码器作为检测元件，需要高速计数器进行位置值的计数，其要求如下：计数信号为 A、B 两相相位差 90°的脉冲输入；使用外部计数器复位与启动信号，高电平有效；编码器每转的脉冲数为 2500，在 PLC 内部进行 4 倍频，计数开始值为“0”，当转动 1 转后，需要清除计数值进行重新计数。

（1）主程序。如图 6-11 所示，用首次扫描时接通一个扫描周期的特殊内部存储器 SM0.1 去调用一个子程序，完成初始化操作。

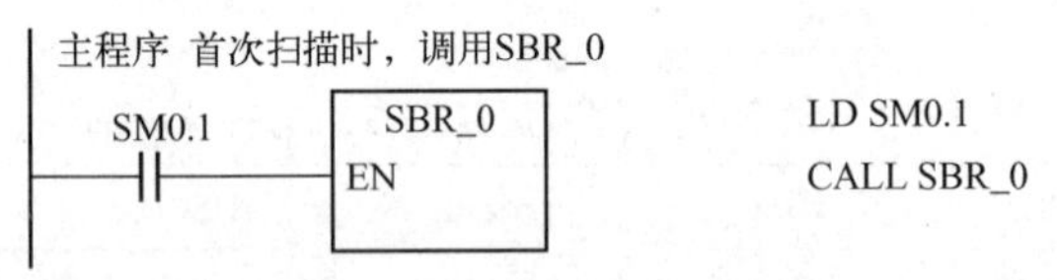

图 6-11 例 6-4 主程序

（2）初始化的子程序。如图 6-12 所示，定义 HSC1 的工作模式为模式 11（两路脉冲输入的双相正交计数，具有复位和起动输入功能），设置 SMB47 = 16#F8（允许计数，更新新当前值，更新新预置值，更新计数方向为加计数，若为正交计数设为 4 ×，复位和起动设置为高电平有效）。HSC1 的当前值 SMD48 清 0，预置值 SMD52 = 10000，当前值 = 预设值，产生中断（中断事件 13），中断事件 13 连接中断程序 INT-0。

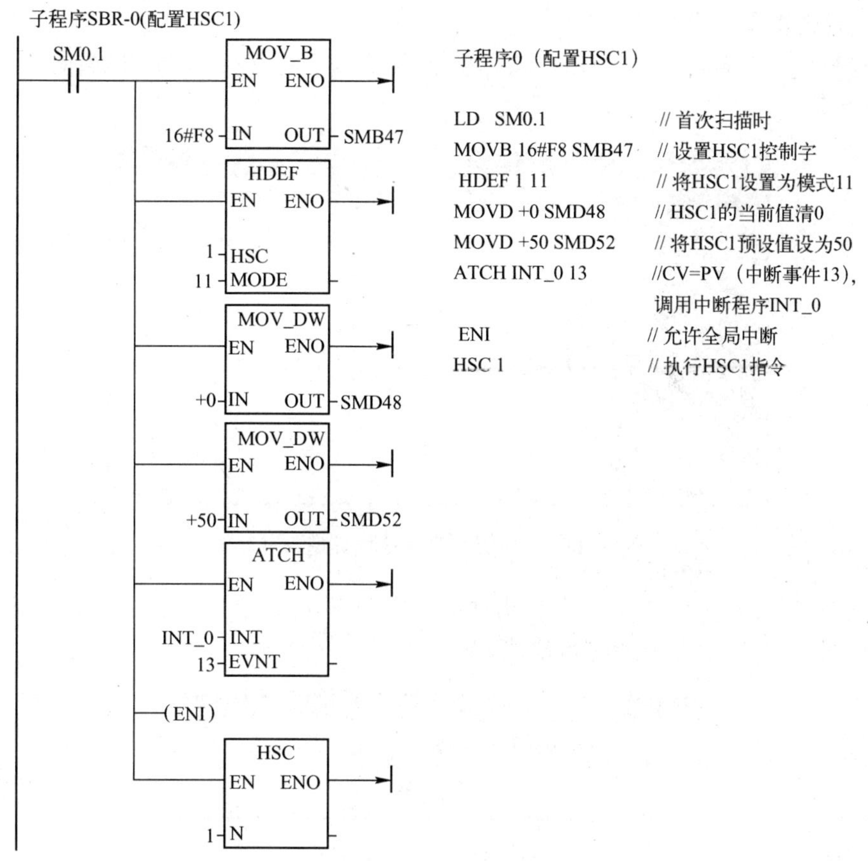

图 6-12　例 6-4 子程序

（3）中断程序 INT-0，如图 6-13 所示。

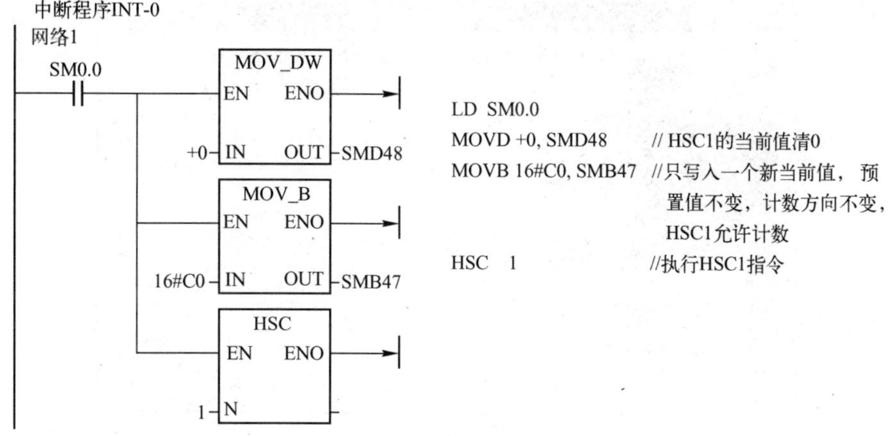

图 6-13　例 6-4 中断程序

6.3.5　高速计数器指令向导的应用

高速计数器程序可以通过 STEP7-Micro/WIN 编程软件的指令向导自动生成。例 6-4 用指令向导编程的操作步骤如下。

（1）打开 STEP7-Micro/WIN 软件，选择主菜单“工具”→“指令向导”进入向导编程页面，如图 6-14 所示。

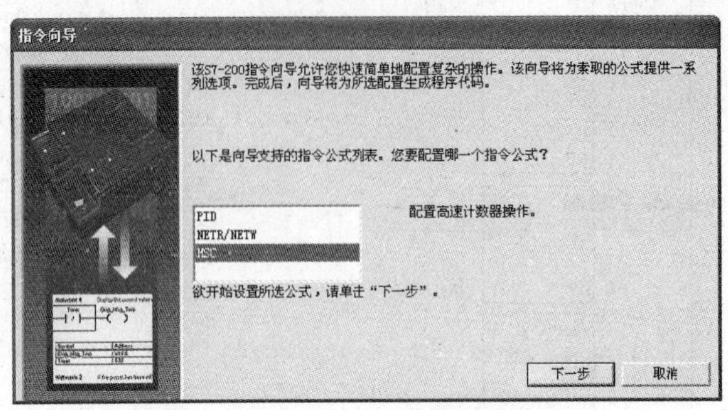

图 6-14　高速计数器指令向导编程页面

（2）选择“HSC”→点击“下一步”，出现对话框如图 6-15 所示。只能在符号地址的编程方式下使用指令向导，点击“是”进行确认。

图 6-15　符号地址确认对话框

（3）确认符号地址后，出现图 6-16 所示的计数器编号和计数模式选择页面，可以选择计数器的编号和计数模式。在本例中选择“HC1”和“模式 11”，选择后点击“下一步”。

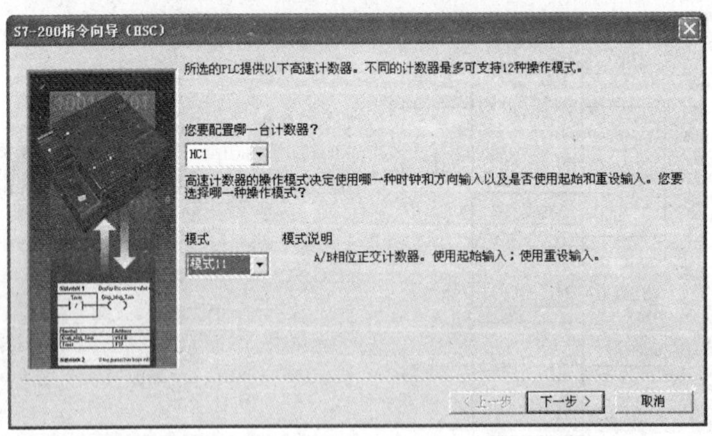

图 6-16　计数器编号和计数模式选择页面

（4）在图 6-17 所示的高速计数器初始化设定页面中分别输入高速计数器初始化子程序的符号名（默认的符号名为“HSC-INIT”），高速计数器的预置值（本例输入为 10000），计数器当前值的初始值（本例输入“0”），初始计数方向（本例中选择“向上”），重设输入（即复位信号）的极性（本例选择高电平有效），起始输入（即启动信号）的极性（本例选择高电平有效），计数器的倍率选择（本例选择4倍频“4X”）。完成后点击“下一步”。

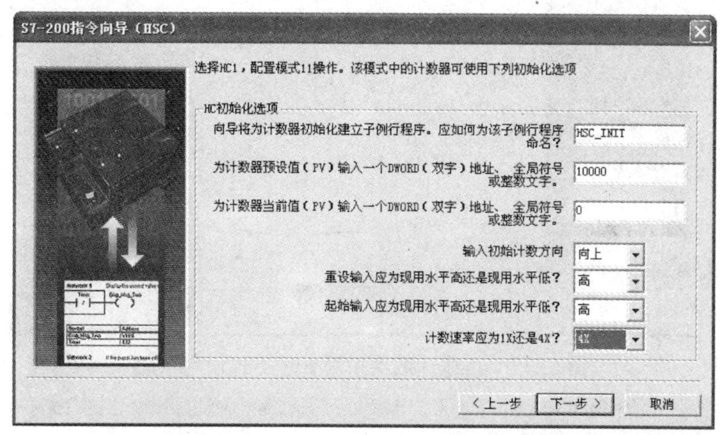

图6-17　高速计数器初始化设定页面

（5）在完成高速计数器的初始化设定后，出现高速计数器中断设置的页面如图6-18所示。本例中为当前值等于预置值时产生中断，并输入中断程序的符号名（默认的为COUNT-EQ）。在“您希望为HC1编程多少个步骤?”栏，输入需要中断的步数，本例只有当前值清零1步，选择“1”。完成后点击“下一步”。

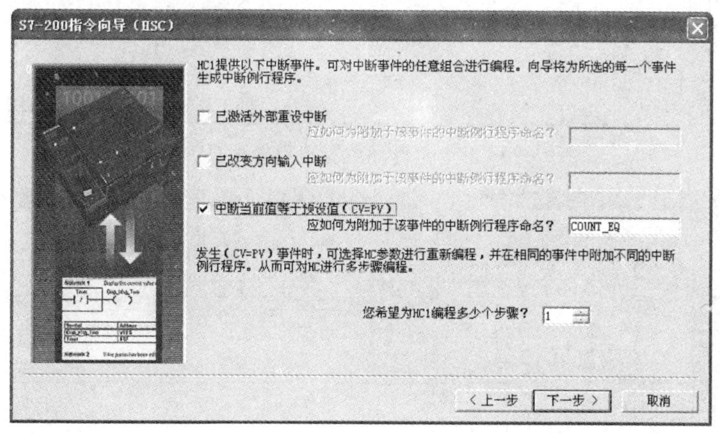

图6-18　高速计数器中断设置的页面

（6）高速计数器中断处理方式设定页面如图6-19所示。在本例中当CV ＝ PV时需要将当前值清理，所以选择“更新当前值”选项，并在“新CV”栏内输入新的当前值“0”。完成后点击“下一步”。

（7）高速计数器中断处理方式设定完成后，出现高速计数器编程确认页面，如图6-20所示。该页面显示了由向导编程完成的程序及使用说明，选择“完成”结束编程。

（8）向导使用完成后在程序编辑器页面内自动增加了“HSC-INIT”子程序和“COUNT-EQ”中断程序。分别点击“HSC-INIT”子程序和“COUNT-EQ”中断程序标签，可见其程序与图6-12和图6-13相同。

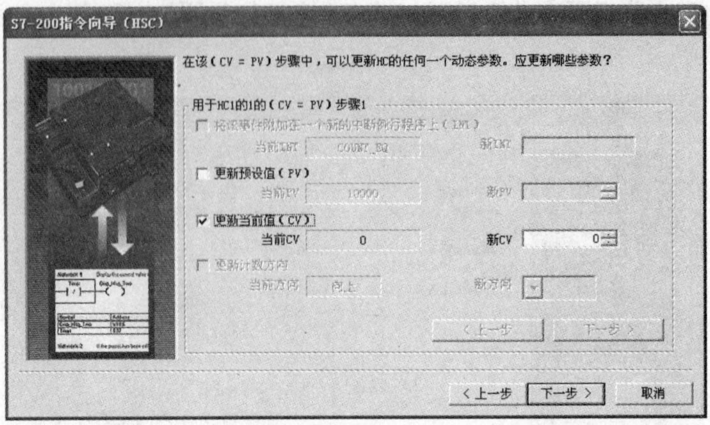

图 6-19　高速计数器中断处理方式设定页面

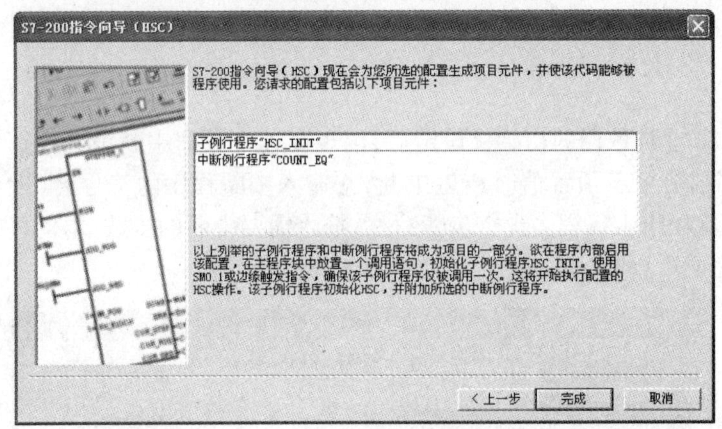

图 6-20　高速计数器编程确认页面

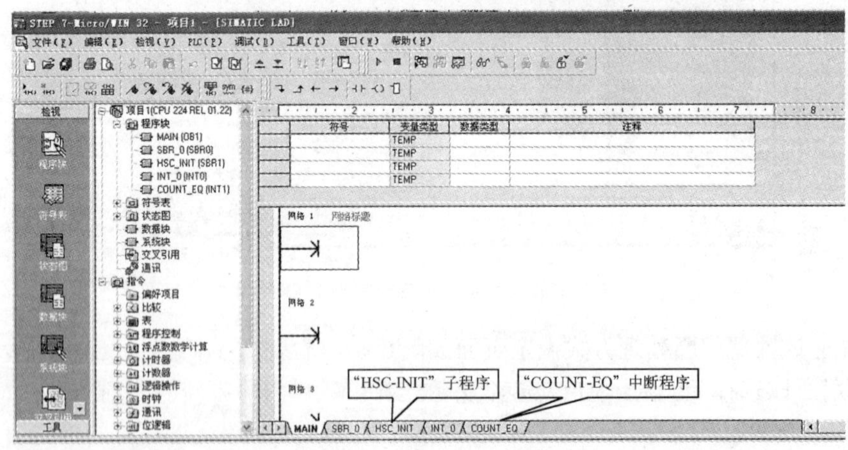

图 6-21　在程序编辑页面中增加了"HSC-INIT"子程序和"COUNT-EQ"中断程序标签

6.3.6　高速脉冲输出

1. 脉冲输出(PLS)指令

脉冲输出(PLS)指令功能为:使能有效时,检查用于脉冲输出(Q0.0 或 Q0.1)的特殊存储器位(SM),然后执行特殊存储器位定义的脉冲操作。指令格式如表6-11所示。

表6-11　脉冲输出(PLS)指令格式

LAD	STL	操作数及数据类型
PLS EN　ENO ????-Q0.X	PLS Q	Q:常量(0或1) 数据类型:字

2. 用于脉冲输出(Q0.0或Q0.1)的特殊存储器

(1)控制字节和参数的特殊存储器。每个PTO/PWM发生器都有:一个控制字节(8位)、一个脉冲计数值(无符号的32位数值)和一个周期时间和脉宽值(无符号的16位数值)。这些值都放在特定的特殊存储区(SM),如表6-12所示。执行PLS指令时,S7-200读这些特殊存储器位(SM),然后执行特殊存储器位定义的脉冲操作,即对相应的PTO/PWM发生器进行编程。

表6-12　脉冲输出(Q0.0或Q0.1)的特殊存储器

Q0.0和Q0.1对PTO/PWM输出的控制字节		
Q0.0	Q0.1	说　明
SM67.0	SM77.0	PTO/PWM刷新周期值　0:不刷新;1:刷新
SM67.1	SM77.1	PWM刷新脉冲宽度值　0:不刷新;1:刷新
SM67.2	SM77.2	PTO刷新脉冲计数值　0:不刷新;1:刷新
SM67.3	SM77.3	PTO/PWM时基选择　:1 μs; 1:1 ms
SM67.4	SM77.4	PWM更新方法　0:异步更新;1:同步更新
SM67.5	SM77.5	PTO操作　0:单段操作;1:多段操作
SM67.6	SM77.6	PTO/PWM模式选择　0:选择PTO 1:选择PWM
SM67.7	SM77.7	PTO/PWM允许　0:禁止; 1:允许
Q0.0和Q0.1对PTO/PWM输出的周期值		
Q0.0	Q0.1	说　明
SMW68	SMW78	PTO/PWM周期时间值(范围:2~65 535)
Q0.0和Q0.1对PTO/PWM输出的脉宽值		
Q0.0	Q0.1	说　明
SMW70	SMW80	PWM脉冲宽度值(范围:0~65 535)
Q0.0和Q0.1对PTO脉冲输出的计数值		
Q0.0	Q0.1	说　明
SMD72	SMD82	PTO脉冲计数值(范围:1~4 294 967 295)
Q0.0和Q0.1对PTO脉冲输出的多段操作		
Q0.0	Q0.1	说　明
SMB166	SMB176	段号(仅用于多段PTO操作),多段流水线PTO运行中的段的编号
SMW168	SMW178	包络表起始位置,放包络表的首地址

（续）

Q0.0 和 Q0.1 对 PTO 脉冲输出的多段操作		
Q0.0	Q0.1	说　明
SM66.4	SM76.4	PTO 包络由于增量计算错误异常终止　0：无错；1：异常终止
SM66.5	SM76.5	PTO 包络由于用户命令异常终止　0：无错；1：异常终止
SM66.6	SM76.6	PTO 流水线溢出　0：无溢出；1：溢出
SM66.7	SM76.7	PTO 空闲（用来指示脉冲序列输出结束）　0：运行中；1：PTO 空闲

注：同步更新是指只改变脉冲宽度而不改变时间基准，异步更新为同时改变脉冲宽度与时间基准。

【例 6-5】 设置控制字节。用 Q0.0 作为高速脉冲输出，对应的控制字节为 SMB67，如果希望定义的输出脉冲操作为 PTO 操作，允许脉冲输出，多段 PTO 脉冲串输出，时基为 ms，设定周期值和脉冲数，则应向 SMB67 写入 2#10101101，即 16#AD。

通过修改脉冲输出（Q0.0 或 Q0.1）的特殊存储器 SM 区（包括控制字节），即更改 PTO 或 PWM 的输出波形，然后再执行 PLS 指令。

注意：所有控制位、周期、脉冲宽度和脉冲计数值的默认值均为零。向控制字节（SM67.7 或 SM77.7）的 PTO/PWM 允许位写入零，然后执行 PLS 指令，将禁止 PTO 或 PWM 波形的生成。

（2）状态字节的特殊存储器。除了控制信息外，还有用于 PTO 功能的状态位，如表 6-12 所示。程序运行时，根据运行状态使某些位自动置位。可以通过程序来读取相关位的状态，用此状态作为判断条件，实现相应的操作。

3. 对输出的影响

PTO/PWM 生成器和输出映像寄存器共用 Q0.0 和 Q0.1。在 Q0.0 或 Q0.1 使用 PTO 或 PWM 功能时，PTO/PWM 发生器控制输出，并禁止输出点的正常使用，输出波形不受输出映像寄存器状态、输出强制、执行立即输出指令的影响；在 Q0.0 或 Q0.1 位置没有使用 PTO 或 PWM 功能时，输出映像寄存器控制输出，所以输出映像寄存器决定输出波形的初始和结束状态，即决定脉冲输出波形从高电平或低电平开始和结束，使输出波形有短暂的不连续，为了减小这种不连续的有害影响，应注意：可在起用 PTO 或 PWM 操作之前，将用于 Q0.0 和 Q0.1 的输出映像寄存器设为 0。

4. PTO 的使用

PTO 是可以指定脉冲数和周期的占空比为 50% 的高速脉冲串的输出。状态字节中的最高位（空闲位）用来指示脉冲串输出是否完成。可在脉冲串完成时起动中断程序，若使用多段操作，则在包络表完成时起动中断程序。

（1）周期和脉冲数。周期范围从 50 ~ 65 535 μs 或从 2 ~ 65 535 ms，为 16 位无符号数，时基有 μs 和 ms 两种，通过控制字节的第三位选择。注意：

- 如果周期小于 2 个时间单位，则周期的默认值为 2 个时间单位。
- 周期设定奇数微秒或毫秒（例如 75 ms），会引起波形失真。

脉冲计数范围从 1 ~ 4 294 967 295，为 32 位无符号数，如设定脉冲计数为 0，则系统默认脉冲计数值为 1。

（2）PTO 的种类及特点。PTO 功能可输出多个脉冲串，现用脉冲串输出完成时，新的脉冲串输出立即开始。这样就保证了输出脉冲串的连续性。PTO 功能允许多个脉冲串排队,从而形成流水线。流水线分为两种:单段流水线和多段流水线。

单段流水线是指流水线中每次只能存储一个脉冲串的控制参数,初始 PTO 段一旦启动,必须按照对第二个波形的要求立即刷新 SM,并再次执行 PLS 指令,第一个脉冲串完成,第二个波形输出立即开始,重复这一步骤可以实现多个脉冲串的输出。

单段流水线中的各段脉冲串可以采用不同的时间基准,但有可能造脉冲串之间的不平稳过渡。输出多个高速脉冲时,编程复杂。

多段流水线是指在变量存储区 V 建立一个包络表。包络表存放每个脉冲串的参数,执行 PLS 指令时,S7-200 PLC 自动按包络表中的顺序及参数进行脉冲串输出。包络表中每段脉冲串的参数占用 8 个字节,由一个 16 位周期值(2 字节)、一个 16 位周期增量值 Δ(2 字节)和一个 32 位脉冲计数值(4 字节)组成。包络表的格式如表 6-13 所示。

表 6-13 包络表的格式

从包络表起始地址的字节偏移	段	说 明
VB_n		段数(1~255);数值 0 产生非致命错误,无 PTO 输出
VB_{n+1}	段 1	初始周期(2~65 535 个时基单位)
VB_{n+3}		每个脉冲的周期增量 Δ(符号整数:-32 768~32 767 个时基单位)
VB_{n+5}		脉冲数(1~4 294 967 295)
VB_{n+9}	段 2	初始周期(2~65535 个时基单位)
VB_{n+11}		每个脉冲的周期增量 Δ(符号整数:-32 768~32 767 个时基单位)
VB_{n+13}		脉冲数(1~4 294 967 295)
VB_{n+17}	段 3	初始周期(2~65 535 个时基单位)
VB_{n+19}		每个脉冲的周期增量值 Δ(符号整数:-32 768~32 767 个时基单位)
VB_{n+21}		脉冲数(1~4 294 967 295)

注意:周期增量值 Δ 为整数微秒或毫秒。

多段流水线的特点是编程简单,能够通过指定脉冲的数量自动增加或减少周期,周期增量值 Δ 为正值会增加周期,周期增量值 Δ 为负值会减少周期,若 Δ 为零,则周期不变。在包络表中的所有的脉冲串必须采用同一时基,在多段流水线执行时,包络表的各段参数不能改变。多段流水线常用于步进电动机的控制。

【例 6-6】 根据控制要求列出 PTO 包络表。

步进电动机的控制要求如图 6-22 所示。从 A 点到 B 点为加速过程,从 B 到 C 为恒速运行,从 C 到 D 为减速过程。

在本例中,流水线可以分为 3 段,需建立 3 段脉冲的包络表。起始和终止脉冲频率为 2 kHz,最大脉冲频率为 10 kHz ,所以起始和终止周期为 500 μs,最大频率的周期为 100 μs。1 段:加速运行,应在约 200 个脉冲时达到最大脉冲频率;2 段:恒速运行,约(4000-200-200)= 3600 个脉冲;3 段:减速运行,应在约 200 个脉冲时完成。

某一段每个脉冲周期增量值 Δ 用下式确定:

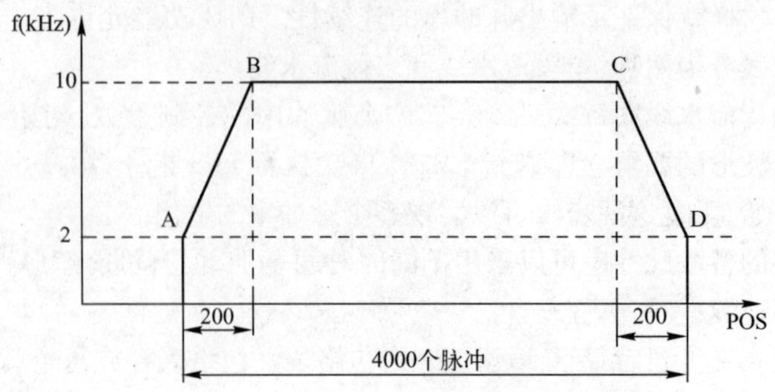

图 6-22　步进电动机的控制要求

周期增量值 Δ = (该段结束时的周期时间 - 该段初始的周期时间)/该段的脉冲数

用该式,计算出 1 段的周期增量值 Δ 为 -2 μs,2 段的周期增量值 Δ 为 0,3 段的周期增量值 Δ 为 2 μs。假设包络表位于从 VB200 开始的 V 存储区中,包络表如表 6-14 所示。

表 6-14　例 6-6 包络表

V 变量存储器地址	段号	参数值	说　明
VB200		3	段数
VB201	段 1	500 μs	初始周期
VB203		-2 μs	每个脉冲的周期增量 Δ
VB205		200	脉冲数
VB209	段 2	100 μs	初始周期
VB211		0	每个脉冲的周期增量 Δ
VB213		3600	脉冲数
VB217	段 3	100 μs	初始周期
VB219		2 μs	每个脉冲的周期增量 Δ
VB221		200	脉冲数

在程序中的可用数据传送指令将表中的数据送入 V 变量存储区中。

(3) 多段流水线 PTO 初始化和操作步骤。用一个子程序实现 PTO 初始化,首次扫描(SM0.1)时,从主程序调用初始化子程序,执行初始化操作。以后的扫描不再调用该子程序,这样可以减少扫描时间,程序结构更好。

初始化操作步骤如下:

1) 首次扫描(SM0.1)时,将输出 Q0.0 或 Q0.1 复位(置 0),并调用完成初始化操作的子程序。

2) 在初始化子程序中,根据控制要求设置控制字并写入 SMB67 或 SMB77 特殊存储器。如写入 16#A0(选择微秒递增)或 16#A8(选择毫秒递增),两个数值表示允许 PTO 功能、选择 PTO 操作、选择多段操作以及选择时基(微秒或毫秒)。

3) 将包络表的首地址(16 位)写入在 SMW168(或 SMW178)。

4) 在变量存储器 V 中,写入包络表的各参数值。一定要在包络表的起始字节中写入段数。在变量存储器 V 中建立包络表的过程也可以在一个子程序中完成,在此只需调用设置包络表的子程序。

5）设置中断事件并全局开中断。如果想在 PTO 完成后，立即执行相关功能，则须设置中断，将脉冲串完成事件（中断事件号 19）连接一中断程序。

6）执行 PLS 指令，使 S7-200 为 PTO/PWM 发生器编程，高速脉冲串由 Q0.0 或 Q0.1 输出。

7）退出子程序。

【例 6-7】 PTO 指令应用实例。编程实现例 6-6 中的步进电动机的控制。

分析：编程前首先选择高速脉冲发生器为 Q0.0，并确定 PTO 为 3 段流水线。设置控制字节 SMB67 为 16#A0，表示允许 PTO 功能、选择 PTO 操作、选择多段操作以及选择时基为微秒，不允许更新周期和脉冲数。建立 3 段的包络表（例 6-6），并将包络表的首地址装入 SMW168。PTO 完成调用中断程序，使 Q1.0 接通。PTO 完成的中断事件号为 19。用中断调用指令 ATCH 将中断事件 19 与中断程序 INT-0 连接，并全局开中断。执行 PLS 指令，退出子程序。本例题的主程序、初始化子程序和中断程序如图 6-23 所示。

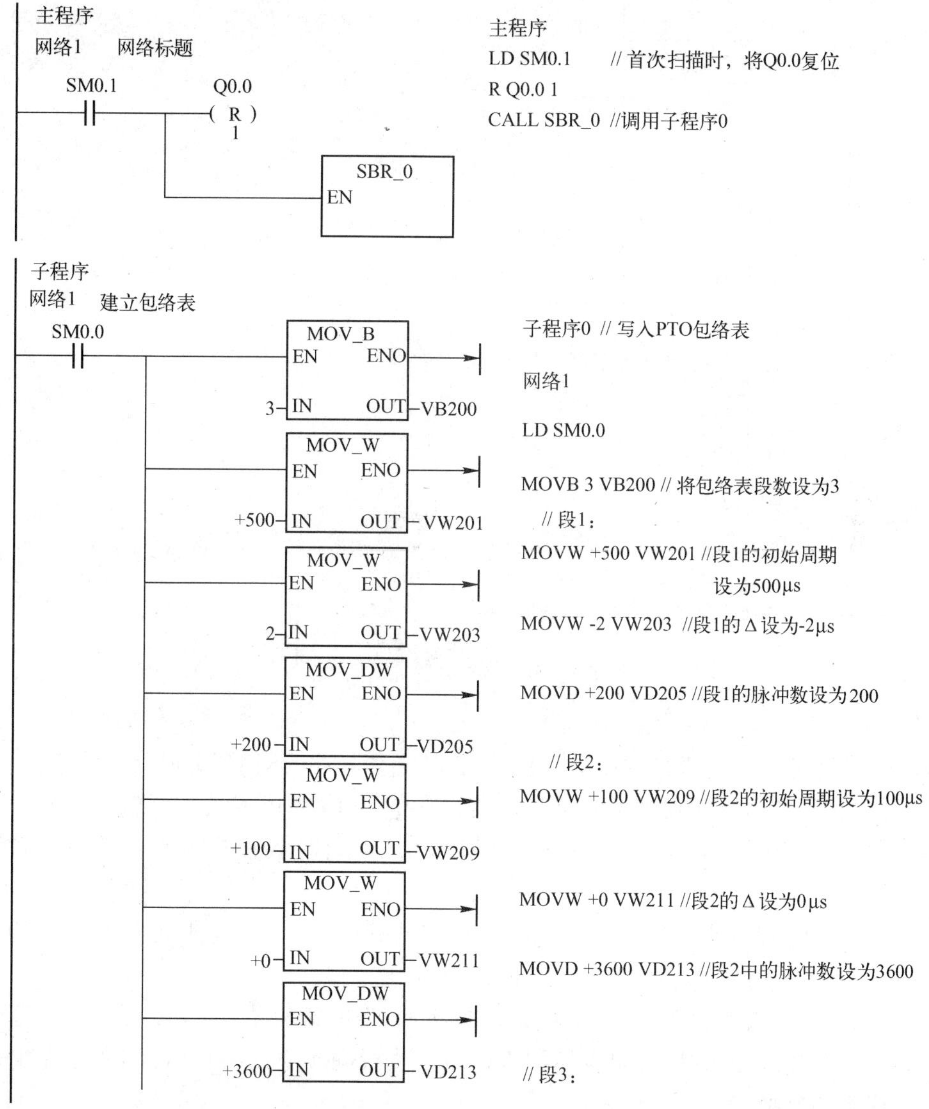

图 6-23 主程序、初始化子程序中断程序

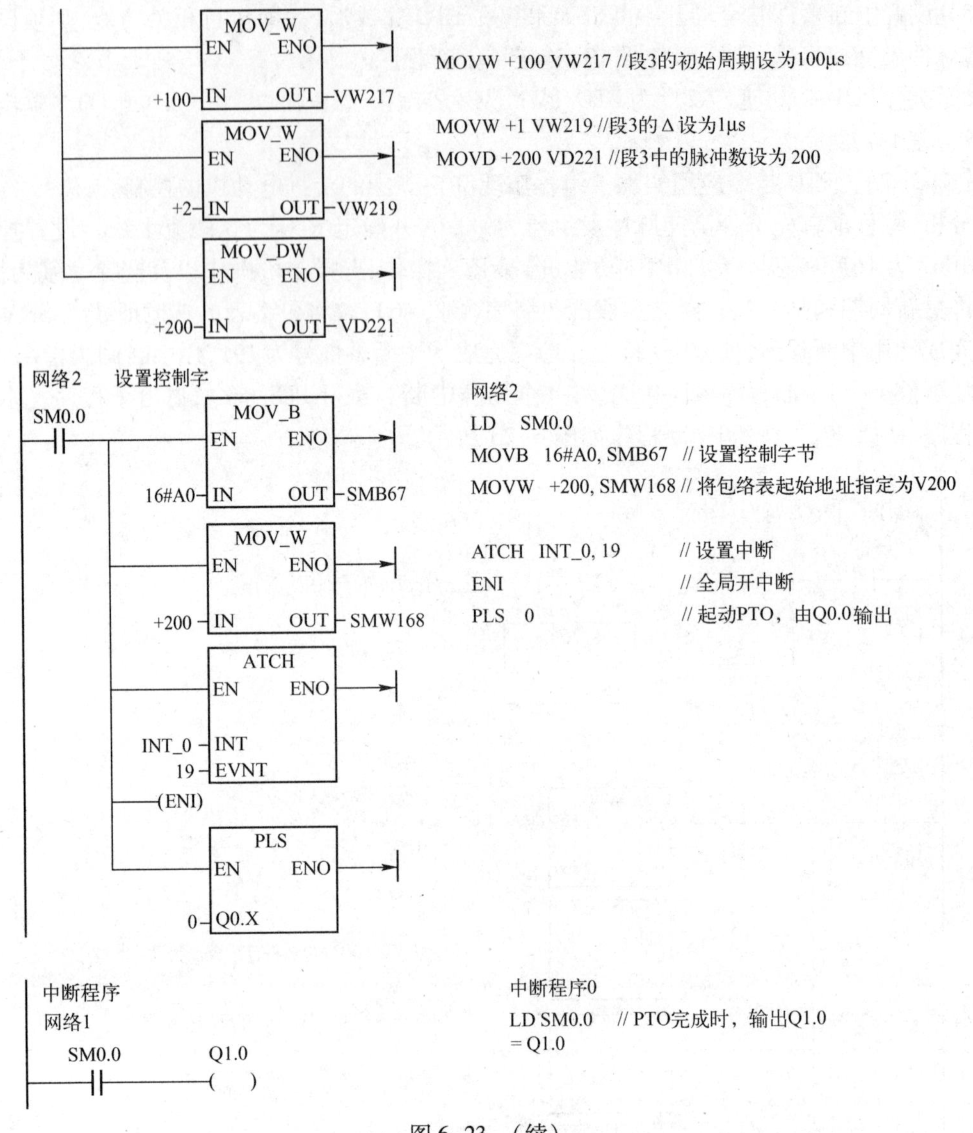

图 6-23 （续）

5. PWM 的使用

PWM 是脉宽可调的高速脉冲输出，通过控制脉宽和脉冲的周期，实现控制任务。

（1）周期和脉宽。周期和脉宽的时基为微秒或毫秒，均为 16 位无符号数。

周期的范围从 50 ~ 65 535 μs，或从 2 ~ 65 535 ms。若周期小于两个时基，则系统默认为两个时基。

脉宽范围从 0 ~ 65 535 μs 或从 0 ~ 65 535 ms。若脉宽大于等于周期，占空比等于 100%，输出连续接通。若脉宽等于 0，占空比为 0%，则输出断开。

（2）更新方式。有两种改变 PWM 波形的方法：同步更新和异步更新。

同步更新：不需改变时基时，可以用同步更新。执行同步更新时，波形的变化发生在周期的边缘，形成平滑转换。

异步更新：需要改变 PWM 的时基时，则应使用异步更新。异步更新使高速脉冲输出功能被瞬时禁用,与 PWM 波形不同步。这样可能造成控制设备震动。

常见的 PWM 操作是脉冲宽度不同,但周期保持不变,即不要求时基改变。因此,先选择适合于所有周期的时基,尽量使用同步更新。

(3) PWM 初始化和操作步骤

1) 用首次扫描位(SM0.1)使输出位复位为 0,并调用初始化子程序。这样可减少扫描时间,程序结构更合理。

2) 在初始化子程序中设置控制字节。如将 16#D3(时基微秒)或 16#DB(时基毫秒)写入 SMB67 或 SMB77,控制功能为:允许 PTO/PWM 功能、选择 PWM 操作、设置更新脉冲宽度和周期数值以及选择时基(微秒或毫秒)。

3) 在 SMW68 或 SMW78 中写入一个字长的周期值。

4) 在 SMW70 或 SMW80 中写入一个字长的脉宽值。

5) 执行 PLS 指令,使 S7-200 为 PWM 发生器编程,并由 Q0.0 或 Q0.1 输出。

6) 可为下一输出脉冲预设控制字。在 SMB67 或 SMB77 中写入 16#D2(微秒)或 16#DA(毫秒)控制字节将禁止改变周期值,允许改变脉宽。以后只要装入一个新的脉宽值,不用改变控制字节,直接执行 PLS 指令就可改变脉宽值。

7) 退出子程序。

【例 6-8】 PWM 应用举例。设计程序,从 PLC 的 Q0.0 输出高速脉冲。该串脉冲脉宽的初始值为 0.1 s,周期固定为 1 s,其脉宽每周期递增 0.1 s,当脉宽达到设定的 0.9 s 时,脉宽改为每周期递减 0.1 s,直到脉宽减为 0。以上过程重复执行。

分析:因为每个周期都有操作,所以须把 Q0.0 接到 I0.0,采用输入中断的方法完成控制任务,并且编写两个中断程序,一个中断程序实现脉宽递增,一个中断程序实现脉宽递减,并设置标志位,在初始化操作时使其置位,执行脉宽递增中断程序,当脉宽达到 0.9s 时,使其复位,执行脉宽递减中断程序。在子程序中完成 PWM 的初始化操作,选用输出端为 Q0.0,控制字节为 SMB67,控制字节设定为 16#DA(允许 PWM 输出,Q0.0 为 PWM 方式,同步更新,时基为 ms,允许更新脉宽,不允许更新周期)。程序如图 6-24 所示。

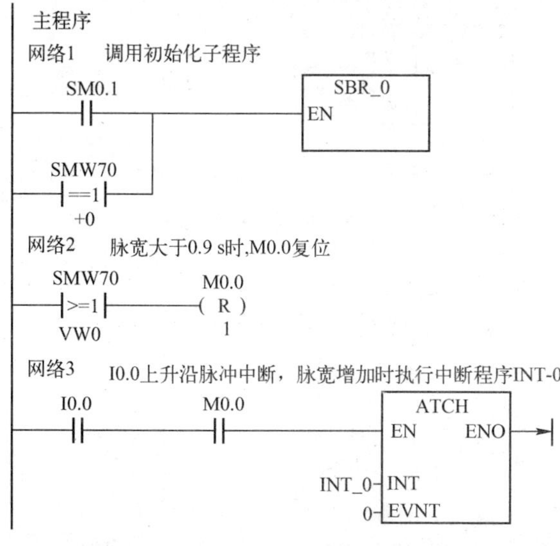

图 6-24 例 6-8 图

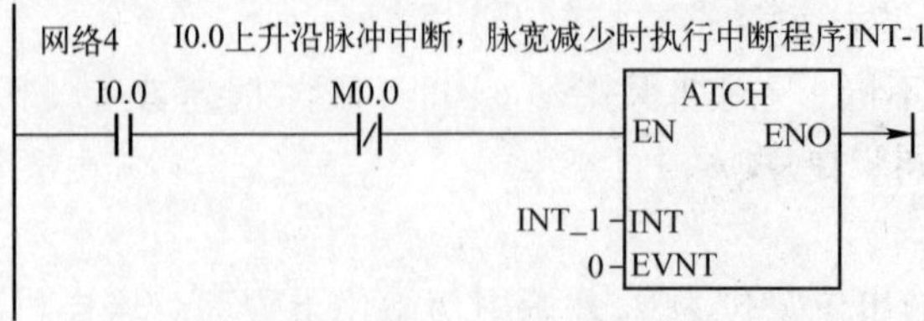

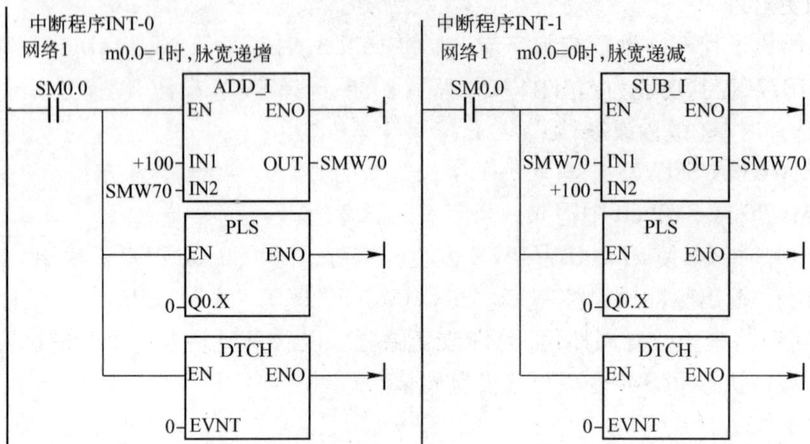

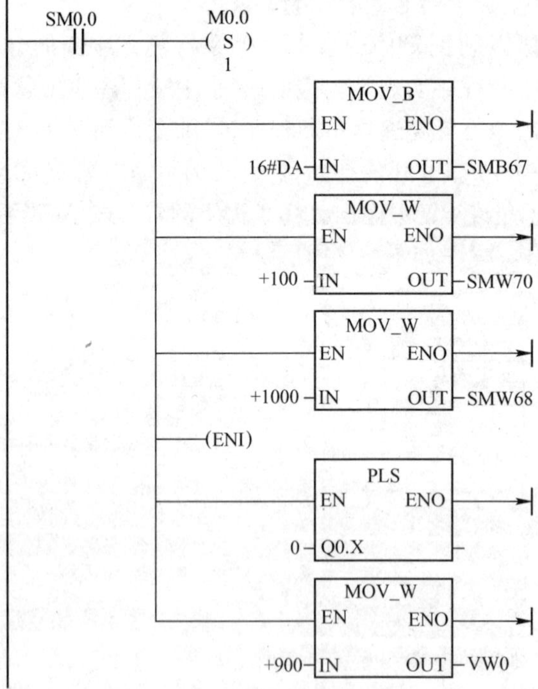

网络4 I0.0上升沿脉冲中断，脉宽减少时执行中断程序INT-1
I0.0
M0.0
ATCH
EN
ENO
INT_1
INT
0
EVNT

中断程序INT-0
网络1 m0.0=1时,脉宽递增
SM0.0
ADD_I
EN
ENO
+100
IN1
OUT
SMW70
SMW70
IN2
PLS
EN
ENO
0
Q0.X
DTCH
EN
ENO
0
EVNT
中断程序INT-1
网络1 m0.0=0时,脉宽递减
SM0.0
SUB_I
EN
ENO
SMW70
IN1
OUT
SMW70
+100
IN2
PLS
EN
ENO
0
Q0.X
DTCH
EN
ENO
0
EVNT

初始化子程序
网络1 使M0.0置1、写入控制字、周期、初始脉宽及比较值、启动PWM
SM0.0
M0.0
S
1
MOV_B
EN
ENO
16#DA
IN
OUT
SMB67
MOV_W
EN
ENO
+100
IN
OUT
SMW70
MOV_W
EN
ENO
+1000
IN
OUT
SMW68
(ENI)
PLS
EN
ENO
0
Q0.X
MOV_W
EN
ENO
+900
IN
OUT
VW0

图 6-24 （续）

6.3.7 高速脉冲输出指令向导的应用

高速脉冲输出的程序可以用编程软件的指令向导生成。如例 6-6 中图 6-22 所示的用步进电动机实现的位置控制，为多速定位，包络表的起始地址为 VB200，脉冲输出形式为 PTO，脉冲输出端为 Q0.0。用指令向导的编程步骤如下：

（1）打开 STEP7-Mirco/WIN 的程序编辑的页面，选择“工具”菜单→“位置控制向导”，如图 6-25 所示。

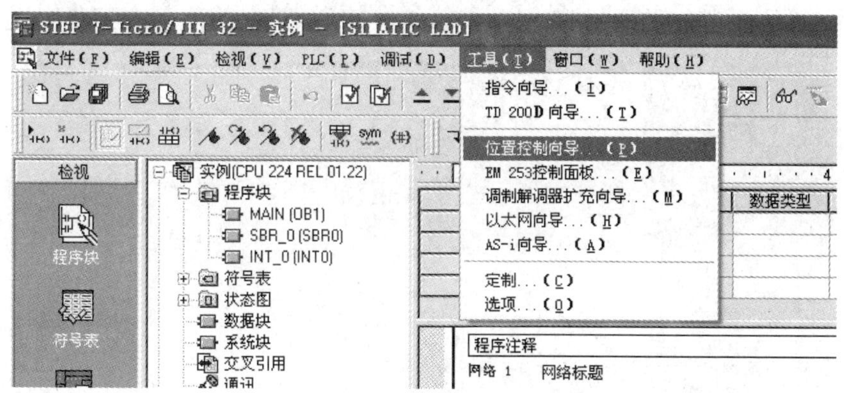

图 6-25 位置控制向导

（2）选择“为 S7-200PLC 配置 PTO/PWM 操作”，并点击“下一步”，如图 6-26 所示。

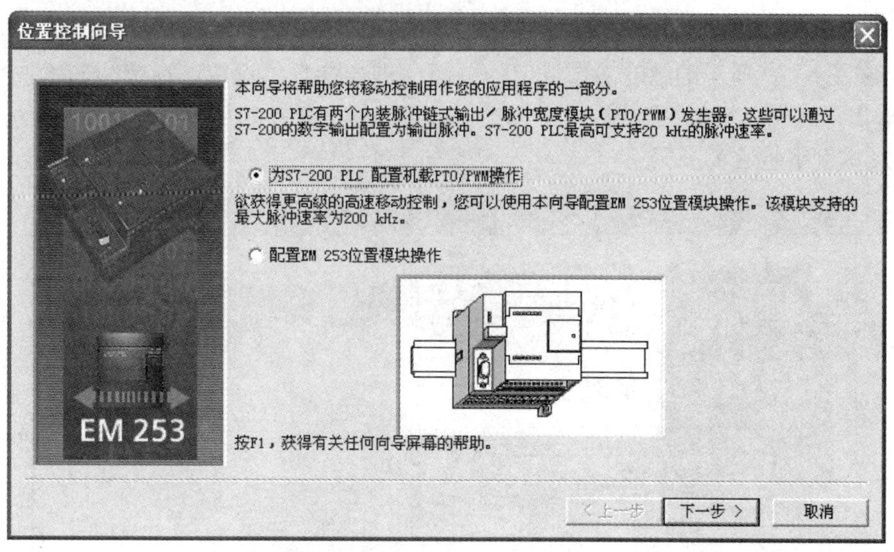

图 6-26 选择配置 PTO/PWM 操作

（3）出现如图 6-27 所示的对话框，选择“是”。

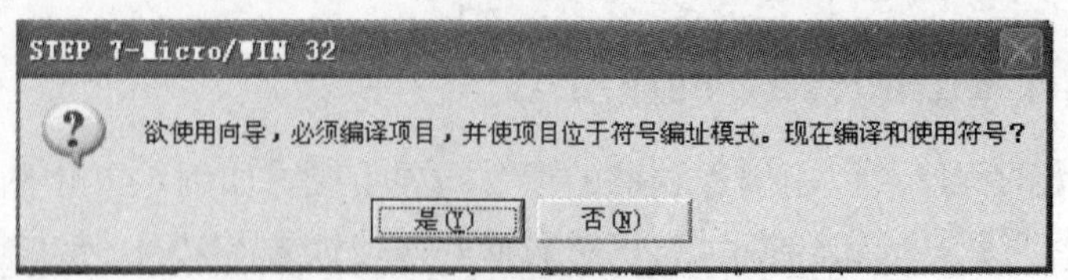

图 6-27　对话框

（4）指定脉冲发生器的输出地址，本例选择 Q0.0，如图 6-28 所示。

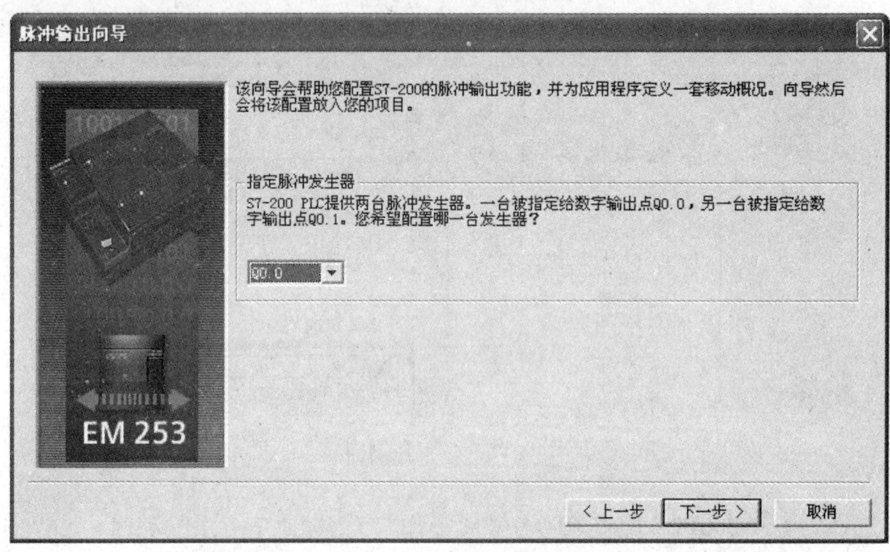

图 6-28　脉冲发生器的输出地址

（5）在图 6-29 所示的脉冲参数设定的页面中进行参数的设定。在脉冲形式选择栏中选择 PTO 输出形式；在时间基准选择栏中选择“微秒”；在应该为 PTO 操作配置“步”的选择栏中输入步数，本例中步数为“3”。

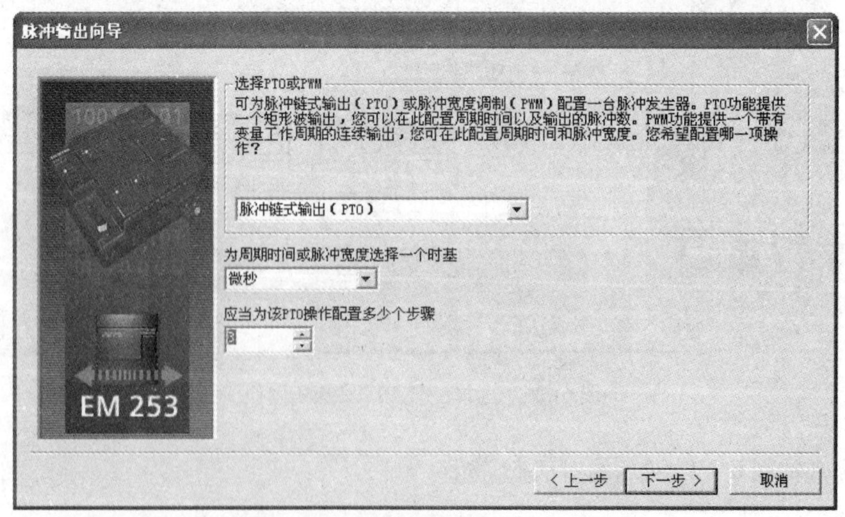

图 6-29　脉冲参数设定的页面

(6) 如图 6-30 所示，在多速定位的包络表变量存储器地址设定表中设定包络表的起始地址。本例中包络表的起始地址为“VB200”，编程软件可以自动计算出包络表的结束地址为 VB224。

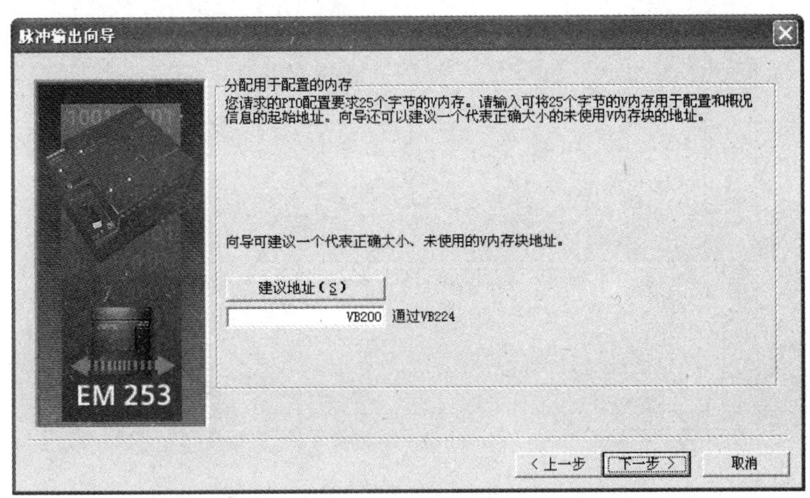

图 6-30　包络表变量存储器地址的设定

(7) 设定完成后出现图 6-31 所示的界面，进行设定确认，确认设定无误后点击“完成”。

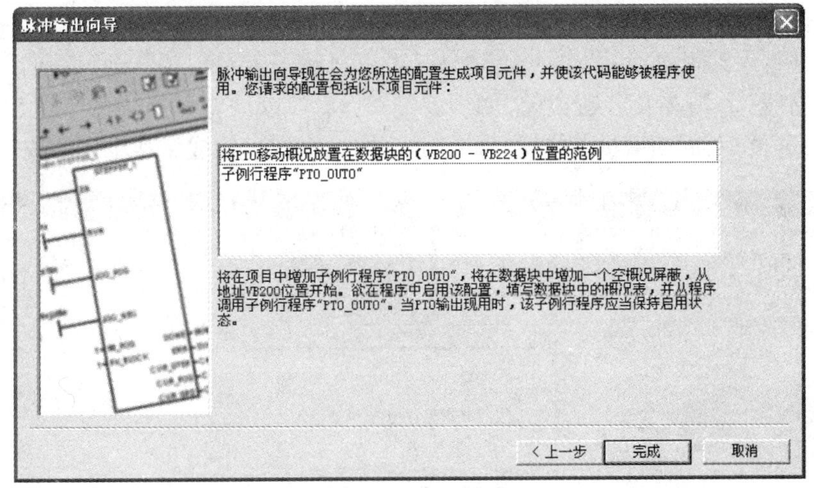

图 6-31　设定确认

(8) 通过向导编程结束后，会自动生成“PTO-OUT0”子程序，这是一个加密程序。点击“PTO-OUT0”子程序标签，出现如图 6-32 所示的脉冲输出子程序“PTO-OUT0”及其局部变量表页面。脉冲输出子程序采用符号地址进行编程，程序中全部应用局部变量，是一个带参数的子程序。局部变量表中的输入变量有：

EN：使能输入，布尔型数据。

RUN：运行/停止控制输入，布尔型数据。

P-Table：多速定位变量表的首地址，字型数据。

局部变量表中的输出变量有：

	符号	变量类型	数据类型	注释
	EN	IN	BOOL	
L0.0	RUN	IN	BOOL	运行/停止
LW1	P_Table	IN	WORD	概况表起始，作为从V0位置的字节偏移量
		IN		
		IN_OUT		
L3.0	Done	OUT	BOOL	
LB4	Error	OUT	BYTE	0＝无错。请参阅POU注释中的其他错误
LB5	Cur_Seg	OUT	BYTE	正在执行的段数
		OUT		
LB6	SM_Status	TEMP	BYTE	
LB7	SM_Mask	TEMP	BYTE	
LB8	SM_Seg_Num	TEMP	BYTE	
LB9	SM_Extra	TEMP	BYTE	
LW10	SM_P_Table	TEMP	WORD	
LB12	Control_Byte	TEMP	BYTE	
		TEMP		

该指令由PTO/PWM生成，与输出Q0.0共同使用。该输出用于带有微秒时基的PTO。
错误表

0 无错
1 PTO现用时，P_Table无法改动
2 由于δ计算错误，PTO异常中止
3 PTO被用户异常中止
4 PTO管线溢出

MAIN SBR_0 INT_0 PTO_OUT0

图 6-32　脉冲输出子程序“PTO-OUT0”及其局部变量表

Done：程序执行完成，布尔型数据。

Error：错误代码，字节型数据。

Cur-Seg：正在执行的段号(步号)，字节型数据。

(9) 打开程序编辑页面的“数据块”图标，可以显示“PTO-OUT0”子程序所需设定的包络表的变量存储器 VB 清单及参数说明，如图 6-33 所示。依次将包络表的 3 段(定位的 1～3 步)的起始脉冲周期、周期增量、脉冲数输入对应的位置，即可完成多速定位轨迹表的编辑。

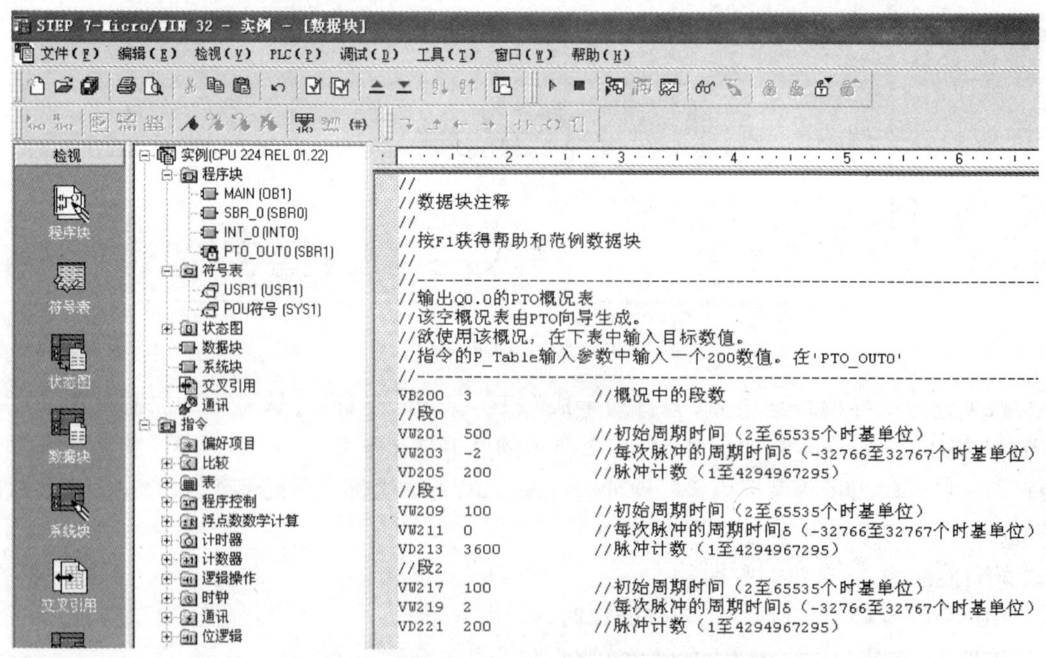

图 6-33　“PTO-OUT0”子程序设定的包络表

（10）多速定位子程序的调用。如图6-34所示，将子程序指令盒的输入、输出变量按数据要求进行赋值。

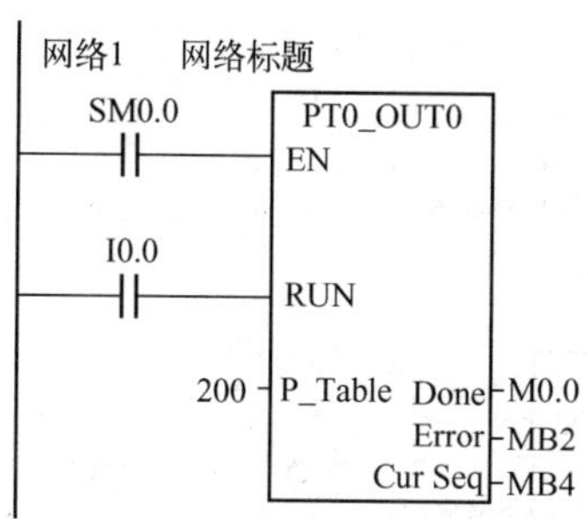

图6-34　多速定位子程序的调用

6.3.8　高速输入、高速输出指令编程实训

1. 实训目的

（1）掌握高速处理类指令的组成、相关特殊存储器的设置、指令的输入及指令执行后的结果，进一步熟悉指令的作用和使用方法。

（2）通过实训的编程、调试练习，观察程序执行的过程，分析指令的工作原理，熟悉指令的具体应用，掌握编程技巧和能力。

（3）熟悉指令向导的使用。

2. 实训内容

用脉冲输出指令PLS和高速输出端子Q0.0给高速计数器HSC提供高速计数脉冲信号，因为要使用高速脉冲输出功能，必须选用直流电源型的CPU模块：CPU224/DC/DC/DC。输入侧的公共端与输出侧的公共端相连，高速输出端Q0.0接到高速输入端I0.0，24V电源正端与输出侧的1L+端子相连。有脉冲输出时，Q0.0与I0.0对应的LED亮。在子程序0中，把中断程序0与中断事件12（CV＝PV时产生中断）连接起来。

外部接线图如图6-35所示。程序如图6-36所示。

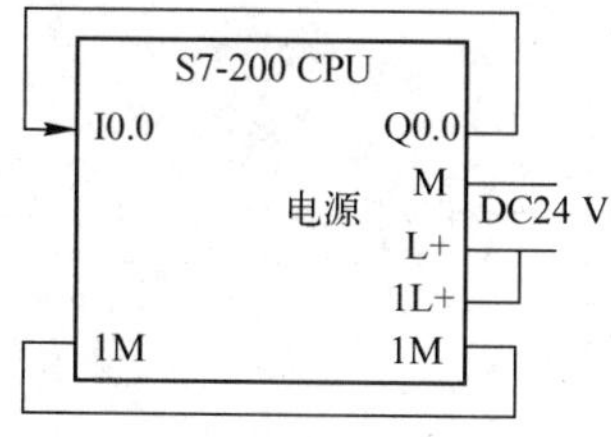

图6-35　外部接线图

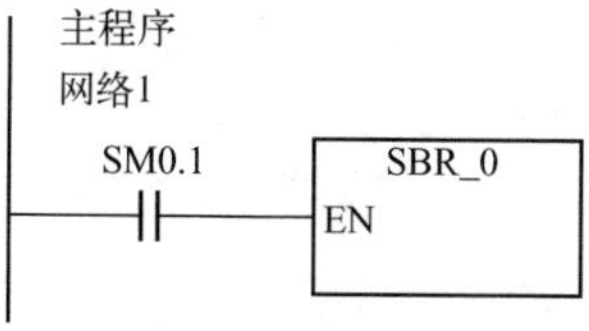

主程序
网络1
SM0.1
SBR_0
EN

```
主程序
LD    SM0.1     //首次扫描时SM0.1=1
CALL  SBR_0     //调用子程序0，初始化高速输出和HSC0
```

图6-36　实训参考程序

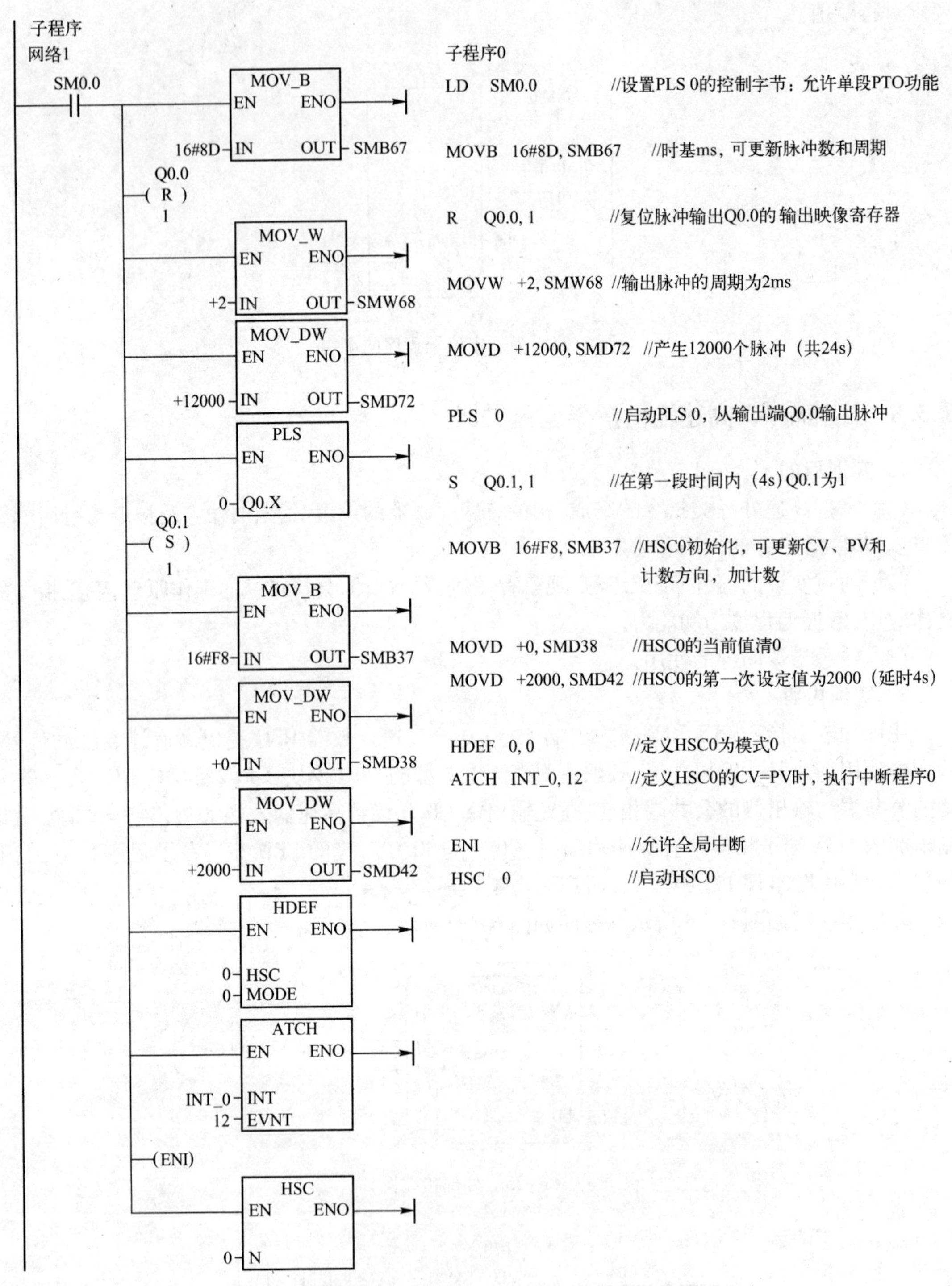
子程序
网络1
SM0.0
MOV_B
EN ENO
16#8D IN OUT SMB67
Q0.0
(R)
1
MOV_W
EN ENO
+2 IN OUT SMW68
MOV_DW
EN ENO
+12000 IN OUT SMD72
PLS
EN ENO
0 Q0.X
Q0.1
(S)
1
MOV_B
EN ENO
16#F8 IN OUT SMB37
MOV_DW
EN ENO
+0 IN OUT SMD38
MOV_DW
EN ENO
+2000 IN OUT SMD42
HDEF
EN ENO
0 HSC
0 MODE
ATCH
EN ENO
INT_0 INT
12 EVNT
(ENI)
HSC
EN ENO
0 N
子程序0
LD SM0.0 //设置PLS 0的控制字节：允许单段PTO功能
MOVB 16#8D, SMB67 //时基ms，可更新脉冲数和周期
R Q0.0, 1 //复位脉冲输出Q0.0的 输出映像寄存器
MOVW +2, SMW68 //输出脉冲的周期为2ms
MOVD +12000, SMD72 //产生12000个脉冲（共24s）
PLS 0 //启动PLS 0，从输出端Q0.0输出脉冲
S Q0.1, 1 //在第一段时间内（4s）Q0.1为1
MOVB 16#F8, SMB37 //HSC0初始化，可更新CV、PV和计数方向，加计数
MOVD +0, SMD38 //HSC0的当前值清0
MOVD +2000, SMD42 //HSC0的第一次设定值为2000（延时4s）
HDEF 0, 0 //定义HSC0为模式0
ATCH INT_0, 12 //定义HSC0的CV=PV时，执行中断程序0
ENI //允许全局中断
HSC 0 //启动HSC0

图 6-36 （续）

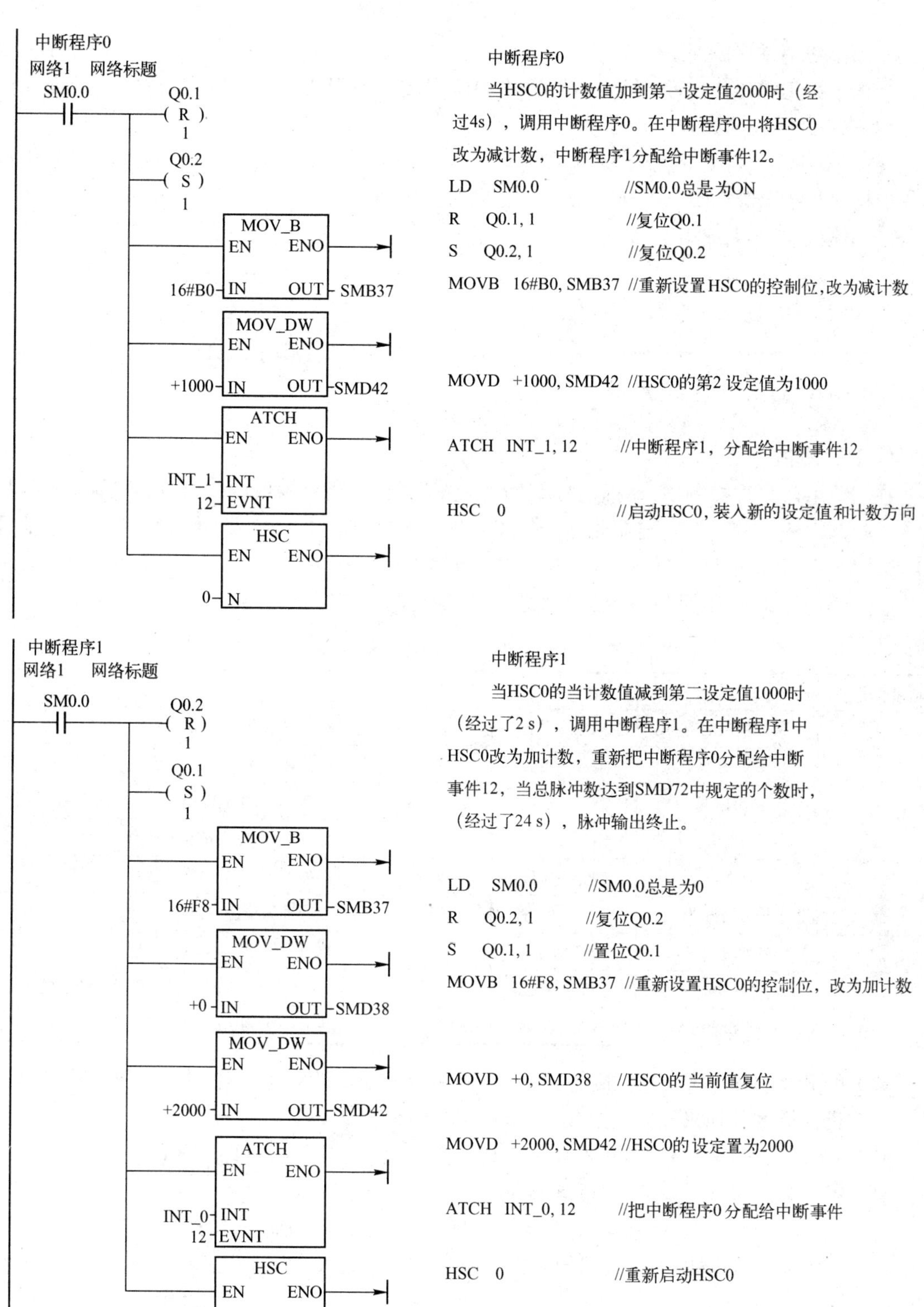

中断程序0
网络1 网络标题
SM0.0
Q0.1
R
1
Q0.2
S
1
MOV_B
EN ENO
16#B0 IN OUT SMB37
MOV_DW
EN ENO
+1000 IN OUT SMD42
ATCH
EN ENO
INT_1 INT
12 EVNT
HSC
EN ENO
0 N
中断程序0
当HSC0的计数值加到第一设定值2000时（经过4s），调用中断程序0。在中断程序0中将HSC0改为减计数，中断程序1分配给中断事件12。
LD SM0.0 //SM0.0总是为ON
R Q0.1, 1 //复位Q0.1
S Q0.2, 1 //复位Q0.2
MOVB 16#B0, SMB37 //重新设置HSC0的控制位,改为减计数
MOVD +1000, SMD42 //HSC0的第2 设定值为1000
ATCH INT_1, 12 //中断程序1，分配给中断事件12
HSC 0 //启动HSC0, 装入新的设定值和计数方向
中断程序1
网络1 网络标题
SM0.0
Q0.2
R
1
Q0.1
S
1
MOV_B
EN ENO
16#F8 IN OUT SMB37
MOV_DW
EN ENO
+0 IN OUT SMD38
MOV_DW
EN ENO
+2000 IN OUT SMD42
ATCH
EN ENO
INT_0 INT
12 EVNT
HSC
EN ENO
0 N
中断程序1
当HSC0的当计数值减到第二设定值1000时（经过了2 s），调用中断程序1。在中断程序1中HSC0改为加计数，重新把中断程序0分配给中断事件12，当总脉冲数达到SMD72中规定的个数时，（经过了24 s），脉冲输出终止。
LD SM0.0 //SM0.0总是为0
R Q0.2, 1 //复位Q0.2
S Q0.1, 1 //置位Q0.1
MOVB 16#F8, SMB37 //重新设置HSC0的控制位，改为加计数
MOVD +0, SMD38 //HSC0的当前值复位
MOVD +2000, SMD42 //HSC0的设定置为2000
ATCH INT_0, 12 //把中断程序0 分配给中断事件
HSC 0 //重新启动HSC0

图 6-36 （续）

3. 读懂程序并输入程序

给程序加注释,给网络加注释,在注释中说明程序的功能和指令的功能。

4. 编译运行和调试程序

观察 Q0.1 和 Q0.2 对应的 LED 的状态,并记录。用状态表监视 HSC0 的当前值变化情况。根据观察结果画出 HSC0、Q0.0、Q0.1 之间对应的波形图。

5. 用指令向导完成该实训

6.4 PID 控制

6.4.1 PID 指令

1. PID 算法

在工业生产过程控制中,模拟信号 PID(由比例、积分、微分构成的闭合回路)调节是常见的一种控制方法。运行 PID 控制指令,S7-200 将根据参数表中的输入测量值、控制设定值及 PID 参数,进行 PID 运算,求得输出控制值。参数表中有 9 个参数,全部为 32 位的实数,共占用 36 个字节。PID 控制回路的参数表如表 6-15 所示。

表 6-15 PID 控制回路的参数表

地址偏移量	参数	数据格式	参数类型	说　明
0	过程变量当前值 PV_n	双字,实数	输入	必须在 0.0~1.0 范围内
4	给定值 SP_n	双字,实数	输入	必须在 0.0~1.0 范围内
8	输出值 M_n	双字,实数	输入/输出	在 0.0~1.0 范围内
12	增益 K_c	双字,实数	输入	比例常量,可为正数或负数
16	采样时间 T_s	双字,实数	输入	以秒为单位,必须为正数
20	积分时间 T_i	双字,实数	输入	以分钟为单位,必须为正数
24	微分时间 T_d	双字,实数	输入	以分钟为单位,必须为正数
28	上一次的积分值 M_x	双字,实数	输入/输出	0.0 和 1.0 之间(根据 PID 运算结果更新)
32	上一次过程变量 PV_{n-1}	双字,实数	输入/输出	最近一次 PID 运算值

典型的 PID 算法包括三项:比例项、积分项和微分项。即输出 = 比例项 + 积分项 + 微分项。计算机在周期性地采样并离散化后进行 PID 运算,算法如下:

$$M_n = K_c^* (SP_n - PV_n) + K_c^* (T_s/T_i) * (SP_n - PV_n) + M_x + K_c^* (T_d/T_s) * (PV_{n-1} - PV_n)$$

其中各参数的含义已在表 6-15 中描述。

比例项 $K_c^* (SP_n - PV_n)$:能及时地产生与偏差 $(SP_n - PV_n)$ 成正比的调节作用,比例系数 K_c 越大,比例调节作用越强,系统的稳态精度越高,但 K_c 过大会使系统的输出量振荡加剧,稳定性降低。

积分项 $K_c^* (T_s/T_i) * (SP_n - PV_n) + M_x$:与偏差有关,只要偏差不为 0,PID 控制的输出就会因积分作用而不断变化,直到偏差消失,系统处于稳定状态,所以积分的作用是消除稳态误差,提高控制精度,但积分的动作缓慢,给系统的动态稳定带来不良影响,很少单独使用。从式中可以看出,积分时间常数增大,积分作用减弱,消除稳态误差的速度减慢。

微分项 $K_c^*(T_d/T_s)*(PV_{n-1}-PV_n)$：根据误差变化的速度（即误差的微分）进行调节具有超前和预测的特点。微分时间常数 T_d 增大时，超调量减少，动态性能得到改善，如 T_d 过大，系统输出量在接近稳态时可能上升缓慢。

2. PID 控制回路选项

在很多控制系统中，有时只采用一种或两种控制回路。例如，可能只要求比例控制回路或比例和积分控制回路。通过设置常量参数值选择所需的控制回路。

（1）如果不需要积分回路（即在 PID 计算中无“I”），则应将积分时间 T_i 设为无限大。由于积分项 M_x 的初始值，虽然没有积分运算，积分项的数值也可能不为零。

（2）如果不需要微分运算（即在 PID 计算中无“D”），则应将微分时间 T_d 设定为 0.0。

（3）如果不需要比例运算（即在 PID 计算中无“P”），但需要 I 或 ID 控制，则应将增益值 K_c 指定为 0.0。因为 K_c 是计算积分和微分项公式中的系数，将循环增益设为 0.0 会导致在积分和微分项计算中使用的循环增益值为 1.0。

3. 回路输入量的转换和标准化

每个回路的给定值和过程变量都是实际数值，其大小、范围和工程单位可能不同。在 PLC 进行 PID 控制之前，必须将其转换成标准化浮点表示法。步骤如下：

（1）将数值从 16 位整数转换成 32 位浮点数或实数。下列指令说明如何将整数数值转换成实数。

```
XORD AC0,AC0        //将 AC0 清 0
ITD AIW0, AC0       //将输入数值转换成双字
DTR AC0, AC0        //将 32 位整数转换成实数
```

（2）将实数转换成 0.0 ~ 1.0 之间的标准化数值。用下式：

实际数值的标准化数值 = 实际数值的非标准化数值或原始实数/取值范围 + 偏移量

取值范围 = 最大可能数值 - 最小可能数值 = 32 000（单极数值）或 64 000（双极数值）

偏移量：对单极数值取 0.0，对双极数值取 0.5

单极（0 ~ 32000），双极（ - 32000 ~ 32000）

如将上述 AC0 中的双极数值（间距为 64 000）标准化：

```
/R 64000.0, AC0         //使累加器中的数值标准化
+R 0.5, AC0             //加偏移量 0.5
MOVR AC0, VD100         //将标准化数值写入 PID 回路参数表中
```

4. PID 回路输出转换为成比例的整数

程序执行后，PID 回路输出 0.0 ~ 1.0 之间的标准化实数数值，必须被转换成 16 位成比例整数数值，才能驱动模拟输出。

PID 回路输出成比例实数数值 = （PID 回路输出标准化实数值 - 偏移量）× 取值范围

程序如下：

```
MOVR VD108, AC0         //将 PID 回路输出送入 AC0
-R 0.5, AC0             //双极数值减偏移量 0.5
*R 64000.0, AC0         //AC0 的值 × 取值范围，变为成比例实数数值
ROUND AC0,AC0           //将实数四舍五入取整，变为 32 位整数
```

```
DTI AC0, AC0              //32 位整数转换成 16 位整数
MOVW AC0, AQW0            //16 位整数写入 AQW0
```

5. PID 指令

PID 指令:使能有效时,根据回路参数表(TBL)中的输入测量值、控制设定值及 PID 参数进行 PID 计算。指令格式如表 6-16 所示。

表 6-16　PID 指令格式

LAD	STL	说　明
PID EN　ENO ????-TBL ????-LOOP	PID TBL,LOOP	TBL:参数表起始地址 VB;数据类型:字节 LOOP:回路号,常量(0~7);数据类型:字节

说明:

(1) 程序中可使用 8 条 PID 指令,分别编号 0~7,不能重复使用。

(2) 使 ENO = 0 的错误条件:0006(间接地址),SM1.1(溢出,参数表起始地址或指令中指定的 PID 回路指令号码操作数超出范围)。

(3) PID 指令不对参数表输入值进行范围检查。必须保证过程变量和给定值积分项前值和过程变量前值在 0.0~1.0 之间。

6.4.2　PID 控制功能的应用

1. 控制任务

一恒压供水水箱,通过变频器驱动的水泵供水,维持水位在满水位的 70%。过程变量 PV_n 为水箱的水位(由水位检测计提供),设定值为 70%,PID 输出控制变频器,即控制水箱注水调速电动机的转速。要求开机后,先手动控制电动机,水位上升到 70% 时,转换到 PID 自动调节。

2. PID 回路参数表(如表 6-17 所示)

表 6-17　恒压供水 PID 控制参数表

地　址	参　数	数　值
VB100	过程变量当前值 PV_n	水位检测计提供的模拟量经 A/D 转换后的标准化数值
VB104	给定值 SP_n	0.7
VB108	输出值 M_n	PID 回路的输出值(标准化数值)
VB112	增益 K_c	0.3
VB116	采样时间 T_s	0.1
VB120	积分时间 T_i	30
VB124	微分时间 T_d	0(关闭微分作用)
VB128	上一次积分值 M_x	根据 PID 运算结果更新
VB132	上一次过程变量 PV_{n-1}	最近一次 PID 的变量值

3. 程序分析

(1) I/O 分配

手动/自动切换开关 I0.0　　　模拟量输入 AIW0　　　模拟量输出 AQW0

(2) 程序结构

由主程序、子程序、中断程序构成。主程序用来调用初始化子程序。子程序用来建立 PID 回路初始参数表和设置中断，由于定时采样，所以采用定时中断(中断事件号为 10)，设置周期时间和采样时间相同(0.1 s)，并写入 SMB34。中断程序用于执行 PID 运算，I0.0 =1 时，执行 PID 运算，本例标准化时采用单极性(取值范围 32000)。

4. 梯形图和语句表程序

程序如图 6-37 所示。

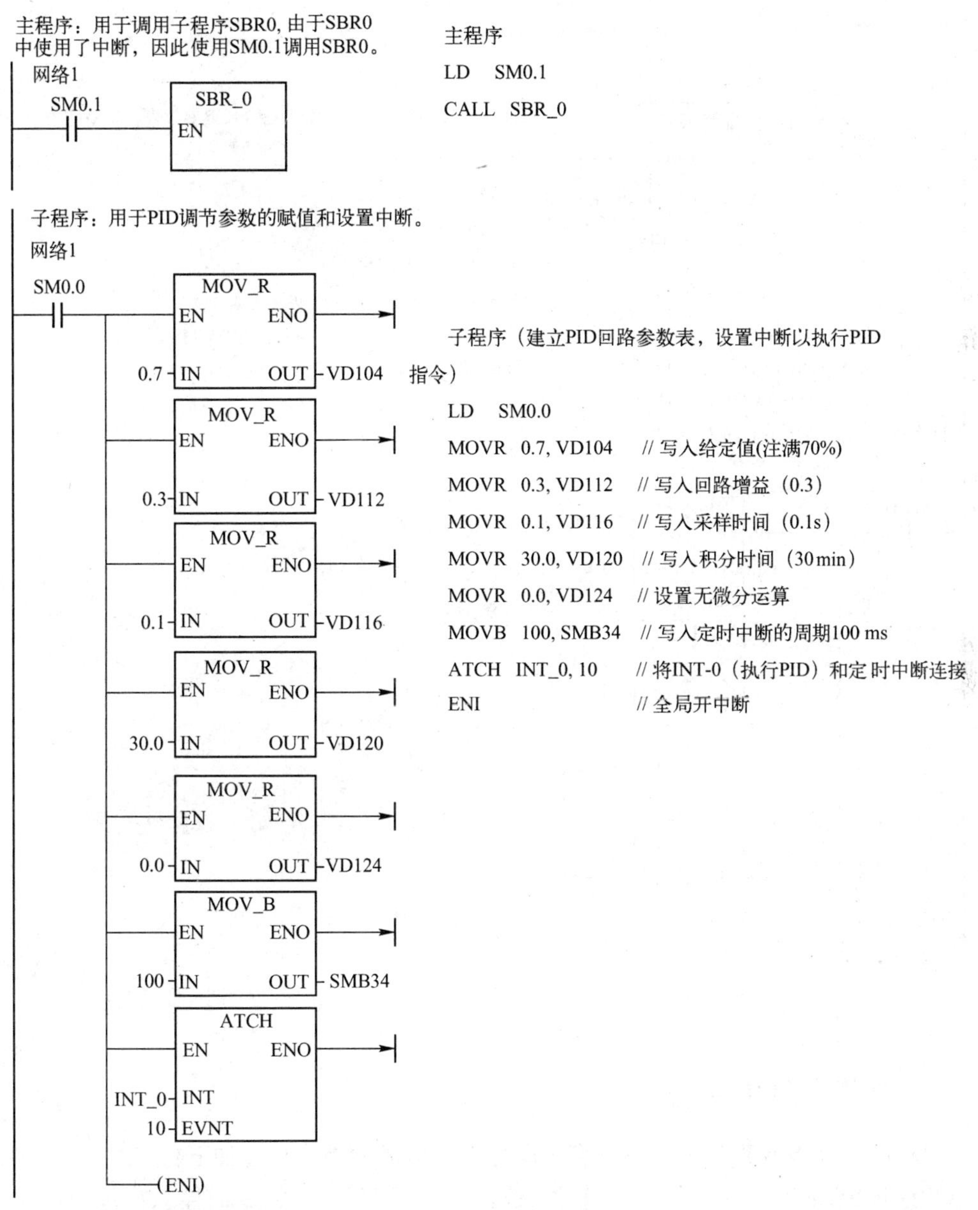

图 6-37　恒压供水 PID 控制

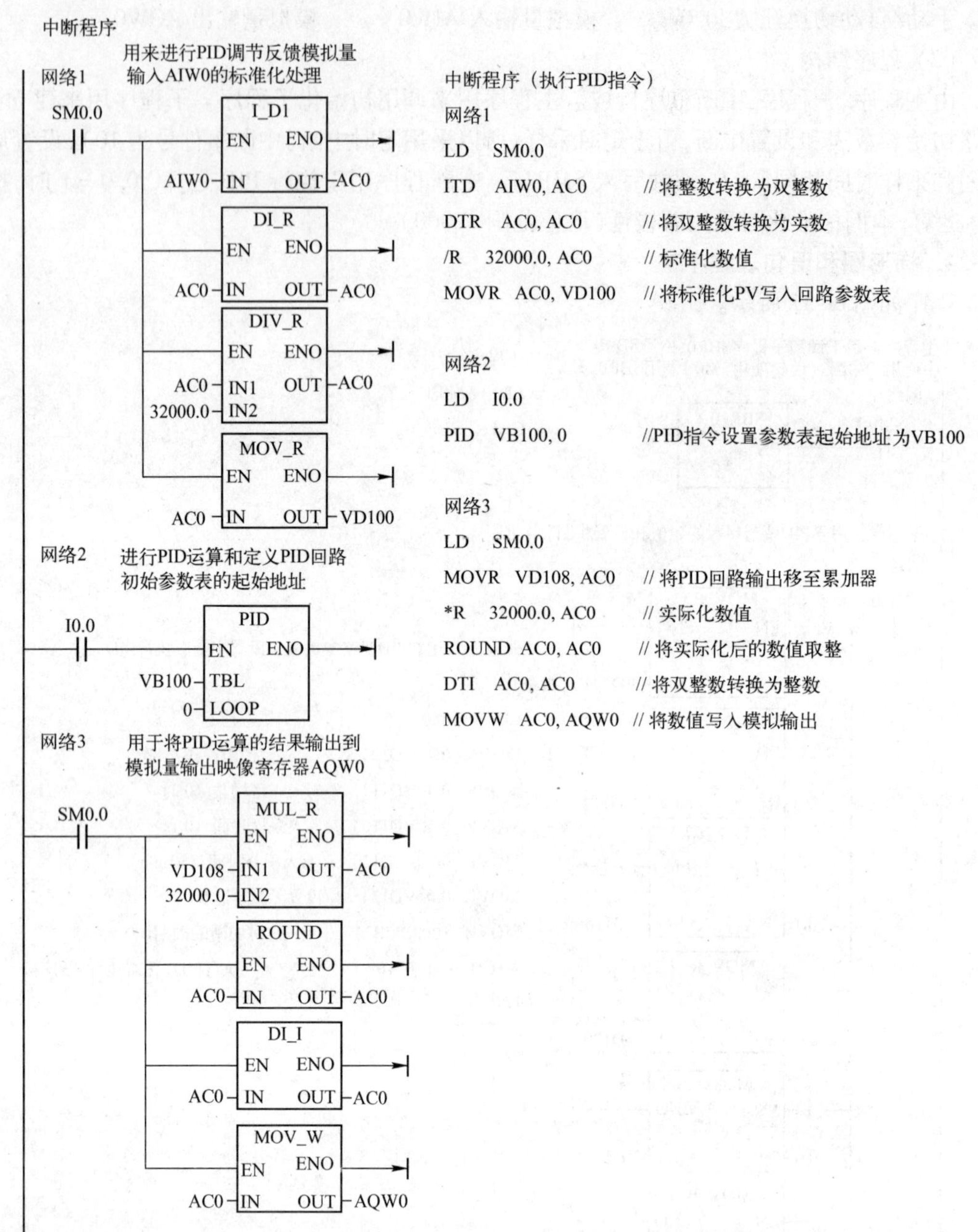

图 6-37 （续）

6.4.3 PID 指令向导的应用

S7-200 的 PID 控制程序可以通过指令向导自动生成。操作步骤如下：

（1）打开 STEP7-Micro/WIN 编程软件，选择“工具”菜单→“指令向导”，出现图 6-38 所示的页面。选择“PID”，并点击“下一步”。

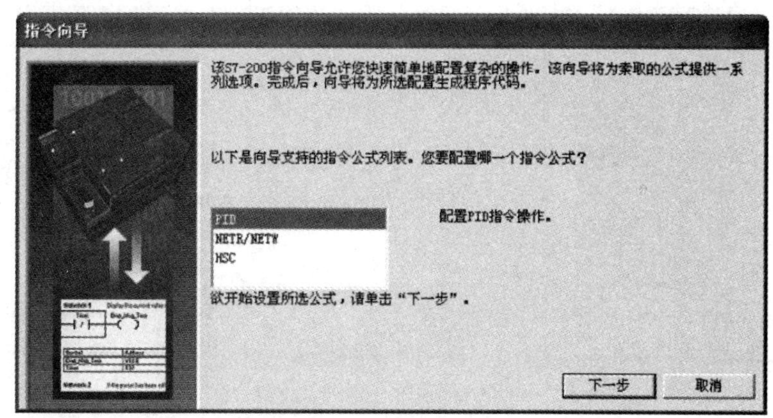

图 6-38　选择 PID 指令向导

(2) 确认编译项目并使用符号编址，如图 6-39 所示。

图 6-39　确认编译项目并使用符号编址

(3) 指定 PID 指令的编号，如图 6-40 所示。

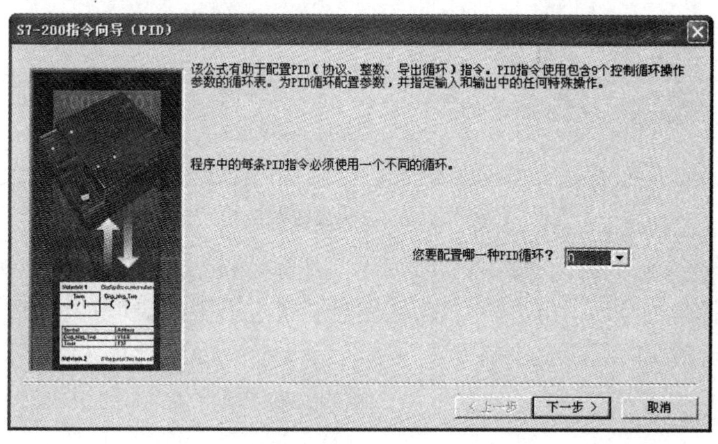

图 6-40　指定 PID 指令的编号

(4) 设定 PID 调节的基本参数，如图 6-41 所示。包括：以百分值指定给定值的下限；以百分值指定给定值的上限；比例增益 K_c；采样时间 T_s(图中为样本时间)；积分时间 T_i(图中为整数时间)；微分时间 T_d(图中为导出时间)。设定完成点击“下一步”。

(5) 输入、输出参数的设定，如图 6-42 所示。在输入选项区输入信号 A/D 转换数据的极性，可以选择单极性或双极性，单极性数值在 0 ~ 32000 之间，双极性数值在 -32000 ~ 32000 之间，可以选择使用或不使用 20% 偏移；在输出选项区选择输出信号的类型，可以选择模拟量输出或数字量输出，输出信号的极性(单极性或双极性)，选择是否使用 20% 的偏移，选择 D/A 转换数据的下限(可以输入 D/A 转换数据的最小值)和上限(可以输入 D/A 转换数据的最大值)。设定完成点击“下一步”。

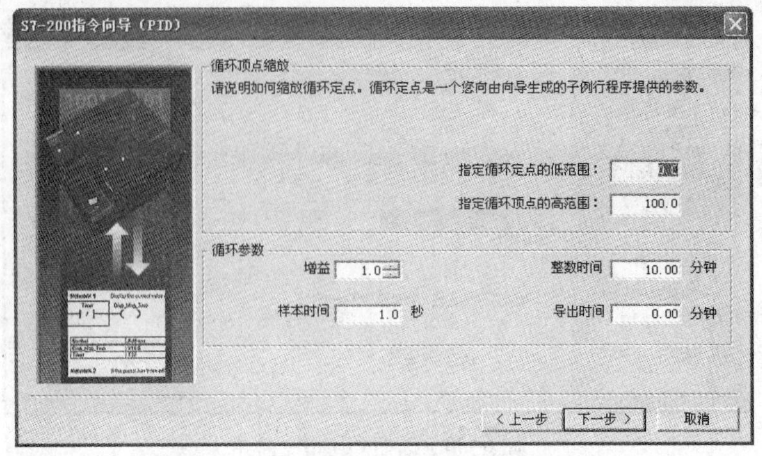

图 6-41　设定 PID 调节的基本参数

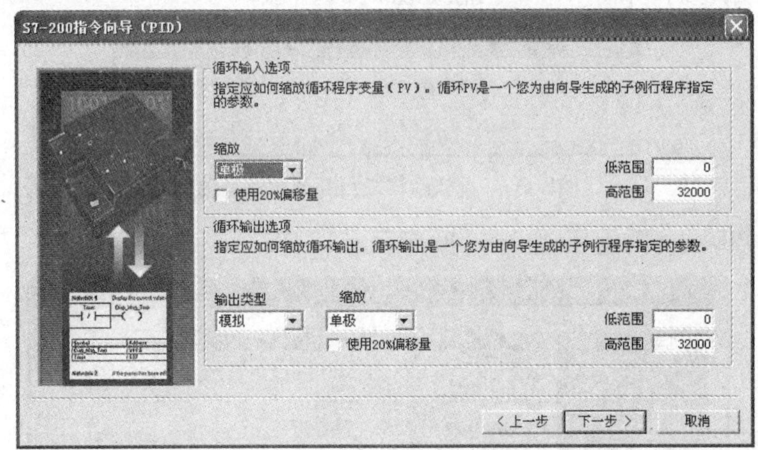

图 6-42　输入、输出参数的设定

（6）输出警报参数的设定，如图 6-43 所示。选择是否使用输出下限报警，使用时应指定下限报警值；选择是否使用输出上限报警，使用时应指定上限报警值；选择是否使用模拟量输入模块错误报警，使用时指定模块位置。

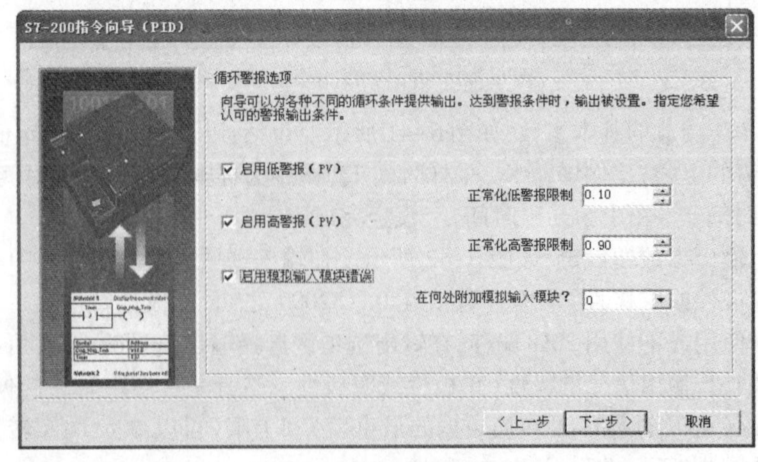

图 6-43　警报参数的设定

(7) 设定 PID 的控制参数,如图 6-44 所示。在变量存储器 V 中,指定 PID 控制需要的变量存储器的起始地址,PID 控制参数表需要 36 个字节,另外数据计算需要 32 个字节,共需要 68 个字节。

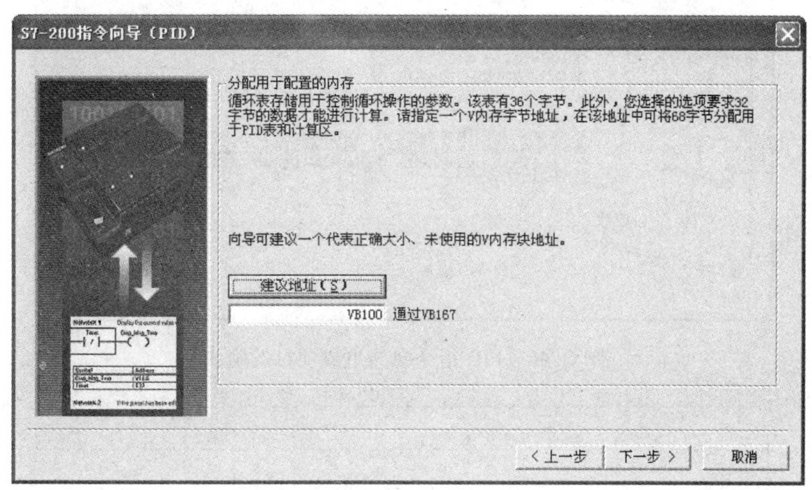

图 6-44　设定 PID 的控制参数占用的变量存储器的起始地址

(8) 设定 PID 控制子程序和中断程序的名称并选择是否增加 PID 的手动控制,如图6-45 所示。在选择手动控制时,给定值将不再经过 PID 控制运算而直接进行输出,为了保证手动控制到自动 PID 控制的平稳过渡,在 PLC 程序中需要对 PID 参数进行如下处理:

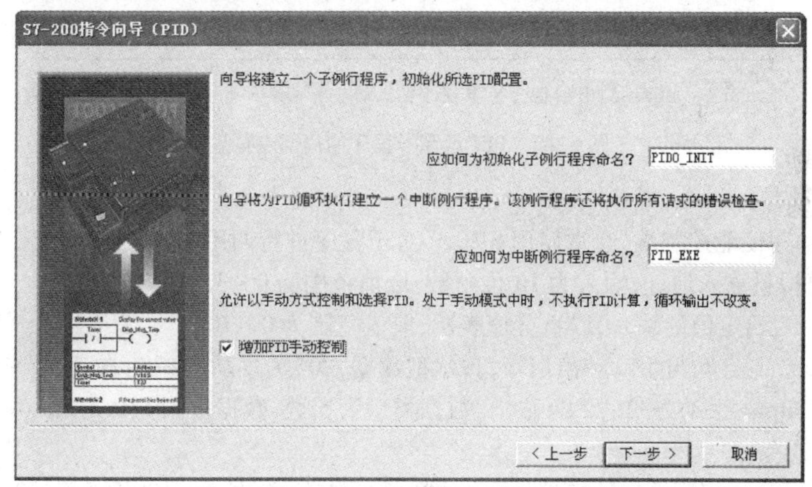

图 6-45　设定 PID 控制子程序和中断程序的名称并选择是否增加 PID 的手动控制

使过程变量当前值与给定值相等:$S_{pn}=P_{vn}$;使上一次过程变量当前值与当前过程变量当前值相等:$P_{vn-1}=P_{vn}$;使上一次积分值等于当前输出值:$M_x=M_n$。设定完成后点击“下一步”,出现图 6-46 所示的画面,点击“完成”结束编程向导的使用。

(9) PID 指令向导生成的子程序和中断程序是加密的程序,子程序中全部使用的是局部变量,其中的输入和输出变量需要在调用程序中按照数据类型的要求对其进行赋值,如图 6-47 所示。

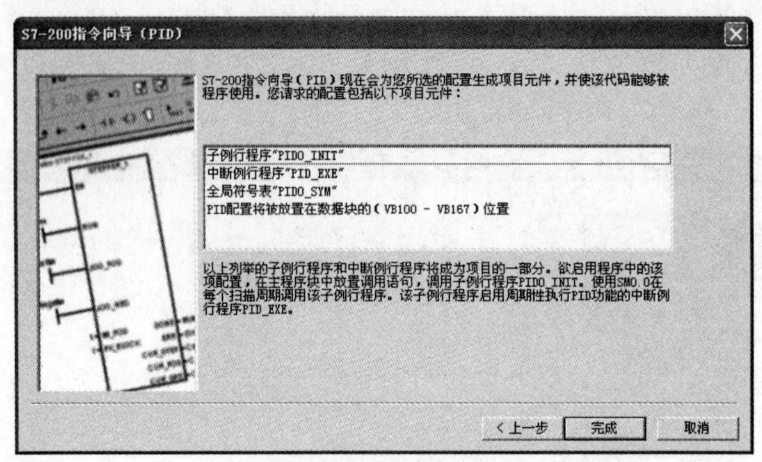

图 6-46　PID 指令向导生成项目的确认

	符号	变量类型	数据类型	注释
	EN	IN	BOOL	
LW0	PV_I	IN	INT	进程变量输入：从0至32000
LD2	Setpoint_R	IN	REAL	定点输入：从0.0至100.0
L6.0	Auto_Manual	IN	BOOL	自动或手动模式（0=手动模式，1=自动模式）。
LD7	ManualOutput	IN	REAL	位于手动模式时理想的循环输出：从0.0至1.0
		IN		
		IN_OUT		
LW11	Output	OUT	INT	PID输出：从0至32000
L13.0	HighAlarm	OUT	BOOL	进程变量（PV）是＞高警报限制（0.90）
L13.1	LowAlarm	OUT	BOOL	进程变量（PV）是＜低警报限制（0.10）
L13.2	ModuleErr	OUT	BOOL	位置0的模拟模块有错误。
		OUT		
LD14	Tmp_DI	TEMP	DWORD	
LD18	Tmp_R	TEMP	REAL	
		TEMP		

MAIN / SBR_0 / INT_0 / PID0_INIT / PID_EXE

图 6-47　PID 运算子程序的局部变量表

输入变量有：

EN：子程序使能控制端，通常使用 SM0.0 对子程序进行调用。

PV-I：模拟量输入地址，输入为 16 位整数，取值范围为 0～32000。

Setpoint-R：给定值的输入，以百分值表示，取值范围为 0～100。

Auto-Manual：自动与手动转换信号，布尔型数据，“0”为手动，“1”为自动。

ManualOutput：手动方式的 PID 输出，数据类型为实数，数据范围为 0.1～1.0。

输出变量有：

Output：PID 运算后输出的模拟量，数据类型为 16 位整数，数据范围为 0～32000，此处应指定输出映像寄存器的地址，放置该输出模拟量。

HighAlarm：输出上限报警信号，布尔型数据。

LowAlarm：输出下限报警信号，布尔型数据。

ModuleErr：模块出错的报警信号，布尔型数据。

中断程序直接通过子程序启用，不需要控制信号和变量。

（10）在 PLC 程序中可以通过调用 PID 运算子程序（PID0 - INIT），实现 PID 控制，如图 6-48所示。

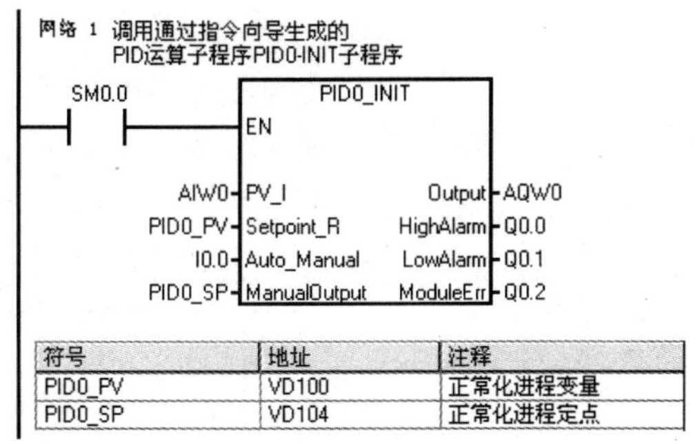

图 6-48　在 PLC 程序中调用 PID 运算子程序

（11）PID 参数的调整与修改。在编程完成后或程序调试时，如果需要对 PID 参数进行调整与修改，可以直接点击浏览条中的“数据块”图标，则显示出 PID 指令向导设定的变量存储器的参数表，如图 6-49 所示。在参数表中可以直接修改 PID 的参数，并重新下载。

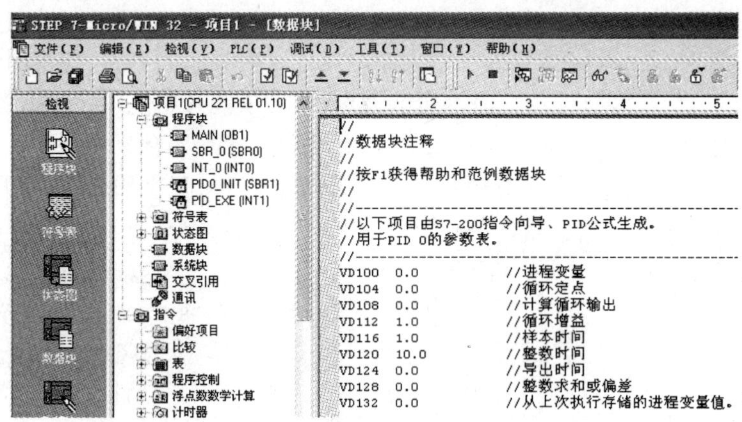

图 6-49　PID 指令向导设定的变量存储器的参数表

6.5　时钟指令

利用时钟指令可以实现调用系统实时时钟或根据需要设定时钟，这对控制系统运行的监视、运行记录及和实时时间有关的控制等十分方便。时钟指令有两条：读实时时钟和设定实时时钟。指令格式如表 6-18 所示。

表 6-18　读实时时钟和设定实时时钟指令格式

LAD	STL	功 能 说 明
READ_RTC EN　ENO ????-T	TODR T	读取实时时钟指令：系统读取实时时钟当前时间和日期，并将其载入以地址 T 起始的 8 个字节的缓冲区
SET_RTC EN　ENO ????-T	TODW T	设定实时时钟指令：系统将包含当前时间和日期以地址 T 起始的 8 个字节的缓冲区装入 PLC 的时钟
输入/输出 T 的操作数：VB，IB，QB，MB，SMB，SB，LB，＊VD，＊AC，＊LD；数据类型：字节		

指令使用说明：

(1) 8 个字节缓冲区(T)的格式如表 6-19 所示。所有日期和时间值必须采用 BCD 码表示。例如：对于年，仅使用年份最低的两个数字，16#05 代表 2005 年；对于星期，1 代表星期日，2 代表星期一，7 代表星期六，0 表示禁用星期。

表 6-19　8 字节缓冲区的格式

地址	T	T+1	T+2	T+3	T+4	T+5	T+6	T+7
含义	年	月	日	小时	分钟	秒	0	星期
范围	00~99	01~12	01~31	00~23	00~59	00~59		0~7

(2) S7-200 CPU 不根据日期核实星期是否正确，不检查无效日期，例如 2 月 31 日为无效日期，但可以被系统接受，所以必须确保输入正确的日期。

(3) 不能同时在主程序和中断程序中使用 TODR/TODW 指令，否则将产生非致命错误(0007)，SM4.3 置 1。

(4) 对于没有使用过时钟指令或长时间断电或内存丢失后的 PLC，在使用时钟指令前，要通过 STEP-7 软件"PLC"菜单对 PLC 时钟进行设定，然后才能开始使用时钟指令。时钟可以设定成与 PC 系统时间一致，也可用 TODW 指令自由设定。

【例 6-9】　编写程序，要求读时钟并以 BCD 码显示秒钟，程序如图 6-50 所示。

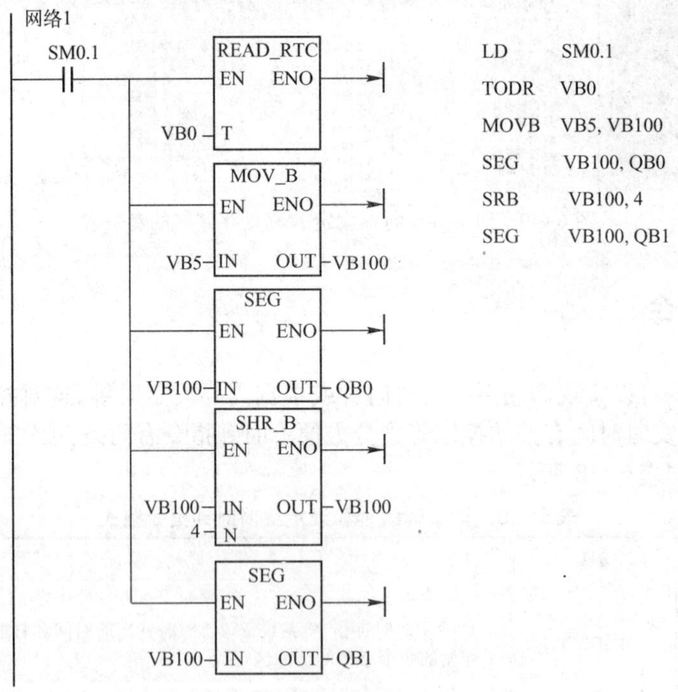

图 6-50　读时钟并以 BCD 码显示秒钟程序

说明：时钟缓冲区从 VB0 开始，VB5 中存放着秒钟，第一次用 SEG 指令将字节 VB100 的秒钟低四位转换成七段显示码由 QB0 输出，接着用右移位指令将 VB100 右移四位，将其高四位变为低四位，再次使用 SEG 指令，将秒钟的高四位转换成七段显示码由 QB1 输出。

【例 6-10】 编写程序,要求控制灯的定时接通和断开。要求 18:00 时开灯,06:00 时关灯。时钟缓冲区从 VB0 开始。程序如图 6-51 所示。

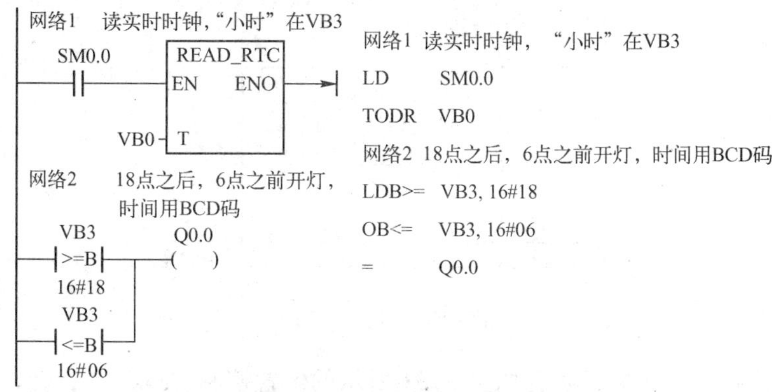

图 6-51 控制灯的定时接通和断开程序

6.6 习题

1. 编写程序完成数据采集任务,要求每 100ms 采集一个数。

2. 利用上升沿和下降沿中断,编制如图 6-52 所示的对 90°相位差的脉冲输入进行二分频处理的控制程序。出现 I0.0 上升沿或下降沿时 Q0.0 置位,出现 I0.1 上升沿或下降沿时 Q0.0 复位。

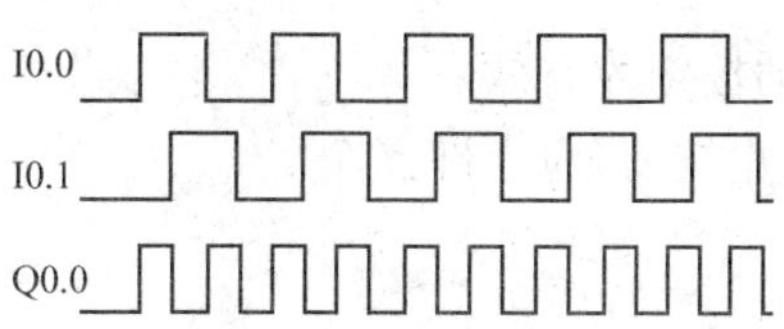

图 6-52 控制要求

3. 编写一个输入/输出中断程序,要求实现:

(1) 从 0 到 255 的计数。

(2) 当输入端 I0.0 为上升沿时,执行中断程序 0,程序采用加计数。

(3) 当输入端 I0.0 为下降沿时,执行中断程序 1,程序采用减计数。

(4) 计数脉冲为 SM0.5。

4. 编写实现脉宽调制 PWM 的程序。要求从 PLC 的 Q0.1 输出高速脉冲,脉宽的初始值为 0.5 s,周期固定为 5s,其脉宽每周期递增 0.5 s,当脉宽达到设定的 4.5 s 时,脉宽改为每周期递减 0.5 s,直到脉宽减为 0,以上过程重复执行。

5. 编写一高速计数器程序,要求:

(1) 首次扫描时调用一个子程序,完成初始化操作。

(2) 用高速计数器 HSC1 实现加计数,当计数值 =200 时,将当前值清 0。

6. 要求将高速计数器设置为单路加计数,内部方向控制,复位使能。现有一脉冲从 I0.0 端输入,试编写程序,使脉冲数为 2000 时,Q0.3 亮;脉冲数为 3000 时,Q0.3 灭,Q0.4 亮;脉冲数为 4000 时,停止计数。

7. 利用 PLC 脉冲输出功能编写程序实现如图 6-53 所示的时序图的脉冲输出控制。

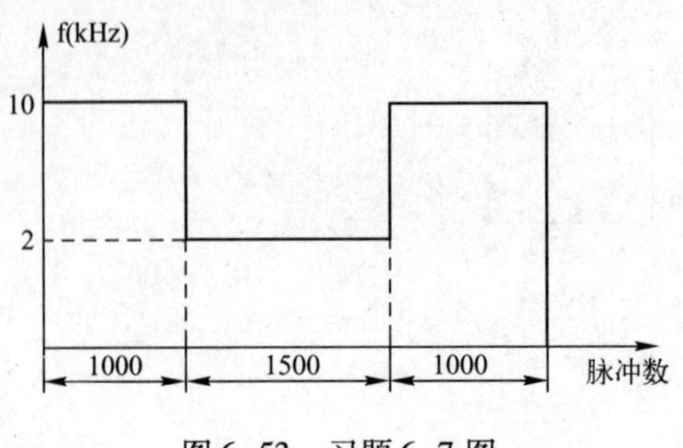

图 6-53　习题 6-7 图

8. 上机利用指令向导编程实现如图 6-54 所示的位置控制,要求:

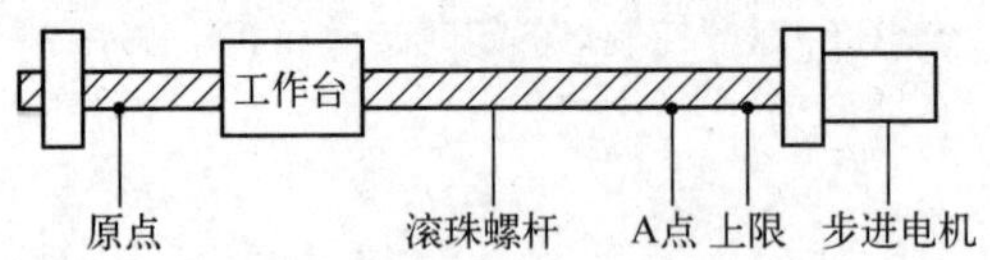

图 6-54　位置控制示意图

(1) 按下起动按钮,工作台先以 500 Hz 的低速返回原点,停 2 s。然后,工作台从原点运行到 A 点停下。在工作台向 A 点运行的过程中,要求最初和最后的 2000 个脉冲的路程,以 500 Hz 的低速运行,其余路程以 2000 Hz 的速度运行(设 A 点距离原点 30000 个脉冲,上限距离原点 35000 个脉冲)。

(2) 只有在停车时,按起动按钮才有效。

(3) 当工作台越限或按停止按钮,应立即停车。

第7章　PLC应用系统设计及实例

本章要点

- PLC 应用系统设计的步骤及常用的设计方法
- 应用举例
- PLC 的装配、检测和维护

7.1　PLC 应用系统设计概述

在了解了 PLC 的基本工作原理和指令系统之后,可以结合实际进行 PLC 的设计。PLC 的设计包括硬件设计和软件设计两部分。PLC 设计的基本原则是:

(1) 充分发挥 PLC 的控制功能,最大限度地满足被控制的生产机械或生产过程的控制要求。

(2) 在满足控制要求的前提下,力求使控制系统经济、简单、维修方便。

(3) 保证控制系统安全可靠。

(4) 考虑到生产发展和工艺的改进,在选用 PLC 时,在 I/O 点数和内存容量上要适当留有余地。

(5) 软件设计主要是指编写程序,要求程序结构清楚,可读性强,程序简短,占用内存少,扫描周期短。

7.2　PLC 应用系统的设计

7.2.1　PLC 控制系统的设计内容及设计步骤

1. PLC 控制系统的设计内容

(1) 根据设计任务书,进行工艺分析,并确定控制方案,它是设计的依据。

(2) 选择输入设备(如按钮、开关、传感器等)和输出设备(如继电器、接触器、指示灯等执行机构)。

(3) 选定 PLC 的型号(包括机型、容量、I/O 模块和电源等)。

(4) 分配 PLC 的 I/O 点,绘制 PLC 的 I/O 硬件接线图。

(5) 编写程序并调试。

(6) 设计控制系统的操作台、电气控制柜等以及安装接线图。

(7) 编写设计说明书和使用说明书。

2. 设计步骤

(1) 工艺分析。深入了解控制对象的工艺过程、工作特点、控制要求,并划分控制的各个阶段,归纳各个阶段的特点和各阶段之间的转换条件,画出控制流程图或功能流程图。

(2) 选择合适的 PLC 类型。在选择 PLC 机型时,主要考虑下面几点:

① 功能的选择。对于小型的 PLC 主要考虑 I/O 扩展模块、A/D 与 D/A 模块以及指令功能(如中断、PID 等)。

② I/O 点数的确定。统计被控制系统的开关量、模拟量的 I/O 点数,并考虑以后的扩充(一般加上 10% ~20% 的备用量),从而选择 PLC 的 I/O 点数和输出规格。

③ 内存的估算。用户程序所需的内存容量主要与系统的 I/O 点数、控制要求、程序结构长短等因素有关。一般可按下式估算:存储容量 = 开关量输入点数 ×10 + 开关量输出点数 ×8 + 模拟通道数 ×100 + 定时器/计数器数量 ×2 + 通信接口个数 ×300 + 备用量。

(3) 分配 I/O 点。分配 PLC 的输入/输出点,编写输入/输出分配表或画出输入/输出端子的接线图,接着就可以进行 PLC 程序设计,同时进行控制柜或操作台的设计和现场施工。

(4) 程序设计。对于较复杂的控制系统,根据生产工艺要求,画出控制流程图或功能流程图,然后设计出梯形图,再根据梯形图编写语句表程序清单,对程序进行模拟调试和修改,直到满足控制要求为止。

(5) 控制柜或操作台的设计和现场施工。设计控制柜及操作台的电器布置图及安装接线图;设计控制系统各部分的电气互锁图;根据图样进行现场接线,并检查。

(6) 应用系统整体调试。如果控制系统由几个部分组成,则应先作局部调试,然后再进行整体调试;如果控制程序的步序较多,则可先进行分段调试,然后连接起来总调。

(7) 编制技术文件。技术文件应包括:PLC 的外部接线图等电气图样,电器布置图,电器元件明细表,顺序功能图,带注释的梯形图和说明。

7.2.2 PLC 的硬件设计和软件设计及调试

1. PLC 的硬件设计

PLC 硬件设计包括 PLC 及外围线路的设计、电气线路的设计和抗干扰措施的设计等。

选定 PLC 的机型和分配 I/O 点后,硬件设计的主要内容就是电气控制系统的原理图的设计,电气控制元器件的选择和控制柜的设计。电气控制系统的原理图包括主电路和控制电路。控制电路包括 PLC 的 I/O 接线和自动、手动部分的详细连接等。电器元件的选择主要是根据控制要求选择按钮、开关、传感器、保护电器、接触器、指示灯、电磁阀等。

2. PLC 的软件设计

软件设计包括系统初始化程序、主程序、子程序、中断程序、故障应急措施和辅助程序的设计,小型开关量控制一般只有主程序。首先应根据总体要求和控制系统的具体情况,确定程序的基本结构,画出控制流程图或功能流程图,简单的系统可以用经验法设计,复杂的系统一般用顺序控制设计法设计。

3. 软件硬件的调试

调试分模拟调试和联机调试。

软件设计好后一般先作模拟调试。模拟调试可以通过仿真软件来代替 PLC 硬件在计算机上调试程序。如果有 PLC 的硬件,可以用小开关和按钮模拟 PLC 的实际输入信号(如起动、停止信号)或反馈信号(如限位开关的接通或断开),再通过输出模块上各输出位对应的指示灯,观察输出信号是否满足设计的要求。需要模拟量信号 I/O 时,可用电位器和万用表配合进行。在编程软件中可以用状态图或状态图表监视程序的运行或强制某些编程元件。

硬件部分的模拟调试主要是对控制柜或操作台的接线进行测试。可在操作台的接线端子上模拟 PLC 外部的开关量输入信号，或操作按钮的指令开关，观察对应 PLC 输入点的状态。用编程软件将输出点强制 ON/OFF，观察对应的控制柜内 PLC 负载（指示灯、接触器等）的动作是否正常，或对应的接线端子上的输出信号的状态变化是否正确。

联机调试时，把编制好的程序下载到现场的 PLC 中。调试时，主电路一定要断电，只对控制电路进行联机调试。通过现场的联机调试，还会发现新的问题或对某些控制功能的改进。

7.2.3 PLC 程序设计常用的方法

PLC 程序设计常用的方法主要有经验设计法、继电器控制电路转换为梯形图法、顺序控制设计法等。

1. 经验设计法

经验设计法即在一些典型的控制电路程序的基础上，根据被控制对象的具体要求，进行选择组合，并多次反复调试和修改梯形图，有时需增加一些辅助触点和中间编程环节，才能达到控制要求。这种方法没有规律可遵循，设计所用的时间和设计质量与设计者的经验有很大的关系，所以称为经验设计法。经验设计法用于较简单的梯形图设计。应用经验设计法必须熟记一些典型的控制电路，如起保停电路、脉冲发生电路等，这些电路在前面的章节中已经介绍过。

2. 继电器控制电路转换为梯形图法

继电器接触器控制系统经过长期的使用，已有一套能完成系统要求的控制功能并经过验证的控制电路图，而 PLC 控制的梯形图和继电器接触器控制电路图很相似，因此可以直接将经过验证的继电器接触器控制电路图转换成梯形图。主要步骤如下：

（1）熟悉现有的继电器控制线路。

（2）对照 PLC 的 I/O 端子接线图，将继电器电路图上的被控器件（如接触器线圈、指示灯、电磁阀等）换成接线图上对应的输出点的编号，将电路图上的输入装置（如传感器、按钮开关、行程开关等）触点都换成对应的输入点的编号。

（3）将继电器电路图中的中间继电器、定时器，用 PLC 的辅助继电器、定时器来代替。

（4）画出全部梯形图，并予以简化和修改。

这种方法对简单的控制系统是可行的，比较方便，但对较复杂的控制电路就不适用了。

【例 7-1】 图 7-1 为电动机 Y/△减压起动控制主电路和电气控制的原理图。

（1）工作原理：按下起动按钮 SB2，KM1、KM3、KT 通电并自保，电动机接成 Y 形起动，2 s 后，KT 动作，使 KM3 断电，KM2 通电吸合，电动机接成△形运行。按下停止按扭 SB1，电动机停止运行。

（2）I/O 分配

输入	输出	
停止按钮（外部用常开）SB1：I0.0	KM1：Q0.0	KM2：Q0.1
起动按钮 SB2：I0.1	KM3：Q0.2	
过载保护 FR：I0.2		

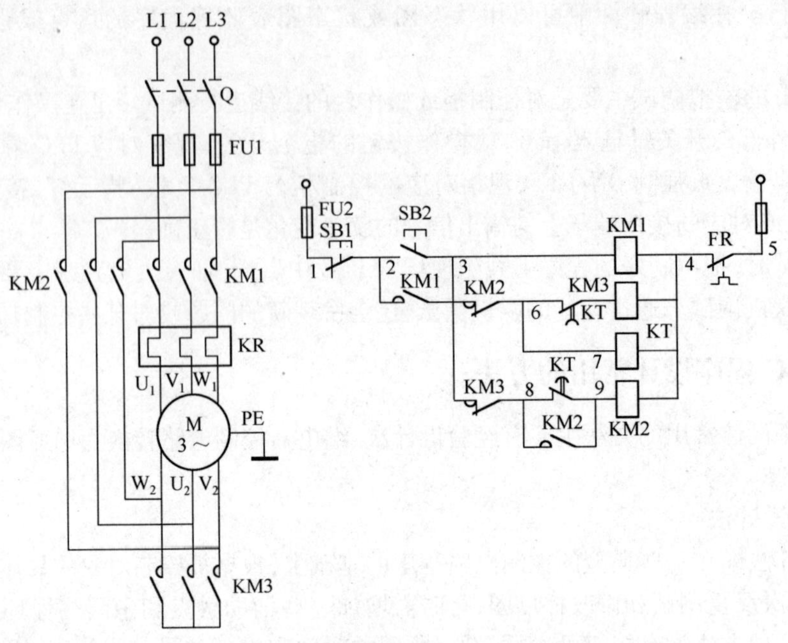

图 7-1　电动机 Y/△减压起动控制主电路和电气控制的原理图

(3) 梯形图程序。转换后的梯形图程序如图 7-2 所示。按照梯形图语言中的语法规定简化和修改梯形图。为了简化电路,当多个线圈都受某一串并联电路控制时,可在梯形图中设置该电路控制的存储器的位,如 M0.0。简化后的程序如图 7-3 所示。

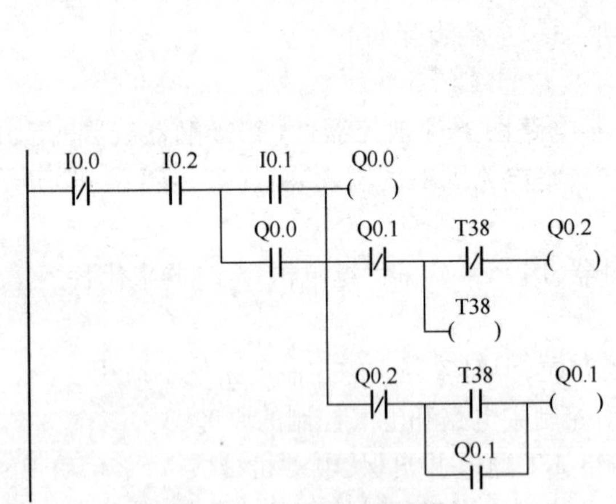

图 7-2　例 7-1 梯形图程序

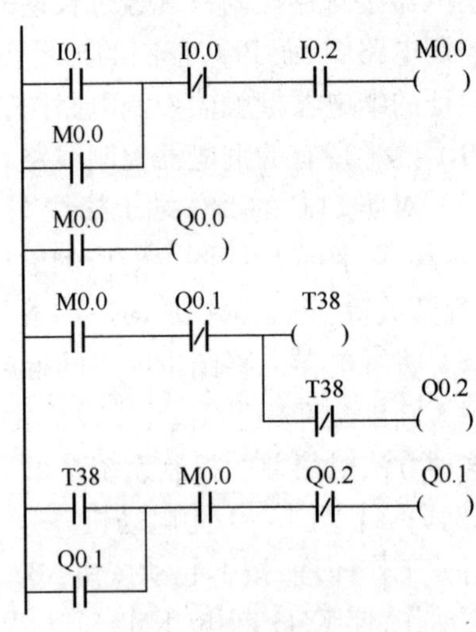

图 7-3　例 7-1 简化后的梯形图程序

3. 顺序控制设计法

根据功能流程图,以步为核心,从起始步开始一步一步地设计下去,直至完成。此法的关键是画出功能流程图。首先将被控制对象的工作过程按输出状态的变化分为若干步,并指出工步之间的转换条件和每个工步的控制对象。这种工艺流程图集中了工作的全部信息。在进行程序设计时，可以用中间继电器 M 来记忆工步，一步一步地顺序进行，也可以用顺序控制指令来实现。下面将详细介绍功能流程图的种类及编程方法。

（1）单流程及编程方法。功能流程图的单流程结构形式简单，如图 7-4 所示，其特点是：每一步后面只有一个转换，每个转换后面只有一步。各个工步按顺序执行，上一工步执行结束，转换条件成立，立即开通下一工步，同时关断上一工步。用顺序控制指令来实现功能流程图的编程方法，在前面的章节已经介绍过了，在这里将重点介绍用中间继电器 M 来记忆工步的编程方法。

在图 7-4 中，当 n-1 为活动步时，转换条件 b 成立，则转换实现，n 步变为活动步，同时 n-1步关断。由此可见，第 n 步成为活动步的条件是：$X_{n-1}=1$，$b=1$；第 n 步关断的条件只有一个即 $X_{n+1}=1$。用逻辑表达式表示功能流程图的第 n 步开通和关断条件为：

$X_n=(X_{n-1}\cdot b+X_n)\cdot\overline{X_{n+1}}$，式中等号左边的 X_n 为第 n 步的状态，等号右边 X_{n+1} 表示关断第 n 步的条件，X_n 表示自保持信号，b 表示转换条件。

【例 7-3】 根据图 7-5 所示的功能流程图，设计出梯形图程序。下面结合本例介绍常用的编程方法。

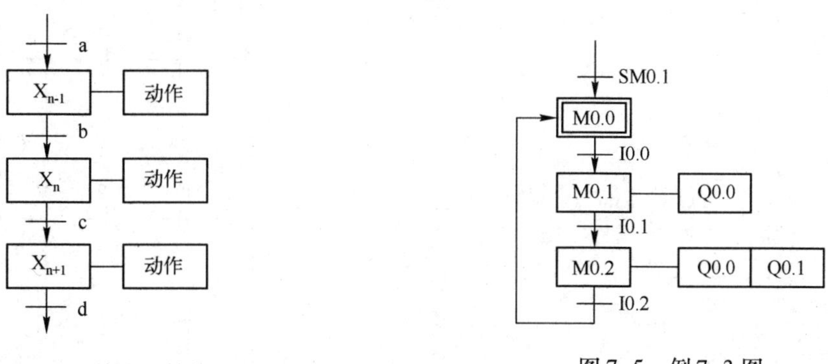

图 7-4　单流程结构　　图 7-5　例 7-3 图

1）使用起保停电路模式的编程方法。在梯形图中，为了实现当前级步为活动步且转换条件成立时，才能进行步的转换，总是将代表前级步的中间继电器的常开触点与转换条件对应的接点串联，作为后续步的中间继电器得电的条件。当后续步被激活，应将前级步关断，所以用代表后续步的中间继电器常闭触点串在前级步的电路中。

如图 7-8 所示的功能流程图，对应的状态逻辑关系为：

$M0.0=(SM0.1+M0.2\cdot I0.2+M0.0)\cdot\overline{M0.1}$

$M0.1=(M0.0\cdot I0.0+M0.1)\cdot\overline{M0.2}$

$M0.2=(M0.1\cdot I0.1+M0.2)\cdot\overline{M0.0}$

$Q0.0=M0.1+M0.2$

$Q0.1=M0.2$

对于输出电路的处理应注意：Q0.0 输出继电器在 M0.1、M0.2 步中都被接通，应将 M0.1 和 M0.2 的常开触点并联去驱动 Q0.0；Q0.1 输出继电器只在 M0.2 步为活动步时才接通，所以用 M0.2 的常开触点驱动 Q0.1。

使用起保停电路模式编制的梯形图程序如图 7-6 所示。

2）使用置位、复位指令的编程方法。S7-200 系列 PLC 有置位和复位指令，且对同一个线圈置位和复位指令可分开编程，所以可以实现以转换条件为中心的编程。

当前步为活动步且转换条件成立时，用 S 将代表后续步的中间继电器置位（激活），同时用 R 将本步复位（关断）。

图 7-5 所示的功能流程图中，如用 M0.0 的常开触点和转换条件 I0.0 的常开触点串联作为 M0.1 置位的条件，同时作为 M0.0 复位的条件。这种编程方法很有规律，每一个转换都对应一个 S/R 的电路块，有多少个转换就有多少个这样的电路块。用置位、复位指令编制的梯形图程序如图 7-7 所示。

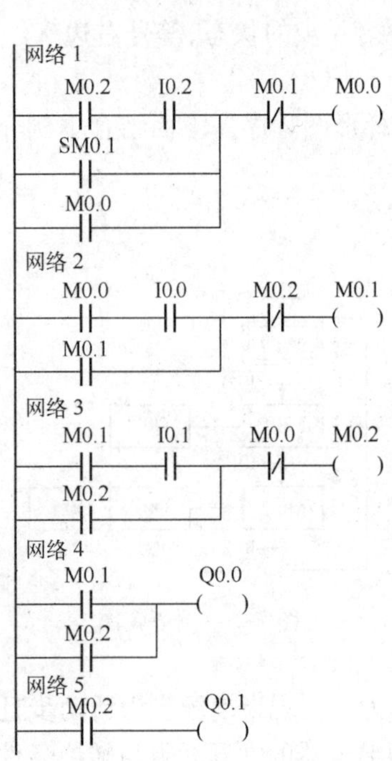

图 7-6 使用起保停电路模式编制的梯形图程序

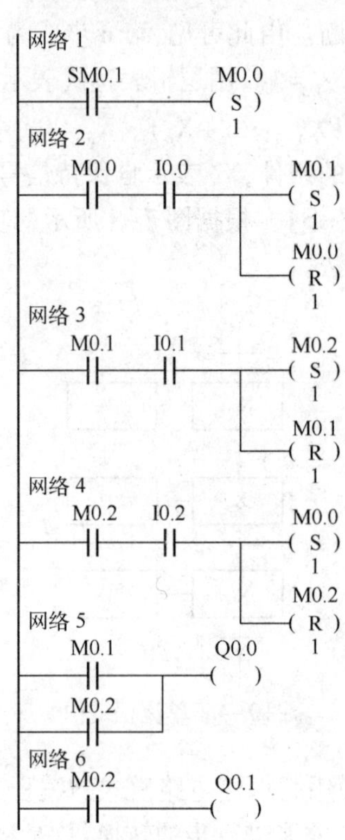

图 7-7 使用置位、复位指令编制的梯形图

3）使用移位寄存器指令编程的方法。单流程的功能流程图各步总是顺序通断，并且同时只有一步接通，因此很容易采用移位寄存器指令实现这种控制。对于图 7-5 所示的功能流程图，可以指定一个两位的移位寄存器，用 M0.1、M0.2 代表有输出的两步，移位脉冲由代表步状态的中间继电器的常开触点和对应的转换条件组成的串联支路并联提供，数据输入端（DATA）的数据由初始步提供。对应的梯形图程序如图 7-8 所示。在梯形图中将对应步的中间继电器的常闭触点串联连接，可以禁止流程执行的过程中移位寄存器 DATA 端置“1”，以免产生误操作信号，从而保证了流程的顺利执行。

4）使用顺序控制指令的编程方法。使用顺序控制指令编程，必须使用 S 状态元件代表各步，如图 7-9 所示。其对应的梯形图如图 7-10 所示。

（2）选择分支及编程方法。选择分支分为两种，图 7-11 所示为选择分支开始，图 7-12 所示为选择分支结束。

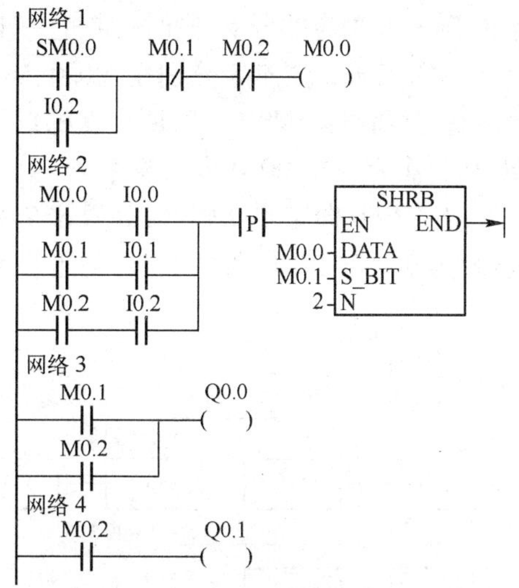

图 7-8　使用移位寄存器指令编制的梯形图

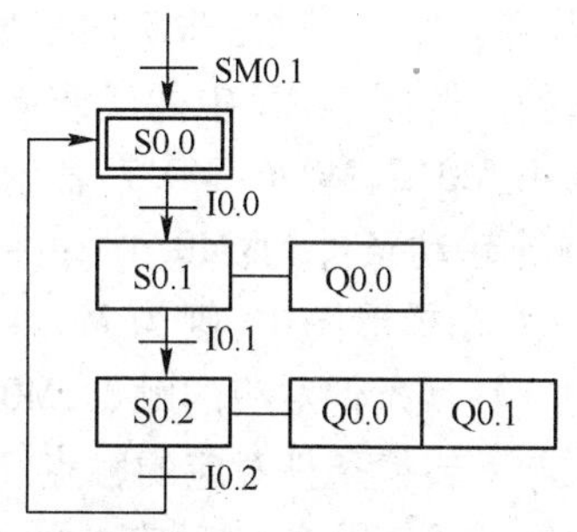

图 7-9　用 S 状态元件代表各步

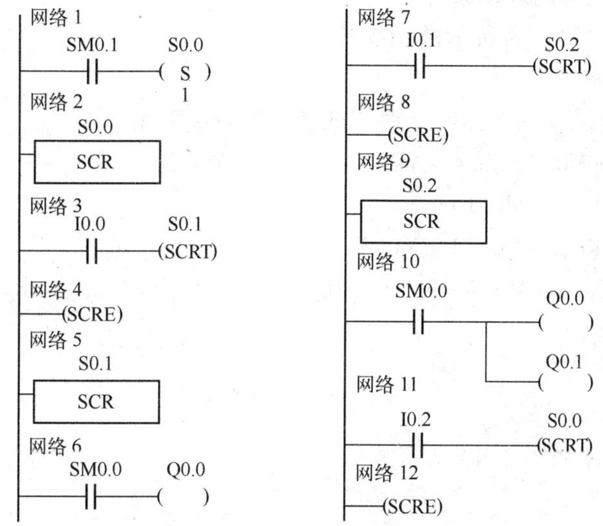

图 7-10　用顺序控制指令编程的梯形图

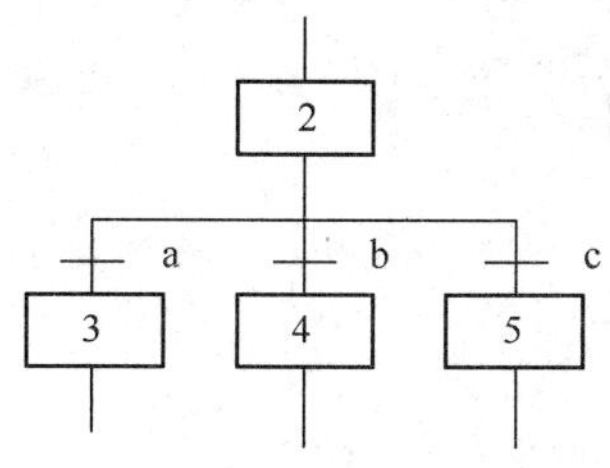

图 7-11　选择分支开始

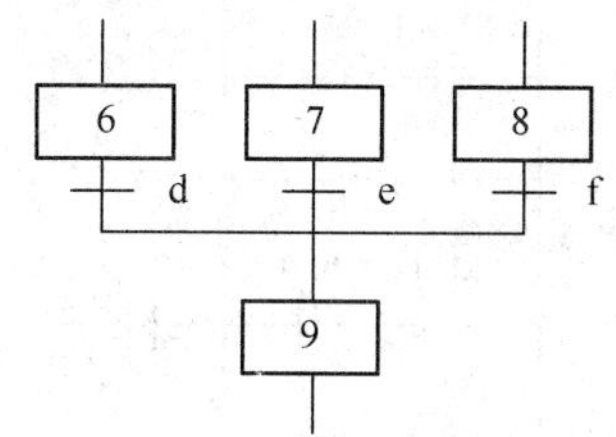

图 7-12　选择分支结束

选择分支开始指一个前级步后面紧接着若干个后续步可供选择，各分支都有各自的转换条件，在图中则表示为代表转换条件的短划线在各自分支中。

选择分支结束又称选择分支合并，是指几个选择分支在各自的转换条件成立时转换到一个公共步上。

在图 7-11 中，假设 2 为活动步，若转换条件 a = 1，则执行工步 3；如果转换条件 b = 1，则执行工步 4;转换条件 c=1,则执行工步 5。即哪个条件满足,则选择相应的分支,同时关断上一步 2。一般只允许选择其中一个分支。在编程时,若图 7-11 中的工步 2、3、4、5 分别用 M0.0、M0.1、M0.2、M0.3 表示,则当 M0.1、M0.2、M0.3 之一为活动步时,都将导致 M0.0=0,所以在梯形图中应将 M0.1、M0.2 和 M0.3 的常闭触点与 M0.0 的线圈串联,作为关断 M0.0 步的条件。

在图 7-12 中,如果步 6 为活动步,转换条件 d=1,则工步 6 向工步 9 转换;如果步 7 为活动步,转换条件 e=1,则工步 7 向工步 9 转换;如果步 8 为活动步,转换条件 f=1,则工步 8 向工步 9 转换。若图 7-12 中的工步 6、7、8、9 分别用 M0.4、M0.5、M0.6、M0.7 表示,则 M0.7(工步 9)的起动条件为:M0.4·d+ M0.5·e + M0.6·f,在梯形图中,则为 M0.4 的常开触点串联与 d 转换条件对应的触点、M0.5 的常开触点串联与 e 转换条件对应的触点、M0.6 的常开触点串联与 f 转换条件对应的触点,三条支路并联后作为 M0.7 线圈的起动条件。

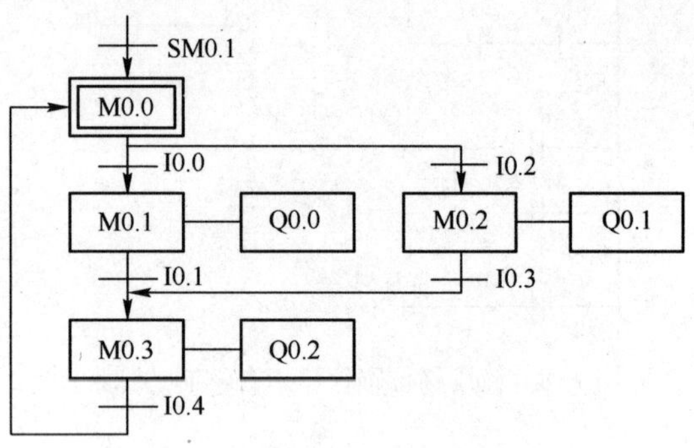

图 7-13　例 7-4 题图

【例 7-4】　根据图 7-13 所示的功能流程图,设计出梯形图程序。

1）使用起保停电路模式的编程。对应的状态逻辑关系为:

$M0.0=(SM0.1+M0.3\cdot I0.4+M0.0)\cdot\overline{M0.1}\cdot\overline{M0.2}$

$M0.1=(M0.0\cdot I0.0+M0.1)\cdot\overline{M0.3}$

$M0.2=(M0.0\cdot I0.2+M0.2)\cdot\overline{M0.3}$

$Q0.3=(M0.1\cdot I0.1+M0.2\cdot I0.3+M0.3)\cdot\overline{M0.0}$

$Q0.0=M0.1$

$Q0.1=M0.2$

$Q0.2=M0.3$

对应的梯形图程序如图 7-14 所示。

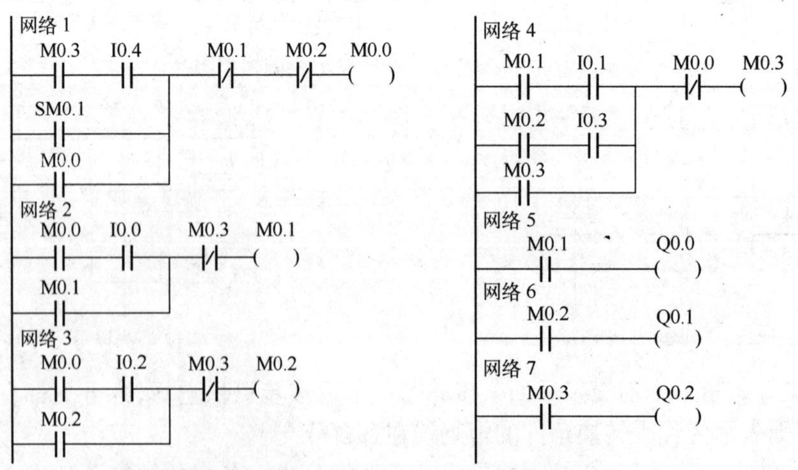

图 7-14　例 7-4 用起保停电路模式的编程

2）使用置位、复位指令的编程。对应的梯形图程序如图 7-15 所示。

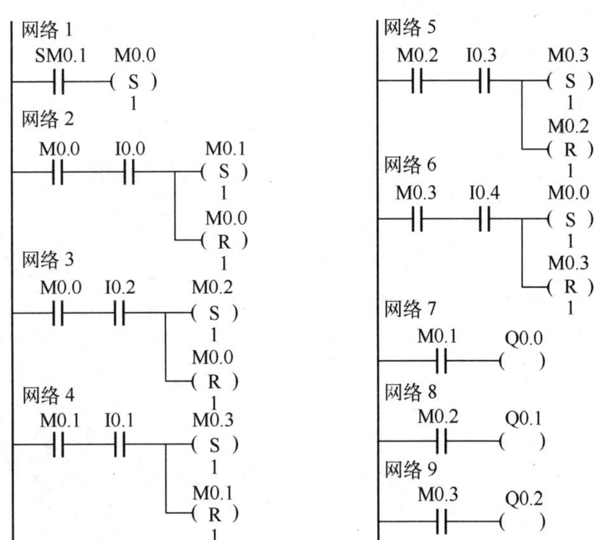

图 7-15　例 7-4 用置位、复位指令的编程

3）使用顺序控制指令的编程。对应的功能流程图如图 7-16 所示。对应的梯形图程序如图 7-17 所示。

（3）并行分支及编程方法。并行分支也分两种，图 7-18a 为并行分支的开始，图 7-18b 为并行分支的结束，也称为合并。并行分支的开始是指当转换条件实现后，同时使多个后续步激活。为了强调转换的同步实现，水平连线用双线表示。在图 7-18a 中，当工步 2 处于激活状态，若转换条件 e = 1，则工步 3、4、5 同时启动，工步 2 必须在工步 3、4、5 都开启后，才能关断。并行分支的合并是指当前级步 6、7、8 都为活动步，且转换条件 f 成立时，开通步 9，同时关断步 6、7、8。

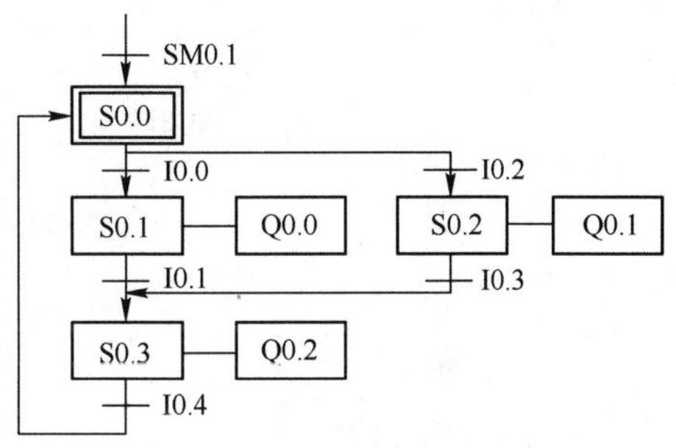

图 7-16　功能流程图

【例 7-5】　根据图 7-19 所示的功能流程图，设计出梯形图程序。

1）使用起保停电路模式的编程，对应的梯形图程序如图 7-20 所示。

2）使用置位、复位指令的编程，对应的梯形图程序如图 7-21 所示。

3）使用顺序控制指令的编程，须用顺序控制继电器 S 来表示步。对应的梯形图程序如图 7-22 所示。

（4）循环、跳转流程及编程方法。在实际生产的工艺流程中，若要求在某些条件下执行预定的动作，则可用跳转程序。若需要重复执行某一过程，则可用循环程序，如图 7-23 所示。

跳转流程：当步 2 为活动步时，若条件 f = 1，则跳过步 3 和步 4，直接激活步 5。

循环流程：当步 5 为活动步时，若条件 e = 1，则激活步 2，循环执行。

编程方法和选择流程类似，不再详细介绍。

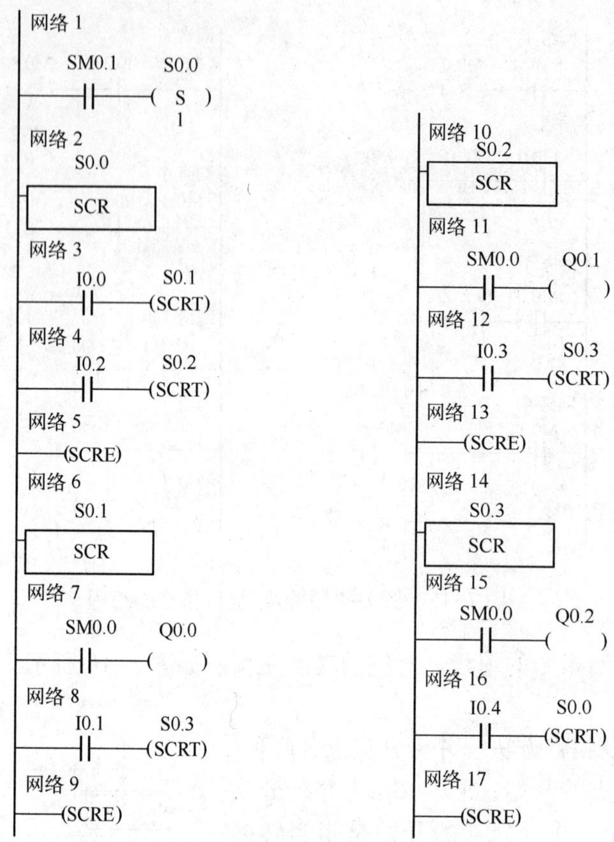

图 7-17　例 7-4 用顺序控制指令编程

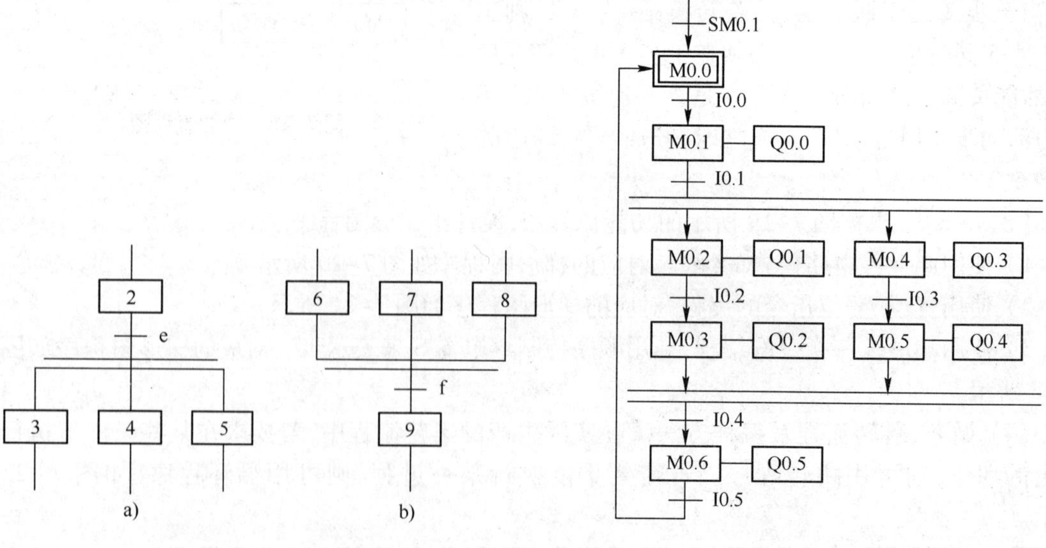

图 7-18　并行分支

a）并行分支开始　b）并行分支结束

图 7-19　例 7-5 图

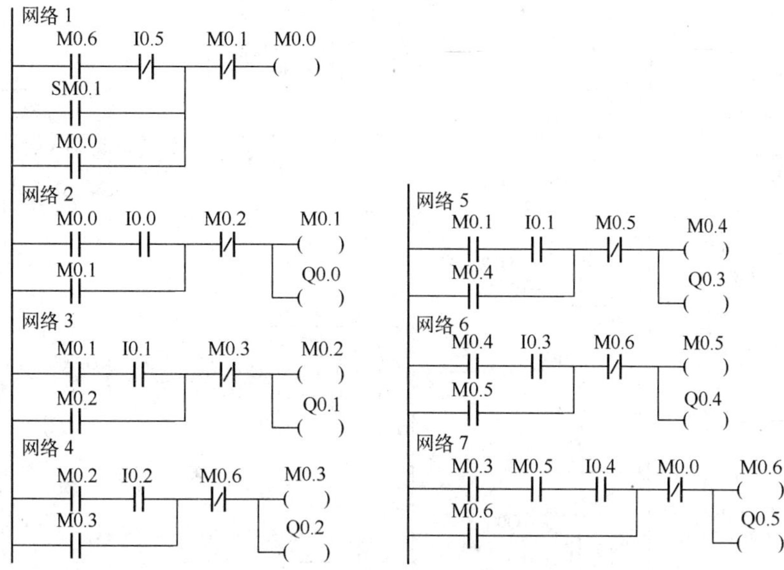

图 7-20　例 7-5 用起保停电路模式的编程

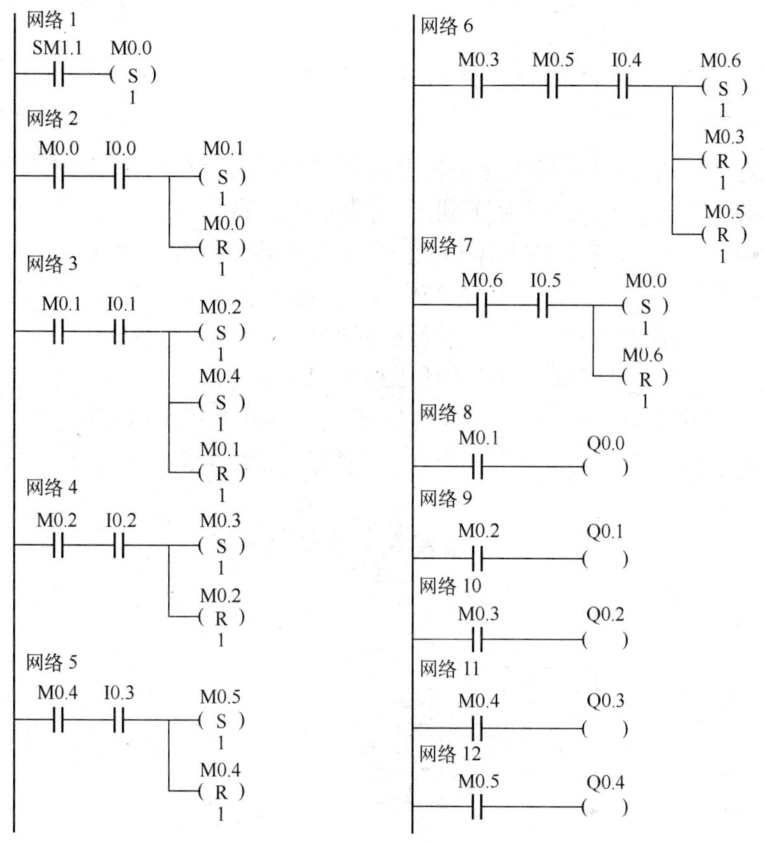

图 7-21　例 7-5 用置位、复位指令的编程

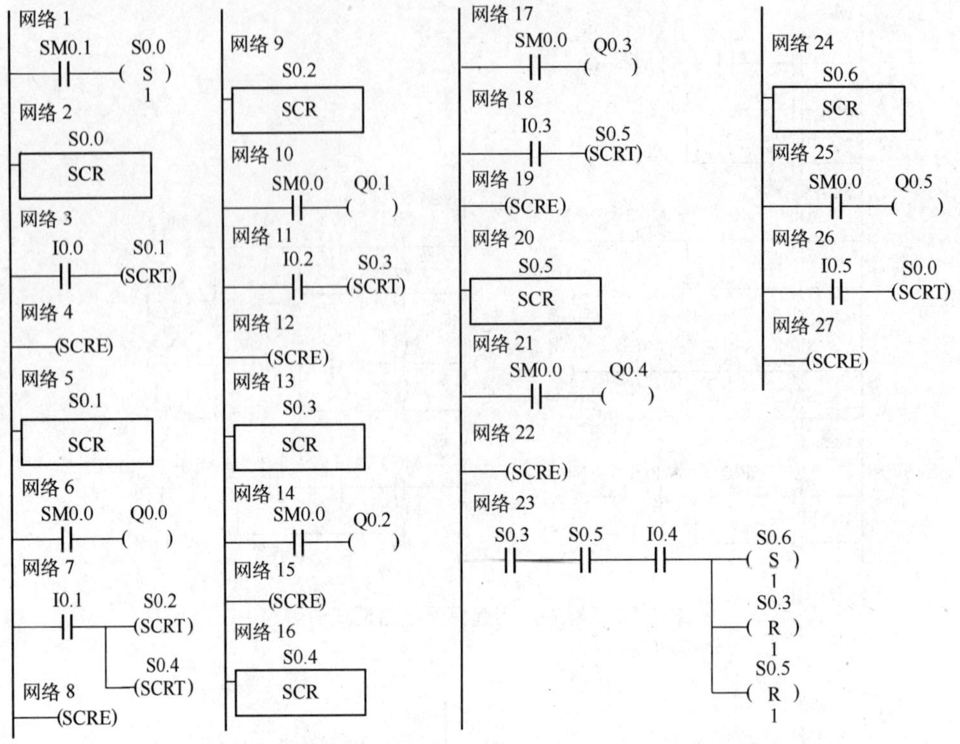

图 7-22　例 7-5 用顺序控制指令的编程

需要注意的是：

- 转换是有方向的，若转换的顺序是从上到下，即为正常顺序，可以省略箭头。若转换的顺序是从下到上，箭头不能省略。
- 只有两步的闭环的处理。在顺序功能图中只有两步组成的小闭环如图 7-24a 所示，因为 M0.3 既是 M0.4 的前级步，又是它的后续步，所以对应的用起保停电路模式设计的梯形图程序如图 7-24b 所示。从梯形图中可以看出，M0.4 线圈根本无法通电。解决的办法是：在小闭环中增设一步，这一步只起短延时（≤0.1 s）作用，由于延时取得很短，对系统的运行不会有什么影响，如图 7-24c 所示。

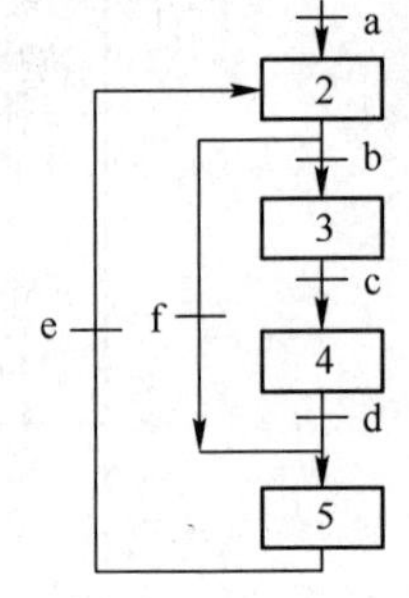

图 7-23　循环、跳转流程

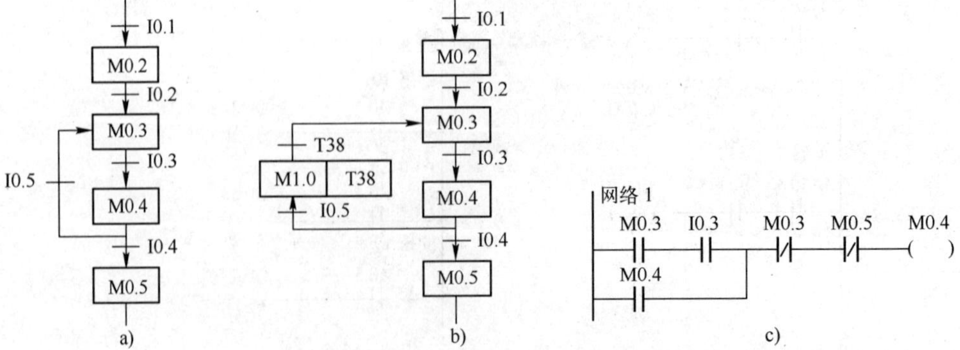

图 7-24　只有两步闭环的处理

7.2.4 PLC 程序设计步骤

PLC 程序设计一般分为以下几个步骤:

1. 程序设计前的准备工作

程序设计前的准备工作就是要了解控制系统的全部功能、规模、控制方式、输入/输出信号的种类和数量、是否有特殊功能的接口、与其他设备的关系、通信的内容与方式等,从而对整个控制系统建立一个整体的概念。接着进一步熟悉被控对象,可把控制对象和控制功能按照响应要求、信号用途或控制区域分类,确定检测设备和控制设备的物理位置,了解每一个检测信号和控制信号的形式、功能、规模及之间的关系。

2. 设计程序框图

根据软件设计规格书的总体要求和控制系统的具体情况,确定应用程序的基本结构,按程序设计标准绘制出程序结构框图,然后再根据工艺要求,绘出各功能单元的功能流程图。

3. 编写程序

根据设计出的框图逐条地编写控制程序。编写过程中要及时给程序加注释。

4. 程序调试

调试时先从各功能单元入手,设定输入信号,观察输出信号的变化情况。各功能单元调试完成后,再调试全部程序,调试各部分的接口情况,直到满意为止。程序调试可以在实验室进行,也可以在现场进行。如果在现场进行测试,需将 PLC 系统与现场信号隔离,可以切断输入/输出模板的外部电源,以免引起机械设备动作。程序调试过程中先发现错误,后进行纠错。基本原则是"集中发现错误,集中纠正错误"。

5. 编写程序说明书

在说明书中通常对程序的控制要求、程序的结构、流程图等给以必要的说明,并且给出程序的安装操作使用步骤等。

7.3 应用举例

7.3.1 机械手的模拟控制

图 7-25 为传送工件的某机械手的工作示意图,其任务是将工件从传送带 A 搬运到传送带 B。

1. 控制要求

按起动按钮后,传送带 A 运行直到光电开关 PS 检测到物体才停止,同时机械手下降。下降到位后机械手夹紧物体,2 s 后开始上升,而机械手保持夹紧。上升到位左转(注:此处以机械手为主体,定左右),左转到位下降,下降到位机械手松开,2s 后机械手上升。上升到位后,传送带 B 开始运行,同时机械手右转,右转到位,传送带 B 停止,此时传送带 A 运行直到光电开关 PS 再次检测到物体,才停止……依此往复循环 。

机械手的上升、下降和左转、右转的执行,分别由双线圈二位电磁阀控制汽缸的运动控制。当下降电磁阀通电,机械手下降,若下降电磁阀断电,机械手停止下降,保持现有的动作状态。

当上升电磁阀通电时,机械手上升。同样,左转/右转也是由对应的电磁阀控制。夹紧/放松则是由单线圈的二位电磁阀控制汽缸的运动来实现,线圈通电时执行夹紧动作,断电时执行放松动作。并且要求只有当机械手处于上限位时才能进行左/右转动,因此在左右转动时用上限条件作为联锁保护。由于上下运动、左右转动采用双线圈二位电磁阀控制,两个线圈不能同时通电,因此在上/下、左/右运动的电路中须设置互锁环节。

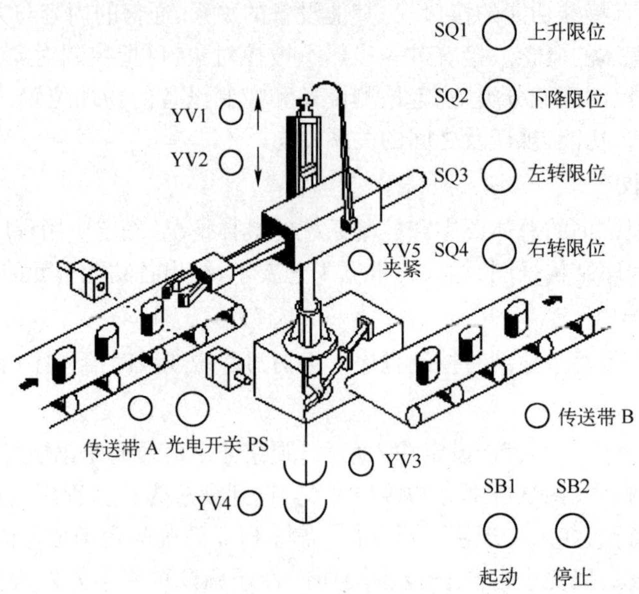

图 7-25　机械手控制示意图

为了保证机械手动作准确,机械手上安装了限位开关 SQ1、SQ2、SQ3、SQ4,分别对机械手进行下降、上升、左转、右转等动作的限位,并给出动作到位的信号。光电开关 PS 负责检测传送带 A 上的工件是否到位,到位后机械手开始动作。

2. I/O 分配

输入		输出
起动按钮:	I0.0	上升 YV1:Q0.1
停止按钮:	I0.5	下降 YV2:Q0.2
上升限位 SQ1:	I0.1	左转 YV3:Q0.3
下降限位 SQ2:	I0.2	右转 YV4:Q0.4
左转限位 SQ3:	I0.3	夹紧 YV5:Q0.5
右转限位 SQ4:	I0.4	传送带 A:Q0.6
光电开关 PS:	I0.6	传送带 B:Q0.7

3. 控制程序设计

根据控制要求先设计出功能流程图,如图 7-26 所示。根据功能流程图再设计出梯形图程序,如图 7-27 所示。流程图是一个按顺序动作的步进控制系统,在本例中采用移位寄存器编程方法。用移位寄存器 M10.1 ~ M11.1 位,代表流程图的各步,两步之间的转换条件满足时,进入下一步。移位寄存器的数据输入端 DATA(M10.0)由 M10.1 ~ M11.1 各位的常闭触点、上升限位的标志位 M1.1、右转限位的标志位 M1.4 及传送带 A 检测到工件的标志位 M1.6 串联组成,即当机械手处于原位,各工步未起动时,若光电开关 PS 检测到工件,则 M10.0 置 1,这作为输入的数据,同时这也作为第一个移位脉冲信号。以后的移位脉冲信号由代表步位状态中间继电器的常开触点和代表处于该步位的转换条件触点串联支路依次并联组成。在 M10.0 线圈回路中,串联 M10.1 ~ M11.1 各位的常闭触点,是为了防止机械手在还没有回到原位的运行过程中移位寄存器的数据输入端再次置 1,因为移位寄存器中的“1”信号在 M10.1 ~ M11.1 之间依次移动时,各步状态位对应的常闭触点总有一个处于断开状态。当“1”信号移到 M11.2 时,机械手回到原位,此时移位寄存器的数据输入端重新置 1,若起动电路保持接通(M0.0 = 1),机械手将重复工作。当按下停止按钮时,使移位寄存器复位,机械手立即停止工作。若按下停止按钮后机械手的动作仍然继续进行,直到完成一周期的动作后,回到原位时才停止工作,将如何修改程序。

4. 输入程序,调试并运行程序

(1)输入程序,编译无误后,运行程序。依次按表 7-1 中的顺序按下各按钮记录观察到的现象。看是否与控制要求相符。

(2)建立状态图表,再重复上述操作,观察移位寄存器的状态位的变化,并记录。

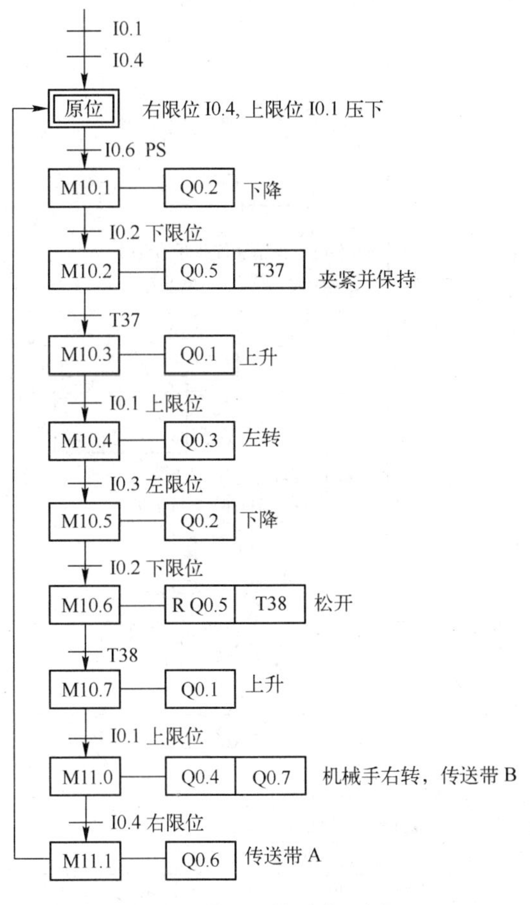

图 7-26 机械手流程图

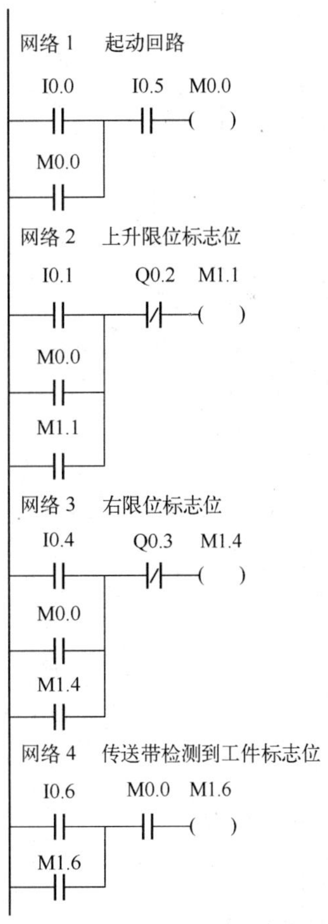

图 7-27 机械手梯形图程序

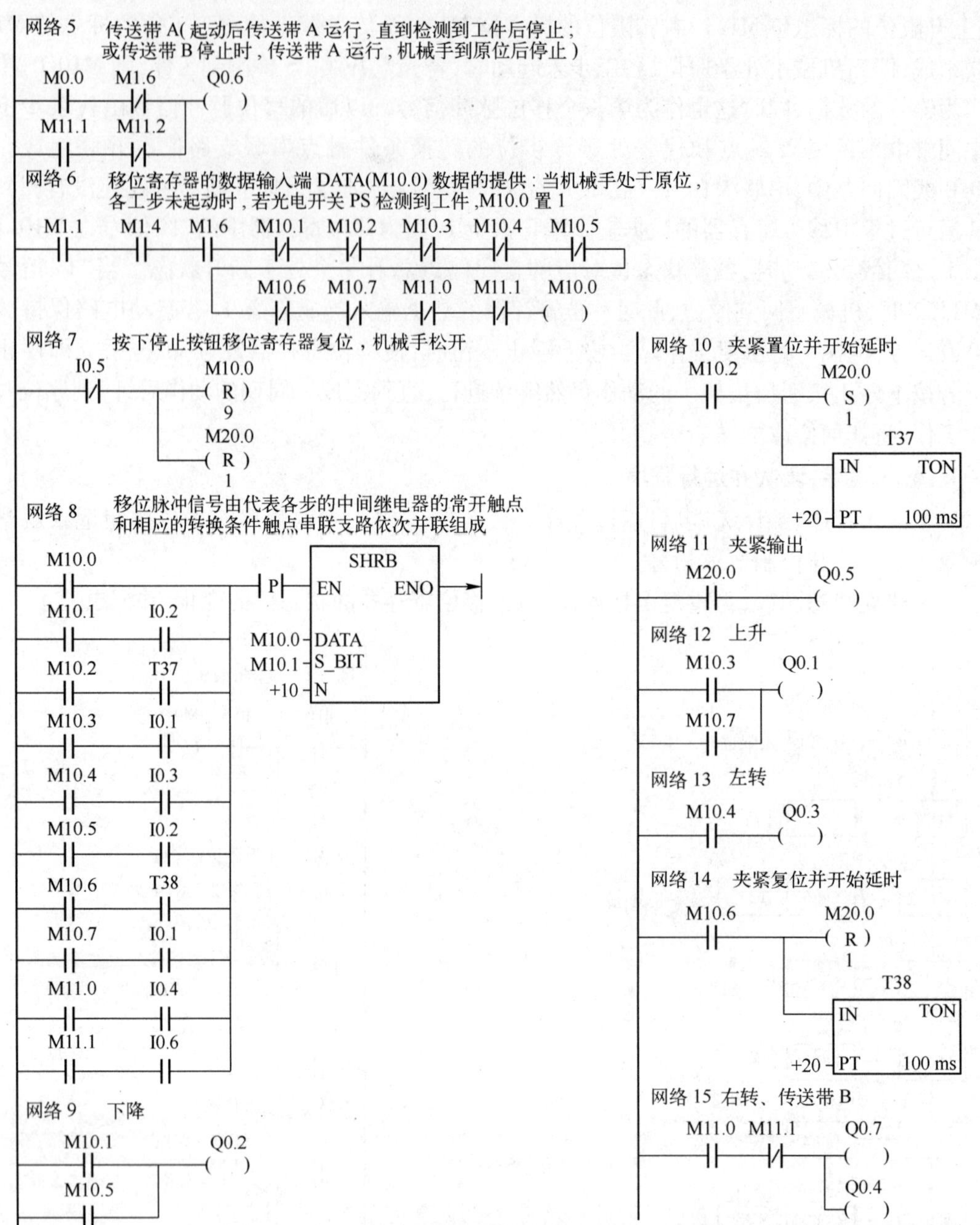

图 7-27　(续)

表 7-1　机械手模拟控制调试记录表

输　　入	输出现象	移位寄存器的状态位 = 1	输　　入	输出现象	移位寄存器的状态位 = 1
按下起动按钮(I0.0)			按下上升限位开关 SQ1(I0.1)		
按下光电检测开关 PS(I0.6)			按下右转限位开关 SQ4(I0.4)		
按下下降限位开关 SQ2(I0.2)			再按下光电检测开关 PS(I0.6)		
按下上升限位开关 SQ1(I0.1)			重复上步骤观察		
按下左转限位开关 SQ3(I0.3)			按下停止按钮(I0.5)		
按下下降限位开关 SQ2(I0.2)					

7.3.2 组合机床的控制

两工位钻孔、攻螺纹组合机床,能自动完成工件的钻孔和攻螺纹加工,自动化程度高,生产效率高。两工位钻孔、攻螺纹组合机床示意图如图 7-28 所示。

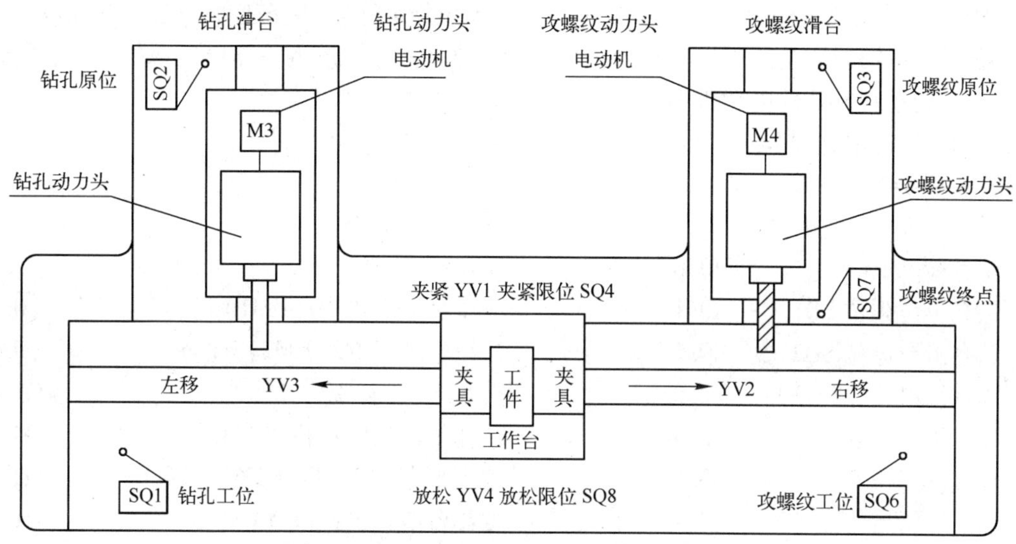

图 7-28 两工位钻孔、攻螺纹组合机床示意图

机床主要由床身、移动工作台、夹具、钻孔滑台、钻孔动力头、攻螺纹滑台、攻螺纹动力头、滑台移动控制凸轮和液压系统等组成。

移动工作台和夹具用以完成工件的移动和夹紧,实现自动加工。钻孔滑台和钻孔动力头用以实现钻孔加工量的调整和钻孔加工。攻螺纹滑台和攻螺纹动力头用以实现攻螺纹加工量的调整和攻螺纹加工。工作台的移动(左移、右移),夹具的夹紧、放松,钻孔滑台和攻螺纹滑台的移动(前移、后移),均由液压系统控制。其中两个滑台移动的液压系统由滑台移动控制凸轮来控制,工作台的移动和夹具的夹紧与放松由电磁阀控制。

根据设计要求,工作台的移动和滑台的移动应严格按规定的时序同步进行,两种运动密切配合,以提高生产效率。

1. 控制要求

系统通电,自动起动液压泵电动机 M1。若机床各部分在原位(工作台在钻孔工位 SQ1 动作,钻孔滑台在原位 SQ2 动作,攻螺纹滑台在原位 SQ3 动作),并且液压系统压力正常,压力继电器 PV 动作,原位指示灯 HL1 亮。

将工件放在工作台上,按下起动按钮 SB,夹紧电磁阀 YV1 得电,液压系统控制夹具将工件夹紧,与此同时控制凸轮电动机 M2 得电运转。当夹紧限位 SQ4 动作后,表明工件已被夹紧。

起动钻孔动力头电动机 M3,且由于凸轮电动机 M2 运转,控制凸轮控制相应的液压阀使钻孔滑台前移,进行钻孔加工。当钻孔滑台到达终点时,钻孔滑台自动后退,到原位时停,M3 同时停止。

等到钻孔滑台回到原位后,工作台右移电磁阀 YV2 得电,液压系统使工作台右移,当工作台到攻螺纹工位时,限位开关 SQ6 动作,工作台停止。起动攻螺纹动力头电动机 M4 正转,攻螺纹滑台开始前移,进行攻螺纹加工,当攻螺纹滑台到终点时(终点限位 SQ7 动作),制动电磁铁 DL 得电,攻螺纹动力头制动,0.3 s 后攻螺纹动力头电动机 M4 反转,同时攻螺纹滑台由控制凸轮控制使其自动后退。

当攻螺纹滑台后退到原位时,攻螺纹动力头电动机 M4 停,凸轮正好运转一个周期,凸轮电动机 M2 停,延时 3 s 后左移电磁阀 YV3 得电,工作台左移,到钻孔工位时停。放松电磁阀 YV4 得电,放松工件,放松限位 SQ8 动作后,停止放松。原位指示灯亮,取下工件,加工过程完成。

两个滑台的移动,是通过控制凸轮来控制滑台移动液压系统的液压阀实现的,电气系统不参与,只需起动控制凸轮电动机 M2 即可。

在加工过程中,应起动冷却泵电动机 M5,供给冷却液。

2. I/O 分配

输入		输出	
压力检测 PV	I0.0	原点指示 HL1	Q1.4
钻孔工位限位 SQ1	I0.1	液压泵电动机 MI(KM1)	Q0.1
钻孔滑台原位 SQ2	I0.2	凸轮电动机 M2(KM2)	Q0.2
攻螺纹滑台原位 SQ3	I0.3	夹紧电磁阀 YV1	Q1.0
夹紧限位 SQ4	I0.4	钻孔动力头电动机 M3(KM3)	Q0.3
攻螺纹工位 SQ6	I0.6	冷却泵电动机 M5(KM6)	Q0.4
攻螺纹滑台终点 SQ7	I0.7	工作台右移电磁阀 YV2	Q1.1
放松限位 SQ8	I1.0	攻螺纹动力头电动机 M4 正转(KM4)	Q0.5
起动按钮 SB	I1.1	制动 DL	Q0.6
自动、手动选择 SA	I1.2	攻螺纹动力头电动机 M4 反转(KM5)	Q0.0
液压泵手动 SB1		工作台左移电磁阀 YV3	Q1.2
凸轮电动机手动 SB2		放松电磁阀 YV4	Q1.3
钻孔手动 SB3		自动指示 HL2	Q1.5
手动攻螺纹正转 SB4		手动指示 HL3	Q1.6
手动攻螺纹反转 SB5		手动电源	Q1.7
冷却泵手动 SB6			
手动夹紧 SB7			
手动右移 SB8			
手动左移 SB9			
手动放松 SB10			

3. 程序设计

由加工工艺要求可知,其为顺序控制过程,其功能流程图如图 7-30 所示。考虑具体情况,在设置自动顺序循环控制的同时,也设置了手动控制,在驱动回路中接入转换开关。自动顺序循环控制和手动控制的转换程序如图 7-29 所示。外部接线图如图 7-31 所示。梯形图如图7-32 所示。

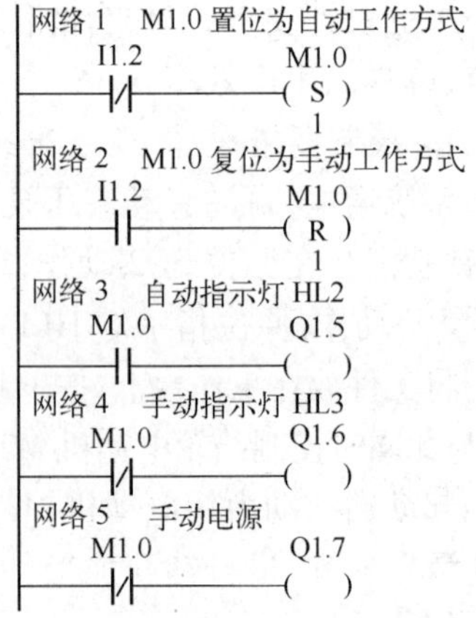

图 7-29 自动顺序循环控制和手动控制的转换程序

在程序设计时须注意:攻螺纹动力头 M4 正转和反转之间的互锁。

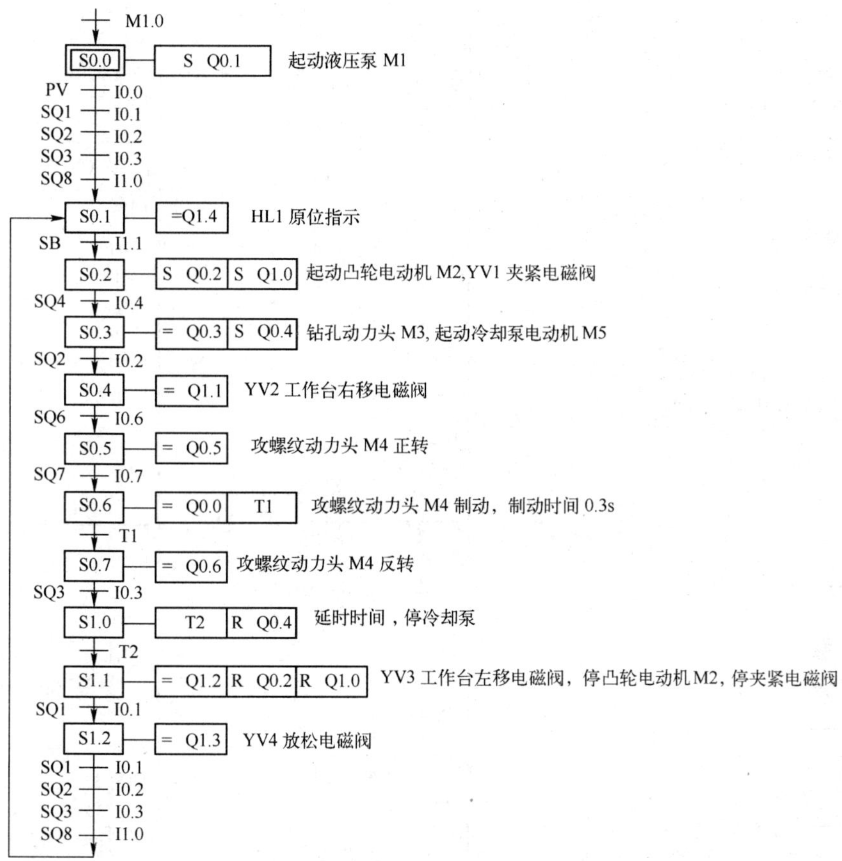

图 7-30　组合机床功能流程图

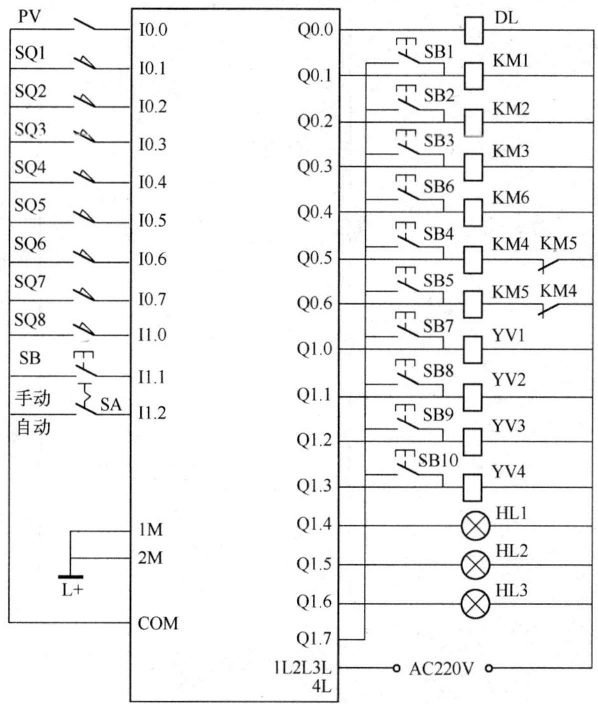

图 7-31　外部接线图

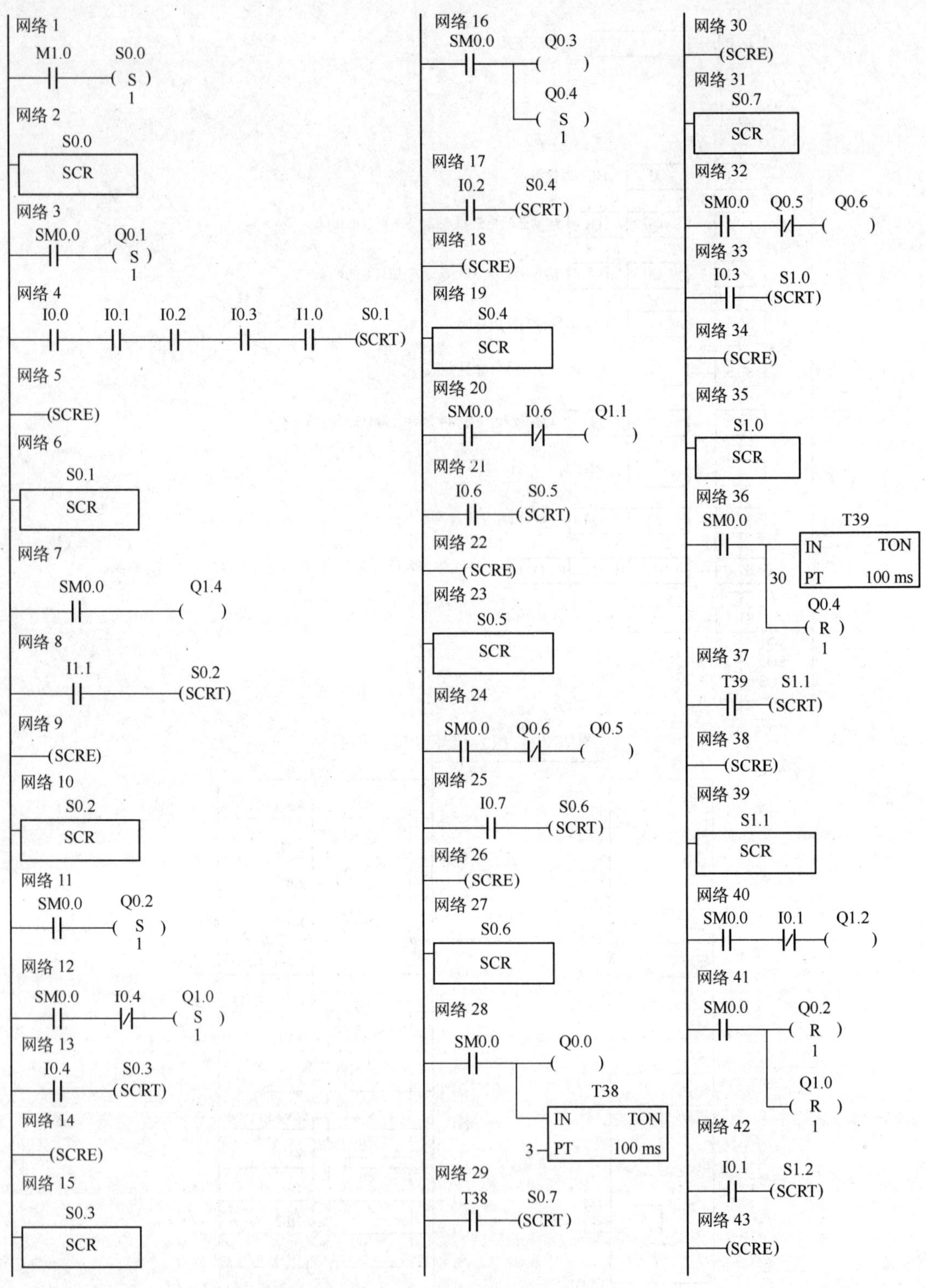

图 7-32　自动循环控制梯形图

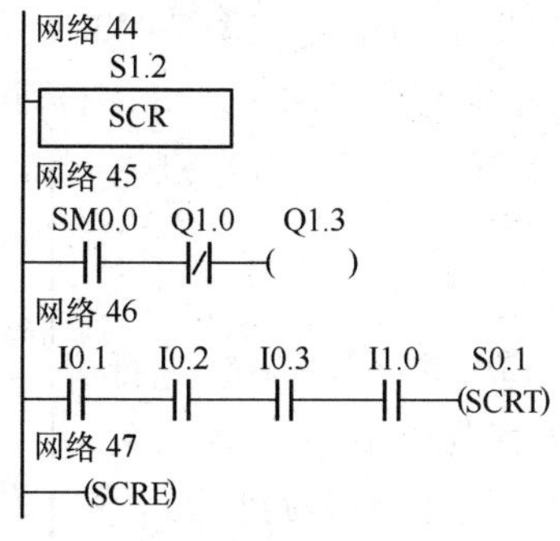

图 7-32 （续）

4. 程序的调试和运行

输入程序编译无误后，按组合机床工艺要求调试程序，并将结果填入表 7-2 中。

表 7-2 组合机床程序调试结果

工步		通电起动液压泵	各部分在原位	起动机床凸轮电动机并进行夹紧	钻孔加工	钻孔滑台退回原位工作台右移	到攻螺纹工位攻螺纹加工	攻螺纹滑台到终端制动延时 0.3 s	攻螺纹工作头反转后退	攻螺纹滑台到原位到原位延时 3 s	工作台左移到钻孔工位放松	放松完成原位指示灯亮
输入	压力检测 PV											
	钻孔工位限位 SQ1											
	钻孔滑台原位 SQ2											
	攻螺纹滑台原位 SQ3											
	起动按钮 SB											
	夹紧限位 SQ4											
	攻螺纹工位 SQ6											
	攻螺纹滑台终点 SQ7											
	放松限位 SQ8											
输出	液压泵电动机 M1											
	凸轮电动机 M2											
	凸轮电动机 M2											
	夹紧电磁阀 YV1											
	钻孔动力头 M3											
	冷却泵电动机 M5											
	工作台右移电磁阀 YV2											
	攻螺纹动力头电动机 M4 正转											
	制动 DL											
	攻螺纹动力头电动机 M4 反转											
	工作台左移电磁阀 YV3											
	原点指示 HL1											

7.3.3 除尘室 PLC 控制

在制药、水厂等一些对除尘要求比较严格的车间，人、物进入这些场合首先需要进行除尘处理。为了保证除尘操作的严格进行，避免人为因素对除尘要求的影响，可以用 PLC 对除尘室的门进行有效控制。下面介绍某无尘车间进门时对人或物进行除尘的过程。

1. 控制要求

人或物进入无污染、无尘车间前，首先在除尘室严格进行指定时间的除尘才能进入车间，否则门打不开，进入不了车间。除尘室的结构如图 7-33 所示。图中第一道门处设有两个传感器：开门传感器和关门传感器；除尘室内有两台风机，用来除尘；第二道门上装有电磁锁和开门传感器，电磁锁在系统控制下自动锁上或打开。进入室内需要除尘，出来时不需除尘。

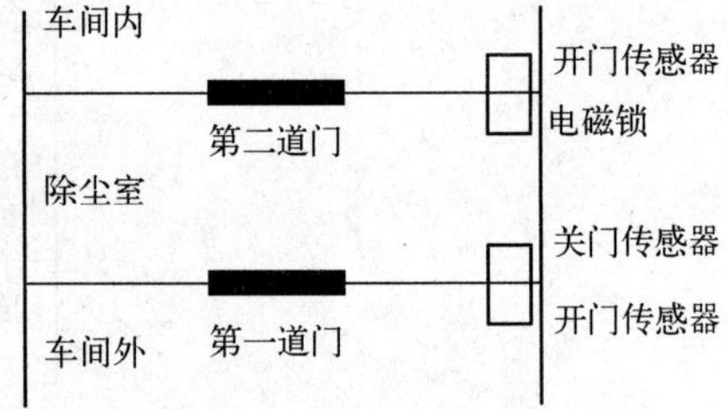

图 7-33　除尘室的结构

具体控制要求如下：

进入车间时必须先打开第一道门进入除尘室，进行除尘。当第一道门打开时，开门传感器动作，第一道门关上时关门传感器动作，第一道门关上后，风机开始吹风，电磁锁把第二道门锁上并延时 20 s 后，风机自动停止，电磁锁自动打开，此时可打开第二道门进入室内。第二道门打开时相应的开门传感器动作。人从室内出来时，第二道门的开门传感器先动作，第一道门的开门传感器才动作，关门传感器与进入时动作相同，出来时不需除尘，所以风机、电磁锁均不动作。

2. I/O 分配

输入		输出	
第一道门的开门传感器	I0.0	风机 1	Q0.0
第一道门的关门传感器	I0.1	风机 2	Q0.1
第二道门的开门传感器	I0.2	电磁锁	Q0.2

3. 程序设计

除尘室的控制系统梯形图程序如图 7-34 所示。

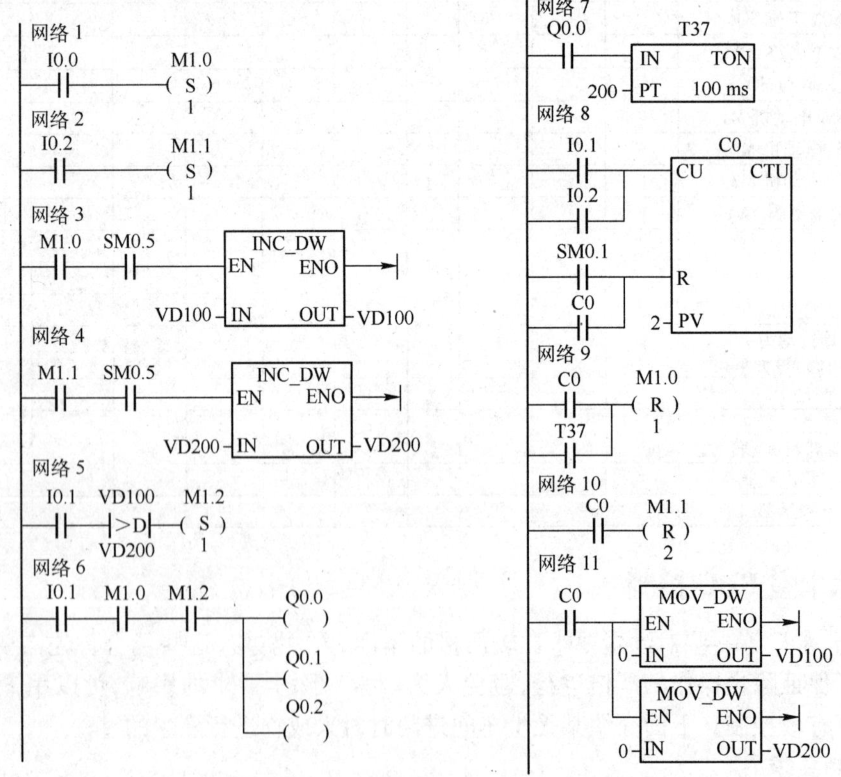

图 7-34　除尘室的控制系统梯形图程序

4. 程序的调试和运行

输入程序编译无误后,按除尘室的工艺要求调试程序,并记录结果。

7.3.4 水塔水位的模拟控制实训

用 PLC 构成水塔水位控制系统,如图 7-35 所示。在模拟控制中,用按钮 SB 来模拟液位传感器,用 L1、L2 指示灯来模拟抽水电动机。

1. 控制要求

按下 SB4,水池需要进水,灯 L2 亮;直到按下 SB3,水池水位到位,灯 L2 灭;按 SB2,表示水塔水位低需进水,灯 L1 亮,进行抽水;直到按下 SB1,水塔水位到位,灯 L1 灭,过 2 s 后,水塔放完水后,重复上述过程即可。

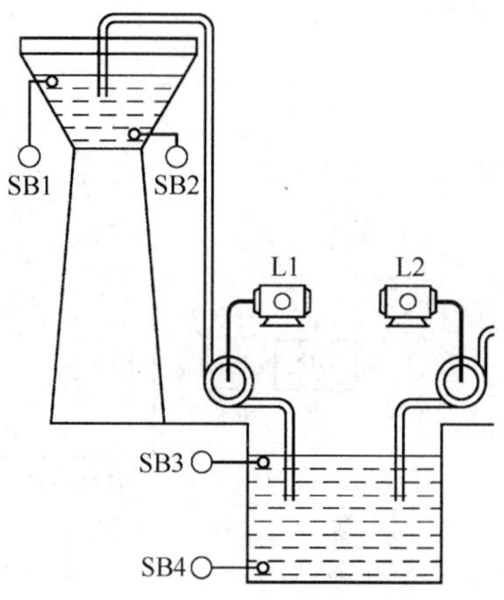

图 7-35 水塔水位控制示意图

2. I/O 分配

输入	输出
SB1:I0.1	L1:Q0.1
SB2:I0.2	L2:Q0.2
SB3:I0.3	
SB4:I0.4	

3. 程序设计

水塔水位控制流程图如图 7-36 所示,梯形图参考程序如图 7-37 所示。

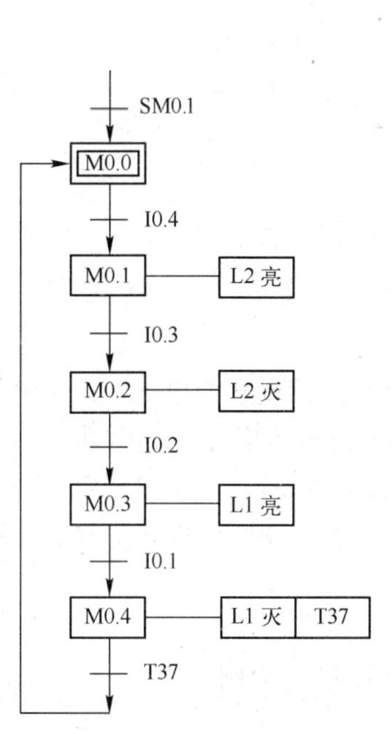

图 7-36 水塔水位控制流程图

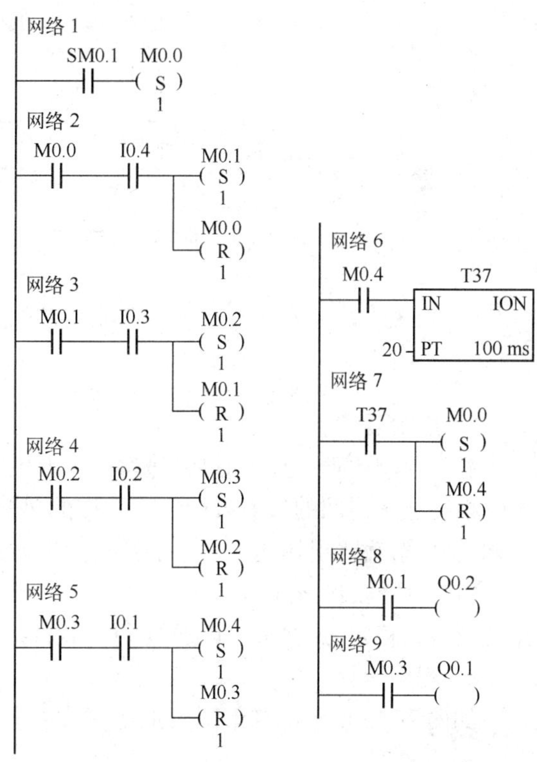

图 7-37 水塔水位控制梯形图参考程序

4. 程序的调试和运行

输入梯形图程序并按控制要求调试程序。试用其他方法编制程序。

7.3.5 温度的检测与控制实训

用 PLC 构成温度的检测和控制系统,接线图及 PID 原理图分别如图 7-38 和图 7-39 所示。

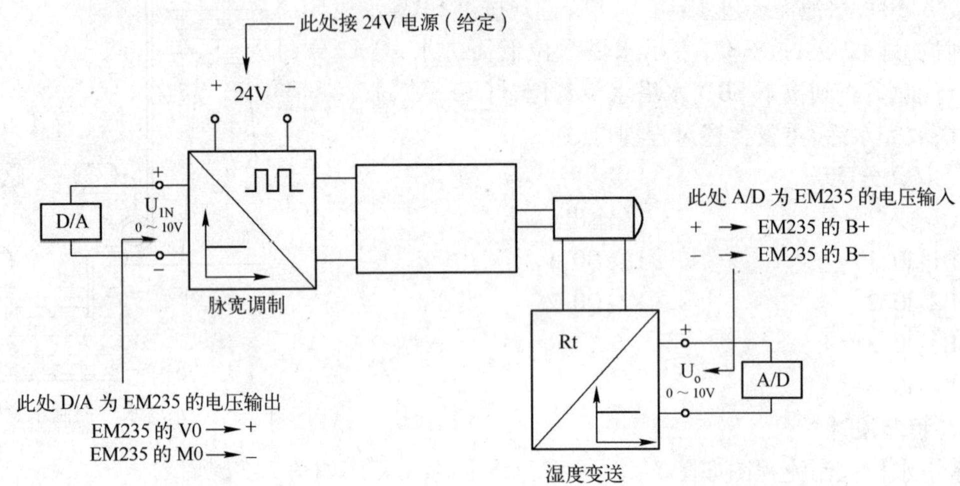

图 7-38 温度检测与控制示意图

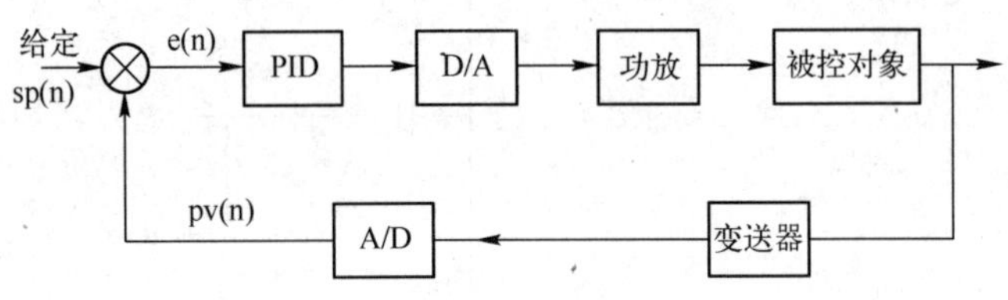

图 7-39 PID 控制示意图

1. 控制要求

温度控制原理:电压加热电热丝产生温度,温度再通过温度变送器变送为电压。加热电热丝时根据加热时间的长短可产生不一样的热能,这就需用到脉冲。输入电压不同就能产生不一样的脉宽,输入电压越大,脉宽越宽,通电时间越长,热能越大,温度越高,输出电压就越高。

PID 闭环控制:通过 PLC + A/D + D/A 实现 PID 闭环控制。比例、积分、微分系数取得适系统就容易稳定,这些都可以通过 PLC 软件编程来实现。

2. 程序设计

如图 7-40 所示的梯形图模拟量模块以 EM235 或 EM231 + EM232 为例。

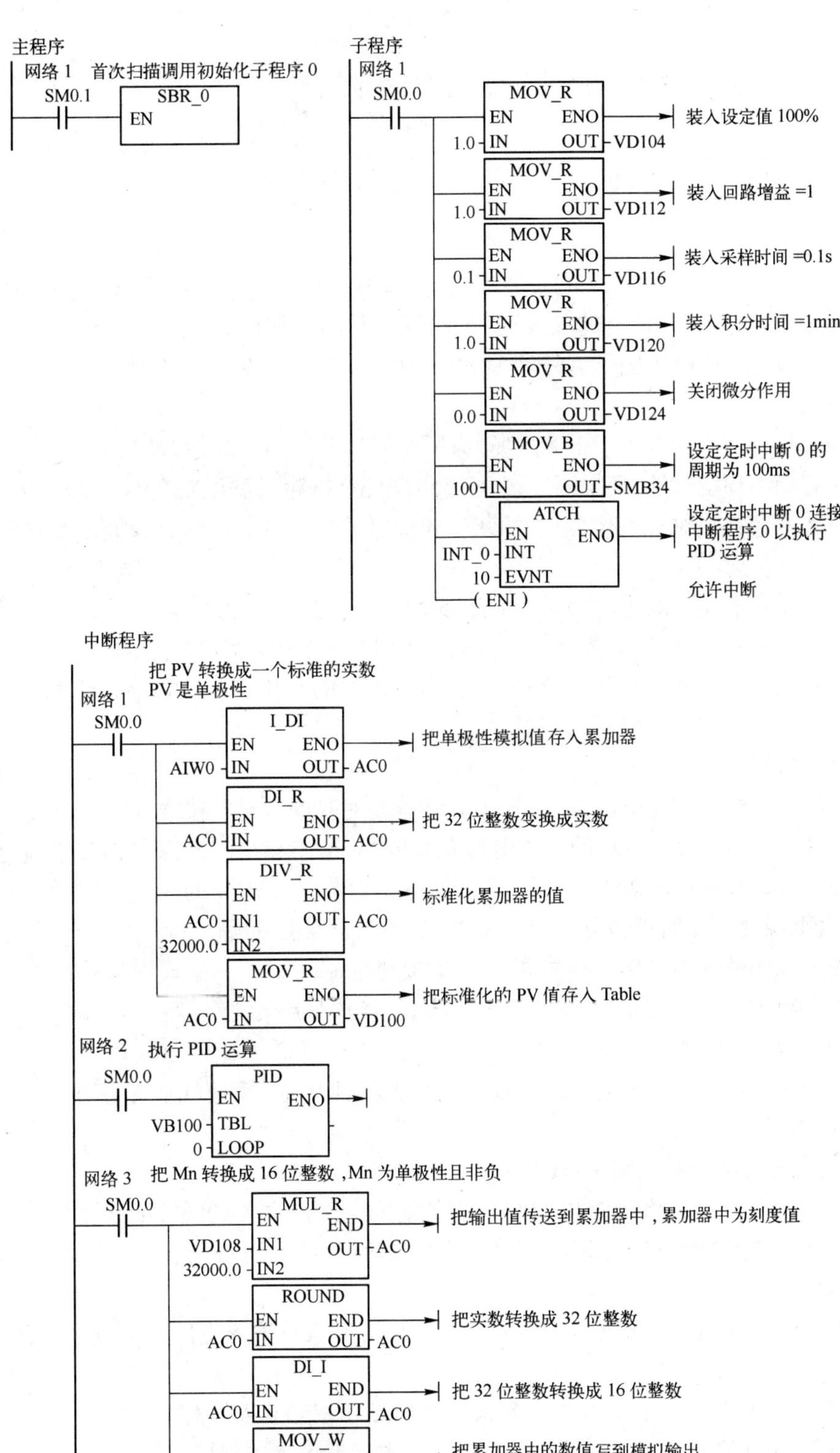

图 7-40 PID 控制梯形图

7.4 S7-200 系列 PLC 的装配、检测和维护

7.4.1 PLC 的安装与配线

1. PLC 安装

(1) 安装方式。S7-200 PLC 的安装方法有两种:底板安装和 DIN 导轨安装。底板安装是利用 PLC 机体外壳四个角上的安装孔,用螺钉将其固定在底板上。DIN 导轨安装是利用模块上的 DIN 夹子,把模块固定在一个标准的 DIN 导轨上。导轨安装既可以水平安装,也可以垂直安装。

(2) 安装环境。PLC 多用于工业现场,为了保证其工作的可靠性,延长 PLC 的使用寿命,安装时要注意周围环境条件:环境温度在 0~55℃范围内;相对湿度在 35%~85%范围内(无结霜);周围无易燃或腐蚀性气体、过量的灰尘和金属颗粒;避免过度的震动和冲击;避免太阳光的直射和水的溅射。

(3) 安装注意事项。除了环境因素,安装时还应注意:PLC 的所有单元都应在断电时安装、拆卸;切勿将导线头、金属屑等杂物落入机体内;模块周围应留出一定的空间,以便于机体周围的通风和散热。此外,为了防止高电子噪声对模块的干扰,应尽可能将 S7-200 模块与产生高电子噪声的设备(如变频器)分隔开。

2. PLC 的配线

PLC 的配线主要包括电源接线、接地、I/O 接线及对扩展单元的接线等。

(1) 电源接线与接地。PLC 的工作电源有 120/230 V 单相交流电源和 24 V 直流电源。系统的大多数干扰往往通过电源进入 PLC,在干扰强或可靠性要求高的场合,动力部分、控制部分、PLC 自身电源及 I/O 回路的电源应分开配线,用带屏蔽层的隔离变压器给 PLC 供电。隔离变压器的一次侧最好接 380 V,这样可以避免接地电流的干扰。输入用的外接直流电源最好采用稳压电源,因为整流滤波电源有较大的波纹,容易引起误动作。

良好的接地是抑制噪声干扰和电压冲击,保证 PLC 可靠工作的重要条件。PLC 系统接地的基本原则是单点接地,一般用独自的接地装置单独接地,接地线应尽量短,一般不超过 20 m,使接地点尽量靠近 PLC。

1) 交流电源接线安装如图 7-41 所示。说明如下:

① 用一个单极开关 a 将电源与 CPU 所有的输入电路和输出(负载)电路隔开。

② 用一台过流保护设备 b 以保护 CPU 的电源输出点以及输入点,也可以为每个输出点加上熔丝(保险丝)。

③ 当使用 Micro PLC 24VDC 传感器电源 c 时,可以取消输入点的外部过流保护,因为该传感器电源具有短路保护功能。

④ 将 S7-200 PLC 的所有地线端子同最近接地点 d 相连接以提高抗干扰能力。所有的接地端子都使用 14AWG 或 1.5 mm^2的电线连接到独立接地点上(也称一点接地)。

⑤ 本机单元的直流传感器电源可用来为本机单元的直流输入 e、扩展模块 f 以及输出扩展模块 g 供电。传感器电源具有短路保护功能。

⑥ 在安装中如把传感器的供电 M 端子接到地上 h 可以抑制噪声。

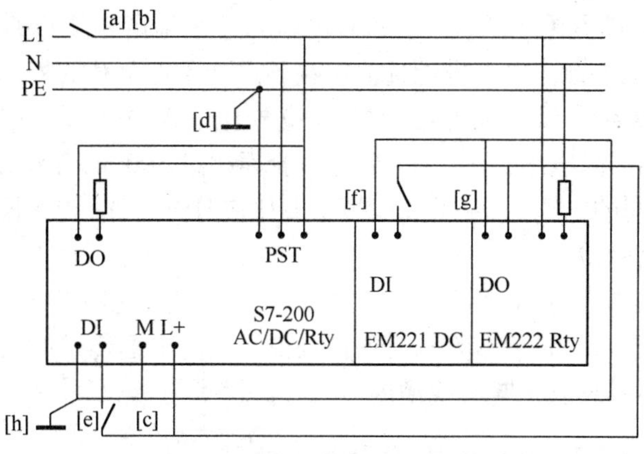

图 7-41　120/230V 交流电源接线

2）直流电源安装如图 7-42 所示。说明如下：

① 用一个单极开关 a，将电源同 CPU 所有的输入电路和输出（负载）电路隔开。

② 用过流保护设备 b、c、d 来保护 CPU 电源、输出点以及输入点。或在每个输出点加上熔丝（保险丝）进行过流保护。当使用 Micro 24VDC 传感器电源时，不用输入点的外部过流保护，因为传感器电源内部具有限流功能。

③ 用外部电容 e 来保证在负载突变时得到一个稳定的直流电压。

④ 在应用中把所有的 DC 电源接地或浮地 f（即把全机浮空，整个系统与大地的绝缘电阻不能小于 50 MΩ）可以抑制噪声，在未接地 DC 电源的公共端与保护线 PE 之间串联电阻与电容的并联回路 g，电阻提供了静电释放通路，电容提供高频噪声通路。常取 R = 1 MΩ，C = 4700 pf。

⑤ 将 S7-200 所有的接地端子同最近接地点 h 连接，采用一点接地，以提高抗干扰能力。

⑥ 24 V 直流电源回路与设备之间，以及 120/230 V 交流电源与危险环境之间，必须进行电气隔离。

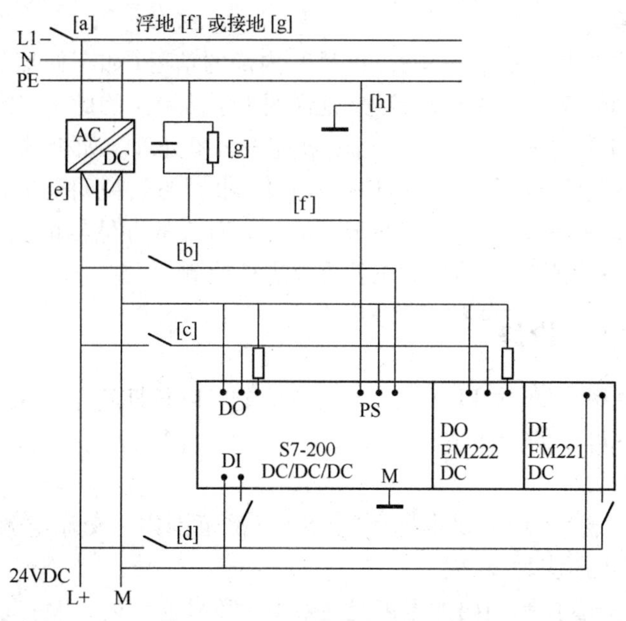

图 7-42　24 V 直流电源的安装

（2）I/O 接线和对扩展单元的接线。PLC 的输入接线是指外部开关设备 PLC 的输入端口的连接线。输出接线是指将输出信号通过输出端子送到受控负载的外部接线。

I/O 接线时应注意：I/O 线与动力线、电源线应分开布线，并保持一定的距离，如需在一个线槽中布线时，须使用屏蔽电缆；I/O 线的距离一般不超过 300 m；交流线与直流线、输入线与输出线应分别使用不同的电缆；数字量和模拟量 I/O 应分开走线，传送模拟量 I/O 线应使用屏蔽线，且屏蔽层应一端接地。

PLC 的基本单元与各扩展单元的连接比较简单，接线时，先断开电源，将扁平电缆的一端插入对应的插口即可。PLC 的基本单元与各扩展单元之间电缆传送的信号小，频率高，易受干扰，因此不能与其他连线敷设在同一线槽内。

7.4.2 PLC 的自动检测功能及故障诊断

PLC 具有很完善的自诊断功能，如出现故障，借助自诊断程序可以方便地找到出现故障的部件，更换后就可以恢复正常工作。故障处理的方法可参看 S7-200 系统手册的故障处理指南。实践证明，外部设备的故障率远高于 PLC，而这些设备故障时，PLC 不会自动停机，可使故障范围扩大。为了及时发现故障，可用梯形图程序实现故障的自诊断和自处理。

1. 超时检测

机械设备在各工步所需的时间基本不变，因此可以用时间为参考，在 PLC 发出信号，相应的外部执行机构开始动作时，启动一个定时器开始定计时，定时器的设定值比正常情况下该动作的持续时间长 20% 左右。如某执行机构在正常情况下运行 10 s 后，使限位开关动作，发出动作结束的信号。在该执行机构开始动作时，启动设定值为 12 s 的定时器定时，若 12 s 后还没有收到动作结束的信号，由定时器的常开触点发出故障信号，该信号停止正常的程序，启动报警和故障显示程序，使操作人员和维修人员能迅速判别故障的种类，及时采取排除故障的措施。

2. 逻辑错误检查

在系统正常运行时，PLC 的输入、输出信号和内部的信号（如存储器位的状态）相互之间存在着确定的关系，如出现异常的逻辑信号，则说明出了故障。因此可以编制一些常见故障的异常逻辑关系，一旦异常逻辑关系为 ON 状态，就应按故障处理。如机械运动过程中先后有两个限位开关动作，这两个信号不会同时接通。若它们同时接通，说明至少有一个限位开关被卡死，应停机进行处理。在梯形图中，用这两个限位开关对应的存储器的位的常开触点串联，来驱动一个表示限位开关故障的存储器的位就可以进行检测。

7.4.3 PLC 的维护与检修

虽然 PLC 的故障率很低，由 PLC 构成的控制系统可以长期稳定和可靠地工作，但对它进行维护和检查是必不可少的。一般每半年应对 PLC 系统进行一次周期性检查。检修内容包括：

（1）供电电源。查看 PLC 的供电电压是否在标准范围内。交流电源工作电压的范围为 85 ~ 264 V，直流电源电压应为 24 V。

（2）环境条件。查看控制柜内的温度是否在 0 ~ 55℃ 范围内，相对湿度在 35% ~ 85% 范围内，以及无粉尘、铁屑等积尘。

（3）安装条件。连接电缆的连接器是否完全插入旋紧，螺钉是否松动，各单元是否可靠固定、有无松动。

（4）I/O 端电压。均应在工作要求的电压范围内。

7.5 PLC 应用中若干问题的处理

在实际应用中，经常会遇到 I/O 点数不够的问题，可以通过增加扩展单元或扩展模块的方法解决，也可以通过对输入信号和输出信号进行处理，减少实际所需 I/O 点数的方法解决。

1. 减少输入点数的方法

（1）分时分组输入。一般系统中设有“自动”和“手动”两种工作方式，两种方式不会同时执行。将两种方式的输入分组，从而减少实际输入点，如图 7-43 所示。PLC 通过 I1.0 识别“手动”和“自动”，从而执行手动程序或自动程序。图中的二极管用来切断寄生电路。若图中没有二极管，转换开关在“自动”，S1、S2、S3 闭合，S4 断开，这时电流从 L + 端子流出，经 S3、S1、S2 形成的寄生回路，电流流入 I0.1，使 I0.1 错误地变为 ON。各开关串入二极管后，则切断寄生回路。

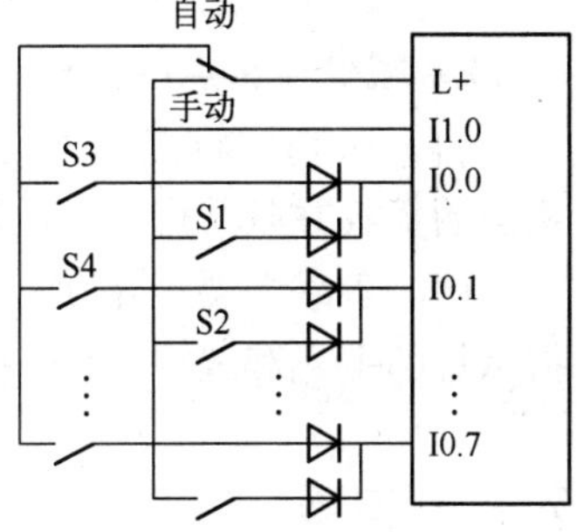

图 7-43　分时分组输入

（2）硬件编码，PLC 内部软件译码，如图 7-44 所示。

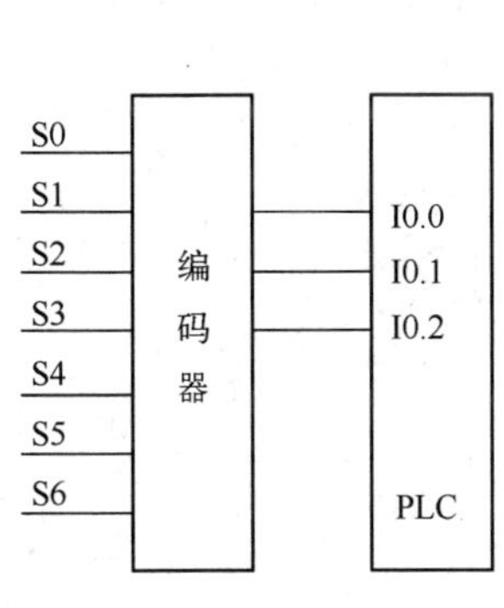

a)

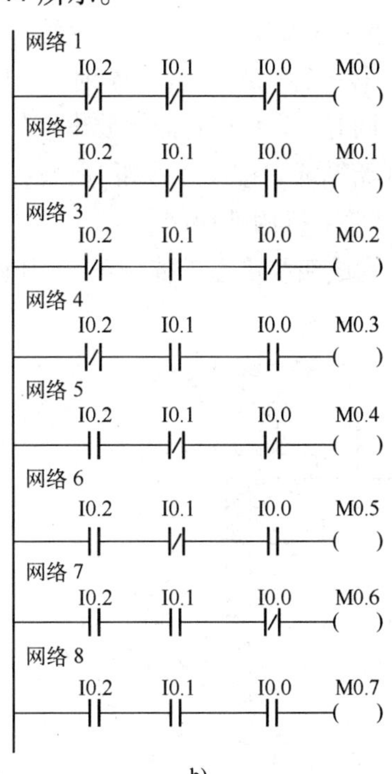

b)

图 7-44　编码输入方式

a）外部电路　b）内部译码梯形图

(3) 输入点合并。将功能相同的常闭触点串联或将常开触点并联,就只占用一个输入点。一般多点操作的起动停止按钮、保护、报警信号可采用这种方式,如图 7-45 所示。

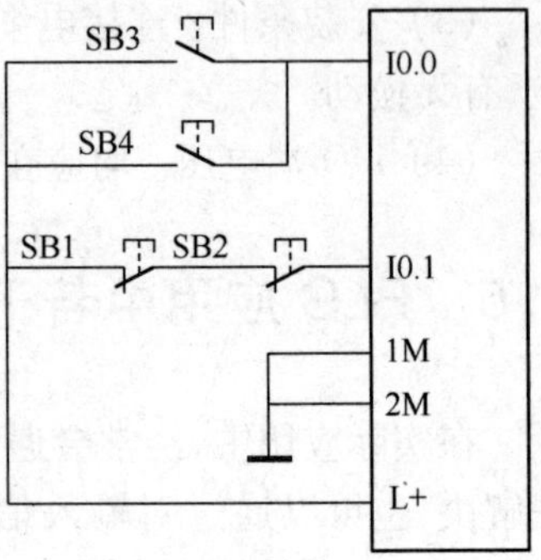

(4) 将系统中的某些输入信号设置在 PLC 之外。系统中某些功能单一的输入信号,如一些手动操作按钮、热继电器的常闭触点就没有必要作为 PLC 的输入信号,可直接将其设置在输出驱动回路当中。

SB3 SB4 SB1 SB2 I0.0 I0.1 1M 2M L+

图 7-45 输入点合并

2. 减少输出点的方法

(1) 在 PLC 输出功率允许的条件下,可将通断状态完全相同的负载并联共用一个输出点。

(2) 负载多功能化。一个负载实现多种用途,如在 PLC 控制中,通过编程可以实现一个指示灯的平光和闪烁,这样一个指示灯可以表示两种不同的信息,节省了输出点。

7.6 习题

1. PLC 系统设计一般分为几步?

2. 如何选择合适的 PLC 类型?

3. 用 PLC 构成液体混合控制系统,如图 7-46 所示。控制要求如下:按下起动按钮,电磁阀 Y1 闭合,开始注入液体 A,按 L2 表示液体到了 L2 的高度,停止注入液体 A。同时电磁阀 Y2 闭合,注入液体 B,按 L1 表示液体到了 L1 的高度,停止注入液体 B,开启搅拌机 M,搅拌 4 s,停止搅拌。同时 Y3 为 ON,开始放出液体至液体高度为 L3,再经 2 s 停止放出液体。同时液体 A 注入,开始循环。按停止按扭,所有操作都停止,须重新启动。要求列出 I/O 分配表,编写梯形图程序并上机调试程序。

4. 用 PLC 构成四节传送带控制系统,如图 7-47 所示。控制要求如下: 起动后,先起动最

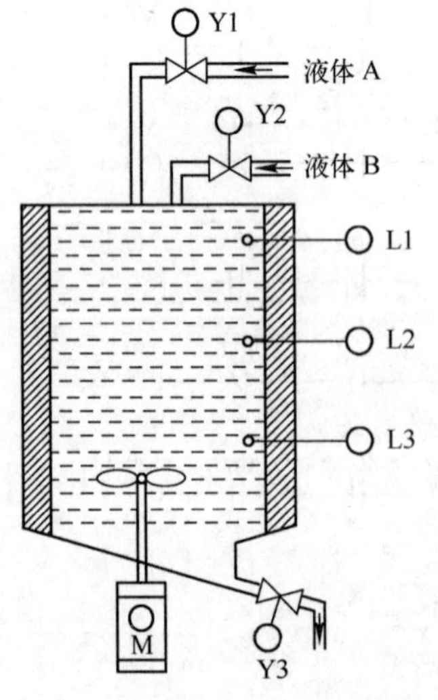

图 7-46 液体混合模拟控制系统

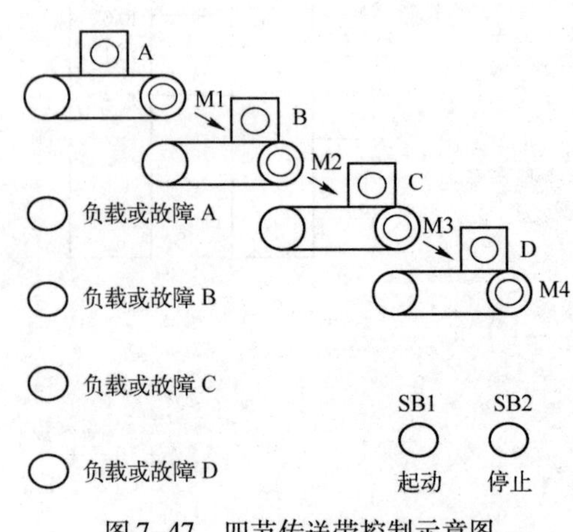

图 7-47 四节传送带控制示意图

末的皮带机，1 s 后再依次起动其他的皮带机；停止时，先停止最初的皮带机，1 s 后再依次停止其他的皮带机；当某条皮带机发生故障时，该机及前面的应立即停止，后面的按每隔 1 s 顺序停止；当某条皮带机有重物时，该皮带机前面的应立即停止，该皮带机运行 1 s 后停止，再 1 s 后接下去的一台停止，依此类推。要求列出 I/O 分配表，编写四节传送带故障设置控制梯形图程序和载重设置控制梯形图程序并上机调试程序。

5. PLC 对安装环境有何要求？PLC 的安装方法有几种？

6. I/O 接线时应注意哪些事项？PLC 如何接地？

7. PLC 减少输入、输出点数的方法有几种？

8. 用数据移位指令来实现机械手动作的模拟，编程后上机运行并调试程序。图 7-48 为一个将工件由 A 处传送到 B 处的机械手，上升/下降和左移/右移的执行用双线圈二位电磁阀推动气缸完成。当某个电磁阀线圈通电，就一直保持现有的机械动作，例如一旦下降的电磁阀线圈通电，机械手下降，即使线圈再断电，仍保持现有的下降动作状态，直到相反方向的线圈通电为止。另外，夹紧/放松由单线圈二位电磁阀推动气缸完成，线圈通电执行夹紧动作，线圈断电时执行放松动作。设备装有上、下限位开关和左、右限位开关，它的工作过程如图 7-48 所示，有八个动作，即为：

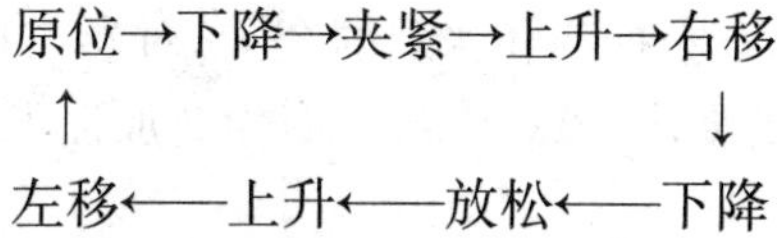

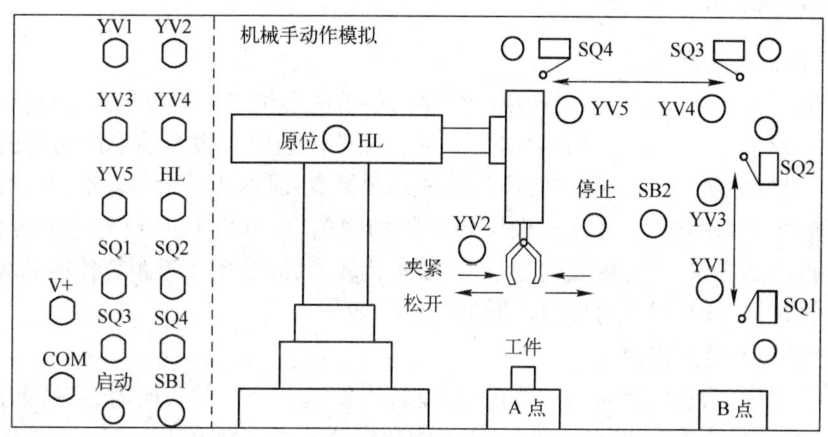

图 7-48　机械手动作模拟图

I/O 分配

输　入	SB1	SB2	SQ1	SQ2	SQ3	SQ4
	I0.0	I0.5	I0.1	I0.2	I0.3	I0.4
输　出	YV1	YV2	YV3	YV4	YV5	HL
	Q0.0	Q0.1	Q0.2	Q0.3	Q0.4	Q0.5

第8章　S7-200 PLC的通信与网络

本章要点

- 通信的基本概念和术语
- S7-200PLC 通信部件的介绍
- S7-200PLC 通信协议与通信
- S7-200PLC 通信实例

8.1　通信的基本知识

在计算机控制与网络技术不断推广和普及的今天，对参与控制系统中的设备提出了可相互连接、构成网络及远程通信的要求，PLC 生产厂商为此加强了 PLC 的网络通信能力。

8.1.1　基本概念和术语

1. 并行传输与串行传输

并行传输是指通信中同时传送构成一个字或字节的多位二进制数据。串行传输是指通信中构成一个字或字节的多位二进制数据是一位一位被传送的。很容易看出两者的特点，与并行传输相比，串行传输的传输速度慢，但传输线的数量少，成本比并行传输低，故常用于远距离传输且速度要求不高的场合，如计算机与 PLC 间的通信、计算机 USB 口与外围设备的数据传送。并行传输的速度快，但传输线的数量多，成本比较高，故常用于近距离传输的场合，如计算机内部的数据传输、计算机与打印机的数据传输。

2. 异步传输和同步传输

在异步传输中，信息以字符为单位进行传输，当发送一个字符代码时，字符前面都具有自己的一位起始位，极性为 0，接着发送 5 ~ 8 位的数据位、1 位奇偶校验位、1 ~ 2 位的停止位，数据位的长度视传输数据格式而定，奇偶校验位可有可无，停止位的极性为 1，在数据线上不传送数据时全部为 1。异步传输中一个字符中的各个位是同步的，但字符与字符之间的间隔是不确定的，也就是说线路上一旦开始传送数据就必须按照起始位、数据位、奇偶校验位、停止位这样的格式连续传送，但传输下一个数据的时间不定，不发送数据时线路保持 1 状态。

异步传输的优点就是收、发双方不需要严格的位同步。所谓“异步”是指字符与字符之间的异步，字符内部仍为同步。其次，异步传输电路比较简单，链络协议易实现，所以得到了广泛的应用。其缺点在于通信效率比较低。

在同步传输中，不仅字符内部为同步，字符与字符之间也要保持同步。信息以数据块为单位进行传输，发送双方必须以同频率连续工作，并且保持一定的相位关系，这就需要通信系统中有专门使发送装置和接收装置同步的时钟脉冲。在一组数据或一个报文之内不需要启停标志，但在传送中要分成组,一组含有多个字符代码或多个独立的码元。在每组开始和结束需加上规定的码元序列作为标志序列。发送数据前,必须发送标志序列,接收端通过检验该标志序列实现同步。

同步传输的特点是可获得较高的传输速度,但实现起来较复杂。

3. 信号的调制和解调

串行通信通常传输的是数字量,这种信号包括从低频到高频极其丰富的谐波信号,要求传输线的频率很高。而远距离传输时,为降低成本,传输线频带不够宽,使信号严重失真、衰减,常采用的方法是调制解调技术。调制就是发送端将数字信号转换成适合传输线传送的模拟信号,完成此任务的设备叫调制器。接收端将收到的模拟信号还原为数字信号的过程称为解调,完成此任务的设备叫解调器。实际上一个设备工作起来既需要调制,又需要解调,将调制、解调功能由一个设备完成,称此设备为调制解调器。当进行远程数据传输时,可以将 PLC 的 PC/PPI 电缆与调制解调器进行连接以增加数据传输的距离。

4. 传输速率

传输速率是指单位时间内传输的信息量,它是衡量系统传输性能的主要指标,常用波特率(Baud Rate)表示。波特率是指每秒传输二进制数据的位数,单位是 bit/s。常用的波特率有 19200 bit/s、9600 bit/s、4800 bit/s、2400bit/s、1200 bit/s 等。例如 1200 bit/s 的传输速率,每个字符格式规定包含 10 个数据位(起始位、停止位、数据位),信号每秒传输的数据为 1200/10 = 120(字符/秒)。

5. 信息交互方式

有以下几种方式:单工通信、半双工通信和全半双工通信。

单工通信是指信息始终保持一个方向传输,而不能进行反向传输。例如无线电广播、电视广播等就属于这种类型。

半双工通信是指数据流可以在两个方向上流动,但同一时刻只限于一个方向流动,又称双向交替通信。

全双工通信是指通信双方能够同时进行数据的发送和接收。

8.1.2 差错控制

1. 纠错编码

纠错编码是差错控制技术的核心。纠错编码的方法是在有效信息的基础上附加一定的冗余信息位,利用二进制位组合来监督数据码的传输情况。一般冗余位越多,监督作用和检错、纠错的能力就越强,但通信效率就越低,而且冗余位本身出错的可能也变大。

纠错编码的方法很多,如奇偶检验码、方阵检验码、循环检验码、恒比检验码等。下面介绍两种常见的纠错编码方法。

(1) 奇偶检验码。奇偶检验码是应用最多、最简单的一种纠错编码。奇偶检验码是在信息码组之后加一位监督码,即奇偶检验位。奇偶检验码有奇检验码、偶检验码两种。奇检验码的方法是信息位和检验位中 1 的个数为奇数。偶检验码的方法是信息位和检验位中 1 的个数为偶数。例如,一信息码为 35H,其中 1 的个数为偶数,那么如果是奇检验,检验位应为 1。如果是偶检验,那么检验位应为 0。

(2) 循环检验码。循环检验码不像奇偶检验码一个字符校验一次,而是一个数据块校验一次。在同步通信中几乎都使用这种方法。

循环检验码的基本思想是利用线性编码理论,在发送端根据要发送二进制码序列,以一定的规则产生一个监督码,附加在信息之后,构成一新的二进制码序列发送出去。在接收端,则根据信息码和监督码之间遵循的规则进行检验,确定传送中是否有错。

2. 纠错控制方法

(1) 自动重发请求。自动重发请求中,发送端对发送序列进行纠错编码,可以检测出错误的校验序列。接收端根据校验序列的编码规则判断是否出错,并将结果传给发送端。若有错,接收端拒收,同时通知发送端重发。

(2) 向前纠错方式。向前纠错方式就是发送端对发送序列进行纠错编码,接收端收到此码后,进行译码。译码不仅可以检测出是否有错误,而且根据译码自动纠错。

(3) 混合纠错方式。混合纠错方式是上述两种方法的结合。接收端有一定的判断是否出错和纠错的能力,如果错误超出了接收端的纠错的能力,再命令发送端重发。

8.1.3 传输介质

目前在分散控制系统中普遍使用的传输介质有同轴电缆、双绞线、光缆,而其他介质如无线电、红外线、微波等,在 PLC 网络中应用很少。

1. 双绞线

一对相互绝缘的线以螺旋形式绞合在一起就构成了双绞线。两根线一起作为一条通信电路使用。两根线螺旋排列的目的是为了使各线对之间的电磁干扰减小到最小。而通常人们将几对双绞线包装在一层塑料保护套中,如两对或四对双绞线构成产品的称为非屏蔽双绞线,在外塑料层下增加一屏蔽层的称为屏蔽双绞线。

双绞线根据传输特性可分为 5 类,1 类双绞线常用做传输电话信号,3、4、5 类或超 5 类双绞线通常用于连接以太网等局域网,3 类和 5 类的区别在于绞合的程度,3 类线较松,而 5 类线较紧,使用的塑料绝缘性更好。3 类线的带宽为 16 MHz,适用于 10 Mbit/s 数据传输;5 类线带宽为 100 MHz,适用于 100 Mbit/s 的高速数据传输。超 5 类双绞线单对线传输带宽仍为 100 MHz,但对 5 类线的若干技术指标进行了增强,使得 4 对超 5 类双绞线可以传输 1000 Mbit/s (1 Gbit/s)。现在 6 类、7 类线技术的草案也已经提出,带宽可分别达到 200 MHz 和 600 MHz。

双绞线的螺旋形的绞和仅仅解决了相邻绝缘线对之间的电磁干扰,但对外界的电磁干扰还是比较敏感的,同时信号会向外辐射,有被窃取的可能。

2. 同轴电缆

同轴电缆是从内到外依次由内导体(芯线)、绝缘线、屏蔽层铜线网及外保护层的结构制造的。同轴电缆外面加了一层屏蔽铜丝网,是为了防止外界的电磁干扰而设计的,因此它比双绞线的抗外界电磁干扰能力要强。根据阻抗的不同,可分为基带同轴电缆,特性阻抗为 50 Ω,适用于计算机网络的连接。由于是基带传输,数字信号不经调制直接送上电缆,是单路传输,数据传输速率可达 10 Mbit/s。宽带同轴电缆特性阻抗为 75 Ω,常用于有线电视(CATV)的传输介质,如有线电视同轴电缆带宽达 750 MHz,可同时传输几十路电视信号,并同时通过调制解调器支持 20 Mbit/s 的计算机数据传输。

3. 光纤(又称光导纤维或光缆)

光纤常应用于远距离快速传输大量信息。一般直径在 8 ~ 9 μm(单模光纤)及 50/

62. 5 μm(多模光纤,50 μm 为欧洲标准,62. 5 μm 为美国标准),但它能传输的数据量却是巨大的。人们已经实现在一条光纤上传输几百个“太”位($1T = 2^{40}$)的信息量,而且这还远不是光纤的极限。

光纤根据工艺的不同分为单模光纤和多模光纤两大类。单模光纤由于直径小,与光波波长相当,光纤如同一个波导,光脉冲在其中没有反射,而沿直线进行传输,所使用的光源为方向性好的半导体激光。多模光纤在给定的工作波长上,光源发出的光脉冲以多条线路(又称多种模式)同时传输,经多次全反射后先后到达接收端,它所使用的光源为发光二极管。单模光纤由于传输时没有反射,所以衰减小,传输距离远,接收端的一个光脉冲中的光几乎同时到达,脉冲窄,脉冲间距可以排得密,因而数据传输率高;而多模光纤中光脉冲多次全反射,衰减大,因而传输距离近,接收端的一个光脉冲中的光经多次全反射后先后到达,脉冲宽脉冲排得疏,因而数据传输率低。单模光纤的缺点是价格比多模光纤昂贵。

光纤具有如下优点:

1) 所传输的是数字的光脉冲信号,不会受电磁干扰,不怕雷击,不易被窃听。

2) 数据传输安全性好。

3) 传输距离长,且带宽宽,传输速度快。

光纤的缺点是:光纤系统设备价格昂贵,光纤的连接与连接头的制作需要专门工具和专门培训的人员。

8.1.4 串行通信接口标准

RS-232C 是美国电子工业协会 EIA(Electronic industry Association)制定的串行接口标准,它已经成为国际上通用的标准。PLC 与计算机的通信也广泛采用 RS-232C 接口。

1. RS-232C

计算机上配有 RS-232C 接口,它使用一个 25 针的连接器。在这 25 个引脚中,20 个引脚作为 RS-232C 信号,其中有 4 个数据线、11 个控制线、3 个定时信号线、2 个地信号线。另外,还保留了 2 个引脚,有 3 个引脚未定义。PLC 一般使用 9 脚连接器,距离较近时,3 脚也可以完成。如图 8-1 所示为 3 针连接器与 PLC 的连接图。

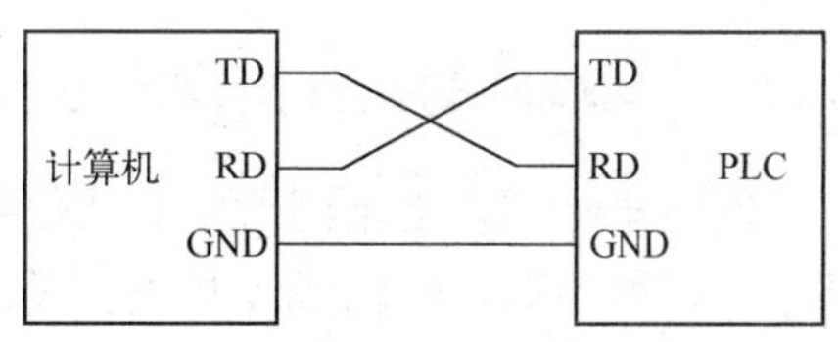

图 8-1　3 针连接器与 PLC 的连接

TD(Transmitted Data)发送数据:串行数据的发送端。

RD(Received Data)接收数据:串行数据的接收端。

GND(Ground)信号地:它为所有的信号提供一个公共的参考电平,相对于其他型号,它为 0V 电压。

常见的引脚还有:

RTS(Request To Send)请求发送:当数据终端准备好送出数据时,就发出有效的 RTS 信号,通知 Modem 准备接收数据。

CTS(Clean To Send)清除发送(也称允许发送):当 Modem 已准备好接收数据终端传送的数据时,发出 CTS 有效信号来响应 RTS 信号。所以 RTS 和 CTS 是一对用于发送数据的联系信号。

DTR(Data Terminal Ready)数据终端准备好:通常当数据终端加电,该信号就有效,表明数据终端准备就绪。它可以用作数据终端设备发给数据通信设备 Modem 的联络信号。

DSR(Data Set Ready)数据装置准备好:通常表示 Modem 已接通电源连接到通信线路上,并处在数据传输方式,而不是处于测试方式或断开状态。它可以用作数据通信设备 Modem 响应数据终端设备 DTR 的联络信号。

保护地(机壳地):一个起屏蔽保护作用的接地端。一般应参考设备的使用规定,连接到设备的外壳或机架上,必要时要连接到大地。

2. RS-232C 的不足

RS-232C 既是一种协议标准,又是一种电气标准,它采用单端的、双极性电源电路,可用于最远距离为 15 m、最高速率达 20 kbit/s 的串行异步通信。RS-232C 仍有一些不足之处,主要表现在:

(1) 传输速率不够快。RS-232C 标准规定最高速率为 20 kbit/s,尽管能满足异步通信的要求,但不能适应高速的同步通信。

(2) 传输距离不够远。RS-232C 标准规定各装置之间电缆长度不超过 15 m。实际上,RS-232C 能够实现 30 m 或 60 m 的传输,但在使用前,一定要先测试信号的质量,以保证数据的正确传输。

(3) RS-232C 接口采用不平衡的发送器和接收器,每个信号只有一根导线,两个传输方向仅有一个信号线——地线,因而,电气性能不佳,容易在信号间产生干扰。

3. RS-485

由于 RS-232C 存在的不足,EIC 在 1977 年指定了 RS-499,RS-422A 是 RS-499 的子集,RS-485 是 RS-422 的变形。RS-485 为半双工,不能同时发送和接收信号。目前,工业环境中广泛应用 RS-422、RS-485 接口。S7-200 系列 PLC 内部集成的 PPI 接口的物理特性为RS-485 串行接口,可以用双绞线组成串行通信网络,不仅可以与计算机的 RS-232C 接口互联通信,而且可以构成分布式系统,系统中最多可有 32 个站,新的接口部件允许连接 128 个站。

8.2 工业局域网基础

8.2.1 局域网的拓扑结构

网络拓扑结构是指网络中的通信线路和节点间的几何连接结构,表示了网络的整体结构外貌。网络中通过传输线连接的点称为节点或站点。拓扑结构反映了各个站点间的结构关系,对整个网络的设计、功能、可靠性和成本都有影响。常见的有星形网络、环形网络、总线形网络 3 种拓扑结构形式。

1. 星形网络

星形拓扑结构是以中央节点为中心与各节点连接组成的,网络中任何两个节点要进行通信都必须经过中央节点转发,其网络结构如图 8-2a 所示。星形网络的特点是:结构简单,便于管理控制,建网容易,网络延迟时间短,误码率较低,便于程序集中开发和资源共享。但系统花费大,网络共享能力差,负责通信协调工作的上位计算机负荷大,通信线路利用率不高,且系统可靠性不高,对上位计算机的依赖性也很强,一旦上位机发生故障,整个网络通信就停止。在小系统、通信不频繁的场合可以应用。星形网络常用双绞线作为传输介质。

上位计算机(也称主机、监控计算机、中央处理机)通过点到点的方式与各现场处理机(也称从机)进行通信,就是一种星形结构。各现场机之间不能直接通信,若要进行相互间数据传输,就必须通过中央节点的上位计算机协调。

2. 环形网络

环形网中,各个节点通过环路通信接口或适配器,连接在一条首尾相连的闭合环形通信线路上,环路上任何节点均可以请求发送信息。请求一旦被批准,便可以向环路发送信息。环形网中的数据主要是单向传输,也可以是双向传输。由于环线是公用的,一个节点发出的信息可能穿越环中多个节点,信息才能到达目的地址,如果某个节点出现故障,信息不能继续传向环路的下一个节点,应设置自动旁路。环形网络结构如图 8-2b 所示。

环形网具有容易挂接或摘除节点,安装费用低,结构简单的优点;由于在环形网络中数据信息在网中是沿固定方向流动的,节点之间仅有一个通路,大大简化了路径选择控制;某个节点发生故障时,可以自动旁路,提高系统的可靠性。所以工业上的信息处理和自动化系统常采用环形网络的拓扑结构。但节点过多时,会影响传输效率,整个网络响应时间变长。

3. 总线形网络

利用总线把所有的节点连接起来,这些节点共享总线,对总线有同等的访问权。总线形网络结构如图 8-2c 所示。

总线形网络由于采用广播方式传输数据,任何一个节点发出的信息经过通信接口(或适配器)后,沿总线向相反的两个方向传输,因此可以使所有节点接收到,各节点将目的地址是本站站号的信息接收下来。这样就无需进行集中控制和路径选择。在总线形网络中,所有节点共享一条通信传输链路,因此,在同一时刻,网络上只允许一个节点发送信息。一旦两个或两个以上节点同时发送信息就会发生冲突,应采用网络协议控制冲突。这种网络结构简单灵活,容易挂接或摘除节点,节点间可直接通信,速度快,延时小,可靠性高。

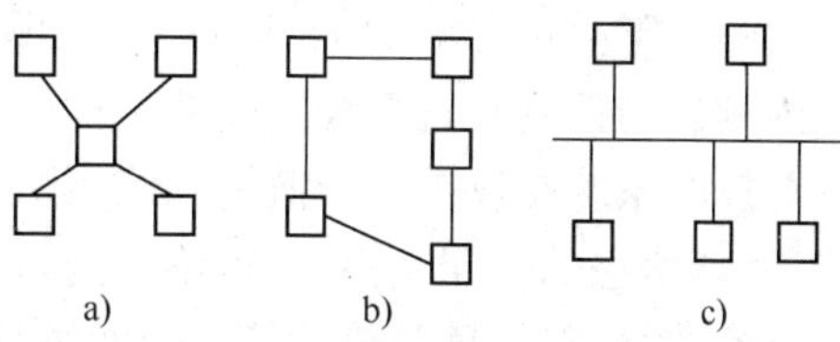

图 8-2　网络的拓扑结构

a) 星形网络　b) 环形网络　c) 总线形网络

8.2.2　网络协议和体系结构

1. 通信协议

PLC 网络是由各种数字设备(包括 PLC、计算机等)和终端设备等通过通信线路连接起来的复合系统。在这个系统中,由于数字设备型号、通信线路类型、连接方式、同步方式、通信方式等的不同,给网络各节点间的通信带来了不便,甚至影响到 PLC 网络的正常运行,因此在网络系统中,为确保数据通信双方能正确而自动地进行通信,应针对通信过程中的各种问题,制定一整套的约定,这就是网络系统的通信协议,又称网络通信规程。通信协议就是一组约定的集合,是一套语义和语法规则,用来规定有关功能部件在通信过程中的操作。通常通信协议必备的两种功能是通信和信息传输,包括了识别和同步、错误检测和修正等。

2. 体系结构

网络的结构通常包括网络体系结构、网络组织结构和网络配置。

比较复杂的 PLC 控制系统网络的体系结构,常将其分解成一个个相对独立、又有一定的联系层面。这样就可以将网络系统进行分层,各层执行各自承担的任务,层与层可以设有接口。层次的设计结构是目前人们常用的设计方法。

网络组织结构是指从网络的物理实现方面来描述网络的结构。

网络配置是指从网络的应用来描述网络的布局、硬件、软件等。网络体系结构是指从功能上来描述网络的结构,至于体系结构中所确定的功能怎样实现,有待网络生产厂家来解决。

8.2.3 现场总线

在传统的自动化工厂中,生产现场的许多设备和装置如传感器、调节器、变送器、执行器等都是通过信号电缆与计算机、PLC 相连的。当这些装置和设备相距较远,分布较广时,就会使电缆线的用量和铺设费用随之大大增加,造成了整个项目的投资成本增高,系统连线复杂,可靠性下降,维护工作量增大,系统进一步扩展困难等问题。现场总线(FieldBus)的产生将分散于现场的各种设备连接了起来,并有效实施了对设备的监控。它是一种可靠、快速、能经受工业现场环境、低廉的通信总线。PLC 的生产厂商也将现场总线技术应用于各自的产品之中构成工业局域网的最底层,使得 PLC 网络成为真正意义上的自动控制领域发展的一个热点,给传统的工业控制技术带来了一次革新。

现场总线技术实际上是实现现场级设备数字化通信的一种工业现场层的网络通信技术。按照国际电工委员会 IEC61158 的定义,现场总线是“安装在过程区域的现场设备、仪表与控制室内的自动控制装置系统之间的一种串行、数字式、多点通信的数据总线。”也就是说,基于现场总线的系统是以单个分散的、数字化、智能化的测量和控制设备作为网络的节点,用总线相连,实现信息的相互交换,使得不同网络、不同现场设备之间可以信息共享。现场设备的各种运行参数、状态信息及故障信息等通过总线传输到远离现场的控制中心,而控制中心又可以将各种控制、维护、组态命令送往相关的设备,从而建立起具有自动控制功能的网络。通常将这种位于网络底层的自动化及信息集成的数字化网络称之为现场总线系统。

西门子通信网络的中间层为现场总线,用于车间级和现场级的国际标准,传输速率最大为 12 Mbit/s,响应时间的典型值为 1 ms,使用屏蔽双绞线电缆(最长 9.6 km)或光缆(最长 90 km),最多可接 127 个从站。

8.3 S7-200 PLC 通信部件介绍

在本节中将介绍 S7-200 通信的有关部件,包括通信口、PC/PPI 电缆、通信卡及 S7-200 通信扩展模块等。

8.3.1 通信端口

S7-200 系列 PLC 内部集成的 PPI 接口的物理特性为 RS-485 串行接口,为 9 针 D 型,该端口也符合欧洲标准 EN50170 中 PROFIBUS 标准。S7-200CPU 上的通信口外形如图 8-3 所示。

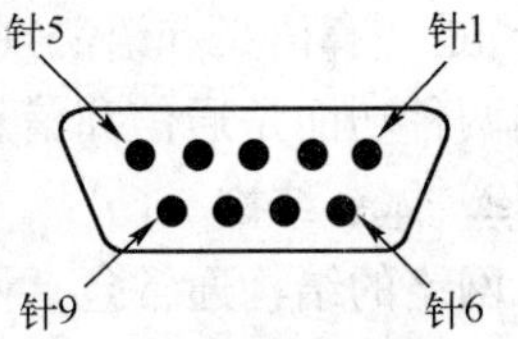

图 8-3 RS-485 串行接口外形

在进行调试时,将 S7-200 接入网络时,该端口一般是作为端口 1 出现的,作为端口 1 时端口各个引脚的名称及其表示的意义见表 8-1。端口 0 为所连接的调试设备的端口。

表 8-1　S7-200 通信口各引脚名称

引　脚	名　称	端口 0/端口 1	引　脚	名　称	端口 0/端口 1
1	屏蔽	机壳地	6	+5 V	+5 V,100 Ω 串联电阻
2	24 V 返回	逻辑地	7	+24 V	+24 V
3	RS-485 信号 B	RS-485 信号 B	8	RS-485 信号 A	RS-485 信号 A
4	发送申请	RTS(TTL)	9	不用	10 位协议选择(输入)
5	5 V 返回	逻辑地	连接器外壳	屏蔽	机壳接地

8.3.2　PC/PPI 电缆

用计算机编程时,一般用 PC/PPI(个人计算机/点对点接口)电缆连接计算机与 PLC,这是一种低成本的通信方式。PC/PPI 电缆外型如图 8-4 所示。

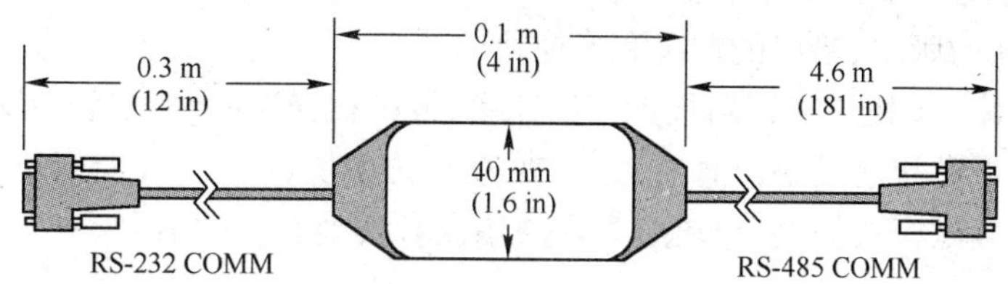

图 8-4　PC/PPI 电缆外型

1. PC/PPI 电缆的连接

将 PC/PPI 电缆有“PC”的 RS-232 端连接到计算机的 RS-232 通信接口,标有“PPI”的 RS-485 端连接到 PLC 的 CPU 模块的通信口,拧紧两边螺钉即可。

PC/PPI 电缆上的 DIP 开关选择的波特率(见表 8-2)应与编程软件中设置的波特率一致。初学者可选通信速率的默认值 9600 bit/s。4 号开关为 1,选择 10 位模式,4 号开关为 0 就是 11 位模式,5 号开关为 0,选择 RS-232 口设置为数据通信设备(DCE)模式,5 号开关为 1,选择 RS-232 口设置为数据终端设备(DTE)模式。未用调制解调器时,4 号开关和 5 号开关均应设为 0。

表 8-2　开关设置与波特率的关系

开关 1、2、3	传输速率/(bit/s)	转换时间/ms	开关 1、2、3	传输速率/(bit/s)	转换时间/ms
000	38400	0.5	100	2400	7
001	19200	1	101	1200	14
010	9600	2	110	600	28
011	4800	4			

2. PC/PPI 电缆通信设置

在 STEP7-Micro/WIN 32 的指令树中单击“通信”图标,或从菜单中选择“检视”→“通信”选项,将出现通信设置对话框,“→”表示菜单的上下层关系。在对话框中双击“PC/PPI”电缆的图标,将出现“PC/PG 接口属性”的对话框。单击其中的“属性(Properties)”按扭,出现

“PC/PPI 电缆属性”对话框。初学者可以使用默认的通信参数，在“PC/PPI 性能设置”窗口中按“Default(默认)”按扭可获得默认的参数。

(1) 计算机和 PLC 在线连接的建立。在 STEP7-Micro/WIN 32 的浏览条中单击“通信”图标，或从菜单中选择“检视”→“通信”选项，将出现通信连接对话框，显示尚未建立通信连接。双击对话框中的刷新图标，编程软件检查可能与计算机连接的所有 S7-200CPU 模块(站)，在对话框中显示已建立起连接的每个站的 CPU 图标、CPU 型号和站地址。

(2) PLC 通信参数的修改。计算机和 PLC 建立起在线连接后，就可以核实或修改 PLC 的通信参数。在 STEP7-Micro/WIN 32 的浏览条中单击“系统块”图标，或从主菜单中选择“检视”→“系统块”选项，将出现系统块对话框，单击对话框中的“通信口”标签，可设置 PLC 通信接口的参数，默认的站地址是 2，波特率为 9600 bit/s。设置好参数后，单击“确认”按扭退出系统块。设置好后，需将系统块下载到 PLC，设置的参数才会起作用。

(3) PLC 信息的读取。要想了解 PLC 的型号和版本、工作方式、扫描速率、I/O 模块配置以及 CPU 和 I/O 模块错误，可选择菜单命令“PLC”→“信息”，将显示出 PLC 的 RUN/STOP 状态、扫描速率、CPU 的版本、错误的情况和各模块的信息。

“复位扫描速率”按扭用来刷新最大扫描速率、最小扫描速率和最近扫描速率。如果 CPU 配有智能模块，要查看智能模块信息时，选中要查看的模块，单击“智能模块信息”按扭，将出现一个对话框，以确认模块类型、模块版本模块错误和其他有关的信息。

8.3.3 网络连接器

利用西门子公司提供的两种网络连接器可以把多个设备很容易地连到网络中。两种连接器都有两组螺钉端子，可以连接网络的输入和输出。通过网络连接器上的选择开关可以对网络进行偏置和终端匹配。两个连接器中的一个连接器仅提供连接到 CPU 的接口，而另一个连接器增加了一个编程接口(如图 8-5 所示)。带有编程接口的连接器可以把 SIMATIC 编程器或操作面板增加到网络中，而不用改动现有的网络连接。编程口连接器把 CPU 的信号传到编程口(包括电源引线)。这个连接器对于连接从 CPU 取电源的设备(例如 TD200 或 OP3)很有用。

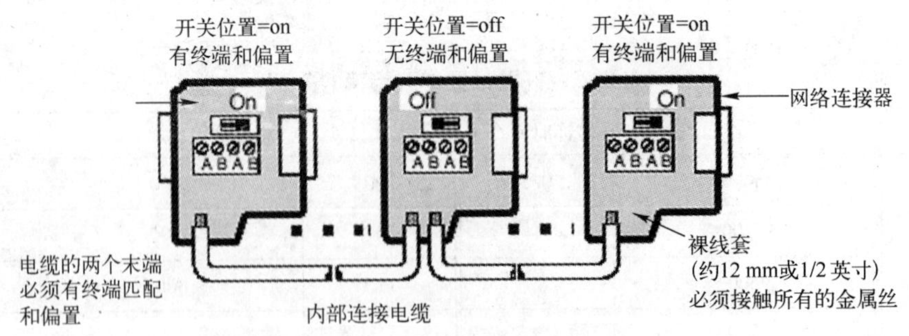

图 8-5　网络连接器

进行网络连接时，连接的设备应共享一个共同的参考点。参考点不同时，在连接电缆中会产生电流，这些电流会造成通信故障或损坏设备。或者将通信电缆所连接的设备进行隔离，以防止不必要的电流。

8.3.4 PROFIBUS 网络电缆

当通信设备相距较远时,可使用 PROFIBUS 电缆进行连接。表 8-3 列出了 PROFIBUS 网络电缆的性能指标。

表 8-3 PROFIBUS 电缆性能指标

通用特性	规 范	通用特性	规 范
类型	屏蔽双绞线	电缆容量	<60 pF/m
导体截面积	24AWG(0.22 mm^2)或更粗	阻抗	100～200 Ω

PROFIBUS 网络的最大长度有赖于波特率和所用电缆的类型。表 8-4 中列出的规范电缆时网络段的最大长度。

表 8-4 PROFIBUS 网络的最大长度

传输速率/(bit/s)	网络段的最大电缆长度/m	传输速率/(bit/s)	网络段的最大电缆长度/m
9.6～93.75 k	1200	1～1.5 M	200
187.5 k	1000	3～12 M	100
500 k	400		

8.3.5 网络中继器

西门子公司提供连接到 PROFIBUS 网络环的网络中继器,如图 8-6 所示。利用中继器可以延长网络通信距离,允许在网络中加入设备,并且提供了一个隔离不同网络环的方法。在波特率是 9600 bit/s 时,PROFIBUS 允许在一个网络环上最多有 32 个设备,这时通信的最长距离是 1200 m。每个中继器允许加入另外 32 个设备,而且可以把网络再延长 1200 m。在网络中最多可以使用 9 个中继器。每个中继器为网络环提供偏置和终端匹配。

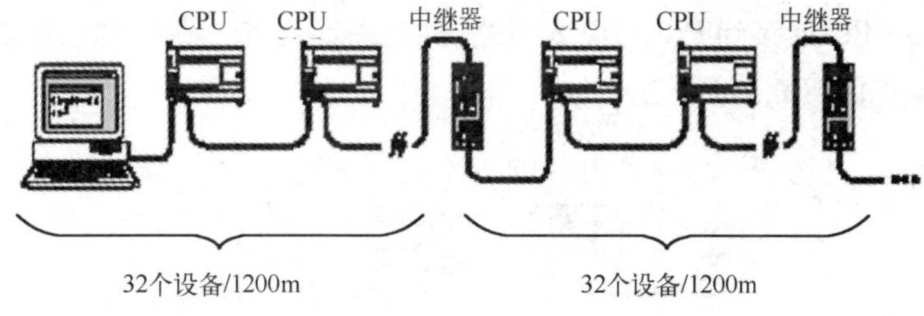

图 8-6 网络中继器

8.3.6 EM277 PROFIBUS-DP 模块

EM277 PROFIBUS-DP 模块是专门用于 PROFIBUS-DP 协议通信的智能扩展模块。它的外形如图 8-7 所示。EM277 机壳上有一个 RS-485 接口,通过接口可将 S7-200 系列 CPU 连接至网络,它支持 PROFIBUS-DP 和 MPI 从站协议。其上的地址选择开关可进行地址设置,地址范围为 0～99。

PROFIBUS-DP 是由欧洲标准 EN50170 和国际标准 IEC611158 定义的一种远程 I/O 通信协议。遵守这种标准的设备,即使是由不同公司制造的,也是兼容的。DP 表示分布式外围设备,即远程 I/O。PROFIBUS 表示过程现场总线。EM277 模块作为 PROFIBUS-DP 协议下的从站,实现通信功能。

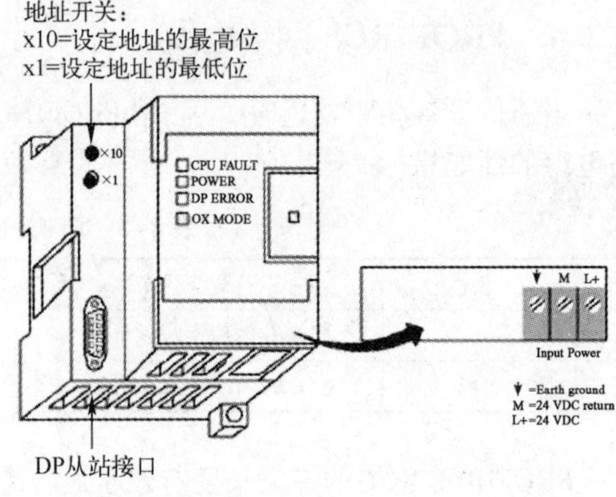

图 8-7　EM227 PROFIBUS-DP 模块

除以上介绍的通信模块外,还有其他的通信模块。如用于本地扩展的 CP243-2 通信处理器,利用该模块可增加 S7-200 系列 CPU 的输入、输出点数。

通过 EM 277 PROFIBUS-DP 扩展从站模块,可将 S7-200CPU 连接到 PROFIBUS-DP 网络。EM 277 经过串行 I/O 总线连接到 S7-200 CPU。PROFIBUS 网络经过其 DP 通信端口,连接到 EM 277 PROFIBUS-DP 模块。这个端口可运行于9600 bit/s 和12Mbit/s 之间的任何 PROFIBUS 支持的波特率。作为 DP 从站,EM277 模块接受从主站来的多种不同的 I/O 配置,向主站发送和接收不同数量的数据,这种特性使用户能修改所传输的数据量,以满足实际应用的需要。与许多 DP 站不同的是,EM277 模块不仅是传输 I/O 数据,还能读写 S7-200 CPU 中定义的变量数据块,这样使用户能与主站交换任何类型的数据。首先,将数据移到 S7-200 CPU 中的变量存储器,就可将输入计数值、定时器值或其他计算值传送到主站。类似地,从主站来的数据存储在 S7-200 CPU 中的变量存储器内,并可移到其他数据区。EM 277 PROFIBUS-DP 模块的 DP 端口可连接到网络上的一个 DP 主站上,但仍能作为一个 MPI 从站与同一网络上(如 SIMATIC 编程器或 S7-300/S7-400 CPU 等)其他主站进行通信。图 8-8 表示有一个 CPU 224 和一个 EM 277 PROFIBUSDP 模拟的 PROFIBUS 网络。在这种场合,CPU-315-2 是 DP 主站,并且已通过一个带有 STEP 7 编程软件的 SIMATIC 编程器进行组态。CPU224 是 CPU315-2 所拥有的一个 DP 从站,ET200I/O 模块也是 CPU 315-2 的从站,S7-400 CPU 连接到 PROFIBUS 网络,并且借助于 S7-400 CPU 用户程序中的 XGET 指令,可从 CPU224 读取数据。

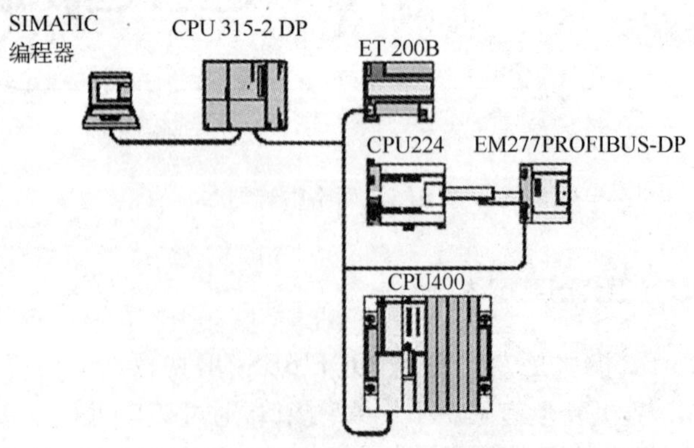

图 8-8　PROFIBUS 网络上的 EM 277 PROFIBUS-DP 模块和 CPU 224

8.4 S7-200PLC 的通信

本节介绍与S7-200联网通信有关的网络协议,包括PPI、MPI、PROFIBUS、ModBus等协议,以及相关的程序指令。

8.4.1 概述

S7-200的通信功能强,有多种通信方式可供用户选择。在运行 Windows 或 Windows NT 操作系统的个人计算机(PC)上安装了编程软件后,PC可作为通信中的主站。

1. **单主站方式**

单主站与一个或多个从站相连,如图8-9所示,SETP-Micro/WIN 32 每次和一个S7-200CPU通信,但是它可以访问网络上的所有CPU。

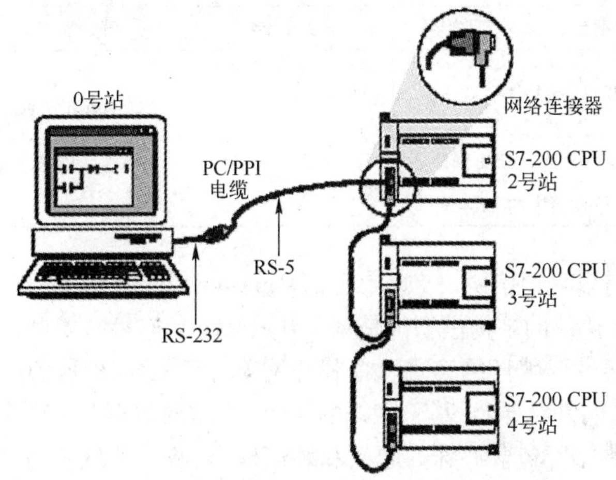

图8-9 单主站与一个或多个从站相连

2. **多主站方式**

通信网络中有多个主站,一个或多个从站。图8-10中带CP通信卡的计算机和文本显示器TD200、操作面板OP15是主站, S7-200CPU可以是从站或主站。

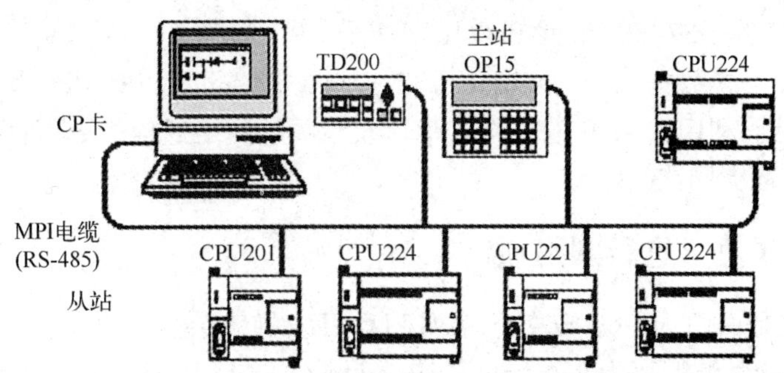

图8-10 通信网络中有多个主站

3. **使用调制解调器的远程通信方式**

利用PC/PPI电缆与调制解调器连接,可以增加数据传输的距离。串行数据通信中,串行设备可以是数据终端设备(DTE),也可以是数据发送设备(DCE)。当数据从 RS-485 传送到 RS-232 口时,PC/PPI 电缆是接收模式(DTE),需要将 DIP 开关 5 设置为 1 的位置,当数据从 RS-232 传送到 RS-485 口时,PC/PPI 电缆是发送模式(DCE),需要将 DIP 开关的第 5 个设置为 0 的位置。

S7-200 系列 PLC 单主站通过 11 位调制解调器(Modem)与一个或多个作为从站的 S7-200CPU 相连,或单主站通过 10 位调制解调器与一个作为从站的 S7-200CPU 相连。

4. S7-200 通信的硬件选择

表 8-5 给出了可供用户选择的 SETP-Micro/WIN 32 支持的通信硬件和波特率。除此之外,S7-200 还可以通过 EM277 PROFIBUS-DP 连接到现场总线网络,各通信卡提供一个与 PROFIBUS 网络相连的 RS-485 通信口。

表 8-5 SETP-Micro/WIN 32 支持的硬件配置

支持的硬件	类　型	支持的波特率/(kbit/s)	支持的协议
PC/PPI 电缆	到 PC 通信口的电缆联接器	9.6,19.2	PPI 协议
CP5511	Ⅱ型,PCMCIA 卡	9.6,19.2,187.5	支持用于笔记本电脑的 PPI,MPI 和 PROFIBUS 协议
CP5611	PCI 卡(版本 3 或更高)		支持用于 PC 的 PPI,MPI 和 PROFIBUS 协议
MPI	集成在编程器中的 PC ISA 卡		

S7-200CPU 可支持多种通信协议,如点到点(Point-to-Point)的协议(PPI)、多点协议(MPI)及 PROFIBUS 协议。这些协议的结构模型都是基于开放系统互连参考模型(OSI)的 7 层通信结构。PPI 协议和 MPI 协议通过令牌环网实现。令牌环网遵守欧洲标准 EN50170 中的过程现场总线(PROFIBUS)标准。它们都是异步、基于字符的协议,传输的数据带有起始位、8 位数据、奇校验和一个停止位。每组数据都包含特殊的起始和结束标志、源站地址和目的站地址、数据长度、数据完整性检查几部分。只要相互的波特率相同,三个协议可在同一网络上运行而不互相影响。

自由通信口方式是 S7-200PLC 的一个很有特色的功能。它使 S7-200 PLC 可以与任何通信协议公开的其他设备控制器进行通信,即 S7-200 PLC 可以由用户自己定义通信协议,例如 ASCII 协议,波特率最高为 38.4 kbit/s,可调整,因此使可通信的范围大大增加,使控制系统配置更加灵活方便。任何具有串行接口的外设,例如打印机或条形码阅读器、变频器、调制解调器 Modem、上位 PC 等。S7-200 系列 PLC 用于两个 CPU 间简单的数据交换,用户可通过编程来编制通信协议以交换数据,例如具有 RS-232 接口的设备可用 PC/PPI 电缆连接起来,进行自由通信方式通信。利用 S7-200 的自由通信口及有关的网络通信指令,可以将 S7-200CPU 加入 ModBus 网络和以太网络。

8.4.2 利用 PPI 协议进行网络通信

PPI 通信协议是西门子专为 S7-200 系列 PLC 开发的一个通信协议,可通过普通的两芯屏蔽双绞电缆进行联网,波特率为 9.6 kbit/s、19.2 kbit/s 和 187.5 kbit/s。S7-200 系列 CPU 上集成的编程口同时就是 PPI 通信联网接口,利用 PPI 通信协议进行通信非常简单方便,只用 NETR 和 NETW 两条语句,即可进行数据信号的传递,不需额外再配置模块或软件。PPI 通信网络是一个令牌传递网,在不加中继器的情况下,最多可以由 31 个 S7-200 系列 PLC、TD200、

OP/TP 面板或上位机插 MPI 卡为站点构成 PPI 网。

网络读/网络写指令介绍如下：

网络读/网络写指令 NETR(Network Read)/ NETW(Network Write),网络读/网络写指令格式如图 8-11 所示。

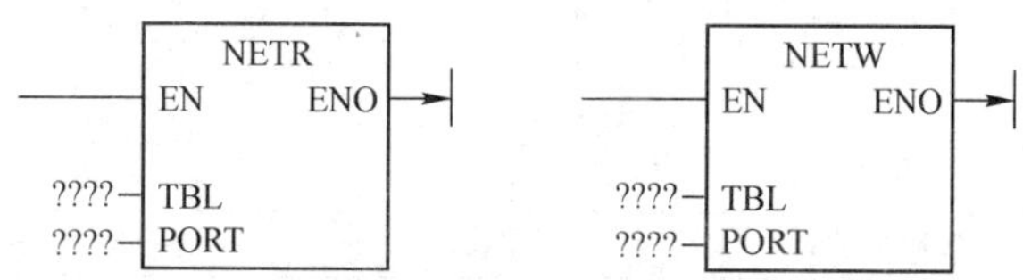

图 8-11 网络读/网络写指令 NETR/ NETW

TBL:缓冲区首地址,操作数为字节。

PROT:操作端口,CPU226 为 0 或 1,其他只能为 0。

网络读(NETR)指令是通过端口(PROT)接收远程设备的数据并保存在表(TBL)中。可从远方站点最多读取 16 字节的信息。

网络写(NETW)指令是通过端口(PROT)向远程设备写入表(TBL)中的数据。可向远方站点最多写入 16 字节的信息。

在程序中可以有任意多 NETR/NETW 指令,但在任意时刻最多只能有 8 个 NETR 及 NETW 指令有效。TBL 表的参数定义见表 8-6 所示。表中各参数的意义如下：

远程站点的地址:被访问的 PLC 地址。

数据区指针(双字):指向远程 PLC 存储区中的数据的间接指针。

数据长度:远程站点被访问数据的字节数(1 ~ 16)。

接收或发送数据区:保存数据的 1 ~ 16 个字节,其长度在“数据长度”字节中定义。对于 NETR 指令,此数据区指执行 NETR 后存放从远程站点读取的数据区。对于 NETW 指令,此数据区指执行 NETW 前发送给远程站点的数据存储区。

表中首字节各位的意义：

D:操作已完成。0 = 未完成,1 = 功能完成。

A:激活(操作已排队)。0 = 未激活,1 = 激活。

E:错误。0 = 无错误,1 = 有错误。

4 位错误代码的说明：

0:无错误。

1:超时错误。远程站点无响应。

2:接收错误。有奇偶错误等。

3:离线错误。重复的站地址或无效的硬件引起冲突。

4:排队溢出错误。多于 8 条 NETR/NETW 指令被激活。

5:违反通信协议。没有在 SMB30 中允许 PPI,就试图使用 NETR/NETW 指令。

6:非法参数。

7:没有资源。远程站点忙(正在进行上载或下载)。

8:第七层错误。违反应用协议。

9:信息错误。错误的数据地址或错误的数据长度。

表 8-6　TBL 表的参数定义

VB100	D	A	E	0	错误码
VB101	远程站点的地址				
VB102	指向远程站点的数据指针				
VB103					
VB104					
VB105					
VB106	数据长度(1～16 字节)				
VB107	数据字节 0				
VB108	数据字节 1				
…	…				
VB122	数据字节 15				

在 PPI 网络中作为主站的 PLC 程序中，必须在上电第 1 个扫描周期，用特殊存储器 SMB30 指定其主站属性，从而使能其主站模式。SMB30 、SMB30 分别是 S7-200 PLC Port0 、Port1 自由通信口的控制字节，各位表达的意义如表 8-7 所示。

在 PPI 模式下，控制字节的 2～7 位是忽略掉的，即 SMB30 = 0000 0010，定义 PPI 主站。

SMB30 中协议选择默认值是 00 = PPI 从站，因此，从站侧不需要初始化。

表 8-7　SMB30、SMB130 各位表达的意义

bit7	bit6	bit5	bit4	bit3	bit2	bit1	Bit0
p	p	d	b	b	b	m	m

pp:校验选择	d：每个字符的数据位	mm:协议选择
00 = 不校验	0 = 8 位	00 = PPI/从站模式
01 = 偶校验	1 = 7 位	01 = 自由口模式
10 = 不校验		10 = PPI/主站模式
11 = 奇校验		11 = 保留(未用)
bbb：自由口波特率/(bit/s)		
000 = 38400	011 = 4800	110 = 115.2 k
001 = 19200	100 = 2400	111 = 57.6 k
010 = 9600	101 = 1200	

【例 8-1】　用 NETR 指令实现两台 PLC 之间的数据通信，用 2 号机的 IB0 控制 1 号机 QB0。1 号机为主站，站地址为 2，2 号机为从站，站地址为 3，编程用的计算机的站地址为 0。

从站在通信中是被动的，不需要通信程序。

本例中 1 号机读取 2 号机的 IB0 值并写入本机的 QB0。1 号机的网络读缓冲区内的地址安排如表 8-8 所示。主机中的通信程序如图 8-12 所示。

表 8-8　网络读缓冲区

状 态 字 节	远程站地址	指向远程站点的数据指针	数 据 长 度	数 据 字 节
VB100	VB101	VD102	VB106	VB107

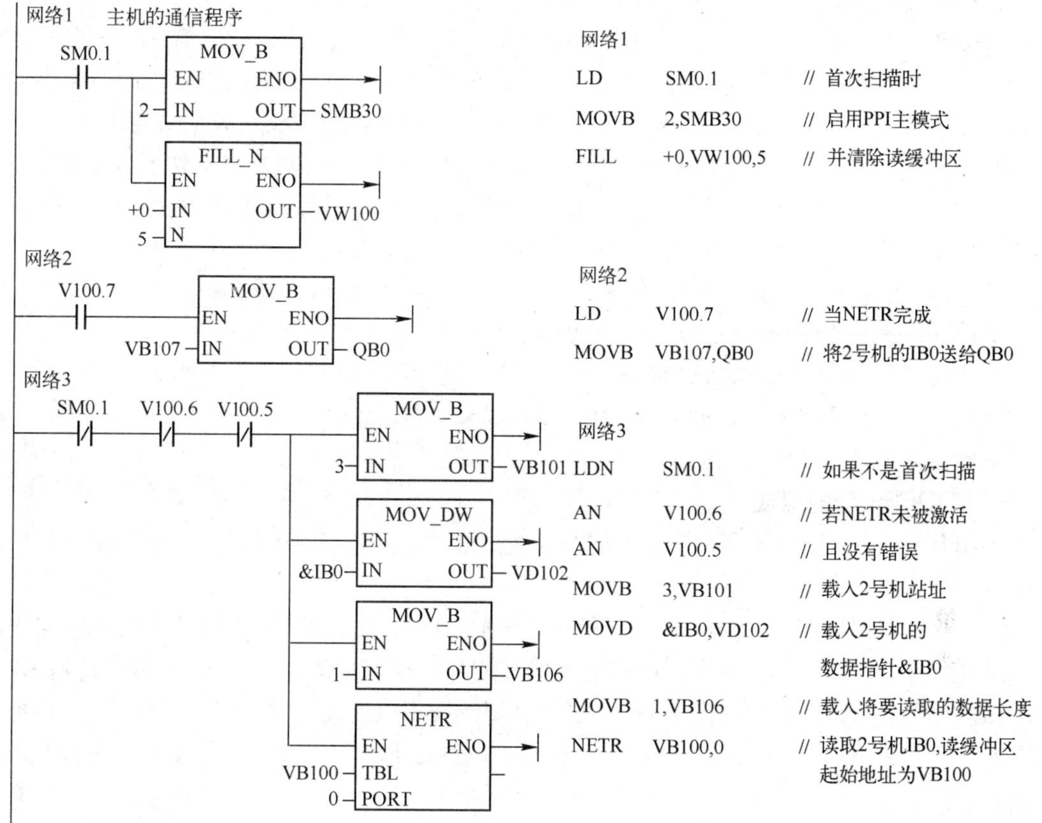

图 8-12　例 8－1 主机通信程序

8.4.3　利用 MPI 协议进行网络通信

MPI 协议总是在两个相互通信的设备之间建立逻辑连接。MPI 协议允许主/主和主/从两种通信方式。选择何种方式依赖于设备类型。如果是 S7-300CPU，由于所有的 S7-300CPU 都必须是网络主站，所以进行主/主通信方式。如果设备是 S7-200CPU，那么就进行主/从通信方式，因为 S7-200CPU 是从站。在 8-10 图中，S7-200 可以通过内置接口，连接到 MPI 网络上，波特率为 19. 2 kbit/s 或 187. 5 kbit/s 。它可与 S7-300 或者是 S7-400CPU 进行通信。S7-200CPU 在 MPI 网络中作为从站，它们彼此间不能通信。

8.4.4　利用 PROFIBUS 协议进行网络通信

PROFIBUS 是世界上第一个开放式现场总线标准，目前技术已成熟，其应用领域覆盖了从机械加工、过程控制、电力、交通到楼宇自动化等各个领域。PROFIBUS 于 1995 年成为欧洲工业标准(EN50170)，1999 年成为国际标准(1EC61158-3)。

在 S7-200 系列 PLC 的 CPU 中，CPU22X 都可以通过增加 EM277 PROFIBUS-DP 扩展模块的方法支持 PROFIBUS DP 网络协议。最高传输速率可达 12Mbit/s。采用 PROFIBUS 的系统，对于不同厂家所生产的设备不需要对接口进行特别的处理和转换，就可以通信。PROFIBUS 连接的系统由主站和从站组成，主站能够控制总线，当主站获得总线控制权后，可以主动发送信息。从站通常为传感器、执行器、驱动器和变送器。它们可以接收信号并给予响应,但没有控制总线的权力。当主站发出请求时,从站回送给主站相应的信息。PRORFIBUS 除了支持主/从模式,还支持多主/多从的模式。对于多主站的模式,在主站之间按令牌传递顺序决定对总线的控制权。取得控制权的主站,可以向从站发送、获取信息,实现点对点的通信。

西门子 S7 系列 PLC 通过 PROFIBUS 现场总线构成的系统,其基本特点如下:

(1) PLC、I/O 模板、智能仪表及设备可通过现场总线连接,特别是同厂家的产品提供通用的功能模块管理规范,通用性强,控制效果好。

(2) I/O 模板安装在现场设备(传感器、执行器等)附近,结构合理。

(3) 信号就地处理,在一定范围内可实现互操作。

(4) 编程仍采用组态方式,设有统一的设备描述语言。

(5) 传输速率可在 9.6 kbit/s ~ 12 Mbit/s 间选择。

(6) 传输介质可以用双绞线或光纤。

1. PROFIBUS 的组成

PROFIBUS 由三个相互兼容的部分组成,即 PROFIBUS-FMS、PROFIBUS-DP 和 PROFIBUS-PA。

(1) PROFIBUS-DP(Distributed Periphery ,分布 I/O 系统)。PROFIBUS-DP 是一种优化模板,是制造业自动化主要应用的协议内容,是满足用户快速通信的最佳方案,每秒可传输 12 兆位,扫描 1000 个 I/O 点的时间少于 lms。它可以用于设备级的高速数据传输,远程 I/O 系统尤为适用。位于这一级的 PLC 或工业控制计算机可以通过 PROFIBUSEDP 同分散的现场设备进行通信。

(2) PROFIBUS-PA(Process Automation,过程自动化)。PROFIBUS-PA 主要用于过程自动化的信号采集及控制,它是专为过程自动化所设计的协议,可用于安全性要求较高的场合及总线集中供电的站点。

(3) PROFIBUS-FMS(Fieldbus Message Specification,现场总线信息规范)。PROFIBUS-FMS 是为现场的通用通信功能所设计,主要用于非控制信息的传输,传输速度中等,可以用于车间级监控网络。FMS 提供了大量的通信服务,用以完成以中等级传输速度进行的循环和非循环的通信服务。对于 FMS 而言,它考虑的主要是系统功能而不是系统响应时间,应用过程中通常要求的是随机的信息交换,如改变设定参数。FMS 服务向用户提供了广泛的应用范围和更大的灵活性,通常用于大范围、复杂的通信系统。

2. PROFIBUS 协议结构

PROFIBUS 协议以 ISO/OSI 参考模型为基础。第一层为物理层,定义了物理的传输特性;第二层为数据链路层;第三层至第六层 PROFIBUS 未使用;第七层为应用层,定义了应用的功能。PROFIBUS-DP 是高效、快速的通信协议,它使用了第一层、第二层及用户接口,第三至第七层未使用。这样简化了的结构确保了 DP 的高速的数据传输。

3. 传输技术

PROFIBUS 对于不同的传输技术定义了唯一的介质存取协议。

(1) RS-485。RS485 是 PROFIBUS 使用最频繁的传输技术,具体论述参见前面有关章节。

(2) IEC1158-2。根据 IECll58-2 在过程自动化中使用固定波特率 31.25 kbit/s 的同步传输,它可以满足化工和石化工业对安全的要求,采用双线技术通过总线供电,这样 PROFIBUS

就可以用于危险区域了。

(3) 光纤。在电磁干扰强度很高的环境和高速、远距离传输数据时,PROFIBUS 可使用光纤传输技术。使用光纤传输的 PROFIBUS 总线段可以设计成星形或环形结构。现在在市面上已经有 RS-485 传输链接与光纤传输链接之间的耦合器,这样就实现了系统内 RS-485 和光纤传输之间的转换。

(4) PROFIBUS 介质存取协议。PROFIBUS 通信规程采用了统一的介质存取协议,此协议由 OSI 参考模型的第二层来实现。在 PROFIBUS 协议设计时充分考虑了满足介质存取控制的两个要求,即在主站间通信时,必须保证在分配的时间间隔内,每个主站都有足够的时间来完成它的通信任务,在 PLC 与从站(PLC 或其他设备)间通信时,必须快速、简捷地完成循环,进行实时的数据传输。为此,PROFIBUS 提供了两种基本的介质存取控制:令牌传递方式和主/从方式。

令牌传递方式可以保证每个主站在事先规定的时间间隔内都能获得总线的控制权。令牌是一种特殊的报文,它在主站之间传递着总线控制权,每个主站均能按次序获得一次令牌,传递的次序是按地址升序进行的。

主/从方式允许主站在获得总线控制权时,可以与从站通信,发送或获得信息。

主站要发出信息,必须持有令牌。假设有一个由 3 个主站和 7 个从站构成的 PROFIBUS 系统。3 个主站构成了一个令牌传递的逻辑环,在这个环中,令牌按照系统预先确定的地址升序从一个主站传递给下一个主站。当一个主站得到了令牌后,它就能在一定的时间间隔内执行该主站的任务,可以按照主/从关系与所有从站通信,也可以按照主/主关系与所有主站通信。在总线系统建立的初期阶段,主站的介质存取控制(MAC)的任务是决定总线上的站点分配并建立令牌逻辑环。在总线的运行期间,损坏的或断开的主站必须从环中撤除,新接入的主站必须加入逻辑环。MAC 的其他任务是检测传输介质和收发器是否损坏,检查站点地址是否出错,以及令牌是否丢失或有多个令牌。

PROFIBUS 的第二层按照国际标准 IEC870-5-1 的规定,通过使用特殊的起始位和结束位、无间距字节异步传输及奇偶校验来保证传输数据的安全。PROFIBUS 第二层按照非连接的模式操作,除了提供点对点通信功能外,还提供多点通信的功能,即广播通信和有选择的广播、组播。所谓广播通信,即主站向所有站点(主站和从站)发送信息,不要求回答。所谓有选择的广播、组播是指主站向一组站点(从站)发送信息。

4. S7-200CPU 接入 PROFIBUS 网络

S7-200CPU 必须通过 PROFIBUS-DP 模块 EM277 连接到网络,不能直接接入 PROFIBUS 网络进行通信。EM277 经过串行 I/O 总线连接到 S7-200CPU。PROFIBUS 网络经过其 DP 通信端口,连接到 EM277 模块。这个端口支持 9600 bit/s ~ 12 Mbit/s 之间的任何传输速率。EM277 模块在 PROFIBUS 网络中只能作为 PROFIBUS 从站出现。作为 DP 从站,EM277 模块接受从主站来的多种不同的 I/O 配置,向主站发送和接收不同数量的数据。这种特性使用户能修改所传输的数据量,以满足实际应用的需要。与许多 DP 站不同的是,EM277 模块不仅仅传输 I/O 数据,而且 EM277 能读写 S7-200CPU 中定义的变量数据块。这样,使用户能与主站交换任何类型的数据。通信时,首先将数据移到 S7-200CPU 中的变量存储区,就可将输入、计数值、定时器值或其他计算值传输到主站。类似地,从主站来的数据存储在 S7-200CPU 中的变量存储区内,进而可移到其他数据区。

EM277 模块的 DP 端口可连接到网络上的一个 DP 主站上,仍能作为一个 MPI 从站与同一网络上如 SIMATIC 编程器或 S7-300/S7-400CPU 等其他主站进行通信。为了将 EM277 作为一个 DP 从站使用,用户必须设定与主站组态中的地址相匹配的 DP 端口地址。从站地址是使用 EM277 模块上的旋转开关设定的。在变动旋转开关之后,用户必须重新启动 CPU 电源,以便使新的从站地址起作用。主站通过将其输出区来的信息发送给从站的输出缓冲区(称为“接收信箱”),与每个从站交换数据。从站将其输入缓冲区(称为发送信箱)的数据返回给主站的输入区,以响应从主站来的信息。

EM277 可用 DP 主站组态,以接收从主站来的输出数据,并将输入数据返回给主站。输出和输入数据缓冲区驻留在 S7-200CPU 的变量存储区(V 存储区)内。当用户组态 DP 主站时,应定义 V 存储区内的字节位置。从这个位置开始为输出数据缓冲区,它应作为 EM277 的参数赋值信息的一个部分。用户也要定义 I/O 配置,它是写入到 S7-200CPU 的输出数据总量和从 S7-200CPU 返回的输入数据总量。EM277 从 I/O 配置确定输入和输入缓冲区的大小。DP 主站将参数赋值和 I/O 配置信息写入到 EM277 模块 V 存储器地址和输入及输出数据长度传输给 S7-200CPU。

输入和输出缓冲区的地址可配置在 S7-200CPU 的 V 存储区中任何位置。输入和输出缓冲区器的默认地址为 VB0。输入和输出缓冲地址是主站写入 S7—200CPU 赋值参数的一部分。用户必须组态主站以识别所有的从站及将需要的参数和 I/O 配置写入每一个从站。

一旦 EM277 模块已用一个 DP 主站成功地进行了组态,EM277 和 DP 主站就进入数据交换模式。在数据交换模式中,主站将输出数据写入到 EM277 模块,然后,EM277 模块响应最新的 S7-200CPU 输入数据。EM277 模块不断地更新从 S7-200CPU 来的输入,以便向 DP 主站提供最新的输入数据。然后,该模块将输出数据传输给 S7-200CPU。从主站来的输出数据放在 V 存储区中(输出缓冲区)由某地址开始的区域内,而该地址是在初始化期间,由 DP 主站提供的。传输到主站的输入数据取自 V 存储区存储单元(输入缓冲区),其地址是紧随输出缓冲区的。

在建立 S7-200CPU 用户程序时,必须知道 V 存储区中的数据缓冲区的开始地址和缓冲区大小。从主站来的输出数据必须通过 S7-200CPU 中的用户程序,从输出缓冲区转移到其他所用的数据区。类似地,传输到主站的输入数据也必须通过用户程序从各种数据区转移到输入缓冲区,进而发送到 DP 主站。

从 DP 主站来的输出数据,在执行程序扫描后立即放置在 V 存储区内。输入数据(传输到主站)从 V 存储区复制到 EM277 中,以便同时传输到主站。当主站提供新的数据时,则从主站来的输出数据才写入到 V 存储区内。在下次与主站交换数据时,将送到主站的输入数据发送到主站。

SMB200 ~ SMB249 提供有关 EM277 从站模块的状态信息(如果它是 I/O 链中的第一个智能模块)。如果 EM277 是 I/O 链中的第二个智能模块,那么,EM277 的状态是从 SMB250 ~ SMB299 获得的。如果 DP 尚未建立与主站的通信,那么,这些 SM 存储单元显示默认值。当主站已将参数和 I/O 组态写入到 EM277 模块后,这些 SM 存储单元显示 DP 主站的组态集。用户应检查 SMB224,并确保在使用 SMB225 ~ SMB229 或 V 存储区中的信息之前,EM277 已处于与主站交换数据的工作模式。

8.4.5 利用 Modbus 协议进行网络通信

STEP7 Micro/WIN 指令库包含有专门为 Modbus 通信设计的预先定义的专门的子程序和中断服务程序，从而与 Modbus 主站通信简单易行。使用一个 Modbus 从站指令可以将 S7-200 组态为一个 Modbus 从站，与 Modbus 主站通信。当在用户编制的程序中加入 Modbus 从站指令时，相关的子程序和中断程序自动加入到所编写的项目中。

1. Modbus 协议介绍

Modbus 协议是应用于电子控制器上的一种通用语言，应用较广泛。Modbus 协议现在是通用工业标准。有了它，不同厂商生产的控制设备可以连成工业网络，进行集中监控。通过此协议，控制器相互之间、控制器经由网络（例如以太网）和其他设备之间可以通信。该协议定义了一个控制器能认识使用的消息结构，而不管它们是经过何种网络进行通信的。它描述了控制器请求访问其他设备的过程，以及怎样检测错误并进行记录。它确定了消息域格式及内容的公共格式。

当在 Modbus 网络上通信时，每个控制器需要知道它们的设备地址，识别按地址发来的消息，决定要产生何种行动。如果需要回应，控制器将生成反馈信息并用 Modbus 协议发出。在其他网络上，包含了 Modbus 协议的消息转换为在此网络上使用的帧或包结构。这种转换也扩展了根据具体的网络解决节地址、路由路径及错误检测的方法。

（1）Modbus 协议网络选择。在 Modbus 网络上转输时，标准的 Modbus 口是使用与 RS-232C 兼容的串行接口，它定义了连接口的引脚、电缆、信号位、传输波特率、奇偶校验。控制器能直接或经由 Modem 组网。

控制器通信使用主/从技术，即只有一个设备（主设备）能初始化传输（查询），其他设备（从设备）则根据主设备查询提供的数据做出相应反应。典型的主设备有主机和可编程仪表；典型的从设备有 PLC。

主设备可单独与从设备通信，也能以广播方式和所有从设备通信。如果单独通信，从设备返回消息作为回应，如果是以广播方式查询的，则不做任何回应。Modbus 协议建立了主设备查询的格式：设备（或广播）地址、功能代码、所有要发送的数据、错误检测域。从设备回应消息也由 Modbus 协议构成，包括确认要行动的域、任何要返回的数据和错误检测域。如果在消息接收过程中发生错误，或从设备不能执行其命令，从设备将建立错误消息并把它作为回应发送出去。

（2）Modbus 查询 - 回应周期

1）查询消息包括功能代码、数据段、错误检测等几部分。功能代码告之被选中的从设备要执行何种功能。数据段包含了从设备要执行功能的任何附加信息。例如功能代码 03 是要求从设备读保持寄存器并返回它们的内容。数据段必须包含要告之从设备的信息：从何寄存器开始读和要读的寄存器数量。错误检测域为从设备提供了一种验证消息内容是否正确的方法。

2）回应消息包括功能代码、数据段、错误检测等几部分。如果从设备产生正常的回应，在回应消息中的功能代码是在查询消息中的功能代码的回应。数据段包括了从设备收集的数据：寄存器值或状态。如果有错误发生，功能代码将被修改以用于指出回应消息是错误的，同时数据段包含了描述此错误信息的代码。错误检测域允许主设备确认消息内容是否可用。

3) Modbus 数据传输模式。控制器能设置为两种传输模式(ASCII 或 RTU)中的任何一种。在配置每个控制器的时候,一个 Modbus 网络上的所有设备都必须选择相同的传输模式和串口通信参数(波特率、校验方式等)。所选的 ASCII 或 RTU 方式仅适用于标准的 Modbus 网络,它定义了在这些网络上连续传输的消息段的每一位,以及决定怎样将信息打包成消息域和如何解码。在其他网络上(像 MAP 和 ModBus Plus) Modbus 消息被转成与串行传输无关的帧。

2. S7-200 中 Modbus 从站协议指令

(1) MBUS INIT 指令。用于使能、初始化或禁止 Modbus 通信,如图 8-13 所示。只有当本指令执行无误后,才能执行 MBUS SLVE 指令。当 EN 位使能时,在每个周期 MBUS INIT 都被执行。但在使用时,只有当改变通信参数时,MBUS INIT 指令才重新执行,因此 EN 位的输入端应采用脉冲输入,并且该脉冲的应采用边沿检测的方式产生,或者采取措施使 MBUS INIT 指令只执行一次。表 8-9 列出了 MBUS_INIT 指令各参数的类型及适用的变量。

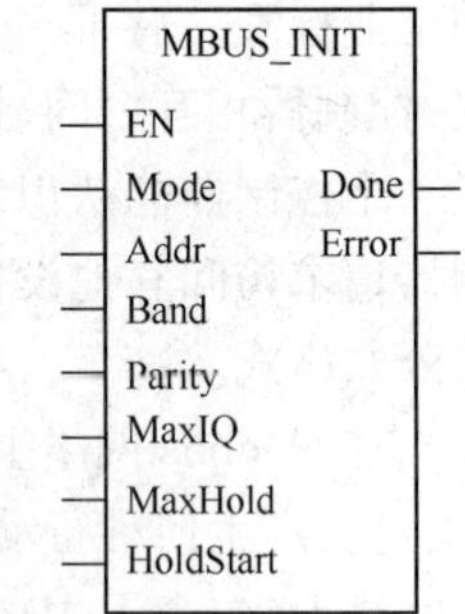

图 8-13 MBUS_INIT 指令

参数说明:

参数 Band 用于设置波特率,可选 1200、2400、4800、9600、19200、38400、57600、11520。

参数 Addr 用于设置地址,地址范围为:1 ~247。

参数 Parity 用于设置校验方式使之与 Modbus 主站匹配。其值可为:0(无校验)、1(奇校验)、2(偶校验)。

参数 MaxIQ 用于设置最大可访问的 I/O 点数。

表 8-9 MBUS_INIT 指令各参数的类型及适用的变量

输入/输出	数据类型	适用变量
Mode, Addr, Parity	BYTE	VB, IB, QB, MB, SB, SMB, LB, AC, Constant, * AC, * VD, * LD
Baud, HoldStart	DWORE	VD, ID, QD, MD, SD, SMD, LD, AC, Constant, * AC, * VD, * LD
Delay, MaxAI, MaxHold	WORD	VW, IW, QW, MW, SW, SMW, LW, AC, Constant, * AC, * VD, * LD
Done	BOOL	I, Q, M, S, SM, T, C, V, L
Error	BYTE	VB, IB, QB, MB, SB, SMB, LB, AC, * AC, * VD, * LD

(2) MBUS_SLAVE 指令

MBUS_SLAVE 指令用于响应 Modbus 主站发出的请求。该指令应该在每个扫描周期都被执行,以检查是否有主站的请求。其梯形图指令如图 8-14 所示。只有当指令的 EN 位输入有效时,该指令在每个扫描周期才被执行。当响应 Modbus 主站的请求时,Done 位有效,否则 Done 处于无效状态。位 Error 显示指令执行的结果。Done 有效时 Error 才有效,但 Done 由有效变为无效时,Error 状态并不发生改变。表 8-10 列出了 MBUS_SLAVE 指令各参数的类型及适用的变量。

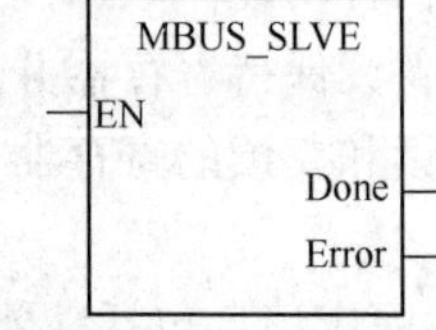

图 8-14 MBUS_SLAVE 指令

表 8-10 MBUS_SLAVE 指令各参数的类型及适用的变量

参 数	数据类型	操 作 数
Done	BOOL	I,Q,M,S,SM,T,C,V,L
Error	BYTE	VB,IB,QB,MB,SB,SMB,LB,AC,*AC,*VD,*LD

8.4.6 工业以太网

随着网络控制技术的发展和成熟,自动控制技术、计算机、通信、网络技术、信息交换的网络正迅速全面覆盖,从工厂的现场设备到控制到管理的各个层次中均有应用。由于领域宽,导致企业网络不同层次间的数据传输已变得越来越复杂了。人们对工业局域网的开放性、互联性、带宽等方面提出了更高的要求,应用传统的现场总线的工业控制网已无法实现企业管理自动化与工业控制自动化的无缝接合,技术上早已成熟的管理网——以太网正在闯入人们的视线。工业以太网已经成为工业控制系统的一种新的工业通信网。工业以太网有以下的一些优点:

① 以太网可以满足控制系统各个层次的要求,使企业信息网与控制网得以统一。

② 可使设备的成本下降。

③ 有利于企业工程人员的学习和管理,以太网维护容易,工作人员无需再专门学习。

④ 工业以太网易于与其他网络(如 Intemet)进行集成。

⑤ 速度更快。

西门子公司已将工业以太网运用于工业控制领域,用 ASI、PROFIBUS 和工业以太网可以构成监控系统。

8.5 S7-200PLC 的通信实训

1. 实训目的

(1) 掌握利用网络连接器进行接线的方法。

(2) 掌握网络读写指令的使用方法。

(3) 掌握网络读写指令向导的使用方法。

2. 实训内容及指导

PPI 协议是 S7-200 CPU 最基本的通信方式,通过原来自身的端口(PORT0 或 PORT1)就可以实现通信,是 S7-200 默认的通信方式。

PPI 是一种主-从协议通信,主-从站在一个令牌环网中,主站发送要求到从站,从站响应;从站不发信息,只是等待主站的要求并对要求作出响应。如果在用户程序中使能 PPI 主站模式,就可以在主站程序中使用网络读写指令来读写从站信息,而从站程序没有必要使用网络读写指令。

如图 8-15 所示的五个站,输送站(1 号站)是主站,供料站(2 号站)、加工站(3 号站)、装配站(4 号站)和分拣站(5 号站)为从站。要求各站 PLC 之间要使用 PPI 协议实现通信。

操作步骤如下:

(1) 对网络上每一台 PLC,设置其系统块中的通信端口参数,对用作 PPI 通信的端口

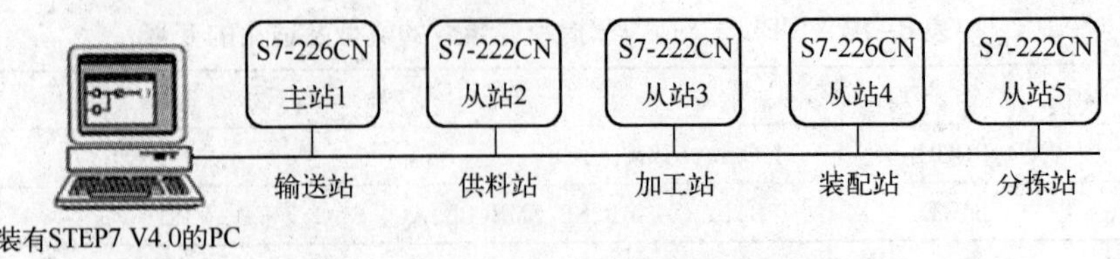

图 8-15　五个 PLC 实现 PPI 通信

(PORT0 或 PORT1),指定其地址(站号)和波特率。设置后把系统块下载到该 PLC。

- 在浏览条中点击"系统块"或者在指令树中点击"系统块"→"通信端口",出现如图 8-16所示的系统块/通信端口界面。设置端口 0 为 1 号站,波特率为 187. 5 kbit/s。

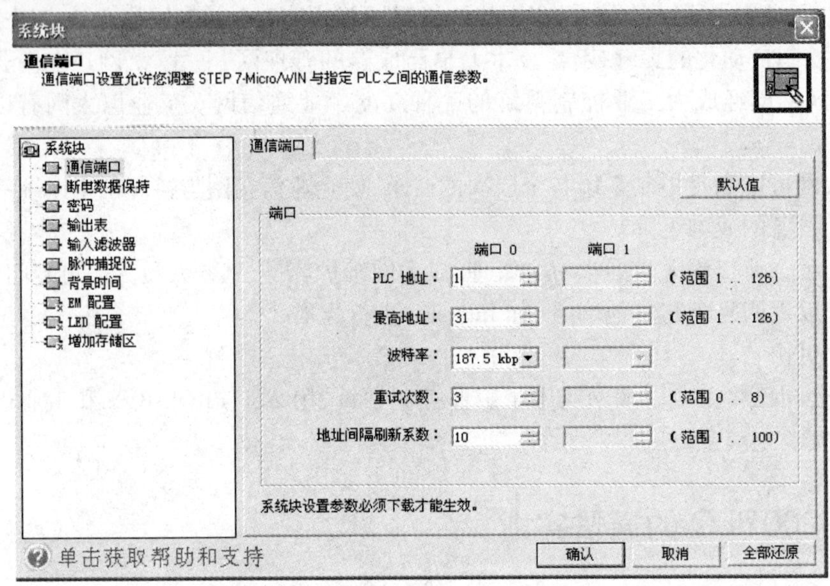

图 8-16　设置 1 号站 PLC 端口 0 参数

- 利用 PPI/RS485 编程电缆单独地把输送站 PLC 系统块的设置下载到输送站的 PLC。

同样方法设置供料站 PLC 端口 0 为 2 号站,波特率为 187. 5 kbit/s;加工站 PLC 端口 0 为 3 号站,波特率为 187. 5 kbit/s;装配站 PLC 端口 0 为 4 号站,波特率为 187. 5 kbit/s;最后设置分拣站 PLC 端口 0 为 5 号站,波特率为 187. 5 kbit/s。分别把系统块下载到各站相应的 PLC 中。

注意:各站 PLC 波特率一定要保持一致,默认为 9. 6kbit/s;各站 PLC 的地址不能重复,如有 PLC 地址重复,PLC 将亮起红灯提示;S7-CPU226 PLC 有两个端口(Port0 或 Port1),如果要和其他器件连接,仍然要保持地址一致。

(2) 利用网络接头和网络线把各台 PLC 中用作 PPI 通信的端口 0 连接。网络接头如图 8-17 所示。使用的网络接头中,2 ~ 5 号站用的是标准网络连接器(具体的连接方法见 8. 3. 3 节)。

用专用网线连接各站 PLC 的端口 0 后,用 PC/PPI 编程电缆连接网络连接器的编程口,将主站的运行开关拨到 STOP 状态。利用 SETP7 V4. 0 软件搜索网络中的 5 个站,如图 8-18 所

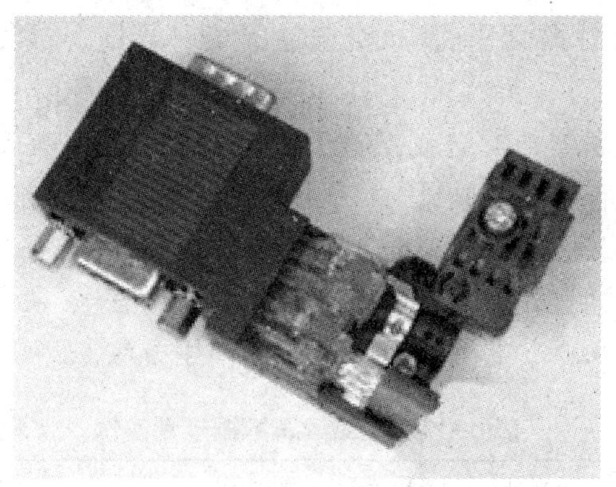

图 8-17　带编程接口的连接器

示。如果能全部搜索到,表明网络连接正常。

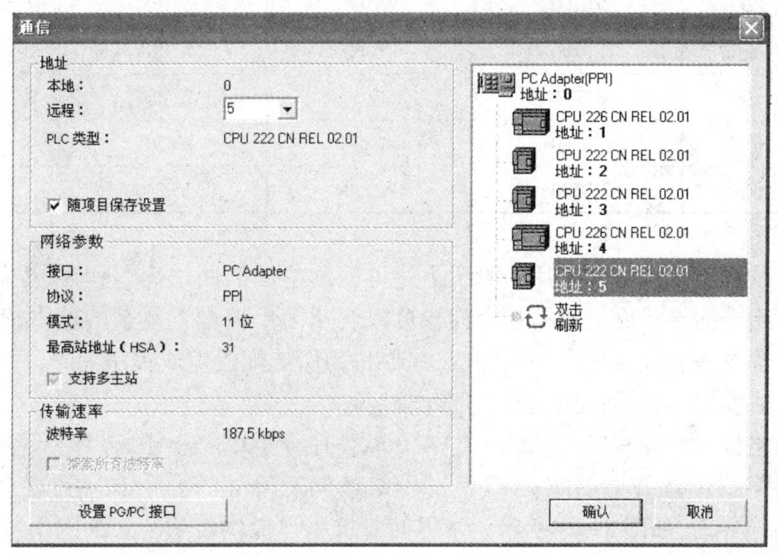

图 8-18　PPI 网络上的 5 个站

(3) 在 PPI 网络中作为主站的 PLC 程序中,必须在上电第 1 个扫描周期,用特殊存储器 SMB30 指定其主站属性,从而使能其主站模式,即 SMB30 = 0000 0010,定义 PPI 主站。

SMB30 中协议选择默认值是 00 = PPI 从站,因此,从站侧不需要初始化。

(4) 编写主站网络读写程序段。如前所述,在 PPI 网络中,只有主站程序中使用网络读写指令来读写从站信息,而从站程序没有必要使用网络读写指令。

在编写主站的网络读写程序前,应预先规划好下列数据:

① 主站向各从站发送数据的长度(字节数)。

② 发送的数据位于主站何处。

③ 数据发送到从站的何处。

④ 主站从各从站接收数据的长度(字节数)。

⑤ 主站从从站的何处读取数据。

⑥ 接收到的数据放在主站何处。

以上数据,应根据系统工作要求,信息交换量等统一筹划。本实训中,所规划的数据如表8-11 所示。

网络读写指令可以向远程站发送或接收 16 个字节的信息,在 CPU 内同一时间最多可以有 8 条指令被激活。本例有 4 个从站,因此考虑同时激活 4 条网络读指令和 4 条网络写指令。

根据上述数据,即可编制主站的网络读写程序。

网络读写指令可以向远程站发送或接收 16 个字节的信息,在 CPU 内同一时间最多可以有 8 条指令被激活。详见 8.4.2 的网络读写指令的使用方法。

表 8-11　网络读写数据规划实例

输送站 1#站(主站)	供料站 2#站(从站)	加工站 3#站(从站)	装配站 4#站(从站)	分拣站 5#站(从站)
发送数据的长度	2 字节	2 字节	2 字节	2 字节
从主站何处发送	VB100	VB100	VB100	VB100
发往从站何处	VB100	VB100	VB100	VB100
接收数据的长度	2 字节	2 字节	2 字节	2 字节
数据来自从站何处	VB200	VB200	VB200	VB200
数据存到主站何处	VB220	VB230	VB240	VB250

(5) 网络读写指令向导的应用。除了上述可编制主站的网络读写程序,更简便的方法是借助网络读写指令向导。网络读写指令向导可以快速简单地配置复杂的网络读写指令操作,为所需的功能提供一系列选项。一旦完成,向导将为所选配置生成程序代码,并初始化指定的 PLC 为 PPI 主站模式,同时使能网络读写操作。

要启动网络读写向导程序,在 STEP7 V4.0 软件命令菜单中选择“工具”→“指令向导”,并且在指令向导窗口中选择“NETR/NETW”(网络读写),单击“下一步”后,就会出现 NETR/NETW 指令向导界面,如图 8-19 所示。本界面要求用户提供希望配置的网络读写操作总数。在本例中,有 8 项网络读写操作,安排如下:第 1 ~4 项为网络读操作,主站读取各从站数据;第 5 ~8 项为网络写操作,主站向各从站发送数据。输入“8”后点击“下一步”,出现图 8 - 20 所示的界面。

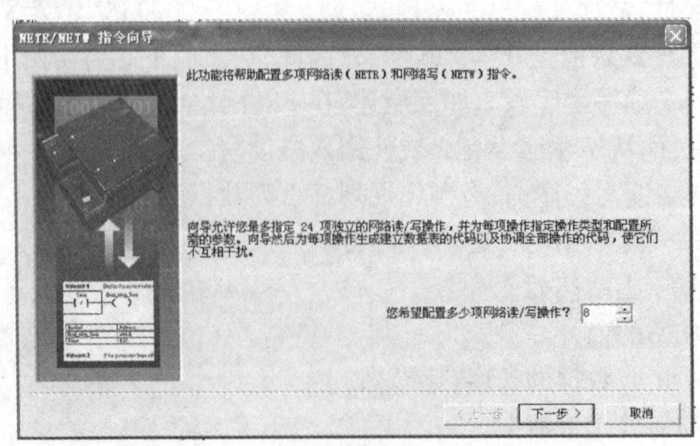

图 8-19　配置的网络读写操作总数

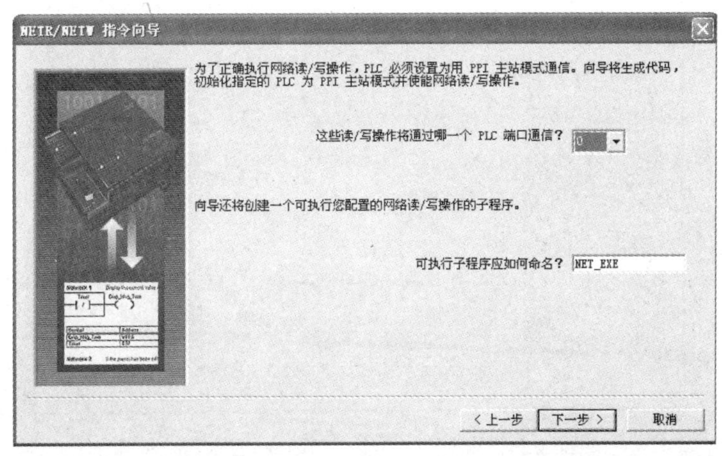

图 8-20　指定进行读写操作的通信端口、指定配置完成后生成的子程序名字

指定进行读写操作的通信端口、指定配置完成后生成的子程序名字，完成这些设置后，点击“下一步”，将进入对具体每一条网络读或写指令的参数进行配置的界面，如图 8-21 所示。

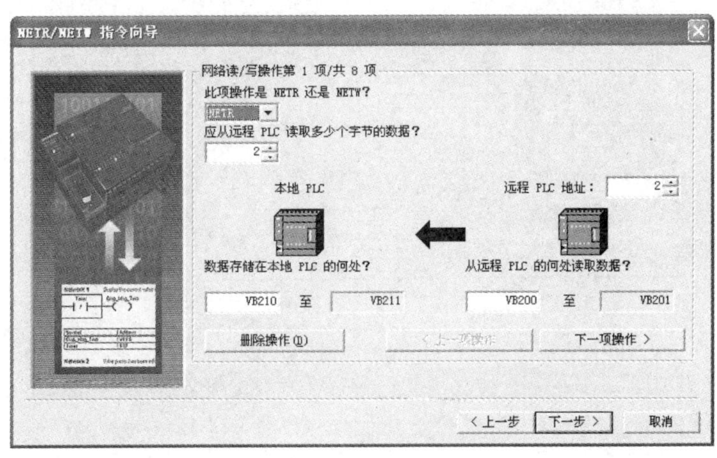

图 8-21　对 2 号站的网络读操作

图 8-21 为第 1 项操作配置（对 2 号站的网络读操作）界面，选择 NETR 操作，按规划填写读写数据地址。单击“下一项操作”，如此类推，其他单元站的网络读操作与图 8-21 相似，完成对 4 号从站读操作的参数填写。

继续单击“下一项操作”，进入第 5 项配置（对 2 号单元站的网络写操作配置），5 ~ 8 项都是选择网络写操作，按事先各站规划逐项填写数据，直至 8 项操作配置完成。图 8-22 是对 2 号单元站的网络写操作配置。

8 项配置完成后，单击“下一步”，导向程序将要求指定一个 V 存储区的起始地址，以便将此配置放入 V 存储区。这时若在选择框中填入一个 VB 值（例如 VB1000），单击“建议地址”，程序自动建议一个大小合适且未使用的 V 存储区地址范围，如图 8-23 所示。

单击“下一步”，全部配置完成，向导将为所选的配置生成项目组件，如图 8-24 所示。修改或确认图中各栏目后，点击“完成”，借助网络读写向导程序配置网络读写操作的工作结束。这时，指令向导界面将消失，程序编辑器窗口将增加 NET_EXE 子程序标签。

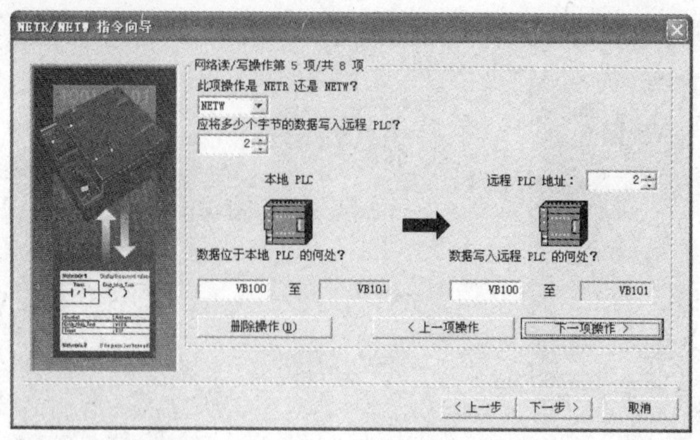

图 8-22　对 2 号单元站的网络写操作配置

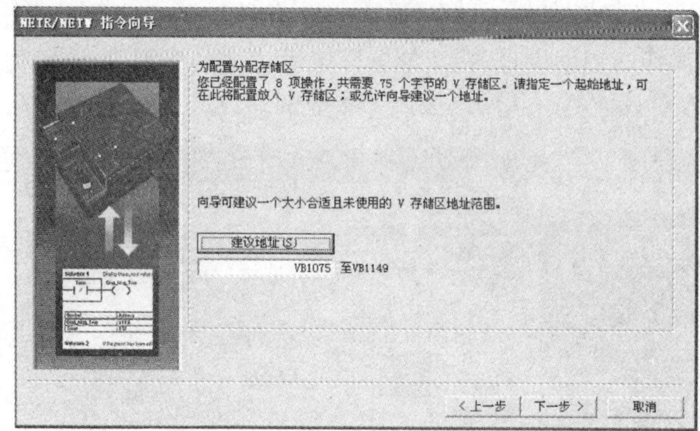

图 8-23　为配置分配存储区

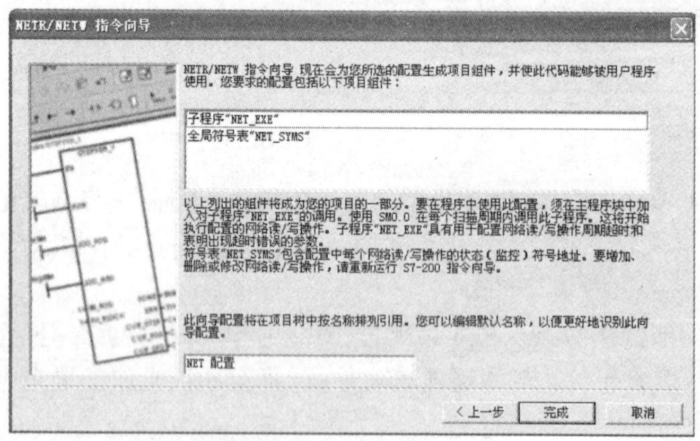

图 8-24　生成项目组件

点击"NET_EXE 子程序标签"，显示 NET_EXE 子程序，如图 8-25 所示，这是一个加密的带参数的子程序。须在主程序中调用子程序"NET_EXE"，并根据该子程序局部变量表中定义的数据类型对其输入/输出变量进行赋值。使用 SM0.0 在每个扫描周期内调用此子程序，这将开始执行配置的网络读/写操作。主程序的梯形图如图 8-26 所示。

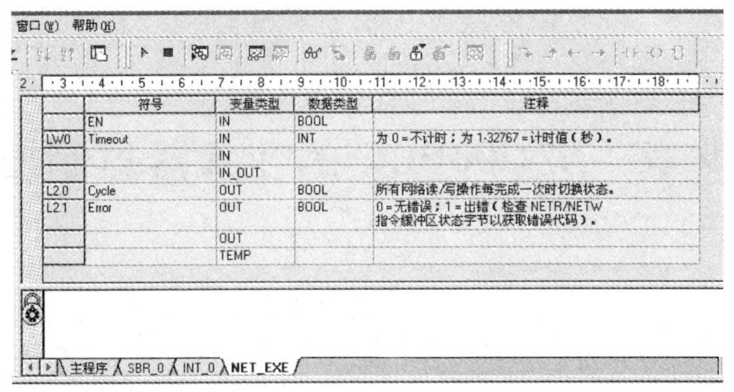

	符号	变量类型	数据类型	注释
	EN	IN	BOOL	
LW0	Timeout	IN	INT	为0=不计时；为1-32767=计时值（秒）。
		IN		
		IN_OUT		
L2.0	Cycle	OUT	BOOL	所有网络读/写操作每完成一次时切换状态。
L2.1	Error	OUT	BOOL	0=无错误；1=出错（检查NETR/NETW指令缓冲区状态字节以获取错误代码）。
		OUT		
		TEMP		

图 8-25　NET_EXE 子程序

由图 8-25 可见，NET_EXE 有 Timeout、Cycle、Error 等几个参数，它们的含义如下：

Timeout：设定的通信超时时限，1 ~ 32767 s，若为 0，则不计时。

Cycle：输出开关量，所有网络读/写操作每完成一次切换状态。

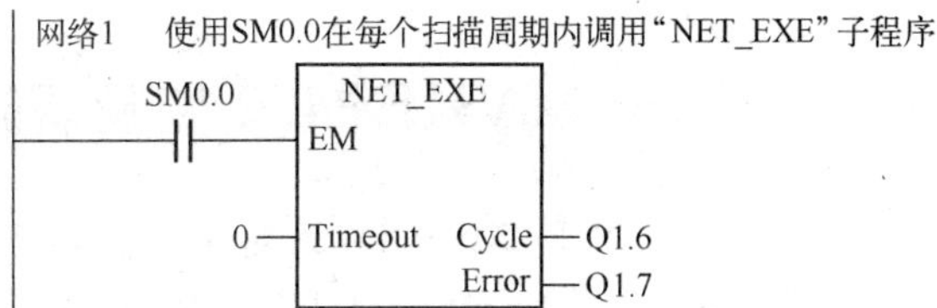

图 8-26　子程序 NET_EXE 的调用

Error：发生错误时报警输出。

本例中 Timeout 设定为 0，Cycle 输出到 Q1.6，故网络通信时，Q1.6 所连接的指示灯将闪烁。Error 输出到 Q1.7，当发生错误时，所连接的指示灯将亮。

（6）编写主站和从站网络读写程序段，确定通信数据传输是否成功。

- 给主站的 VB100 通过数据块赋初值，并将该值通过 PPI 通信送到各从站。给各从站的 VB200 赋初值，通过通信写入到主站制定的存储区。

3. 思考题

用指令向导实现：主站的 IB0 控制 2 号站的 QB0；用 3 号站的 IB0 控制主站的 QB0。

8.6　习题

1. 什么是串行传输和并行传输？
2. 什么是异步传输和同步传输？
3. 为什么要对信号进行调制和解调？
4. 常见的传输介质有哪些，它们的特点是什么？
5. PC/PPI 电缆上的 DIP 开关如何设定？
6. 奇偶检验码如何实现奇偶检验？
7. 常见的网络的拓扑结构有哪些？
8. NETR/NETW 指令各操作数的含义是什么？如何应用？
9. MBUS INIT 指令各操作数的含义是什么？如何应用？
10. MBUS_SLAVE 指令各操作数的含义是什么？
11. 用 NETW 指令实现两台 PLC 之间的数据通信，用 1 号机的 IB0 控制 2 号机的 QB0。1 号机为主站，站地址为 2，2 号机为从站，站地址为 3，编程用的计算机的站地址为 0。

第 9 章　S7-200PLC 的变频器控制技术

本章要点

- MM420 系列变频器简介及调试操作
- PLC 和变频器的联机控制及训练
- PLC 的变频器控制指令 USS 应用及实训

9.1　MICROMASTER420 变频器简介

MICROMASTER420(MM420)是用于控制三相交流电动机速度的变频器系列。该系列有多种型号,从单相电源电压 AC200 ~ 240V,额定功率 120W 到三相电源电压 AC200 ~ 240V/AC380 ~ 480V,额定功率 11 kW。

变频器由微处理器控制,并采用具有现代先进技术水平的绝缘栅双极型晶体管(IGBT)作为功率输出器件,因此,具有很高的运行可靠性和功能的多样性。其脉冲宽度调制的开关频率是可选的,因而降低了电动机运行的噪声。全面而完善的保护功能为变频器和电动机提供了良好的保护。

MM 420 既可用于单机驱动系统,也可集成到"自动化系统"中。MM 420 有多种可选件供用户选用:用于与 PC 通信的通信模块,基本操作面板(BOP),高级操作面板(AOP),用于进行现场总线通信的 PROFIBUS 通信模块。

9.1.1　MM420 系列变频器的配线

变频器采用恒转矩、V/F 控制方式,输出频率的范围为 0 ~ 650 Hz。MM420 还有内部 PID 调节功能,改善了调节性能;并增加了二进制连接(BICO)的功能。变频器的接线端子分为主电路端子和控制电路端子,主电路为变频器与工作电源和电动机之间的接线,控制电路的控制信号为微弱的电压、电流信号。MM420 的基本配线如图 9-1 所示。

变频器可以通过外部模拟量输入接口(3、4),通过 0 ~ 10V 的模拟量输入,3 点开关量输入信号(5、6、7)与 1 点开关量输出信号(10、11)进行控制;12、13 端子为模拟量输出 0 ~ 20 mA 信号,其功能也是可编程的,用于输出显示运行频率、电流等。变频器提供了 3 种频率模拟设定方式:外接电位器设定、0 ~ 10 V 电压设定和 4 ~ 20 mA 电流设定。当用电压或电流设定时,最大的电压或电流对应变频器输出频率设定的最大值。变频器有两路频率设定通道,开环控制时只用 AIN1 通道,闭环控制时使用 AIN2 通道作为反馈输入,两路模拟设定进行叠加。

14、15 为通信接口端子,是一个标准的 RS-485 接口。S7-200/300/400 系列 PLC 通过此通信接口,可以实现对变频器的远程控制,包括运行/停止及频率设定控制,也可以与端子控制进行组合完成对变频器的控制。

变频器可使用数字操作面板控制,也可使用端子控制,还可使用 RS-485 通信接口对其远程控制。

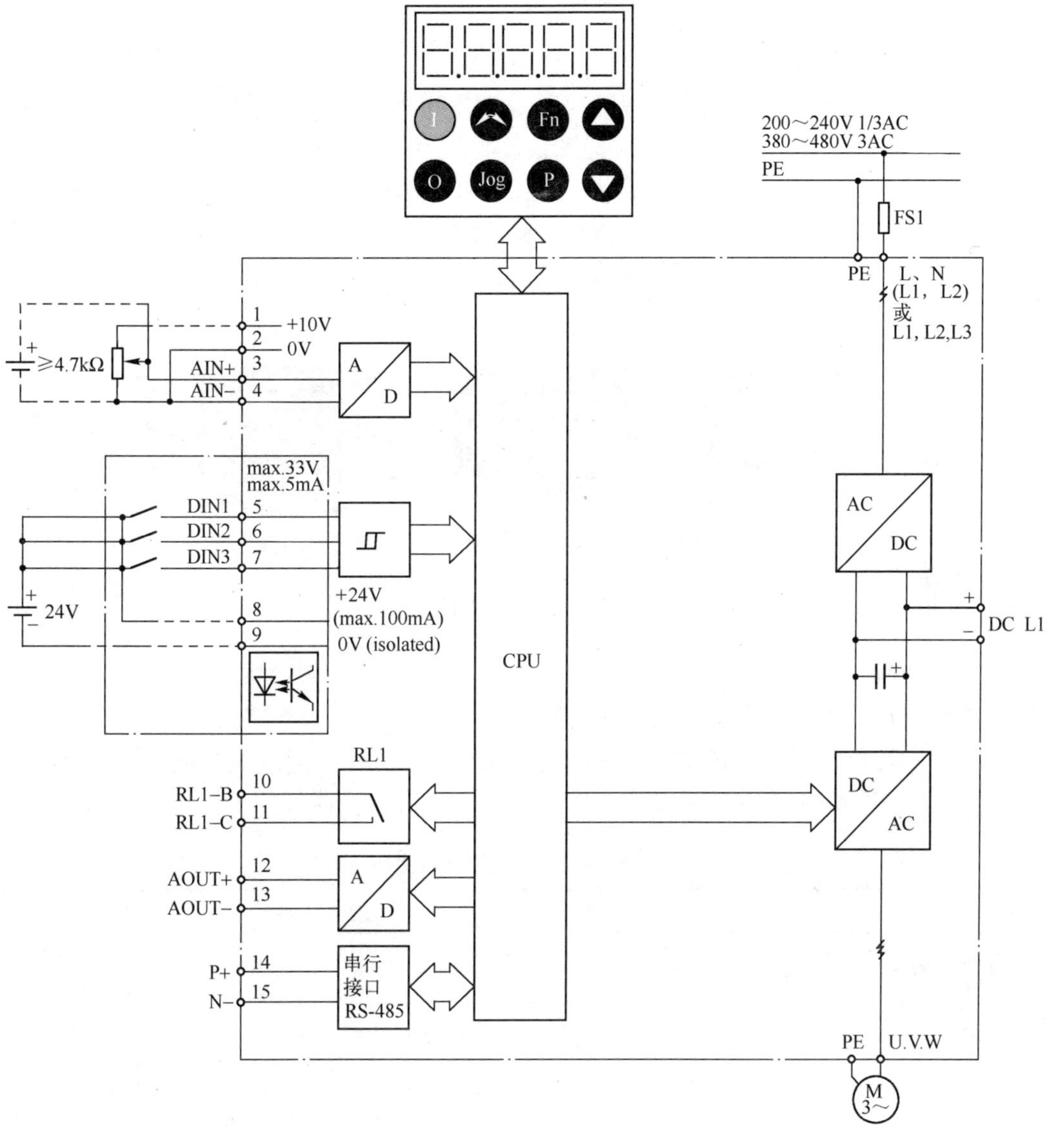

图 9-1　MM420 的基本配线

模拟输入回路可以另行组态，用以提供一个附加的数字输入（DIN4），如图 9-2 所示。

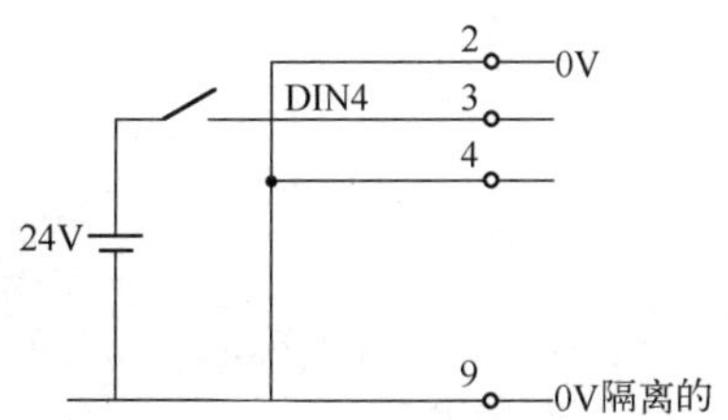

图 9-2　模拟输入回路可以另行组态提供一个附加的数字输入

9.1.2　MM420 变频器的调试及参数简介

1. MM420 变频器操作面板的介绍

MM 420 变频器的操作面板如图 9 -3 所示。在标准供货方式时装有状态显示板(SDP),对于很多用户来说,利用 SDP 和制造厂的默认设置值,就可以使变频器成功地投入运行。如果工厂的默认设置值不适合用户的设备情况,可以利用基本操作板(BOP),或高级操作板(AOP)修改参数。BOP 和 AOP 是作为可选件供货的。用户也可以用 PC IBN 工具“Drive Monitor”或“STARTER”来调整工厂的设置值。相关的软件在随变频器供货的 CD ROM 中可以找到。

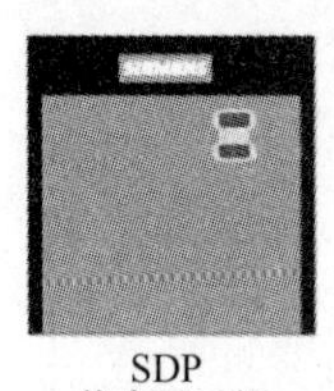

SDP
状态显示板

BOP
基本操作板

AOP
高级操作板

图 9-3　MM 420 变频器的操作面板

2. BOP 面板基本操作方法

以常用的 BOP 基本操作板为例进行说明。基本面板具有五位数字的七段显示,用于显示参数的序号和数值,报警和故障信息,以及该参数的设定值和实际值。利用基本操作面板可以改变变频器的各个参数,参见表 9-1。

表 9-1　基本操作面板显示及按钮功能

显示/按钮	功　能	功能的说明
r0000	状态显示	LCD 显示变频器当前的设定值
I	起动变频器	按此键起动变频器。默认值运行时此键是被封锁的。为了使此键的操作有效,应设定 P0700 =1
0	停止变频器	OFF1:按此键,变频器将按选定的斜坡下降速率减速停车。默认值运行时此键禁用;为了允许此键操作,应设定 P0700 =1 OFF2:按此键两次(或一次,但时间较长),电动机将在惯性作用下自由停车 此功能总是“使能”的
	改变电动机的转动方向	按此键可以改变电动机的转动方向。电动机的反向用负号(-)表示或用闪烁的小数点表示。默认值运行时此键是禁用的,为了使此键的操作有效,应设定 P0700 =1
jog	电动机点动	在变频器无输出的情况下按此键,将使电动机起动,并按预设定的点动频率运行。释放此键时,变频器停车。如果变频器/电动机正在运行,按此键将不起作用

（续）

显示/按钮	功　能	功能的说明
Fn	功能	1. 此键用于浏览辅助信息。变频器运行过程中，在显示任何一个参数时按下此键并保持不动 2 s，将显示以下参数值（在变频器运行中，从任何一个参数开始）： （1）直流回路电压（用 d 表示，单位：V） （2）输出电流（A） （3）输出频率（Hz） （4）输出电压（用 o 表示，单位：V） （5）由 P0005 选定的数值［如果 P0005 选择显示上述参数中的任何一个（3，4，或 5），这里将不再显示］。连续多次按下此键，将轮流显示以上参数。 2. 跳转功能 在显示任何一个参数（rXXXX 或 PXXXX）时短时间按下此键，将立即跳转到 r0000，如果需要的话，可以接着修改其他的参数。跳转到 r0000 后，按此键将返回原来的显示点
P	访问参数	按此键即可访问参数
▲	增加数值	按此键即可增加面板上显示的参数数值
▼	减少数值	按此键即可减少面板上显示的参数数值

3. MM420 变频器参数简介

（1）MM420 变频器参数分类。MM420 变频器参数可以分为显示参数和设定参数两大类。显示参数为只读参数，以 r××××表示，典型的显示参数为频率给定值、实际输出电压、实际输出电流等。设定参数为可读写的参数，以 p××××表示。设定参数可以用基本操作面板、高级操作面板或通过串行通信接口进行修改，使变频器实现一定的控制功能。

变频器的参数有三个用户访问级，“1”标准级、“2”扩展级和“3”专家级。访问的等级由参数 P0003 来选择。对于大多数应用对象，只要访问标准级（P0003＝1）和扩展级（P0003＝2）参数就足够了。第四级的参数只是用于内部的系统设置，是不能修改的。第四访问级参数只有得到授权的人员才能修改。

（2）变频器常用的设定参数

P0003：用于定义用户访问级，P0003 的设定值如下：

P0003＝1：标准级，可以访问最经常使用的参数。

P0003＝2：扩展级，允许扩展访问参数的范围。

P0003＝3：专家级，只供专家使用。

P0003＝4：维修级，只供授权的维修人员使用，具有密码保护。

P0004：参数过滤器，用于过滤参数，按功能的要求筛选（过滤）出与该功能相关的参数，这样可以更方便地进行调试。P0004 的访问级为 1。参数过滤器 P0004 的设定值如下：

P0004＝0：全部参数。

P0004＝2：变频器参数。

P0004＝3：电动机参数。

P0004 = 7：命令，二进制 I/O 。

P0004 = 8：ADC（模 - 数转换）和 DAC（数 - 模转换）。

P0004 = 10：设定值通道 / RFG（斜坡函数发生器）。

P0004 = 12：驱动装置的特征。

P0004 = 13：电动机的控制。

P0004 = 20：通信。

P0004 = 21：报警/警告/监控。

P0004 = 22：工艺参量控制器（例如 PID）。

P0010：变频器工作方式的选择，P0010 的访问级为 P0003 = 1。

P0010 = 0：运行。

P0010 = 1：快速调试。

P0010 = 30：恢复工厂默认的设置值。

在 P0010 = 1 时，变频器的调试可以非常快速和方便地完成。这时，只可以设置一些重要的参数（例如 P0304、P0305 等）。这些参数设置完成时，当 P3900 设定为 1 ~ 3 时，快速调试结束后立即开始变频器参数的内部计算，然后自动把参数 P0010 复位为 0。

P0100：本参数用于确定功率设定值的单位是“kW” 还是“hp”以及电动机铭牌的额定频率。P0100 只有在快速调试 P0010 = 1 时才能被修改，参数的访问级为 P0003 = 1。可能的设定值：

P0100 = 0：功率设定值的单位为 kW，频率默认值为 50 Hz（我国适用）。

P0100 = 1：功率设定值的单位为 hp，频率默认值为 60 Hz。

P0100 = 2：功率设定值的单位为 kW ，频率默认值为 60 Hz。

P0300：选择电动机的类型，P0100 只有在快速调试 P0010 = 1 时才能被修改，参数的访问级为 P0003 = 2。可能的设定值：

P0300 = 1　异步电动机。

P0300 = 2　同步电动机。

P0304：电动机的额定电压（V），应根据所选用电动机铭牌上的额定电压设定。本参数的访问级为 1，只有在快速调试 P0010 = 1 时才能被修改。

P0305：电动机额定电流（A），根据电动机铭牌数据的额定电流设定，本参数只能在 P0010 = 1（快速调试）时进行修改，访问级为 1。

P0307：电动机额定功率，应根据电动机铭牌数据的额定功率（kW/hp）设定。P0100 = 0（功率的单位为 kW，频率默认值为 50 Hz）时，本参数的单位为 kW 。本参数只能在 P0010 = 1（快速调试）时才可以修改，访问级为 1。

P0308：电动机的额定功率因数，根据电动机铭牌数据的额定功率因数设定，本参数只能在 P0010 = 1（快速调试）时进行修改，而且只能在 P0100 = 0 或 2（输入的功率以 kW 为单位）时才能见到。但参数的设定值为 0 时，将由变频器内部来计算功率因数（见 r0332）。本参数的访问级为 2。

P0310：电动机的额定频率，设定值的范围为 12 ~ 650Hz，默认值是 50Hz，根据电动机铭牌数据的额定频率设定。本参数只能在 P0010 = 1（快速调试）时进行修改，访问级为 1。

P0311：电动机的额定速度（r/min），本参数只能在 P0010 = 1（快速调试）时进行修改。参数的设定值为 0 时,将由变频器内部来计算电动机的额定速度。对于带有速度控制器的矢量控制和 V/f 控制方式,必须有这一参数值。如果这一参数进行了修改,变频器将自动重新计算电动机的极对数。访问级为 1。

P0700:选择命令源,即变频器运行控制指令的输入方式,访问级为 1,可能的设定值:

P0700 = 0:工厂的默认设置。

P0700 = 1:由变频器的基本面板 BOP 设置。

P0700 = 2:由变频器的开关量输入端(DIN1 ~ DIN4)进行控制,DIN1 ~ DIN4 的控制功能通过参数 P0701 ~ P0704 定义。

P0700 = 4:通过 BOP 链路的 USS 设置。

P0700 = 5:通过 COM 链路的 USS 设置。

P0700 = 6:通过 COM 链路的通信板(CB)设置。

改变这一参数时,同时也使所选项目的全部设置值复位为工厂的默认设置值。例如,把它的设定值由 1 改为 2 时,所有的数字输入都将复位为默认的设置值。

P0701:数字输入 DIN 1 的功能。

P0702:数字输入 DIN 2 的功能。

P0703:数字输入 DIN 3 的功能。

P0704:数字输入 DIN 4 的功能。

P0701 ~ P0704 的访问级为 2,设定值如下:

0:禁止数字输入,即不使用该端子。

1:ON/OFF1(接通正转 / 停车命令 1)。

2:ON reverse /OFF1(接通反转 / 停车命令 1)。

3:OFF2(停车命令 2),电动机按惯性自由停车。

4:OFF3(停车命令 3),电动机快速停车。

9:故障确认。

10:正向点动。

11:反向点动。

12:反转。

13:MOP(电动电位计)升速(增加频率)。

14:MOP 降速(减少频率)。

15:固定频率设定值(直接选择)。

16:固定频率设定值(直接选择 + ON 命令)。

17:固定频率设定值(二进制编码的十进制数(BCD 码)选择 + ON 命令)。

21:机旁/远程控制。

25:直流注入制动。

29:由外部信号触发跳闸。

33:禁止附加频率设定值。

99:使能 BICO 参数化(仅用于特殊用途)。

P0970:工厂复位。P0970 = 1 时所有的参数都复位到它们的默认值。工厂复位前,首先要设定 P0010 = 30(工厂设定值),且变频器停车。访问级为 1。

可能的设定值：

P0970 = 0：禁止复位。

P0970 = 1：参数复位。

P1000：频率设定值的选择，访问级为 1，常用的设定值：

P1000 = 1：MOP 设定值。

P1000 = 2：模拟设定值。

P1000 = 3：固定频率。

P1000 = 4：通过 BOP 控制面板，由连接总线以 USS 串行通信协议设定。

P1000 = 5：通过 COM 链路的 USS 设定，即由 RS-485 接口通过连接总线以 USS 串行通信协议，由 PLC 设定。

P1000 = 6：通过 COM 链路的 CB 设定，即由通信接口模块通过连接总线进行设定。

P1001 ~ P1007：定义固定频率 1 ~ 7 的设定值。访问级为 2。为了使用固定频率功能，需要用 P1000 = 3 选择固定频率的操作方式。

有三种选择固定频率的方法：

• 直接选择（P0701 – P0703 = 15）

在这种操作方式下，一个数字输入选择一个固定频率，还需要一个 ON 命令才能使变频器投入运行。如果有几个固定频率输入同时被激活（数字输入端接通，为 1），选定的频率是它们的总和。例如：FF1 + FF2 + FF3。

• 直接选择 + ON 命令（P0701 – P0703 = 16）

选择固定频率时，既有选定的固定频率，又带有 ON 命令，把它们组合在一起。

在这种操作方式下，一个数字输入选择一个固定频率。如果有几个固定频率输入同时被激活，选定的频率是它们的总和。例如：FF1 + FF2 + FF3。

• 二进制编码的十进制数（BCD 码）选择 + ON 命令（P0701 – P0703 = 17）

使用这种方法最多可以选择 7 个固定频率。各个固定频率的数值根据表 9 – 2 选择：

表 9-2　二进制编码的十进制数（BCD 码）选择 + ON 命令的七段频率设定

		DIN3	DIN2	DIN1
	OFF	0	0	0
P1001	FF1	0	0	1
P1002	FF2	0	1	0
P1003	FF3	0	1	1
P1004	FF4	1	0	0
P1005	FF5	1	0	1
P1006	FF6	1	1	0
P1007	FF7	1	1	1

P1080：变频器输出的最低频率（Hz）。其范围为 0.00 ~ 650.00 Hz，工厂默认值为 0 Hz。本参数访问级为 1。

P1082：变频器输出的最高频率（Hz）。其范围为 0.00 ~ 650.00 Hz，工厂默认值为 50 Hz。

本参数访问级为1。

P1120:斜坡上升时间(即电动机从静止状态加速到最高频率P1082设定值所用的时间),其设定范围为0~650s,工厂默认值是10s,本参数的用户访问级为1。

P1121:斜坡下降时间(即电动机从最高频率P1082设定值减速到静止状态所用的时间),其设定范围为0~650s,工厂默认值是10s,如果设定的斜坡下降时间太短,就有可能导致变频器跳闸。本参数访问级为1。

P1300:变频器的控制方式,控制电动机的速度和变频器的输出电压之间的相对关系,当P1300=0时为线性特性的V/f控制。本参数访问级为2。

P3900:结束快速调试,本参数只是在P0010=1(快速调试)时才能改变。本参数访问级为2。可能的设定值:

P3900=0:不用快速调试。

P3900=1:结束快速调试,并按工厂设置使参数复位。

P3900=2:结束快速调试。

P3900=3:结束快速调试,只进行电动机数据的计算。

(3)变频器的参数恢复为出厂默认参数。当变频器的参数设定错误,将影响变频器的正常运行,可以使用基本面板或高级面板操作,将变频器的所有参数恢复到工厂默认值,步骤如下:设定P0010=30,设定P0970=1,完成复位过程至少要3分钟。

9.1.3 变频器的调试实训

1. 实训目的

(1)掌握MM420变频器基本参数输入的方法。

(2)掌握MM420变频器参数恢复为出厂默认值的方法。

(3)掌握快速调试的内容及方法。

2. 实训内容

(1)用基本操作面板(BOP)更改参数的数值。下面说明如何改变P0003"访问级"的数值。操作步骤见表9-3。

表9-3 修改访问级参数P0003的步骤

	操作步骤	显示结果
1	按Ⓟ键访问参数	r0000
2	按▲键,直到显示出P0003	P0003
3	按Ⓟ键,进入参数访问级	1
4	按▲或▼键,达到所要求的数值(例如3)	3
5	按Ⓟ键,确认并存储参数的数值	P0003
6	现在已设定访问级为3,使用者可以看到第1~3级的全部参数	

(2)改变参数数值的操作。为了快速修改参数的数值,可以一个个地单独修改显示出的每个数字,操作步骤如下:

当已处于某一参数数值的访问级(参看“用 BOP 修改参数”)。

1) 按Fn键(功能键),最右边的一个数字闪烁。

2) 按▲/▼键,修改这位数字的数值。

3) 再按Fn(功能键),相邻的下一位数字闪烁。

4) 执行 2 ~4 步,直到显示出所要求的数值。

5) 按P键,退出参数数值的访问级。

(3) 快速调试(P0010 =1)。利用快速调试功能使变频器与实际使用的电动机参数相匹配,并对重要的技术参数进行设定。在快速调试的各个步骤都完成以后,应选定 P3900,如果它置 1,将执行必要的电动机计算,并使其他所有的参数(P0010 =1 不包括在内)恢复为出厂默认设置值。只有在快速调试方式下才进行这一操作。快速调试的操作步骤见表 9-4。

表 9-4　快速调试步骤

步骤	参数号及说明	参数设置值及说明	出厂默认值	备　注
1	P0003 选择访问级	1　第 1 访问级	1	
2	P0010 开始快速调试	1　快速调试	0	在电动机投入运行之前,P0010 必须回到 0。但是,如果调试结束后选定 P3900 =1,那么,P0010 回零的操作是自动进行的
3	P0100 选择工作地区是欧洲/北美	0　功率单位为 kW;f 的默认值为 50 Hz	0	P0100 的设定值 0 应该用 DIP 开关来更改,使其设定的值固定不变 60 Hz 50 Hz 设定电源频率的DIP开关
4	P0304 电动机的额定电压	根据电动机铭牌键入的电动机的额定电压(V)		
5	P0305 电动机的额定电流	根据电动机铭牌键入的电动机额定电流(A)		
6	P0307 电动机的额定功率	根据电动机铭牌键入的电动机额定功率(kW)		
7	P0310 电动机的额定频率	根据电动机铭牌键入的电动机额定频率(Hz)		
8	P0311 电动机的额定速度	根据铭牌键入的电动机额定速度(r/min)		

（续）

步骤	参数号及说明	参数设置值及说明	出厂默认值	备　注
9	P0700 选择命令源	1　BOP 基本操作面板	2	选择命令信号源 0　出厂时的默认设置 1　BOP（变频器键盘） 2　由端子排输入 4　通过 BOP 链路的 USS 设置 5　通过 COM 链路的 USS 设置 6　通过 COM 链路的 CB 设置
10	P1000 选择频率设定值	1　用 BOP 控制频率的升降 ↑ ↓	2	选择频率设定值 1　MOP（电动电位计）设定值 2　模拟设定值 3　固定频率设定值 4　通过 BOP 链路的 USS 设置 5　通过 COM 链路的 USS 设置 6　通过 COM 链路的 CB 设置
11	P1080 电动机最小频率	键入电动机的最低频率，单位：Hz	0	输入电动机的最低频率，达到这一频率时，电动机的运行速度将与频率的设定值无关。这里设置的值对电动机的正转和反转都是适用的
12	P1082 电动机最大频率	最大频率（键入电动机的最高频率，单位：Hz）	50	输入电动机的最高频率，达到这一频率时，电动机的运行速度将与频率的设定值无关。这里设置的值对电动机的正转和反转都是适用的
13	P1120 斜坡上升时间	电动机从静止停车加速到最大电动机频率所需的时间	10 s	
14	P1121 斜坡下降时间	电动机从其最大频率减速到静止停车所需的时间	10 s	
15	P3900 结束快速调试	1　结束快速调试，进行电动机计算和复位为工厂默认设置值（推荐的方式）	0	快速调试结束 0　不进行快速调试（不进行电动机数据计算） 1　开始进行快速调试，并复位为出厂时的默认设置值 2　开始进行快速调试 3　仅对电动机数据开始进行快速调试

9.1.4　用变频器的输入端子实现电动机的正反转控制实训

1. 实训目的

（1）学会 MM420 变频器基本参数的设置。

（2）学会用 MM420 变频器输入端子 DIN1、DIN2 实现电动机正反转控制。

（3）通过 BOP 面板观察变频器的运行过程。

2. 实训内容

用开关S1和S2控制MM420变频器,实现电动机正转和反转功能,电动机加减速时间为5 s。DIN1端口设为正转控制,DIN2端口设为反转控制。

(1) 电路接线如图9-4所示。检查无误后合上QS。

(2) 恢复变频器工厂默认值。设定P0010 = 30和P0970 = 1,按下P键,开始复位,复位过程大约为3 min,这样就保证了变频器的参数恢复到工厂默认值。

(3) 设置电动机的参数。为了使电动机与变频器相匹配,需要设置电动机的参数。电动机的型号为WDJ24(实验室配置),其额定参数为:额定功率为40 W,额定电压380 V,额定电流0.2 A,额定频率50 Hz,转速1430 r/min,三角形联结。电动机参数设置见表9-5。电动机参数设置完成后,设P0010 = 0,变频器当前处于准备状态,可正常运行。

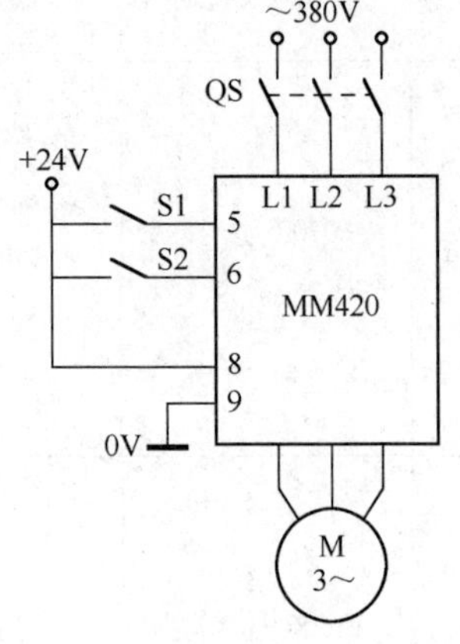

图9-4 输入端子控制电路

表9-5 电动机参数设置

参数号	出厂值	设置值	说明
P0003	1	1	设用户访问级为标准级
P0010	0	1	快速调试
P0100	0	0	工作地区:功率以kW表示,频率为50 Hz
P0304	230	380	电动机的额定电压(V)
P0305	3.25	0.2	电动机的额定电流(A)
P0307	0.75	0.04	电动机的额定功率(kW)
P0308	0	0	电动机额定功率因数(由变频器内部计算电动机的功率因数)
P0310	50	50	电动机额定频率(Hz)
P0311	0	1430	电动机的额定转速(r/min)

(4) 设置数字输入控制端口参数,见表9-6。

表9-6 数字输入控制端口参数

参数号	出厂值	设置值	说明
P0003	1	1	设用户访问级为标准级
P0004	0	7	命令和数字I/O
P0700	2	2	命令源选择由端子排输入
P0003	1	2	设用户访问级为扩展级
P0004	0	7	命令和数字I/O
P0701	1	1	ON接通正转,OFF停止
P0702	1	2	ON接通反转,OFF停止
P0003	1	1	设用户访问级为标准级
P0004	0	10	设定值通道和斜坡函数发生器

（续）

参 数 号	出 厂 值	设 置 值	说　　明
P1000	2	1	由 MOP（电动电位计）输入设定值
P1080	0	0	电动机的最低运行频率（Hz）
P1082	50	50	电动机运行的最高频率（Hz）
P1120	10	5	斜坡上升时间（s）
P1121	10	5	斜坡下降时间（s）
P0003	1	2	设用户访问级为扩展级
P0004	0	10	设定通道和斜坡函数发生器
P1040	5	40	设定键盘控制频率

（5）操作控制

1）电动机正向运行。当接通 S1 时，变频器数字输入端口 DIN1 为“ON”，电动机按 P1120 所设置的 15 s 斜坡上升时间正向起动，经 5 s 后稳定运行在 1144 r/min 的转速上。此转速与 P1040 所设置的 40 Hz 频率对应。断开开关 S1，数字输入端口 DIN1 为“OFF”，电动机按 P1121 所设置的 5 s 斜坡下降时间停车，经 5 s 后电动机停止运行。

2）电动机反向运行。接通开关 S2，变频器输入端口 DIN2 为“ON”，电动机按 P1120 所设置的 5 s 斜坡上升时间反向起动，经过 5 s 后稳定运行在 1144 r/min 的转速上。此转速与 P1040 所设置的 40 Hz 频率相对应。断开开关 S2，数字输入端口 DIN2 为“OFF”，电动机按 P1121 所设置的 5 s 斜坡下降时间停车，经 15 s 后电动机停止运行。

3）在上述的操作中，通过 BOP 面板的操作功能键Fn观察电动机运行的频率。

3. 训练题

（1）利用变频器外部端子实现电动机的正反转及点动控制，设置 DIN1 为点动控制，DIN2 为正转，DIN3 为反转，加减速时间为 5 s。要求点动运行的频率为 10 Hz，正转频率为 20 Hz，反转频率为 30 Hz。画出外部接线图，写出参数设置。

（2）利用变频器的基本操作面板（BOP）实现电动机的正反转及点动的控制，按 BOP 面板上的▲或▼键控制电动机运行的频率。写出参数设置。

9.1.5　变频器的模拟信号操作控制实训

1. 实训目的

（1）学会用 MM420 变频器的模拟信号输入端控制电动机的转速。

（2）掌握 MM420 变频器基本参数的设置方法。

（3）通过 BOP 面板观察变频器频率的变化。

2. 实训内容

用开关 S1 和 S2 控制 MM420 变频器，实现电动机正转和反转功能，由模拟输入端控制电动机转速的大小。DIN1 端口设为正转控制，DIN2 端口设为反转控制。

（1）电路接线如图 9-4 所示。MM420 变频器的“1”（+10V）、“2”（0V）输出端为用户的给定单元提供了一个高精度的 +10V 直流稳压电源。转速调节电位器 RPl 串接在电路中，调节 RP1 时，输入端口 AINI + 给定的模拟输入电压改变，变频器的输出量紧紧跟踪给定量的变化,从而平滑无级地调节电动机转速的大小。MM420 变频器为用户提供了一对模拟输入端口 AIN1 +、AIN1 -,即端口“3”、“4”,如图 9-5 所示。

按图 9-5 所示连接电路。检查电路正确无误后,合上主电源开关 QS。

(2) 恢复变频器工厂默认值。设定 P0010 = 30 和 P0970 =1,按下 P 健,开始复位,复位过程大约为 3 min,这样就保证了变频器的参数恢复到工厂默认值。

(3) 设置电动机参数。电动机参数设置同表 9-5。设置完成后,设 P0010 =0,变频器当前处于准备状态,可正常运行。

(4) 按表 9-7 设置模拟信号操作控制参数。

(5) 操作控制

1) 电动机正转。按下电动机正转开关 S1,数字输入端口 DIN1 为“ON”,电动机正转运行,转速由外接电位器 RP1 来控制,模拟电压信号在 0 ~ 10 V 之间变化,对应变频器的频率在 0 ~ 50 Hz 之间变化(通过 BOP 面板观察),对应电动机的转速在 0 ~ 额定转速之间变化。当松开 S1 时,电动机停止运转。

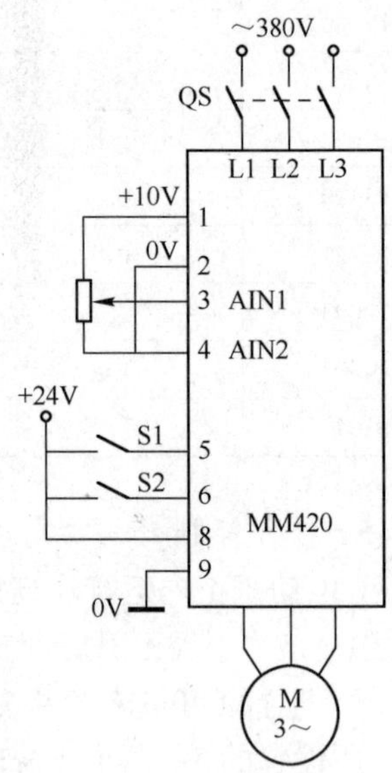

图 9-5 模拟信号输入端对电动机转速的控制

2) 电动机反转。按下电动机反转开关 S2,数字输入端口 DIN2 为“ON”,电动机反转运行,其他操作与电动机正转相同。

表 9-7 模拟信号操作控制参数

参数号	出厂值	设置值	说明
P0003	1	1	设用户访问级为标准级
P0004	0	7	命令和数字 I/O
P0700	2	2	命令源选择由端子排输入
P0003	1	2	设用户访问级为扩展级
P0004	0	7	命令和数字 I/O
P0701	1	1	ON 接通正转,OFF 停止
P0702	1	2	ON 接通反转,OFF 停止
P0003	1	1	设用户访问级为标准级
P0004	0	10	设定值通道和斜坡函数发生器
P1000	2	2	频率设定值由模拟量输入
P1080	0	0	电动机的最低运行频率(Hz)
P1082	50	50	电动机运行的最高频率(Hz)

9.1.6 变频器的多段速频率控制实训

1. 实训目的

(1) 学会变频器多段速频率控制方式。

(2) 熟练掌握变频器的运行操作过程。

2. 实训内容

利用 MM420 变频器控制实现电动机三段速频率运转。DIN3 端口设为电动机起停控制，DIN1 和 DIN2 端口设为三段速频率输入选择，三段速度设置如下：

第一段：输出频率为 20 Hz；第二段：输出频率为 30 Hz；第三段：输出频率为 50 Hz。

(1) 电路接线如图 9-6 所示。检查电路正确无误后，合上主电源开关 QS。

(2) 参数设置

1) 恢复变频器工厂默认值。设定 P0010 = 30 和 P0970 = 1，按下 P 键，开始复位，复位过程大约为 3 min，这样就保证了变频器的参数恢复到工厂默认值。

2) 设置电动机参数。电动机参数设置完成后，设 P0010 = 0，变频器当前处于准备状态，可正常运行。

3) 设置三段固定频率控制参数，见表 9-8。MM420 变频器的三个数字输入端口（DIN1 ~ DIN3），可以通过 P0701 ~ P0703 设置实现多频段控制。每一频段的频率可分别由 P1001 ~ P1007 设置，最多可实现 7 段频率控制。在多段频率控制中，电动机的转速方向是由 P1001 ~ P1007 参数所设置的频率正负决定的。三个数字输入端口，哪一个作为电动机运行、停止控制，哪些作为多段频率控制，是可以由用户任意确定的。一旦确定了某一数字输入端口的控制功能，其内部参数的设置值必须与端口的控制功能相对应。详细内容见 9.1.2 节，P1001 ~ P1007 参数设置。

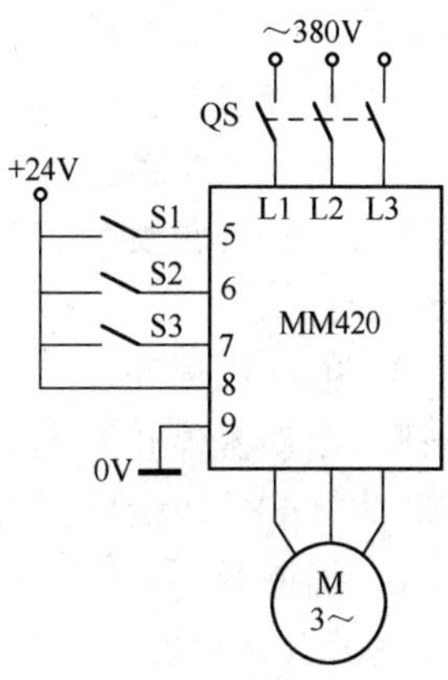

图 9-6 变频器控制电动机三段速频率运转

表 9-8 三段固定频率控制参数表

参数号	出厂值	设置值	说明
P0003	1	1	设用户访问级为标准级
P0004	0	7	命令和数字 I/O
P0700	2	2	命令源选择由端子排输入
P0003	1	2	设用户访问级为扩展级
P0004	0	7	命令和数字 I/O
P0701	1	17	选择固定频率
P0702	1	17	选择固定频率
P0703	1	1	ON 接通正转，OFF 接通停止
P0003	1	1	设用户访问级为标准级
P0004	0	10	设定值通道和斜坡函数发生器
P1000	2	3	选择固定频率设定值
P0003	1	2	设用户访问级为扩展级
P0004	0	10	设定值通道和斜坡函数发生器
P1001	0	20	设置固定频率 1(Hz)
P1002	5	30	设置固定频率 2(Hz)
P1003	10	50	设置固定频率 3(Hz)

(3) 操作控制。当按下开关 S3 时，数字输入端口 DIN3 为“ON”，允许电动机运行。

1) 第 1 段控制。当开关 S1 接通、S2 断开时，变频器数字输入端口 DIN1 为“ON”，端口 DIN2 为“OFF”，变频器工作在由 P1001 参数所设定的频率为 20 Hz 的第 1 段上，电动机运行在与此频率对应的转速上。

2) 第 2 段控制。当开关 S1 断开、S2 接通时，变频器数字输入端口 DIN1 为“OFF”，端口 DIN2 为“ON”，变频器工作在由 P1002 参数所设定的频率为 30 Hz 的第 2 段上，电动机运行在与此频率对应的转速上。

3) 第 3 段控制。当按钮 S1 接通、S2 接通时，变频器数字输入端口 DIN1 为“ON”，端口 DIN2 为“ON”，变频器工作在由 P1003 参数所设定的频率为 50 Hz 的第 3 段上，电动机以额定转速运行。

4) 电动机停车。当按钮 SB1、SB2 都断开时，变频器数字输入端口 DIN1、DIN2 均为“OFF”，电动机停止运行。或在电动机正常运行的任何频段，将 SB3 断开使数字输入端口 DIN3 为“OFF”，电动机也能停止运行。

3. 训练题

用开关变频器实现电动机 7 段速频率运转。7 段速设置分别为：第 1 段输出频率为 5 Hz；第 2 段输出频率为 -10 Hz；第 3 段输出频率为 15 Hz；第 4 段输出频率为 10 Hz；第 5 段输出频率为 -5 Hz；第 6 段输出频率为 -20 Hz；第 7 段输出频率为 50 Hz。画出变频器外部接线图，写出参数设置。

9.2 PLC 和变频器的联机控制

9.2.1 PLC 与变频器的联机方式和要求

1. PLC 对变频器的控制方式

PLC 对变频器的控制方式可以分为两大类，一类是外部端子控制；一类是通信控制方式。

第一类控制方式，在一般条件下，变频器首先通过参数设定，使变频器与控制的电动机匹配；然后通过变频器的模拟量输入端，输入频率给定或通过数字输入端设定频率；最后通过开关量输入端，输入变频器的控制命令(如正转、反转、停止等)。这种控制方式的优点是直观，便于信号的检查，但其缺点是不利于网络化控制，变频器无法与外部进行信息交换。

第二类控制方式，PLC 对变频器的通信控制方式(USS 方式)，频率的给定及控制命令通过 RS-485 接口输入，此时用于变频器控制的 PLC 指令也称为“USS 协议指令”。这种控制方式 PLC 的通信接口(端口 0)将用于变频器的控制。为了系统调试的需要，可以选择 CPU224XP、CPU226 或选配 EM277 扩展接口模块，通过 PROFIBUS-DP 接口，同时连接变频器与编程器，以便对 PLC 进行监控。

2. PLC 和变频器的联机注意事项

变频器在运行中会产生较强的电磁干扰，为保证 PLC 不因变频器主电路断路器及开关器件等产生的噪声而出现故障，将变频器与 PLC 相连接时应该注意以下几点：

(1) 对 PLC 本身应按规定的接线标准和接地条件进行接地，而且应注意避免和变频器使用共同的接地线，且在接地时使两者尽可能分开。

（2）当电源条件不太好时，应在 PLC 的电源模块及输入、输出模块的电源线上接入噪声滤波器和降低噪声用的变压器等。另外，若有必要，在变频器一侧也应采取相应的措施。

（3）当把变频器和 PLC 安装于同一操作柜中时，应尽可能使与变频器有关的电线和与 PLC 有关的电线分开。

（4）通过使用屏蔽线和双绞线以提高抗噪声干扰水平。

9.2.2 PLC 和变频器的联机正反转控制实例及训练

1. 实训目的

（1）熟练掌握 PLC 和变频器联机操作方法。

（2）熟练掌握 PLC 和变频器联机调试方法。

2. 实训内容

通过 S7-224 型 PLC 和 MM420 变频器联机，实现电动机正反转控制运转。按下正转按钮 SB2，电动机起动并运行，频率为 35 Hz。按下反转按钮 SB3，电动机反向运行，频率为 35 Hz。按下停止按钮 SB1，电动机停止运行。电动机加减速时间为 10 s。

（1）I/O 分配

I0.0　电动机停止按钮　　　　Q0.0　电动机正转

I0.1　电动机正转按钮　　　　Q0.1　电动机反转

I0.2　电动机反转按钮

（2）电路接线图及程序如图 9-7 所示。

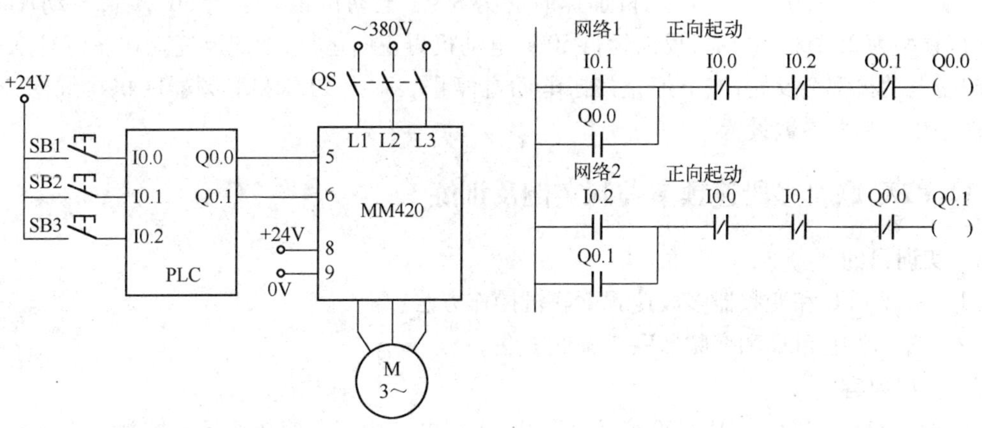

图 9-7　PLC 和变频器的联机延时控制接线

（3）变频器参数设置如表 9-9。

表 9-9　变频器参数设置表

参数号	出厂值	设置值	说明
P0003	1	1	设用户访问级为标准级
P0004	0	7	命令，二进制 I/O
P0700	2	2	由端子排输入
P0003	1	2	设用户访问级为扩展级

(续)

参数号	出厂值	设置值	说明
P0004	0	7	命令,二进制 I/O
P0701	1	1	ON 接通正转,OFF 接通停止
P0702	1	2	ON 接通反转,OFF 接通停止
P0703	9	10	正向点动
P0704	15	11	反向点动
P0003	1	1	设用户访问级为标准级
P0004	0	10	设定值通道和斜坡函数发生器
P1000	2	1	频率设定值为键盘(MOP)设定值
P1080	0	0	电动机运行的最低频率(Hz)
P1082	50	50	电动机运行的最高频率(Hz)
P1120	10	10	斜坡上升时间(s)
P1121	10	10	斜坡下降时间(s)
P0003	1	2	设用户访问级为扩展级
P0004	0	10	设定值通道和斜坡函数发生器
P1040	5	35	设定键盘控制的频率值(Hz)

3. 训练题

利用 PLC 和变频器联机控制实现电动机的延时控制。按下正转按钮,电动机延时 10 s 后正向起动,运行频率为 25 Hz,电动机加速时间为 8 s。电动机正向运行 30 s 后,自动反向运行,运行频率为 25 Hz。电动机反向运行 50 s,电动机再正向运行,如此反复。在任何时刻按下反转按钮电动机都会反转,按下停止按钮电动机停止。画出 PLC 和变频器联机接线图,写出 PLC 程序和变频器参数设置。

9.2.3 PLC 联机多段速频率控制实例及训练

1. 实训目的

(1) 掌握 PLC 和变频器多段速频率联机操作方法。

(2) 熟练掌握 PLC 和变频器联机调试方法。

2. 实训内容

通过 S7-224 型 PLC 和 MM420 变频器联机,实现电动机三段速频率运转控制。按下起动按钮 SB1,电动机起动并运行在第一段,频率为 10 Hz,延时 20 s 后电动机运行在第二段,频率为 20 Hz,再延时 10 s 后电动机反向运行在第三段,频率为 50 Hz。按下停车按钮,电动机停止运行。

(1) I/O 分配表。变频器数字输入 DIN1、DIN2 端口通过 P0701、P0702 参数设为三段固定频率控制端,每一频段的频率可分别由 P1001、P1002 和 P1003 参数设置。变频器数字输入 DIN3 端口设为电动机运行、停止控制端,可由 P0703 参数设置。

I0.0 电动机停止按钮　　Q0.0 DIN1

I0.1 电动机起动按钮　　Q0.1 DIN2

Q0.2 DIN3

（2）电路接线图及程序如图 9-8 所示。

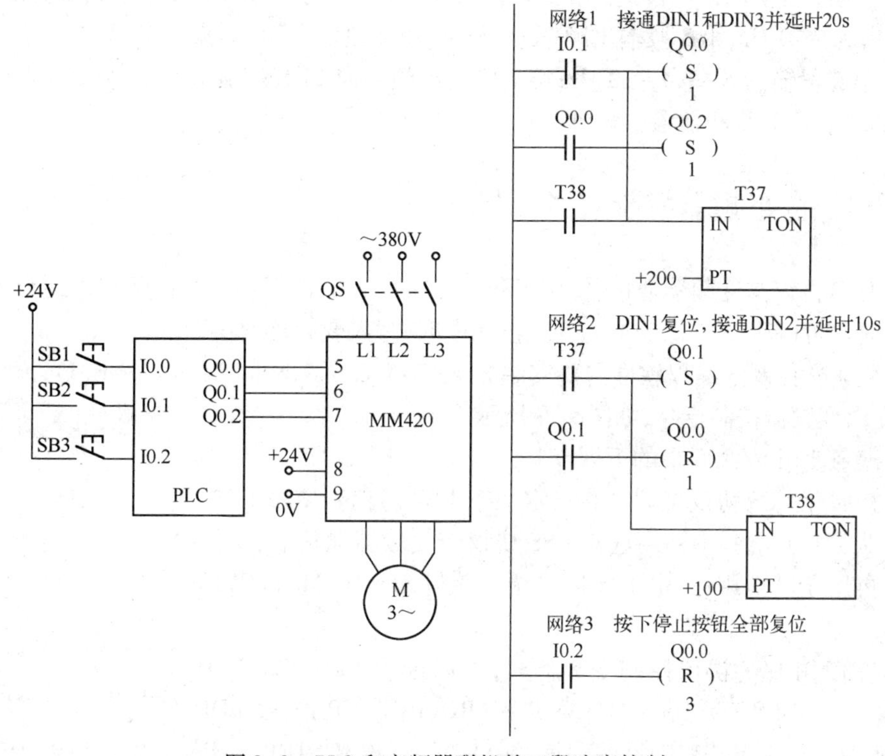

图 9-8 PLC 和变频器联机的三段速度控制

（3）变频器参数设置如表 9-10。

表 9-10 变频器参数设置表

参数号	出厂值	设置值	说明
P0003	1	1	设用户访问级为标准级
P0004	0	7	命令和数字 I/O
P0700	2	2	命令源选择由端子排输入
P0003	1	2	设用户访问级扩展级
P0004	0	7	命令和数字 I/O
P0701	1	17	选择固定频率
P0702	1	17	选择固定频率
P0703	1	1	ON 接通正转，OFF 停止
P0003	1	1	设用户访问级为标准级
P0004	0	10	设定值通道和斜坡函数发生器
P1000	2	3	选择固定频率设定值
P0003	1	2	设用户访问级扩展级
P0004	0	10	设定值通道和斜坡函数发生器
P1001	0	10	设置固定频率 1（Hz）
P1002	5	20	设置固定频率 2（Hz）
P1003	10	-50	设置固定频率 3（Hz）

3. 训练题

联机控制实现电动机 7 段速频率运转。7 段速设置分别为:第 1 段输出频率为 5 Hz;第 2 段输出频率为 -10 Hz;第 3 段输出频率为 15 Hz;第 4 段输出频率为 20 Hz;第 5 段输出频率为 -30 Hz; 第 6 段输出频率为 -10 Hz;第 7 段输出频率为 25 Hz。画出 PLC 和变频器联机接线图,写出 PLC 程序和变频器参数设置。

9.3 PLC 的变频器控制指令 USS

通过 USS 协议与变频器通信,使用 USS 指令库中已有的子程序和中断程序使变频器的控制更加简便。可以用 USS 指令控制变频器和读取/写入变频器的参数。

用于变频器控制的编程软件需要安装 STEP 7-Micro/WIN 指令库(Libraries),库中的 USS Protocol 提供变频器控制指令,如图 9-9 所示。

库
USS Protocol (v2.2)
USS_INIT
USS_CTRL
USS_RPM_W
USS_RPM_D
USS_RPM_R
USS_WPM_W
USS_WPM_D
USS_WPM_R
Modbus Protocol (v1.0)
调用子例行程序

图 9-9 变频器控制指令

USS 指令使用 S7-200 中的下列资源:

(1) 初始化 USS 协议将端口 0 指定用于 USS 通信。使用 USS_INIT 指令为端口 0 选择 USS。选择 USS 协议与变频器通信后,不能将端口 0 再用于其他用途,也不能再用端口 0 与 STEP 7-Micro/WIN 通信。

(2) 在使用 USS 协议控制变频器时,可以选用 CPU 226、CPU 226XM 或 EM277 PROFIBUS - 与计算机中 PROFIBUS CP 连接的 DP 模块,这样端口 0 用于与变频器的通信,端口 2 用于连接 STEP 7-Micro/WIN,以便于运行时监控程序的运行。

(3) 与端口 0 自由端口通信相关的所有特殊内部标志位存储器 SM 位,被用于变频器的控制。

(4) USS 指令使用 14 个子程序和 3 个中断程序对变频器进行控制。

(5) USS 指令的变量要求一个 400 个字节 V 内存块。该内存块的起始地址由用户指定,保留用于 USS 变量。

(6) 某些 USS 指令也要求有一个 16 个字节的通信缓冲器。

(7) 执行计算时,USS 指令使用累加器 AC0 ~ AC3。

9.3.1 USS 指令介绍

1. USS_INIT 变频器初始化指令

USS_INIT 变频器初始化指令用于启用和初始化与变频器的通信。在使用任何其他 USS 指令之前,必须执行 USS_INIT 指令,且无错。该指令完成才能继续执行下一条指令。指令格式如图 9-10 所示。USS_INIT 变频器初始化子程序是一个加密的带参数的子程序,如图 9-11 所示。程序中使用的都是局部变量,在使用该子程序时,需要根据图 9-10 所示的局部变量表 L,按照指示的数据类型对输入(IN)/输出(OUT)变量进行赋值。

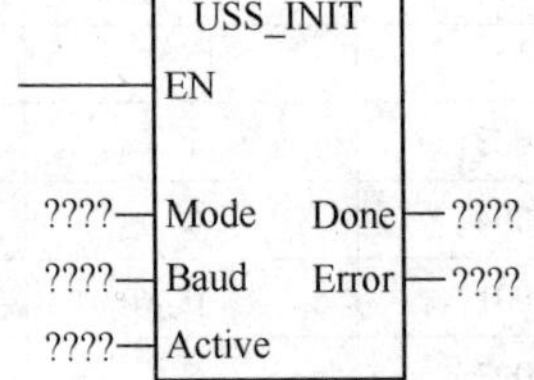

图 9-10 USS_INIT 变频器初始化指令

SIMATIC LAD

	符号	变量类型	数据类型	注释
	EN	IN	BOOL	
LB0	Mode	IN	BYTE	启动/停止（1=启动USS，0=停止USS）
LD1	Baud	IN	DWORD	波特率（1200、2400、4800、9600、19200、38400、57600、115200）
LD5	Active	IN	DWORD	每个位表示某个特定的驱动器正处于现用状态。
		IN		
		IN_OUT		
L9.0	Done	OUT	BOOL	初始化完成旗标
LB10	Error	OUT	BYTE	初始化错误代码
		OUT		
		TEMP		

图 9-11　USS_INIT 变频器初始化子程序的局部变量表

（1）输入变量（IN）

EN："使能"输入端，在 EN =1 时启动指令。为了防止频繁调用初始化指令，应使用边沿脉冲信号调用指令。输入数据类型为"BOOL"型数据。

Mode：输入值为"1"时，端口 0 启用 USS 协议；输入值为"0"，端口 0 用作 PPI 通信，并禁用 USS 协议。数据类型为字节型数据。

Baud（波特率）：PLC 与变频器通信波特率的设定。将波特率设为 1200、2400、4800、9600、19200、38400、57600 或 115200。双字型的数据。

Active：现用变频器的地址（站点号）。双字型的数据，双字的每一位控制一台变频器，位为"1"时，该位对应的变频器为现用。bit0 为第 1 台，bit31 为第 32 台。例如输入 0008H，则 bit3 位的对应的变频器 D3 为现用。站点号具体计算如下：

D31	D30	D29	D28	……	D19	D18	D17	D16	……	D3	D2	D1	D0
0	0	0	0	……	0	0	0	0	……	1	0	0	0

（2）输出变量（OUT）

Done：当 USS_INIT 指令完成时，Done 输出为"1"。BOOL 型数据。

Error：指令执行错误代码输出，字节型数据。

2. USS_CTRL 变频器控制指令

USS_CTRL 指令用于控制现用的变频器。指令格式如图 9-12 所示。已在 USS_INIT 指令的 Active（现用）参数中选择变频器可以使用 USS_CTRL 指令。每台变频器只能用一条 USS_CTRL 指令。变频器控制指令需要用调用已经加密的子程序的形式进行编程，子程序中全部使用局部变量，需要用变频器控制指令 USS_CTRL 对其进行赋值，各变量的作用和数据类型参看图 9-13。

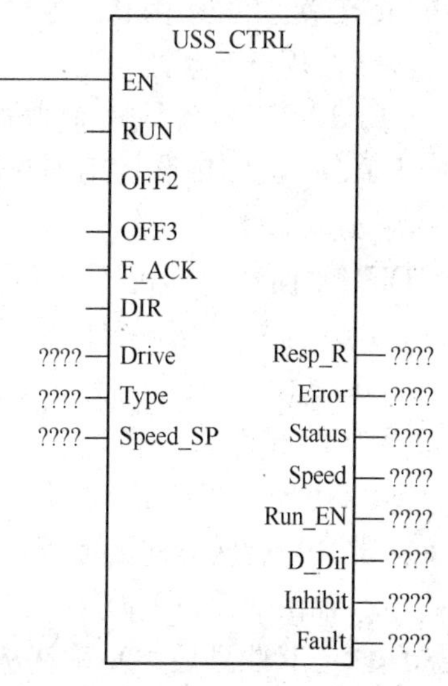

图 9-12　变频器控制指令

（1）输入变量（IN）

EN：指令"使能"输入端，EN =1 时，启用 USS_CTRL 指令。USS_CTRL 指令应当一直启用，所以 EN 端应一直为“1”。

SIMATIC LAD

	符号	变量类型	数据类型	注释
	EN	IN	BOOL	
L0.0	RUN	IN	BOOL	1=运行，0=停止
L0.1	OFF2	IN	BOOL	滑行停止
L0.2	OFF3	IN	BOOL	快速停止
L0.3	F_ACK	IN	BOOL	故障认可
L0.4	DIR	IN	BOOL	方向
LB1	Drive	IN	BYTE	驱动器地址
LB2	Type	IN	BYTE	驱动器类型（0=MM3，1=MM4）
LD3	Speed_SP	IN	REAL	速度定点（-200.0%至200.0%）
		IN		
		IN_OUT		
L7.0	Resp_R	OUT	BOOL	收到应答
LB8	Error	OUT	BYTE	错误代码（0=无错）
LW9	Status	OUT	WORD	由驱动器返回的状态字
LD11	Speed	OUT	REAL	当前速度（-200.0%至200.0%）
L15.0	Run_EN	OUT	BOOL	运行启用
L15.1	D_Dir	OUT	BOOL	驱动器方向
L15.2	Inhibit	OUT	BOOL	禁止状态
L15.3	Fault	OUT	BOOL	故障状态
		OUT		
LW16	STW	TEMP	WORD	
LW18	HSW	TEMP	WORD	
LB20	CKSM	TEMP	BYTE	
LB21	UPDATE	TEMP	BYTE	
LW22	ZSW	TEMP	WORD	
LW24	HIW	TEMP	WORD	
LB26	SIZE	TEMP	BYTE	
		TEMP		

图 9-13　USS_CTRL 调用的子程序的局部变量表

RUN(运行)：变频器运行/停止控制端。

当 RUN(运行)位 =1 时，变频器按指定的速度和方向开始运行。为了使变频器运行，该变频器在 USS_INIT 中必须被选为 Active(现用)。OFF2 和 OFF3 必须被设为 0。Fault(故障)和 Inhibit(禁止)必须为 0。当 RUN(运行) =0 时，变频器减速直至停止。

OFF2：用于变频器自由停车。

OFF3：用于变频器迅速(带电气制动)停止。

F_ACK(故障确认)：用于确认变频器中的故障。当变频器已经清除故障，F_ACK 从 0 转为 1 时，通过该信号清除变频器报警。

DIR(方向)：电动机转向控制信号，通过控制该信号为“1”或“0”来改变电动机的转向。

Drive：输入变频器的地址。向该地址发送 USS_CTRL 命令。有效地址：0 ~ 31。

Type：输入变频器的类型。将 MM 3(或更早版本)变频器的类型设为 0。将 MM 4 变频器类型设为 1。

Speed_SP(速度定点)：以百分比形式给出速度(频率)的给定输入。Speed_SP 的负值会使变频器逆转旋转方向。范围：-200.0% ~ 200.0%。

(2) 输出变量(OUT)

Resp_R(收到应答)：确认从变频器收到应答。每次 S7-200 从变频器收到应答时，Resp_R 位接通后，进行一次扫描，USS_CTRL 的输出状态被更新。

Error(错误):指令执行错误代码输出。

Stion(状态):变频器工作状态输出。

Speed(速度):以百分比形式给出变频器的实际输出速度(频率)。范围:-200.0%~200.0%。

Run_EN(运行启用):变频器运行、停止指示。“1”表示运行,“0”表示停止。

D_Dir:表示变频器的实际转向输出。

Inhibit(禁止):变频器禁止状态输出(0:不禁止;1:禁止)。欲清除禁止位,“故障”位必须为0,RUN(运行)、OFF2 和 OFF3 输入也必须为0。

Fault(故障):变频器故障输出,“0”变频器无故障,“1”变频器故障。

3. USS_RPM_x 变频器参数阅读指令

变频器参数阅读指令共有三条:USS_RPM_W 指令读取不带符号的字参数;USS_RPM_D 指令读取不带符号的双字参数;USS_RPM_R 指令读取浮点参数。指令格式如图 9-14 所示。

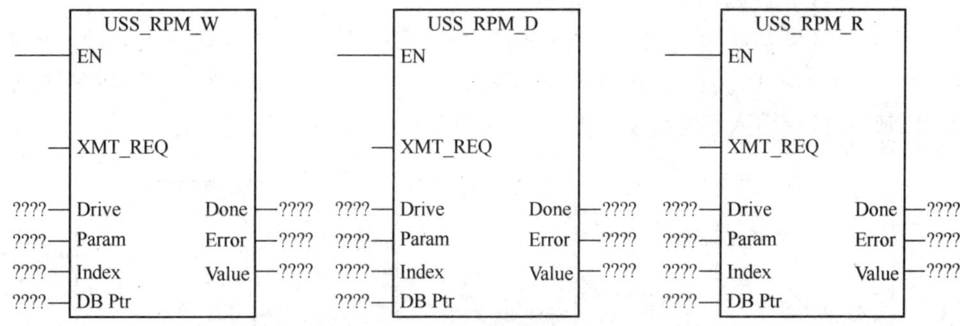

图 9-14 变频器参数阅读指令

变频器参数阅读指令同样需要用调用带参数的子程序的形式进行编程,子程序是加密的,调用该子程序需要对局部变量 L 进行赋值,该子程序的局部变量表如图 9-15 所示。

	符号	变量类型	数据类型	注释
	EN	IN	BOOL	
L0.0	XMT_REQ	IN	BOOL	传输请求 - 仅限为一次扫描打开
LB1	Drive	IN	BYTE	驱动器地址
LW2	Param	IN	WORD	需要读取的参数
LW4	Index	IN	WORD	参数索引
LD6	DB_Ptr	IN	DWORD	16个字节缓冲器地址
		IN		
		IN_OUT		
L10.0	Done	OUT	BOOL	如果是1,则处理USS讯息
LB11	Error	OUT	BYTE	错误代码(0=无错)
LW12	Value	OUT	WORD	参数值
		OUT		
L14.0	SIZE	TEMP	BOOL	
		TEMP		

图 9-15 用 USS_RPM_W 指令调用的子程序的局部变量表

（1）输入变量(IN)

EN:指令“使能”输入端,使能为“1”时,允许执行变频器参数阅读指令。

XMT-REQ:参数阅读请求,只能使用脉冲信号触发,XMT_REQ 输入值为“1”,变频器参数传送到 PLC,XMT_REQ 输入值为“0”,停止参数传送。

Driver:变频器的地址。单台变频器的有效地址是 0 ~ 31。

Param(参数):变频器的参数号码。

Index:变频器参数的下标号。

DB-Ptr:用于参数传送的 16 位缓冲存储器地址。

（2）输出变量(OUT)

Done:当 USS_RPM_x 指令正确执行完成时,“Done”输出为“1”。

Error:指令执行错误代码输出。

Value:变频器的参数值。

4. USS_RPM x 变频器参数写入指令

USS_RPM_x 变频器参数写入指令的作用是通过 PLC 程序向变频器写入参数。该指令共有三条:USS_WPM_W 指令写入不带符号的字参数;USS_WPM_D 指令写入不带符号的双字参数;USS_WPM_R 指令写入浮点参数。指令格式如图 9-16 所示。

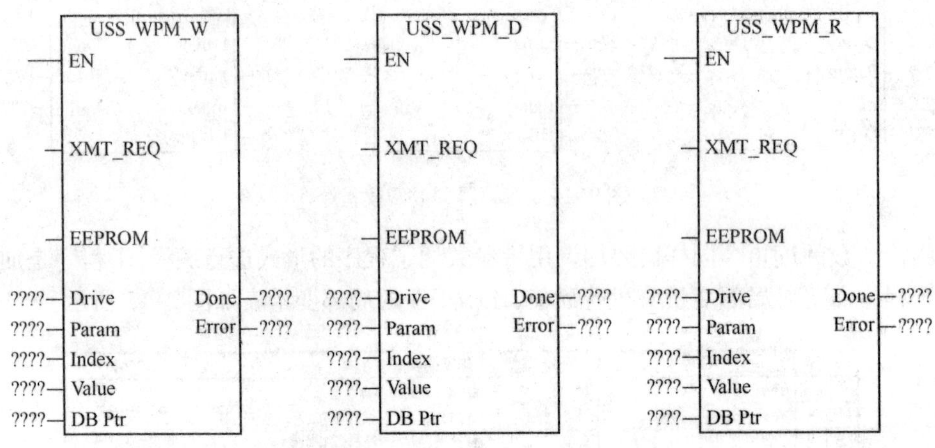

图 9-16　变频器参数写入指令

变频器参数写入指令同样需要用调用带参数的子程序的形式进行编程,子程序是加密的,调用该子程序需要对局部变量 L 进行赋值,该子程序的局部变量表如图 9-17 所示。

（1）输入变量(IN)

EN:指令“使能”输入端,输入“1”允许执行变频器参数写入指令。

XMT-REQ:参数写入请求,“1”为 PLC 参数写入变频器,“0”为停止参数传送。XMT_REQ 输入应当通过一个边沿脉冲信号触发。

EEPROM: EEPROM 输入为“1”时,同时写入到变频器的 RAM 和 EEPROM;为“0”时,只写入到 RAM 中。

Drive:变频器的地址。单台变频器的有效地址是 0 ~ 31。

Param:变频器的参数号。

	符号	变量类型	数据类型	注释
	EN	IN	BOOL	
L0.0	XMT_REQ	IN	BOOL	传输请求 - 仅限为一次扫描打开
L0.1	EEPROM	IN	BOOL	1=向驱动器的EEPROM和RAM写入数值，0=仅限向驱动器的RAM写入数值
LB1	Drive	IN	BYTE	驱动器地址
LW2	Param	IN	WORD	需要写入的参数
LW4	Index	IN	WORD	参数索引
LW6	Value	IN	WORD	需要向驱动器写入的参数值
LD8	DB_Ptr	IN	DWORD	16个字节缓冲器地址
		IN		
		IN_OUT		
L12.0	Done	OUT	BOOL	如果是1，则处理USS讯息
LB13	Error	OUT	BYTE	错误代码（0=无错）
		OUT		
L14.0	SIZE	TEMP	BOOL	
		TEMP		

图 9-17　USS_RPM_x 变频器参数写入指令的子程序的局部变量表

Index：变频器参数下标号。

Value：写入的变频器参数值。

DB-Prt：用于参数传送的 16 位缓冲存储器地址。

（2）输出变量（OUT）

Done：当指令正确执行完成时，“Done”输出为“1”。

Error：指令执行错误代码输出。

9.3.2　USS 控制变频器参数的设定

PLC 以 USS 协议控制变频器，变频器需要进行如下参数的设定。

P0003 =3：用户访问级为 3。

P0700 =5：变频器运行控制指令的输入方式选择远程集中控制方式，并以 USS 串行通信协议进行控制（PLC 控制方式）；

P1000 =5：变频器频率给定的输入方式选择远程集中控制方式，由 RS-485 接口通过连接总线以 USS 串行通信协议进行输入（PLC 控制方式）

P2000[0]：基准频率设定，访问级为 2。基准频率对应十六进制 4000H（32768）。

P2009[0]：对 USS 输入频率规格化；访问级为 3；可能的设定值：

P2009[0] =0　禁止，根据 P2000 的设定，对 USS 输入的频率进行换算。

P2009[0] =1　使能规格化，即 USS 输入频率直接转换为十进制（单位 0.01 Hz）。

【例 9 -1】　设定 P2000[0] =200 Hz，如设定 P2009[0] =0，当 USS 输入频率为十六进制 2000H（16384）时，对应的频率给定值为：$f=\frac{16384}{32767}\times 200\ \text{Hz}=100\ \text{Hz}$。

如设定 P2009[0] =1，当 USS 输入频率为十六进制 2000H（16384）时，对应的频率给定值为 $16384\times 0.01\ \text{Hz}=163.84\ \text{Hz}$。

P2010[0]:COM 链路的 USS 波特率设定。访问级为 3,默认值:6。可能的设定值:

P2010[0]=3:1200 bit/s

P2010[0]=4:2400 bit/s

P2010[0]=5:4800 bit/s

P2010[0]=6:9600 bit/s

P2010[0]=7:19200 bit/s

P2010[0]=8:38400 bit/s

P2010[0]=9:57600 bit/s

P2011[0]:USS 地址,根据实际连接情况设定 0~31。访问级为 3。

P2014[0]:USS 数据传输超时报警的时间设定。访问级为 3;定义一个时间 T_off,如果在延迟 T_off 时间以后通过 USS 通道接收不到报文,那么将产生故障信号(F0070)。取值范围在 0~65535 之间,默认值为 0。

其他的参数同 9.1.2 小节。

【例 9-2】 如图 9-18 所示程序。PLC 通过 RS485 接口,利用 USS 协议对变频器进行控制,通信速率为 19200 bit/s;变频器地址为 0。由 PLC 的 I0.0~I0.4 作为变频器的控制输入,

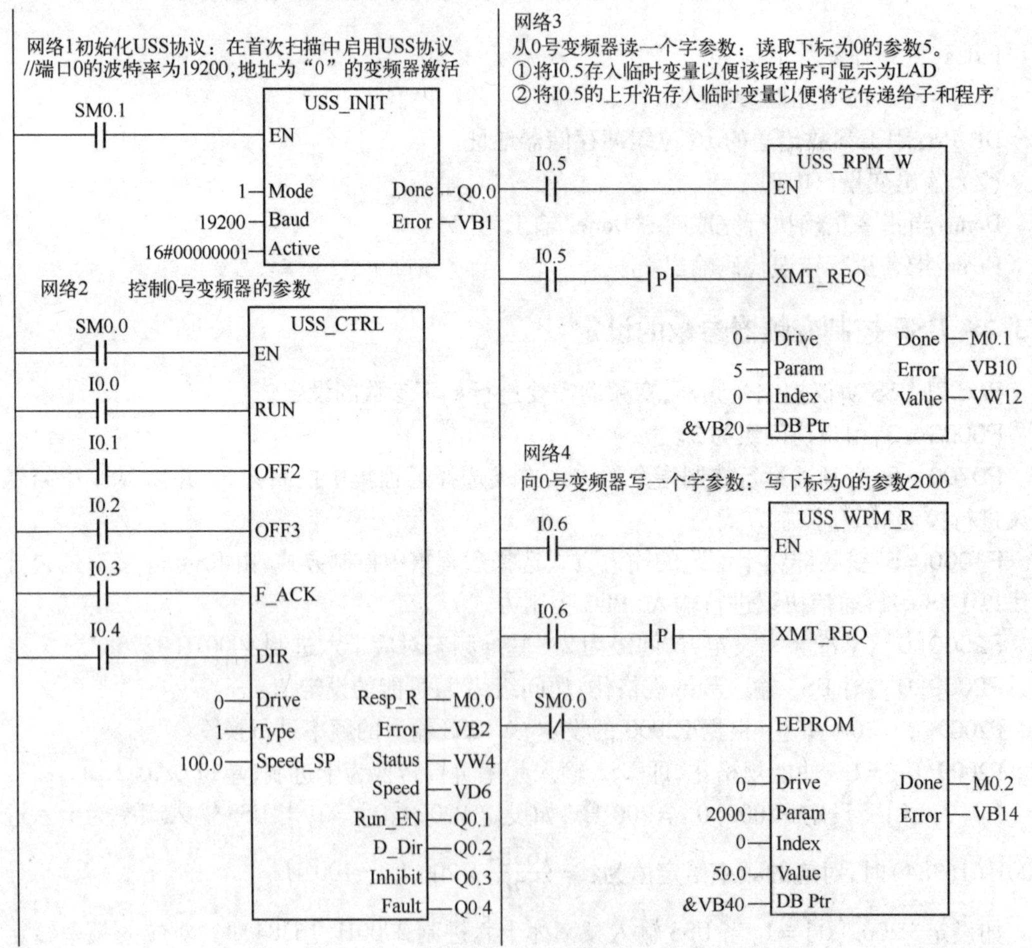

图 9-18 例 9-2 梯形图程序

分别控制变频器的运行、自由停车、紧急停止、报警应答、电动机转向；变频器输出频率为 50 Hz（变频器基准频率值，通过 I0.6 写入）。变频器的输出指示灯：通信正常、运行、现行转向、变频器禁止、变频器报警依次为 Q0.0 ~ Q0.4。PLC 变量存储器分配如下：

VB0：初始化错误代码存储。

VB2：变频器运行错误代码存储。

VW4：变频器工作状态存储。

VB10：变频器参数阅读错误代码存储。

VB14：变频器参数写入错误代码存储。

变频器参数读出：

当输入 I0.5 为"1"时，将变频器参数 P0005[0]（变频器显示功能设定），读到 PLC 的变量存储区 VW12 中。

变频器参数写入：当输入 I0.6 为"1"时，将常数 50.0 写入变频器参数 P2000[0]（变频器基准频率设定）中。

参数的读写通信缓冲区地址为 VB20、VB40。

9.3.3 基于 PLC 通信方式的变频器开环调速实训

1. 实训目的

(1) 了解变频器与 PLC 之间使用 USS 协议通信。

(2) 学会基于 PLC 通信方式的变频器参数的设置。

(3) 学会 PLC 对变频器控制的 USS 指令的使用。

2. 接线图（如图 9-19 所示）

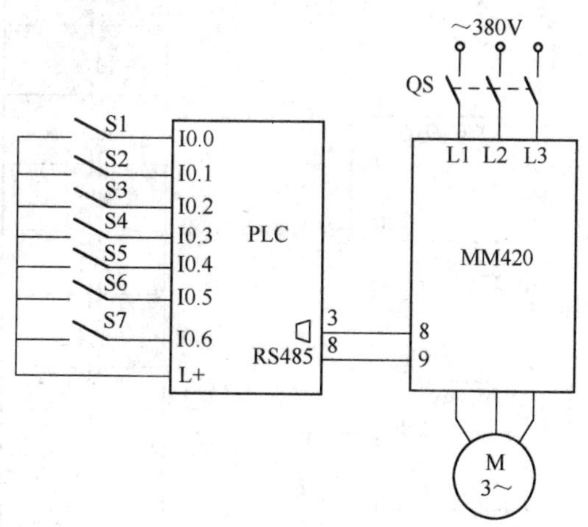

图 9-19 基于 PLC 通信方式的变频器开环调速实训接线图

3. 参考梯形图（如图 9-20 所示）

输入端点的功能：I0.0 启动，I0.1 停止，I0.2 转速下降，I0.3 转速上升，I0.4 正反转调换，I0.5 点动减速，I0.6 点动加速。

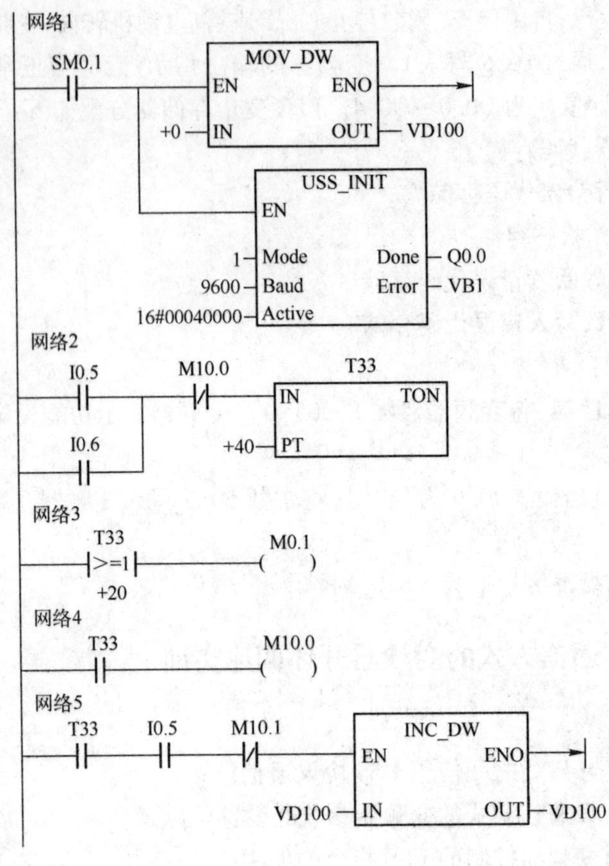

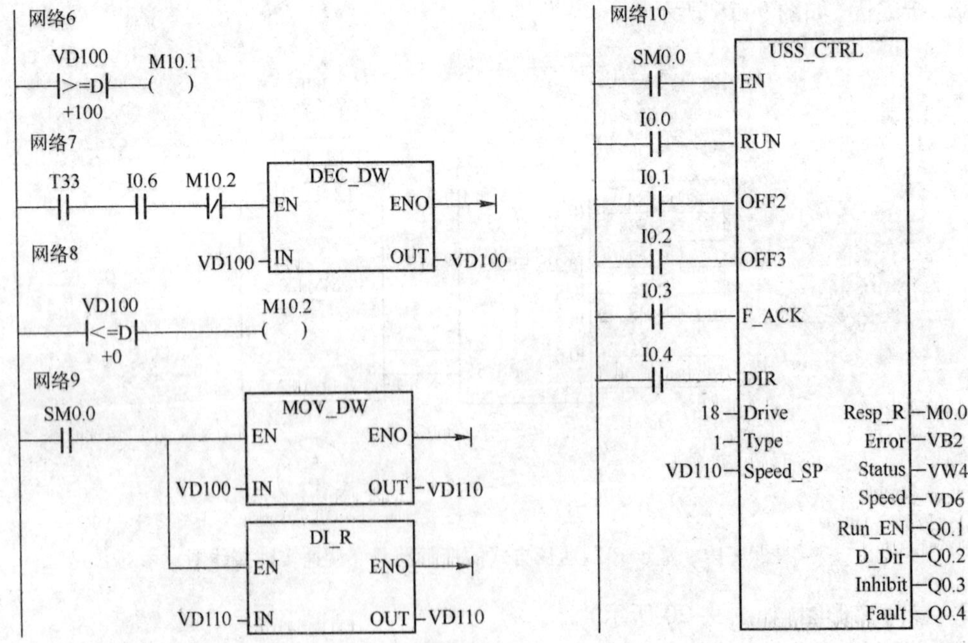

图 9-20　基于 PLC 通信方式的变频器开环调速实训参考程序

4. 实验内容和步骤

(1) 正确完成接线,将图 9-20 所示梯形图程序下载到 PLC 中,下载完毕后切换到"RUN"位置。

在程序中使用到了 USS 指令,该指令专用于 PLC 与 MM 系列变频器之间通信使用,具体的设置方法参阅前面的内容。

(2) 参数不仅要对变频器 P0700 和 P1000 进行修改为 5,还要对其站点号和波特率进行修改,其中 P2011 为 18, P2010 为 6。另外在程序段中,也要将波特率和站点号设置的与变频器设置相一致,在主程序 MAIN 的 USS-INIT 网络段中,Baud 设置一定要和所要激活的变频器所设置的波特率一致都为 9600,还有 Active 参数为所要激活的变频器的站点号,该程序中所设变频器站为 18 号,波特率为 9600。

站点号具体计算如下:

D31	D30	D29	D28	……	D19	D18	D17	D16	……	D3	D2	D1	D0
0	0	0	0	……	0	1	0	0	……	0	0	0	0

其中 D0 ~ D31 代表有 32 台变频器,变频器站点号不能相同,如果激活哪台变频器就使该位为 1,现在激活 18 号变频器。四位为一组,构成 16 得出 Active 即为 16#00040000。

9.4 习题

1. 怎样将变频器的参数恢复为出厂设置值?
2. 变频器的用户访问级有几级,如何设置?
3. 要求变频器能输出 30Hz、40 Hz、50 Hz 共 3 个固定频率,用 3 个按钮对应 3 个频率,不用停止就能任意切换,试设计程序,并设定变频器的参数设定值。
4. 设计 PLC 和变频器的联机控制。小车自动往返运动,工艺要求小车按图 9-21 所示的轨迹运动,小车只有按水平线上的箭头所指的方向做水平运动,没有垂直运动,小车的运动方向转换时要经过 5 s 的延时。用三个限位开关 SQ1 ~ SQ3 作为 A、B、C 三点的位置检测信号,SB1 为起动按钮,SB2 为停止按钮。要求画出外部控制电路图,设计 PLC 的程序,写出变频器的设置参数。

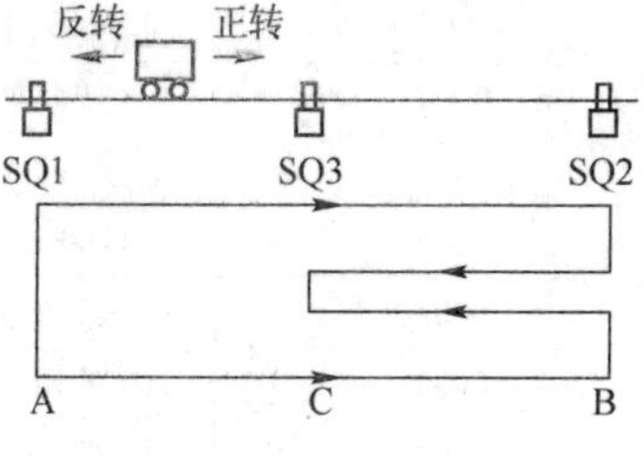

图 9-21 小车运动示意图

附　录

附录 A　错误代码

A.1　致命错误代码和信息

致命错误会导致 CPU 停止执行用户程序。依据错误的严重性,一个致命错误会导致 CPU 无法执行某个或所有功能。处理致命错误的目标是,使 CPU 进入安全状态,可以对当前存在的错误状况进行查询并响应。

当一个致命错误发生时,CPU 执行以下任务:

- 进入 STOP(停止)方式。
- 点亮系统致命系统错误和 STOP(停止)LED 指示灯。
- 断开输出。

这种状态将会持续到错误清除后。表 A-1 列出了从 CPU 上可读到的致命错误代码及其描述。

表 A-1　从 CPU 读出的致命错误代码及其描述

错误代码	描　述
0000	无致命错误
0001	用户程序检查和错误
0002	编译后的梯形图程序检查和错误
0003	扫描看门狗超时错误
0004	内部 EEPROM 错误
0005	内部 EEPROM 用户程序检查错误
0006	内部 EEPROM 配置参数检查错误
0007	内部 EEPROM 强制数据检查错误
0008	内部 EEPROM 错误默认输出表值检查错误
0009	内部 EEPROM 用户数据、DB1 检查错误
000A	存储器卡失灵
000B	存储器卡上用户程序检查和错误
000C	存储器卡配置参数检查和错误
000D	存储器卡强制数据检查和错误
000E	存储器卡默认输出表值检查和错误
000F	存储器卡用户数据、DB1 检查和错误
0010	内部软件错误
0011	比较接点间接寻址错误
0012	比较接点非法值错误
0013	存储器卡空,或者 CPU 不识别该卡

A.2 运行程序错误

在程序的正常运行中，可能会产生非致命错误（如寻址错误）。在这种情况下，CPU 产生一个非致命运行时刻错误代码。表 A-2 列出了这些非致命错误代码及其描述。

表 A-2 运行程序错误

错误代码	运行程序错误（非致命）
0000	无错误
0001	执行 HDEF 之前，HSC 不允许
0002	输入中断分配冲突，已分配给 HSC
0003	到 HSC 的输入分配冲突，已分配给输入中断
0004	在中断程序中企图执行 ENI、DISI 或 HDEF 指令
0005	第一个 HSC/PLS 未执行完之前，又企图执行同编号的第二个 HSC/PLS（中断程序中的 HSC 同主程序中的 HSC/PLS 冲突）
0006	间接寻址错误
0007	TODW（写实时时钟）或 TODR（读实时时钟）数据错误
0008	用户子程序嵌套层数超过规定
0009	在程序执行 XMT 或 RCV 时，通信口 0 又执行另一条 XMT/RCV 指令
000A	在同一 HSC 执行时，又企图用 HDEF 指令再定义该 HSC
000B	在通信口 1 同时执行 XMT/RCV 指令
000C	时钟存储卡不存在
000D	重新定义已经使用的脉冲输出
000E	PTO 个数设为 0
0091	范围错误（带地址信息）：检查操作数范围
0092	某条指令的计数域错误（带计数信息）：确认最大计数范围
0094	范围错误（带地址信息）：写无效存储器
009A	用户中断程序试图转换成自由口模式

A.3 编译规则错误

当下装一个程序时，CPU 将编译该程序。如果 CPU 发现程序违反编译规则（如非法指令），那么 CPU 就会停止下装程序，并生成一个非致命编译规则错误代码。表 A-3 列出了违反编译规则所产生的这些错误代码及其描述。

表 A-3 编译规则错误

错误代码	编译错误（非致命）
0080	程序太大无法编译：必须缩短程序
0081	堆栈溢出：必须把一个网络分成多个网络
0082	非法指令：检查指令助记符
0083	无 MEND 或主程序中有不允许的指令：加条 MEND 或删去不正确的指令
0084	保留
0085	无 FOR 指令：加上 FOR 指令或删条 NEXT 指令

（续）

错误代码	编译错误（非致命）
0086	无 NEXT：加条 NEXT 指令，或删条 FOR 指令
0087	无标号（LBL，INT，SBR）：加上合适标号
0088	无 RET，或子程序中有不允许的指令：加条 RET，或删去不正确指令
0089	无 RETI，或中断程序中有不允许的指令：加条 RETI，或删去不正确指令
008A	保留
008B	保留
008C	标号重复（LBLNINT，SBR）：重新命名标号
008D	非法标号（LBL，INT，SBR）：确保标号数在允许范围内
0090	非法参数：确认指令所允许的参数
0091	范围错误（带地址信息）：检查操作数范围
0092	指令计数域错误（带计数信息）：确认最大计数范围
0093	FOR/NEXT 嵌套层数超出范围
0095	无 LSCR 指令（装载 SCR）
0096	无 SCRE 指令（SCR 结束）或 SCRE 前面有不允许的指令
0097	保留
0098	在运行模式进行非法编辑
0099	隐含程序网络太多

附录 B　S7-200 故障处理指南

表 B　S7-200 故障处理指南

问　题	可能原因	解决方法
输出不工作	• 被控制的设备产生损坏 • 输出的电气浪涌 • 程序错误 • 接线松动或不正确 • 输出过载 • 输出被强制	• 当接到感性负载时（例如电机或继器），需要使用一个抑制电路 • 修改程序 • 检查接线，如果不正确，要改正 • 检查输出的负载率 • 检查 CPU 是否有被强制的 I/O
CPU SF（系统故障）灯亮	• 用户程序错误 —0003　看门狗错误 —0011　间接寻址 —0012　非法的浮点数 • 电气干扰 —0001 ~ 0009 • 元件损坏 —0001 ~ 0010	读出致命错误代码号： • 对于编程错误，检查 FOR、NEXT、JMP、LBL 和比较指令的用法。 • 对于电气干扰： — PLC 的接线指南。控制盘良好接地和高电压与低电压不并行引线是很重要的 — 把 24 VDC 传感器电源的 M 端子接到地

（续）

问　题	可能原因	解决方法
电源损坏	电源线引入过电压	把电源分析器连接到系统，检查过电压尖峰的幅值和持续时间。根据检查结果，给系统加一个合适的抑制设备
电气干扰问题	• 不合适的接地 • 在控制柜内交叉配线 • 对快速信号配置了输入滤波器	参考 PLC 的接线，控制盘良好接地和高电压与低电压不并行引线是很重要的 把 24VDC 传感器电源的 M 端子接到地 增加系统数据块中的输入滤波器的延迟时间
当连接到一个外部设备时通信网络损坏（计算机接口、PLC 的接口或 PC/PPI 电缆损坏）	如果所有的非隔离设备（例如 PLC、计算机或其他设备）连到一个网络，而该网络没有共同的参考点，通信电缆提供了一个不期望的电流通路。这些不期望的电流可以造成通信错误或损坏电路	• 参考 PLC 的接线指南 • 购买隔离型 PC/PPI 电缆 • 当连接没有共同电气参考点的机器时，购买隔离型 RS-485-to-RS-485 中继器
STEP7-Micro/WIN 通信问题		参考网络通信
错误处理		参考错误代码的附录 A

附录 C　特殊存储器位

特殊存储器标志位提供大量的状态和控制功能，并能起到在 CPU 和用户程序之间交换信息的作用。特殊存储器标志位能以位、字节、字或双字使用。

SMB0：状态位

如表 C-1 所示，SMB0 有 8 个状态位，在每个扫描周期的末尾，由 S7-200 CPU 更新这些位。

表 C-1　特殊存储器字节 SMB0（SM0.0-SM0.7）

SM 位	描　述
SM0.0	该位始终为 1
SM0.1	该位在首次扫描时为 1，用途之一是调用初始化子程序
SM0.2	若保存数据丢失，则该位在一个扫描周期中为 1。该位可用作错误存储器位，或用来调用特殊启动顺序功能
SM0.3	开机后进入 RUN 方式，该位将 ON 一个扫描周期，该位可用作在启动操作之前给设备提供一个预热时间
SM0.4	该位提供了一个时钟脉冲，30 秒为 1，30 秒为 0，周期为 1 分钟。它提供了一个简单易用的延时，或 1 分钟的时钟脉冲
SM0.5	该位提供了一个时钟脉冲，0.5 秒为 1，0.5 秒为 0，周期为 1 秒钟。它提供了一个简单易用的延时，或 1 秒钟的时钟脉冲
SM0.6	该位为扫描时钟，本次扫描时置 1，下次扫描时置 0。可用作扫描计数器的输入
SM0.7	该位只是 CPU 工作方式开关的位置（0 为 TERM 位置，1 为 RUN 位置）。当开关在 RUN 位置时，用该位可使自由端口通信方式有效，那么当切换至 TERM 位置时，同编程设备的正常通信也会有效

SMB1：状态位

如表 C-2 所示，SMB1 包含了各种潜在的错误提示。这些位可由指令在执行时进行置位（置 1）或复位（置 0）。

表 C-2　特殊存储器字节 SMB1（SM1.0-SM1.7）

SM 位	描　述
SM1.0	当执行某些指令，其结果为 0，将该位置 1
SM1.1	当执行某些指令，其结果溢出，或查出非法数值时，将该位置 1
SM1.2	当执行数学运算，其结果为负数时，将该位置 1
SM1.3	试图除以零时，将该位置 1
SM1.4	当执行 ATT（Add to Table）指令时，试图超出表范围时，将该位置 1
SM1.5	当执行 LIFO 或 FIFO 指令时，试图从空表中读数时，将该位置 1
SM1.6	当试图把一个非 BCD 数转换为二进制数时，将该位置 1
SM1.7	当 ASCII 码不能转换为有效的十六进制数时，将该位置 1

SMB2：自由口接收字符

SMB2 为自由端口接收字符缓冲区，如表 C-3 所示，在自由端口通信方式下，接收到的每个字符都放在这里，便于梯形图程序存取。

表 C-3　特殊存储器字节 SMB2

SM 位	描　述
SMB2	在自由端口通信方式下，该字符存储从口 0 或口 1 接收到的每一个字符

SMB3：自由端口奇偶效验

SMB3 用于自由端口方式，当接收到的字符发现有奇偶校验错误时，将 SM3.0 置 1。如表 C-4 所示，根据该位来错误消息。

表 C-4　特殊存储器字节 SMB3（SM3.0-SM3.7）

SM 位	描　述
SM3.0	口 0 或口 1 的奇偶效验错（0 = 无错，1 = 有错）
SM3.1 ~ SM3.7	保留

SMB4：队列溢出

如表 C-5 所示，SMB4 包含了中断队列溢出位，中断是否允许标志位及发送空闲位，队列溢出表明要么是中断发生的频率高于 CPU，要么是中断已经被全局中断禁止指令所禁止。

表 C-5　特殊存储器字节 SMB4（SM4.0-SM4.7）

SM 位	描　述
SM4.0[1]	当通信中断队列溢出时，将该位置 1
SM4.1[1]	当输入中断队列溢出时，将该位置 1
SM4.2[1]	当定时中断队列溢出时，将该位置 1

（续）

SM 位	描　述
SM4.3	在运行时发现编程有问题，将该位置 1
SM4.4	该位指示全局中断允许位，当允许中断时，将该位置 1
SM4.5	当（口 0）发送空闲时，将该位置 1
SM4.6	当（口 1）发送空闲时，将该位置 1
SM4.7	当发生强制时，将该位置 1

只有在中断程序里，才使用状态位 SM4.0、SM4.1 和 SM4.2。当队列为空时，将这些状态复位（置 0），并返回主程序。

SMB5：I/O 状态位

如表 C-6 所示，SMB5 包含 I/O 系统里发现的错误状态位。这些位提供了所发现的 I/O 错误的概况。

表 C-6　特殊存储器字节 SMB5（SM5.0-SM5.7）

SM 位	描　述
SM5.0	当有 I/O 错误时，将该位置 1
SM5.1	当 I/O 总线上连接了过多的数字量 I/O 点时，将该位置 1
SM5.2	当 I/O 总线上连接了过多的模拟量 I/O 点时，将该位置 1
SM5.3	当 I/O 总线上连接了过多的智能 I/O 模块时，将该位置 1
SM5.4 ~ SM5.6	保留
SM5.7	当 DP 标准总线出现错误时，将该位置 1

SMB6：CPU 识别（ID）寄存器

如表 C-7 所示，SMB6 为 CPU 识别（ID）寄存器。SM6.4 ~ SM6.7 识别 CPU 的类型，SM6.0 ~ SM6.3 保留，以备将来使用。

表 C-7　特殊存储器字节 SMB6

SM 位	描　述
格式	MSB 7　LSB 0　CPU ID register × × × × r r r r
SM6.4 ~ SM6.7	× × × × = 0000 = CPU212/CPU222 0010 = CPU214/CPU224 0110 = CPU221 1000 = CPU215　1001 = CPU216/CPU226
SM6.0 ~ SM6.3	保留

SMW22 ~ SMW26：扫描时间

如表 C-8 所示，SMW22、SMO24 和 SMW26 提供扫描时间信息：以毫秒为单位的最短扫描时间、长扫描时间及上次扫描时间。

表 C-8　特殊存储器字节 SMW22 ~ SMW26

SM 位	描　述
SMW22	上次扫描时间
SMW24	进入 RUN 方式后,所记录的最短扫描时间
SMW26	进入 RUN 方式后,所记录的最长扫描时间

SMB28 和 SMB29:模拟电位器

如表 C-9 所示,SMB28 包含代表模拟电位器 0 位置的数字值。SMB29 包含代表模拟电位器 1 位置的数字值。

表 C-9　特殊存储器字节 SMB28 和 SMB29

SM 位	描　述
SMB28	存储模拟电位器 0 的输入值。在 STOP/RUN 方式下,每次扫描时更新该值
SMB29	存储模拟电位器 1 的输入值。在 STOP/RUN 方式下,每次扫描时更新该值

SMB30 和 SMB130:自由端口控制寄存器

SMB30 控制自由端口 0 的通信方式,SMB130 控制自由端口 1 的通信方式。可以对 SMB30 和 SMB130 进行写和读。如表 C-10 所示,这些字节设置自由端口通信的操作方式,并提供自由端口或者系统所支持的协议之间的选择。

表 C-10　特殊存储器字节 SMB30

口 0	JZ]口 1	描　述
SMB30 的格式	SMB130 的格式	MSB　LSB 7　0　自由口模式控制字节 p p d b b b m m
SMB30.6 和 SM30.7	SM130.6 和 MB130.7	Pp 效验选择:00 = 不校验　01 = 奇校验　10 = 不校验　11 = 偶校验
SM30.5	SM130.5	d 每个字符的数据位:0 = 8 位/字符　1 = 7 位/字符
SM30.2 ~ SM30.4	SM130.2 ~ MB130.4	bbb 自由口波特率:000 = 38400 波特　001 = 19200 波特 010 = 9600 波特　011 = 4800 波特　100 = 3400 波特 101 = 1200 波特　110 = 600 波特　111 = 300 波特
SMB30.0 和 SM30.1	SM130.0 和 MB130.1	mm 协议选择:00 = 点到点接口协议(PPI/从站模式) 01 = 自由口协议　10 = PPI/主站模式　11 = 保留(默认是 PPI/从站模式) 注意:当选择 mm = 10(PPI 主站),PLC 将成为网络的一个主站,可以执行 NETR 和 ENTW 指令。在 PPI 模式下忽略 2 到 7 位

SMB31 和 SMB32:永久存储器(EEPROM)写控制

在用户程序的控制下,可以把 V 存储器中的数据存入永久存储器(EEPROM),亦称非易失存储器。先把被存数据的地址存入 SMW32 中,然后把存入命令存入 MSB31 中。一旦发出存储命令,则直到 CPU 完成存储操作(SM31.7 被置 0)之前,不可以改变 V 存储器的值。

在每次扫描周期末尾,CPU 检查是否有向永久存储器区中存数据的命令。如果有,则将该数据存入永久存储器中。

如表 C-11 所示,SMB31 定义了存入永久存储器的数据大小,且提供了初始化存储操作的命令。SMW32 提供了被存数据在 V 存储器中的起始地址。

表 C-11　特殊存储器字节 SMB31 和特殊存储器自 SMW32

SM 字节	描　述
格式	SMB31：　MSB 7　LSB 0 软件命令 c 0 0 0 0 0 s s SMB32： V 存储器地址：　MSB 7　LSB 0 V 存储器地址
SM31.0 和 SM31.1	ss:被存数据类型 00 = 字节　01 = 字节　10 = 字　11 = 双字
SM31.7	c:存入永久存储器(EEPROM) 0 = 无效执行存储操作的请求　1 = 用户程序申请向永久存储器存储数据 每次存储操作完成后,由 CPU 复位
SMW32	SMW32 提供 V 存储器中被存数据相对于 V0 的偏移地址,当执行存储命令时,把该数据存到永久存储器(EEPROM)中相应的位置。

SMB34 和 SMB35:定时中断的时间间隔寄存器

如表 C-12 所示,SMB34 分别定义了定时中断 0 和 1 的时间间隔,可以在 5 ~ 255 ms 之间以1 ms 为增量进行设定。若为定时中断事件分配了中断程序,CPU 将在设定的时间间隔执行中断程序。若要改变该时间间隔,必须把定时中断事件再分配给同一或另一中断程序,也可以通过撤消该事件来终止定时中断事件。

表 C-12　特殊存储器字节 SMB34 和 SMB35

SM 位	描　述
SMB34	定义时中断 0 的时间间隔(从 1 ~ 255 ms,以 1 ms 为增量)
SMB35	定义时中断 1 的时间间隔(从 1 ~ 255 ms,以 1 ms 为增量)

注:其他的特殊存储器标志位,可参看 S7-200 系统手册。

参 考 文 献

[1] 廖常初. PLC 编程及应用[M]. 北京:机械工业出版社,2002.
[2] 廖常初. PLC 基础及应用[M]. 北京:机械工业出版社,2004.
[3] 王永华. 现代电气控制及 PLC 应用技术[M]. 北京:北京航空航天大学出版社,2003.
[4] 李俊秀,赵黎明. 可编程控制器应用技术实训指导[M]. 北京:化学工业出版社,2002.
[5] 孙平. 可编程控制器原理及应用[M]. 北京:高等教育出版社,2003.
[6] 黄净. 电气控制与可编程控制器[M]. 北京:机械工业出版社,2004.
[7] 周万珍,高鸿斌. PLC 分析与设计及应用[M]. 北京:电子工业出版社,2004.
[8] 陈富安. 单片机与可编程控制器应用技术[M]. 北京:电子工业出版社,2003.
[9] 王也仿. 可编程控制器应用技术[M]. 北京:机械工业出版社,2004.
[10] 郁汉琪. 机床电气及可编程控制器实验、课程设计指导书[M]. 北京:高等教育出版社,2001.
[11] 朱家建. 单片机与可编程控制器[M]. 北京:高等教育出版社,1998.
[12] 李乃夫. 可编程控制器原理 应用 实验[M]. 北京:中国轻工业出版社,1998.
[13] 西门子(中国有限公司). SIMATIC S7-200 可编程控制器系统手册. 2000.
[14] 西门子(中国有限公司). SIMATIC S7-200 可编程控制器应用示例. 2000.
[15] 吕景泉. 可编程控制器技术教程[M]. 北京:高等教育出版社,2001.
[16] 潘新民,王燕芳. 微型计算机控制技术. [M]. 北京: 高等教育出版社,2002.
[17] 姒茂新,贾震斌. 计算机网络及应用[M]. 北京:电子工业出版社,2003.
[18] 张进秋. 可编程控制器原理及应用[M]. 北京:机械工业出版社,2004.
[19] 施利春,李伟. 变频器操作实训[M]. 北京:机械工业出版社,2007.
[20] 龚仲华. S7-200/300/400PLC 应用技术提高篇[M]. 北京:人民邮电出版社,2008.
[21] 肖朋生,张文,王建辉. 变频器及其控制技术[M]. 北京:机械工业出版社,2008.
[22] 吴丽. 电气控制与 PLC 应用技术[M]. 北京:机械工业出版社,2008.